U0356392

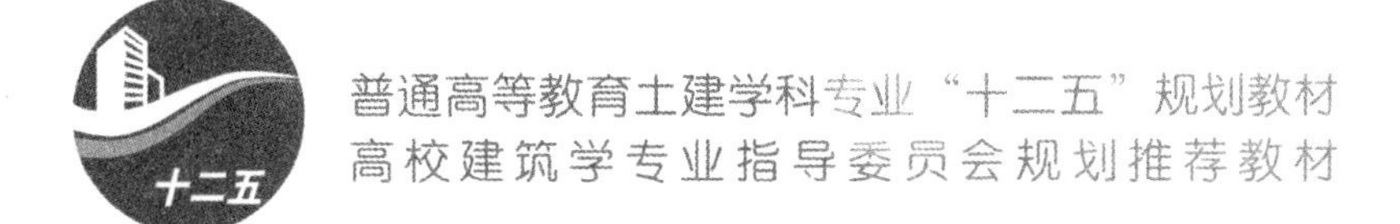

室内设计原理

PRINCIPLES OF INTERIOR DESIGN

主 编 同济大学 陈 易
副主编 重庆大学 陈永昌
华中科技大学 辛艺峰

中国建筑工业出版社

图书在版编目(CIP)数据

室内设计原理／陈易主编．—北京：中国建筑工业出版社，2006
普通高等教育土建学科专业“十二五”规划教材．高校建筑学专业指导委员会规划推荐教材
ISBN 978-7-112-08570-5

Ⅰ.室… Ⅱ.陈… Ⅲ.室内设计—高等学校—教材 Ⅳ.TU238

中国版本图书馆CIP数据核字(2006)第083354号

责任编辑：陈　桦
责任设计：董建平
责任校对：张树梅　张　虹

普通高等教育土建学科专业“十二五”规划教材
高校建筑学专业指导委员会规划推荐教材
室内设计原理
Principles of Interior Design
主　编　同济大学　　陈　易
副主编　重庆大学　　陈永昌
　　　　华中科技大学　辛艺峰
*
中国建筑工业出版社出版、发行（北京西郊百万庄）
各地新华书店、建筑书店经销
北京嘉泰利德公司制版
北京建筑工业印刷厂印刷
*
开本：787×1092毫米　1/16　印张：24¼　字数：572千字
2006年11月第一版　2018年8月第二十三次印刷
定价：**49.00**元
ISBN 978-7-112-08570-5
(20894)

序

自从人类有建筑以来，就有室内空间。作为建筑设计的延伸，室内设计既反映了社会分工、设计阶段的分化，也是社会生活精细化的结晶，是技术与艺术的完美结合。作为工业设计和陈设、装饰设计的先导，室内设计也是室内空间的再设计，实现建筑空间的内在本质，以内空间表述建筑和建筑的外空间。室内设计是对建筑内部围合空间的重构与再建，使之适应特定功能的需要，以符合使用者和设计师的目标要求。英国建筑师利勃斯金曾经指出“建筑永远处于过程之中”，这个过程不仅是时间和空间变化和流动的过程，也是室内外空间环境交融的过程。许多建筑的外观和结构可以几乎是永恒的，而室内设计则会经受许多变化，室内设计是建筑过程最完美的体现。

室内设计是一个整体的概念，将室内设计所涉及的各个专业加以整合，对不同部位使用的各种材料按照技术要求进行选择和封装，对室内各个空间和界面按照功能要求进行视觉艺术设计和标示系统设计，对空间及其界面进行装饰、点缀、美化以及陈设布置。

当代室内设计涵盖的领域十分广阔，不仅包含建筑物的室内设计，也延伸至诸如轮船、车辆和飞行器等的内舱设计。室内设计师的设计领域也扩展到诸如家具、灯具、陈设、小品和标志等的艺术设计，甚至有时也会拓展到建筑立面和表皮的设计。既要从宏观上把握空间，又要细致入微地关注每个细部。

室内设计与建筑设计、环境设计、工业设计等有着十分密切的关系，是一门发展极为迅速的学科。当代室内设计不再是传统意义上的工艺美术，现代室内设计不仅与建筑学、文学、美学、物理学、生物学、生态学、符号学、人类工程学、认知心理学、环境心理学等学科相关，也与结构过程、生产工艺、环境工程技术、机械工程、照明工程、材料工程紧密相关，成为一种多学科的综合。如果将室内设计与建筑设计进行比较，我们会发现，室内设计更着重人性化和生活的层面。美国当代著名建筑师、建筑理论家文丘里说过：“室外和室内的使用及空间的力量交汇之时，就是建筑的开始。”

室内设计既涉及个人的空间，也涉及公共的空间，通过室内空间及其界面的处理，以家具与陈设的布置与装饰等来满足生活的需求，表达设计师的理想和追求。室内设计是在更深的层次上设计生活，既是社会生活方式的体现，也是个体生活方式的反映，既反映使用者的个性，也反映设计师的风格，从而使室内设计呈现了极为丰富多彩的面貌。在这个意义上说，室内设计师既创造生活，也创造未来。室内设计是社会生活、经济、政治、伦理、科学和技术的综合物化，也是时代精神的整体表现。在现代社会中，人们的生活体验在很大程度上与室内设计相关，室内空间是人们所无法回避的主要生活环境，室内设计直接反映了生活的品质和人们的素质。

由于室内设计的上述特性，室内设计师必须具备丰富的想象力和社会洞察力，同时又有深厚的生活体验，既能处理艺术问题，又能控制技术细节，既是艺术家，又是工程师。同时，也无法想象一位缺乏文学修养的设计师能创造并表达中国新建筑的精神及其韵味，无法想象一位缺乏生活激情的设计师能面对社会，面对生活创造出反映时代精神的作品。

由陈易教授、陈永昌教授和辛艺峰教授等主编的《室内设计原理》全面地论述了室内设计的设计方法和原则、室内设计的相关学科、室内设计的学习方法以及室内设计的评价原则等，同时也论述了室内设计的发展史。该书不仅讨论设计的对象，也研究设计的主体。各位主编和撰稿者不仅有深厚的理论功底，同时也都有十分丰富的实践经验。作为一本教材，这本著作凝聚了集体的心血，全书具有完整的体系，资料丰足，插图精美。作者们不仅注重理论的系统性，也注重实践性。该书介绍了世界建筑最新的发展趋势及其流派，论述深入浅出，逻辑严密，是迄今为止国内最为辉煌的一本室内设计原理教材。

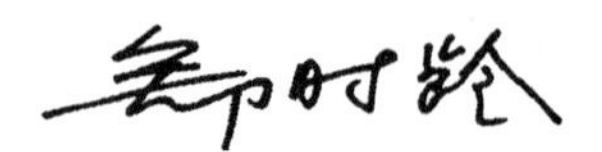

中国科学院院士
法兰西建筑科学院院士
美国建筑师学会荣誉资深会员
中华人民共和国一级注册建筑师
同济大学教授、博士、博士生导师

2007年3月30日

前　　言

改革开放以来，我国人民的生活水平不断提高，建筑装饰业迅猛发展，室内设计方兴未艾。1987年经建设部批准，同济大学建筑系和重庆建筑工程学院建筑系（现重庆大学建筑系）开始设立室内设计专业，成为我国大陆最早在工科类高等院校中设立的室内设计专业。时至今日，我国的室内设计教育已经得到飞速发展，日益受到人们的高度重视，展现出蓬勃向上的气势。

在精神文明和物质文明不断向前发展的今天，人们对美的要求日益提高，这就更加要求设计人员通过室内设计这一融科学和艺术于一体的学科，提高人们的生活质量和生存价值，展示现代文明的新成果。为了向建筑学、室内设计、艺术设计等相关专业的学生和对室内设计感兴趣的人士系统地介绍室内设计的知识，全国高等院校建筑学专业指导委员会决定编写本教材，并委托同济大学、重庆大学和华中科技大学负责本书的编写工作。

本书由同济大学建筑系陈易教授任主编，重庆大学建筑系陈永昌教授、华中科技大学建筑城规学院辛艺峰教授任副主编，负责全书的构思、统稿、协调和组织工作。本书具体各章节的撰写人员如下：

陈　易（同济大学）：　第1章（1.2除外）、第4章、第8章（8.2.1、8.3除外）、第10章；
陈永昌、苏宏志（重庆大学）：第1.2节、第2章、第8.3节；
李旭佳（重庆大学）：　第3.1节；
符宗荣（重庆大学）：　第3.2节中的3.2.1～3.2.5；
陈永昌、李南希（重庆大学）：第3.2节中的3.2.6、第11.6节；
陈永昌、孙　雁（重庆大学）：第5.1节、第5.3节；
邓　宏（重庆大学）：　第5.2节；
严永红（重庆大学）：　第5.4节；
霍维国（华中科技大学）：　第6章；

辛艺峰（华中科技大学）：　　第7章；
李　钢（华中科技大学）：　　第8.2节中的8.2.1；
卢　琦（上海交通大学）：　　第9章；
陈永昌、姜玉艳（重庆大学）：第11.1～11.5节。

本书为普通高等教育土建学科专业“十一五”规划教材、全国高校建筑学专业指导委员会规划推荐教材，在写作过程中得到了有关部委、全国高校建筑学专业指导委员会、同济大学、重庆大学、华中科技大学、上海交通大学等单位领导的大力支持，中国建筑工业出版社的领导和编辑则在各方面给予很多帮助；此外，作为“同济大学‘十五’规划教材”，本书得到了“同济大学教材、学术著作出版基金委员会”的资助；同济大学建筑系陈申源教授和上海同济室内设计工程有限公司董事长陈忠华教授多次对本书提出了宝贵意见；澳大利亚新南威尔士大学建筑历史理论教务主任、同济大学访问教授冯仕达先生，美国JH国际建筑设计及咨询事务所设计总监朱俊先生对本书的英译部分作了修正；中国科学院院士郑时龄先生在百忙之中为本书作序，更使本书增色不少；在写作中，本书借鉴了老一辈室内设计专家的研究成果，参考引用了国内外相关学者的一些图片和资料。在此，一并表示诚挚的谢意。

室内设计是一门发展十分迅速的学科，涉及面很广，尽管在写作过程中各位主编和老师尽了很大的努力，力求使本书具有新意和创意，但仍感能力有限，加之时间紧张，平时教学科研工作繁忙，书中定有很多不妥之处，在此表示深深的歉意，并希望在今后的再版中能一一修正。本书中的一些数据与尺寸偏重于说明设计原理，若与现行规范不一致时，以国家和地方规范为准。

最后，愿这本凝聚着众人心血的教材能为中国室内设计事业的发展作出微薄的贡献！

目　录

Contents

1 室内设计的基本概念

20世纪80年代以来，我国人民的生活水平不断提高，室内设计方兴未艾，室内设计已经越来越与人们的生活、工作密切相关，日益受到人们的高度重视。室内设计作为一门学科，亦得到了空前的发展，展现出蓬勃向上的气势。

1.1 基本概念

室内设计是一门相对独立的学科，涉及诸多学科与理论，因此有必要首先对它的一些基本概念作简要的介绍。

1.1.1 设计与室内空间的概念

（1）设计的概念

“设计”是一个经常使用的概念，有多种解释。根据《辞海》的解释，设计是指根据一定的目的要求，预先指定方案、图样等。事实上，设计是寻求解决问题的方法与过程，是在有明确目的引导下的有意识创造，是对人与人、人与物、物与物之间关系问题的求解，是生活方式的体现，是知识价值的体现。

（2）室内空间的概念

在建筑学中，“空间”是一个内涵非常丰富的专业术语。就建筑物而言，“空间”一般是指由结构和界面所限定围合的供人们活动、生活、工作的空的部分。什么是“室内空间”呢？简单地说，具有顶界面是室内空间的最大特点。对于一个六面体的房间来说，很容易区分室内空间和室外空间，但是对于不具备六面体特性的房间来说，往往可以表现出多种多样的内外空间关系，有时确实难以在性质上加以区别。但现实的生活经验告诉我们：一个最简单的独柱伞壳，就可以具有避免日晒雨淋的效果；而徒具四壁的空间，只能称为“天井”或“院子”，它们不具备避免日晒雨淋的效果，因此可以说，有无顶界面是区分室内空间与室外空间的关键因素。

1.1.2 室内设计的概念

（1）室内设计

与建筑设计相比，室内设计是一门相对独立的年轻的学科，其自身发展的历史并不太长，对其概念的理解也有种种说法。现简略介绍如下：

有的学者认为：“建筑设计与室内设计是一对孪生兄弟，室内设计是建筑设计的继续、深化和发展。室内设计所包含的主要内容有：室内空间设计、室内建筑构件的装修设计、室内陈设品的陈设设计、室内照明和室内绿化这五大部分。”

有的学者认为：“室内设计是建筑设计的一部分，是建筑设计中不可分割的组成部分。一座好的建筑物，必须包含着内、外空间设计的两个基本内容。”

还有的学者认为：“室内设计是对建筑空间的二次设计，是建筑设计的延续，是建筑设计生活化的再深入。它是对建筑内部围合的空间的重构与再建，使之能适应特定功能的需要，符合使用者的目标要求，是对工程技术、工艺、建筑本质、生活方式、视觉艺术等方面进行整合的工程设计。”

我国的《辞海》把室内设计定义为：“对建筑内部空间进行功能、技术、艺术的综合设计。根据建筑物的使用性质（生产或生活）、所处环境和相应标准，运用技术手段和造型艺术、人体工程学等知识，创造舒适、优美的室内环境，以满足使用和审美要求。”

我国的《中国大百科全书——建筑·园林·城市规划卷》则把室内设计定义为：“建筑设计的组成部分，旨在创造合理、舒适、优美的室内环境，以满足使用和审美的要求。室内设计的主要内容包括：建筑平面设计和空间组织、围护结构内表面（墙面、地面、顶棚、门和窗等）的处理，自然光和照明的运用以及室内家具、灯具、陈设的选型和布置。此外，还有植物、摆设和用具等的配置。”

国外建筑师普拉特纳（W.Platner）则认为：“室内设计比设计包容这些内部空间的建筑要困难得多，这是因为室内设计师必须更多地同人打交道，研究人们的心理因素以及如何能使他们感到舒适、兴奋。经验证明，它比同结构、建筑体系打交道要费心得多，也要求有更加专门的训练。”

国外也有学者对“室内设计”（Interior Design）一词作了更为详细的分析。他们认为“室内（Interior）”其实是指被墙面、地面和顶面所围合而成的空间。该空间一般总有一个或多个出入口，也有一个或更多个像窗这样的开口以解决它的通风与采光问题。围合该空间的元素的形状可以是各种各样的，其用材也可以是丰富多彩的。“室内”与“空间（Space）”不同，室内的最大特点在于它是有顶面的，可以为人提供遮风蔽雨的场所；而空间一词所指的范围要大得多，可以指广场、院落，也可以指室外景观以至无穷的宇宙。“设计（Design）”一词则是指：构思、想像、计划、叙述、描写、创作某些事物。设计的方法既包括向业主解释与交流设计思想，也包括向施工人员传达设计意图。设计还包括对用材和尺度的重视，以及对物质功能与精神功能的强调。所以室内设计可以认为是在建筑环境中为了实现某些功能而进行的内部空间的创造与组织，而且这种室内空间必须把功能、技术、经济要求与人文、美学、心理等因素完美地结合起来。

因此，综合各家之言，可以把室内设计简要地理解为：运用一定的物质技术手段与经济能力，根据对象所处的特定环境，对内部空间进行创造与组织，形成安全、卫生、舒适、优美、生态的内部环境，满足人们的物质功能需要与精神功能需要。室内设计的对象并不总是局限在建筑物内部，诸如飞机、轮船等的内舱设计，也带有强烈的室内设计特征，也应该属于室内设计的范畴。

（2）室内装饰（室内装潢）与室内装修

在日常生活中，经常出现的还有室内装饰、室内装潢与室内装修这几个词，它们的词义与室内设计有一定的区别。

室内装饰或室内装潢（Interior Ornament or Decoration），这两词偏重于从

视觉艺术的角度探讨和研究问题，如偏重于室内地面、墙面、顶棚等界面的艺术处理，也涉及材料的选用，也可能包括对家具、灯具、陈设和室内绿化的选用、配置等。

室内装修（Interior Finishing）则是指在建筑物的主体结构工程以外，为了满足使用功能的需要所进行的装设和修饰。偏重于从工程技术、施工工艺和构造做法等方面进行理解。

综上所述，室内设计一词的含义远较室内装饰、室内装潢、室内装修要广泛得多，它既包含了视觉艺术的内容，也涉及了工程技术的要求，还包括对建筑物理环境的要求以及对社会、经济、文化、环境等综合因素的考虑。它是对装饰及装修概念的继承与发展，具有新的含义。至于学术界经常出现的“室内环境设计”一词，则与“室内设计”一词的含义相同。

1.2 室内设计与建筑设计

广义地讲，建筑设计和室内设计都属于建筑学的范畴，它们之间不可能截然分开。从某种意义上说，当今建筑设计和室内设计的分工是一种具有哲理性的分工，也是工程设计阶段性的分工。建筑设计主要把握建筑的总体构思、创造建筑的外部形象和合理的空间关系，而室内设计主要专注于对特定的内部空间（有时也包括车、船等内舱空间）的功能问题、美学问题、心理效应问题的研究以及内部具体空间特色的创造。

1.2.1 建筑设计和室内设计的不同点

尽管建筑设计和室内设计有许多共同点，如都要满足建筑使用功能，包括物质和精神功能的要求，都要受到经济、技术条件的制约，在设计过程中都要考虑一定的构图法则、形式美法则和符合视知觉与审美的规律性，都要考虑材料的特性与使用方法等。但是建筑设计和室内设计又各有特点，主要表现为以下两点：

首先，建筑设计主要涉及建筑的总体和综合关系，包括平面功能的安排、平面形式的确定、立面各部分比例关系的推敲和空间体量关系的处理，同时也要协调建筑外部形体与城镇环境、与内部空间形态的关系。室内设计是对具体的空间环境进行处理，设计时更加重视特定环境的视觉和生理、心理反应，主要通过内部空间造型、室内照明、色彩和装修材料的材质设计来达到这些要求，创造尽可能完美的时空氛围。所以两者关注的重点有所不同，涉及的尺度也有所不同。

其次，建筑设计是室内设计的前提，室内设计是建筑设计的继续和深入。两者按工作阶段划分以建筑工程的构架完成为界限，之前为建筑设计，之后为室内设计。对于已建成的建筑实体进行室内设计或内部改造设计则是以建筑整体作为前提条件的内部空间环境设计。室内设计能对建筑设计中的缺陷和不足加以调整和补充，一般来说，建筑是长期存在的，设计时难以适应现代人不断变化的生活工作状况，而室内设计的更新周期比较短，可以通过内部空间的再创造而赋予建筑物以个性，使之适应时代发展的新要求。

1.2.2 建筑设计和室内设计的内在联系

建筑设计和室内设计的内在联系始终贯穿于设计的全过程，主要表现在以下四个方面：

（1）从建筑设计的前期工作方面分析

在室内设计过程中，有时为了弥补原有建筑设计的缺陷，有时为了新的功能需要，常常会对现有建筑进行改造。有时即使是新建工程，由于思路和需求的变化，也同样会发生大量的修改，这都会造成许多无谓的人力、物力、时间、金钱的消耗。因此，在建筑设计的前期工作阶段就应该考虑室内设计的定位，两者最好同时开始，同步进行，以避免不必要的损失。

（2）从深化设计阶段分析

深化设计是在确定建筑设计思想和空间设计概念的基础上，进一步通过构造技术、细部分析、效果模拟和相关专业配合，对实现建筑整体成果和使用功能作进一步研究，是建筑设计工作中将概念性成果有效地向施工图设计工作转换的关键环节。如果在这个环节中，不能充分地使建筑设计与室内设计整体配合，就无法确保设计师整体思路的实施，会对进一步的设计造成不利影响。

（3）从建设工作实施角度分析

尽量尊重建筑师的设计构思是室内设计师的工作原则之一，这样有利于构思的完整连续。但在现实生活中，由于各种原因及工作责权的限制，建筑师已无法全过程对方案承担责任，以至有些方案实施后面目全非。因此，室内设计师在满足业主新需求的情况下应尽量尊重和进一步完善原有的建筑设计意图。

（4）从项目成果评价方面分析

建筑设计和室内设计是在整体设计思想指导下相互影响、互利互动、不可分割、双向融合的过程，一件优秀的建筑设计作品离不开成功的室内设计，富有创意的室内设计能够为建筑设计增添光彩。所以室内设计师在尊重建筑师设计构思的同时，应该充分发挥自己的聪明智慧，通过对内部空间的再创造，营造出富有整体感和生命力的空间氛围，使建筑物具有自身的特质。

1.3 室内设计师

明确了室内设计的概念，继而又了解了建筑设计与室内设计的区别与联系，那么对于室内设计师的含义也应该比较清楚了。

1.3.1 室内设计师

关于室内设计师的概念，曾担任过美国室内设计师协会主席的亚当（G. Adam）指出："室内设计师所涉及的工作要比单纯的装饰广泛得多，他们关心的范围已扩展到生活的每一方面，例如：住宅、办公、旅馆、餐厅的设计，提高劳动生产率，无障碍设计，编制防火规范和节能指标，提高医院、图书馆、学校和其他公共设施的使用率。总而言之，给予各种处在室内环境中的人以舒适和安全。"

如今在北美，室内设计师已经与建筑师、工程师、医师、律师一样成为一种职业。按照美国室内设计资格国家委员会（National Council for Interior Design Qualification，简称NCIDQ）的定义，专业室内设计师应该受过良好的教育、具有一定的经验、并且通过资格考试，具备完善内部空间的功能与质量的能力。

NCIDQ认为：为了达到改善人们生活质量、提高工作效率、保障公众的健康、安全与福利的目标，专业室内设计师应该具有以下的能力：

• 分析业主的需要、目标和有关生活安全的各项要求；

• 运用室内设计的知识综合解决各相关问题；

• 根据有关规范和标准的要求，从美学、舒适、功能等方面系统地提出初步概念设计；

• 通过适当的表达手段，发展和展现最终的设计建议；

• 按照通用的无障碍设计原则和所有的相关规范，提供有关非承重内部结构、顶面设计、照明、室内细部设计、材料、装饰面层、空间规划、家具、陈设和设备的施工图和相关专业服务；

• 在设备、电气和承重结构设计方面，应该能与其他有资质的专业人员进行共同合作；

• 可以作为业主的代理人，准备和管理投标文件与合同文件；

• 在设计文件的执行过程中和执行完成时，应该承担监督和评估的责任。

NCIDQ对室内设计师的定义被普遍认为是一种较为全面的解释，已在北美地区得到广泛的承认，并被有关政府部门所接受，这一概念对我国亦具有很好的参考价值。

1.3.2 室内设计师与其他专业人员的关系

（1）室内设计师与建筑师

如前所述，建筑师创造的是建筑物的总体时空关系，而室内设计师创造的是建筑物内部的具体时空关系，两者之间有着十分密切的关系。

作为一名合格的建筑师应该对室内设计有深刻的了解，在建筑物的方案构思中对建成后的内部空间效果作充分的考虑，为今后室内设计师的创作提供条件。事实上，不少建筑师本身就是合格的室内设计师，往往在设计时一气呵成，使建筑设计与室内设计成为一个完整的整体。

同样，作为一名合格的室内设计师也应该具有相当的建筑设计知识。在设计前，应该充分了解建筑师的创作意图，然后根据建筑物的具体情况，运用室内设计的手段，对内部空间加以丰富与发展，创造出理想的内部环境。

（2）室内设计师与相关的艺术创作设计人员

两者都从事为人们的生活创造美的工作，都需要具备一定的艺术素养，都需要掌握相应的造型规律。然而，两者的工作对象有所不同。艺术创作设计人员从事的工作范围比较广泛，涉及广告设计、产品设计、字体设计、环境小品设计等诸多工作；室内设计师的工作范围比较集中，主要从事内部环境（含车、船等内舱设计）或部分室外立面装修的设计工作。

1.4 室内设计师的相关组织

作为专业人员，室内设计师有自己的相关组织，并依托这些组织维护自身的合法权益，开展相关的业务活动和学术活动，这里简单介绍几个主要组织。

1.4.1 中国建筑学会室内设计分会

中国建筑学会室内设计分会是广大室内设计工作者的专业性学术团体，简称"中国室内设计学会（China Institute of Interior Design，简称 CIID）"，会址在北京。

"中国室内设计学会"的宗旨是团结广大的室内设计师，致力于提高中国室内设计的理论与实践水平；探索具有中国特色的室内设计；发挥室内设计师的社会作用；维护室内设计师的权益；发展与世界各国同行间的交流与合作，为我国的建设事业服务。

凡取得建筑师、工程师、讲师、助理研究员等以上技术职称或取得硕士以上学位的室内科技工作人员；或从事室内设计、科研、教学工作十年以上、具有相当学术水平和工作经验者，都可以申请为会员（professional member，PCIID）。除了会员以外，还设有资深会员（senior fellow，SCIID）、团体会员（affiliate group，GCIID）、外籍会员（foreign member，FCIID）、名誉会员（honorable member，HCIID）等。

学会每四年举行一次会员代表大会，由理事会召集。理事会是会员代表大会的常设机构，理事会会议每年举行一次，由会长召集。理事会产生会长、副会长、秘书长，每届任期四年。

"中国室内设计学会"的主要任务是：

• 组织会员在设计实践中维护国家利益和使用者的权益，认真研究为广大人民群众生活及老弱残疾人服务的各种设施与设计，承担室内设计师应尽的社会责任。

• 开展学术活动，提高会员专业水平，嘉奖在学术上有突出贡献的本专业人员，评选优秀室内设计作品，鼓励创新，发掘新人。

• 组织会员参与室内环境设计、理论研究与专业教育，参与制订或编制有关规范标准及资料。

• 组织国内外有关室内环境设计新动向、新材料、新产品的情报交流，促进设计、承建、产品之间的网络的形成。

• 组织会员参加国际室内设计学术交流活动和设计竞赛。

• 向有关方面反映会员的要求和建议。

1.4.2 NCIDQ 组织和 NCIDQ 室内设计师资质考试

NCIDQ 组织是由美国室内设计师学会（American Institute of Interior Designers，简称 AID）和全美室内设计师学社（National Society of Interior

Designers，简称ASID）共同设立的组织，NCIDQ组织的专业室内设计师资质考试是在美国、加拿大得到广泛运用的一种考试制度。该考试起源于1974年，在北美地区具有相当的权威性。为了确保考试与室内设计实践的联系，NCIDQ一般每过五年就要在广泛进行调研的基础上对原有考试内容与方式进行评估与调整。

参加考试者必须具备一定的必要条件，即：4到5年的室内设计教育加上2年的全职工作经历，或3年的室内设计教育加上3年的全职工作经历，或2年的室内设计教育加上4年的全职工作经历。

NCIDQ考试分为三部分，第一部分关于室内设计的原则与实践，主要采用多项选择的方式进行考试。第二部分关于合同的发展与管理，主要采用多项选择的方式进行考试。第三部分关于方案设计与设计发展的内容，采用实践的方式进行。

1.4.3 日本室内设计师协会

日本室内设计师协会（Japan Interior Designers' Association，简称JID），成立于1958年，是日本全国性的代表广大室内设计师利益的组织。自从成立以来，JID致力于推动实现现代设计理念，支持室内设计工作者的专业、文化和法律利益。

从事室内设计的设计人员、学者和研究人员都可以成为正式会员，与室内设计有关的，或愿意支持协会工作的相关组织、公司、教学机构和研究机构也可以成为会员。

协会的目标是尽量为室内设计的从业人员创造理想的社会环境，使公众认识到设计的重要性，使更多的从业人员能终生投身于设计。协会也致力于开展广泛的国内与国际交流，为通过设计而提高公众的生活质量和福利做出贡献。

1.4.4 室内建筑师/室内设计师国际联盟

室内建筑师/室内设计师国际联盟（International Federation of Interior Architects/Designers，简称IFI）是成立于1963年的针对室内设计专业人员的非政府国际组织，一般来说，它的成员是各国的室内设计学会或协会的会员。

作为一个国际组织，IFI致力于在全球范围内推动室内设计的发展，其目标是：

- 推动室内设计专业的发展；
- 代表室内设计专业人员的利益；
- 推动专业与文化方面的信息交流；
- 鼓励国际合作和商务往来；
- 提供有关经济、政治和技术发展方面的信息；
- 创办针对室内设计专业及相关产业的服务机构；
- 发展与其他国际设计组织及相关组织的关系。

本章小结

室内设计是随着人民生活水平的提高而逐渐兴起的一门相对独立的新兴学科，它是指：运用一定的物质技术手段与经济能力，根据对象所处的特定环境，对内部空间进行创造与组织，形成安全、卫生、舒适、优美、生态的内部环境，满足人们的物质功能需要与精神功能需要。室内设计的对象并不总是局限在建筑物内部，诸如飞机、轮船等的内舱设计，也带有强烈的室内设计特征，也应该属于室内设计的范畴。室内设计的含意比“室内装饰”、“室内装潢”、“室内装修”更为广泛，与建筑设计有着紧密的关系。

室内设计师是专门从事室内设计的专业人员，合格的室内设计师应该受过良好的教育、具有一定的经验、具备完善内部空间的功能与质量的能力。室内设计师具有自己的相关学术组织，代表性的有：中国建筑学会室内设计分会、NCIDQ组织、日本室内设计师协会、室内建筑师/室内设计师国际联盟等等。

2 室内设计的过程与学习方法

任何一门学科，都有自身的规律需要我们去了解和掌握，室内设计当然也不例外。本章将简要介绍室内设计的方法、室内设计的过程和室内设计的学习方法等内容，希望能对从事这方面工作的人员有所裨益。

2.1 室内设计的方法与过程

作为一门相对独立的学科，室内设计有其相应的设计方法与过程。对从事室内设计工作的专业人员而言，应该了解这些内容，并熟悉掌握这些方法与过程。

2.1.1 室内设计的方法

从设计者的思考方法来分析，室内设计的方法主要有以下几点：

（1）大处着眼、细处着手，总体构思与细部推敲相结合

大处着眼，是室内设计应该考虑的基本观点。大处着眼也就是以室内设计的总体框架为切入点，这样能使设计的起点比较高，有一个设计的全局观念。框架建立之后，接下来就是细化的问题，也就是细处着手的问题，这就涉及到具体的内容。只有这样，设计才能深入，并比较符合客观实际的需要。

（2）从里到外、从外到里，局部与整体协调统一

“里”是指某一室内环境，“外”是指与这一室内环境连接的其他室内环境，以及建筑物的室外环境，里外之间有着相互依存的密切关系。设计时需要从里到外，从外到里多次反复协调，才能更趋完善合理，使室内环境与建筑整体的性质、标准、风格，与室外环境相协调统一。经过“从里到外”、“从外到里”的推敲，设计的整体性才能达到最大。

（3）意在笔先或笔意同步，立意与表达并重

意在笔先原指创作绘画时必须先有立意，即深思熟虑，有了“想法”后再动笔，也就是说设计的构思、立意至关重要。可以说，一项室内设计，没有立意就等于没有“灵魂”，设计的难度也往往在于要有一个好的构思。具体设计时意在笔先固然好，但是一个较为成熟的构思，往往需要足够的信息量，需要有商讨和思考的时间，因此有时也可以边动笔边构思，即所谓笔意同步，在设计过程中使立意和构思逐步明确，但即使如此，关键仍然是要有一个好的构思。

对于室内设计师来说，必须正确、完整、又有表现力地表达出室内环境设计的构思和意图，使业主和评审人员能够通过图纸、模型、说明等表达手段，全面地了解设计意图。图纸质量的完整、精确、优美亦应该是一个优秀室内设计作品的必备品质。

2.1.2 室内设计的过程

室内设计是涉及众多学科的一项复杂的系统工程，室内设计的过程通常可以分为以下几个阶段，即：设计准备阶段、方案设计阶段、深化设计阶段、施工图设计阶段、现场配合阶段和使用后评价阶段。

2.1.2.1 设计准备阶段

设计准备阶段主要是接受委托任务书，签订合同，或者根据标书要求参加投标；明确设计期限并制定设计计划进度安排，考虑各有关工种的配合与协调；明确设计任务和要求，如室内设计任务的使用性质、功能特点、设计规模、等级标准、总造价，根据任务的使用性质所需创造的室内环境氛围、文化内涵或艺术风格等；此外，还应熟悉设计有关的规范和定额标准，收集分析必要的资料和信息，包括对现场的调查踏勘以及对同类型实例的参观等。在签订合同或制定投标文件时，还包括设计进度安排，设计费率标准等，一般具体内容为：

（1）了解建筑的基本情况

收集该建筑物（或某一建筑中特定空间）的平面图、立面图、剖面图和设计说明书。如上述资料无法收集时，则需采用测绘的方法予以补救。另外，在可能的条件下，应设法与原设计的建筑师进行交谈，充分了解原有的设计意图、建筑物的消防等级、机电设备配套情况等内容。

（2）了解业主的意图与要求

应和业主进行仔细的交谈，了解他（们）对于各个空间的具体使用要求，装饰的意图和预期的效果。在这方面要特别注意的是：不顾业主的需求而自行其是的做法和一味听从业主要求的做法都是不可取的。正确的作法是：应该将业主潜在的心理需求通过设计师的创造性劳动来加以实现，有时应该通过合理的交流促使业主接受合理的建议。

（3）明确工作范围及相应范围的投资额

目前国内关于土建工程与室内设计工程的有些界限有时并不十分明确，因此，在设计准备阶段应该予以明确。同时必须了解业主的装修投资情况，装修投资额对于选材和室内设计的整体效果具有十分重要的影响，必须在设计前做到心中有数。

（4）明确材料情况

设计师应该了解可能涉及的材料的品牌、质量、规格、色彩、价格、供货周期、防火等级、环保安全指标等内容。随着安全意识的增强，国家对不同空间、不同装饰部位的材料的防火等级和有害物控制有严格的要求，必须引起设计师的重视。另外，设计师还应该了解材料的供货渠道，以便更好地为业主和工程服务。

（5）实地调研和收集资料

测量现场，对施工场所以及周围的地理和社会生活环境及其他种种条件和情况作文字记录，按恰当的比例绘图。拍摄必要的照片，以便进行研究和存查。同时，应尽可能搜集到必要的设计参考资料，研究其借鉴的可能性。

（6）拟定任务书

在许多设计实践中，常会遇到业主的设计委托书不全，或只标明大概的投资金额。业主多以其他工程作参照，或待设计方案出台后，再研究明确投资金额。这样，设计方案常会因业主的意见而不断修改。鉴于此种情况，接受委托的设计师务必与业主协商明确设计的内容、条件、标准，先拟定一份合乎实际需求、经过可行性研究的设计方案委托书。

2.1.2.2 方案设计阶段

（1）方案设计

方案设计阶段是在设计准备阶段的基础上，进一步收集、分析、运用与设计任务有关的资料与信息，形成相应的构思与立意，进行多方案设计，继而经过方案分析、比较、选择，从而确定最佳方案的阶段。

在这个阶段中，室内设计师将通过初步构思——吸收各种因素介入——调整——绘成草图——修改——再构思——再绘成图式的反复操作阶段，最后形成一个为各方均能满意接受的理想设计方案。这一过程实际上是室内设计师的思维方式从概念上升为形象的过程，是通常说的室内设计师头脑中的设计语言通过形象思维转化为清晰的设计图式形象的过程，这一阶段是设计程序中的关键阶段，室内设计师的想像力起着重要的作用。

（2）提供成果

方案设计阶段提供的设计文件主要包括设计说明书和设计图纸。其中，设计说明书是设计方案的具体解说，涉及：建筑空间的现状情况、相关设计规范要求、设计的总体构思、对功能问题的处理、平面布置中的相互关系、装饰的风格和处理方法、装修技术措施等。设计图纸主要包括平面图、平顶图、立面图、剖面图、效果图等。除此之外，还有材料实样和设计估算。

平面图一般反映功能与人流的空间布局关系，确定各局部空间及家具的大体尺寸，确定门窗的定位、开启部位与隔断位置，确定地面标高和材料的铺设划分、景点绿化和设施设备的分布等。如果设计中的地面铺装十分复杂，则可单独绘制地面铺装图。

平顶图应明确吊顶的造型形式、标高、色彩和材料，布置照明灯具，确定空调和新风系统的出风口与回风口位置、消防烟感和喷淋的位置、吊顶上露明的各种设施位置等。

立面图主要涉及墙立面各部的长、宽、高尺寸，墙面造型与材料选择及颜色，门窗造型，绿化配景，艺术挂饰品，固定家具形式等。室内设计中立面图的表达方式主要有两种：一种称为内立面展开图，另一种称为剖视图。两种方式各有利弊，前者适用于圆形及弧形平面的空间，后者则有利于表达空间的起伏关系。

剖面图主要表现空间的高低起伏，楼梯、坡道等的高差关系，在室内设计中，剖面图常与表现立面的剖视图一起表示。

效果图则通过一定的视点，较为真实、直观地表现内部空间的设计效果，充分表现空间的造型、色彩、材质和整体氛围。

材料实样主要提供墙纸、织物、石材、面砖、木材等主要用材的小面积实样，同时需提供家具、灯具、设备等的实物照片。

设计估算则是根据方案设计的图纸要求，对装修工程所需的投资额作出初步的估计，以供业主和评审人员参考。

2.1.2.3 深化设计阶段

（1）深化设计

在实际工作中，除了大型的、技术要求比较高的室内设计项目外，一般的室内设计项目分为两个阶段进行，即方案设计阶段和施工图设计阶段。设计单位一般在吸收业主和专家意见的基础上，对原方案设计进行调整，然后直接进入施工图设计阶段。

对于大型的、技术要求较高的室内设计项目，应该进行方案深化设计，以报业主和有关部门进一步确认。深化设计是对方案设计的进一步完善和深入，是从方案设计到施工图设计的过渡阶段。这个阶段要完善工程和方案中的一系列具体问题，作为下一步制定施工图、确定工程造价、控制工程总投资的重要依据。

（2）提供成果

深化设计阶段提供的图纸种类基本与方案设计阶段相似，但深度较深，并从各专业角度考虑、论证了方案设计的技术可行性。这一阶段应包括其他配套专业的相关图纸。

2.1.2.4 施工图设计阶段

（1）施工图设计

装修工程的施工图设计是直接提供施工企业按图施工的图纸，图纸必须尽可能规范、详细、完整。在我国，施工图设计一般均由设计单位完成，然后以此为依据，再进行施工的招标投标工作。

施工图设计阶段，主要是在完整性和准确性两方面为工程施工作更进一步的准备，切实保障工程的设计质量和施工技术水平。施工图是编制工程预算、银行拨付工程款以及安排材料和设备的依据。施工图的可行性、完整性和准确性应进行相应的审查和审批。

（2）提供成果

提供的成果主要包括设计说明书与设计图纸两部分。

设计说明书是对施工图设计的具体解说，以此说明施工图设计中对工程的总体设计要求、规范要求、质量要求、施工约定以及设计图纸中未表明部分的内容。

施工图是工程施工的依据，其内容应包括：完成施工中必需的平面图、立面图和平顶图。设计师应该详细标明图纸中有关物体的尺寸、做法、用材、色彩、规格等；画出必要的细部大样和构造节点图。设计师应该特别重视对饰面材料的分缝定位尺寸，重视材料的对位和接缝关系。

详图与施工图设计以各界面、家具设施、门窗等用材造型的准确尺寸、节点、构造为设计内容，必须考虑好局部尺寸与整体尺寸的统一。绘制详图与施工图时，应在设计方案的基础上，对施工现场进行踏勘和测量，重点标明各界面造型的节点、构造，按各种装饰材料的造型特点和施工工艺画出施工图，并注明工艺流程和附注说明，为施工操作、施工管理及工程预决算提供详实依据。

在施工图设计中，必须充分考虑上下水系统、强弱电系统、消防系统、空调系统等的管线和设备的布局定位以及施工配套顺序。完整的施工图纸必须包括上述各专业的施工图纸，以及装饰配部件、五金门锁、卫生洁具、灯光音响、厨房设备等的详细文件资料。

施工图出图时必须使用图签，并加盖出图章。图签中应有工程负责人、专业负责人、设计人、校核人、审核人等签名。

施工图设计阶段还应提供施工图设计概预算。施工图设计概预算是指在施工图设计完成后，装修工程开工前，根据设计说明书和施工设计图纸计算的工程量、国家规定的现行预算定额、单位估价表、各项费用取费标准，以及各种技术资料，进行计算和确定工程费用的经济文件。

2.1.2.5 现场配合阶段

施工图绘制完成并选定施工企业之后，室内设计师应向施工人员解释图纸中的相关内容，并根据工程进展情况，进行现场配合与指导，及时回答现场施工人员的问题，进行必要的设计调整和局部修改，保证施工顺利进行。此外，即使施工结束后，室内设计师也有必要配合业主从事选购家具、布置室内陈设品等工作，共同营造完美的空间氛围。

在施工阶段，由专门监理单位承担工程监理的任务，对装修施工进行全面的监督与管理，以确保设计意图的实施，使施工按期、保质、保量、高效协调地进行。

2.1.2.6 评价阶段

当工程完成后，室内设计的过程并没有真正结束，室内设计效果的好坏还要经过使用后的评价才能确定。室内设计工程只有通过评价才能知道设计中的不足，才能更好地总结经验，改进设计，并不断提高设计水平。

2.2 室内设计的学习方法

总的说来室内设计的学习分为室内设计理论学习和室内设计实践两部分。室内设计理论和室内设计实践之间既有明确的界限又相互联系：理论关注的是普遍的、不受背景限制的概括；而实践关注的是具体的、取决于特定背景的特定实例。理论处理的是抽象的概念，可以指导实践；实践处理的是具体的事实，是理论的深化。

2.2.1 基本理论的学习

室内设计理论，是指导室内设计师设计时最重要的理论技术依据，在学习中一定要特别注意以下几个方面：

（1）注重对人和自然的关怀

人是室内设计的主体，满足人的生理需求和心理需求是营造室内空间的目的，是现代室内设计的核心内容，因此，围绕人在内部空间的活动规律而制定出的理论就构成了室内设计原理的基础。

可持续发展是21世纪面临的最迫切课题。室内设计中的生态问题是极为重要的内容，由室内设计所引发出的种种环境问题，如不及时解决，将有可能发展成破坏生态和环境的“疾病”，必须引起我们的高度重视。

（2）注重全球文化与地域文化

从一方面看，全球化趋势有其合理的内涵，但从另一方面看，不同地域的建筑各有特色，有其特殊规律，一部建筑史本来就是地域文化发展的总和。因此，在发展区域政治、经济、社会文化的同时，应该注重发展地域文化与民族特色，促进室内设计创作的繁荣。

（3）熟悉人类工效学和环境心理学

人类工效学是近几十年发展起来的新兴综合性学科。过去人们常会把人和物、人和环境割裂开来，孤立地对待；而人类工效学有助于我们协调人、物、环境之间的关系，力求达到三者的完美统一。

环境心理学在室内设计中的应用甚广，它涉及：室内设计与人们的行为模式和心理特征的研究；认知环境、心理行为模式和室内空间组织；室内空间使用者的个性与环境的相互关系等。总之，人类工效学和环境心理学有利于从人的生理与心理角度出发，塑造理想的内部空间。

（4）学习相关工程知识

室内设计所涉及的专业很多，技术要求各有不同，因此必须要了解相关知识才能更好地学习室内设计。室内设计与其他工种的配合可归纳为：建筑结构类；管道设备类——空调、水、电、采暖、消防；艺术饰品类——雕塑、字画、饰品等；园林景观类——植物、绿化布局及采光要求；厨具办公类——家用电气、办公设备…… 如此众多的元素必然要求设计师具有宽广的知识面。在进行大型公共建筑内部空间设计时，牵涉业主，施工单位，经营管理方，建筑师，室内设计师，结构、水、电、空调工程师以及供货商等，设计师只有对各方面的知识都有所了解，才能相互协调，解决复杂工程中的复杂问题，达到各方面都能满意的结果。

了解结构知识十分重要。为能准确地完成设计任务，首先要通读土建施工图，了解建筑门窗的尺寸，以及结构梁柱的尺寸，在此基础上结合甲方对使用、功能的具体要求，对原建筑平面设计进行优化和补充。另外一些旧房改造的装饰工程，常常会遇到砖混结构的建筑，如果希望改变原有空间，需要拆除承重结构墙体，就必须经过原土建设计单位或具有相同资质的土建设计单位验算处理后方能进行，否则会有严重的安全隐患。框架结构的建筑，非承重墙虽然可以拆除，但需考虑改建后是否符合消防规范的要求。

空调、给排水及消防管道的高度和位置是影响吊顶、墙面造型的重要因素。在设计开始前，室内设计师就应仔细研究各种管道的布置和高度，与其他各工种协调，尽量满足装饰工程的要求。在平面布置图、平顶图及立面图初步完成后，室内设计师应该向设备工种提供资料，共同协商调整，以便进一步深化。但工程的实际情况往往是土建设计由土建专业设计单位完成，土建主体竣工前才进行室内装饰设计，协调工作阻力大，联系困难。这就促使室内设计师必须把协调工作做在前期，向业主提出调整原土建设计的要求，让业主有足够的时间与原土建设计单位协调，保证装饰效果，减少业主的损失。

灯光布置是体现装饰效果的重要措施，而灯光布置既要求对电气部分进行重新设计，也要求室内设计师能掌握相关知识，根据业主投资规模及效果要求选定相应的适用灯具和光源。在设计和服务过程中，设计师还必须设计和监督特制陈设品的制作，设计特殊灯具并详细说明技术上的要求。为进一步保证设计质量，室内设计师还应参与家具等内含物的选购、植物绿化的布局，使其与固定装饰相辅相成，共同营造良好的空间氛围。

（5）熟悉相关规范

室内设计的首要任务是保证客户使用的安全，其次才是装饰效果。为了确保安全，国家对建筑设计有很多专业规范，对于一些特殊行业还有专门的行业标准，而且每年国家都会对部分规范进行修订和更新。室内设计中比较常用的规范有：《建筑设计防火规范》、《建筑内部装修设计防火规范》、《高层民用建筑设计防火规范》、《民用建筑工程室内环境污染控制规范》、《建筑装饰工程施工及验收规范》等等，作为设计师应该了解常用规范的内容，熟悉主要数据，在设计中主动运用，确保设计符合现行规范的要求。

2.2.2 设计实践的学习

室内设计实践的学习方法主要有以下几类：

（1）案例学习法

室内设计中的案例学习法，就是通过对室内设计中具体案例的分析和讨论，形成对室内设计的本质、意义、原理和局限性等的认识，了解室内设计活动中疑难问题的解决方法。

案例学习法强调，课堂上每个人都需要贡献自己的知识与智慧，没有被动的接受者，只有分析讨论的参与者。案例学习法为每个参与者提供了同样的事实与情景，其中所隐含的决策信息是相同的，但是由于个人的知识结构不同，不同的观点与解决方案在课堂讨论中会发生碰撞，产生火花。通过讨论，对案例的认识会逐渐完善。通过这种方式所掌握的知识不再是从概念到概念的表面知识，而是融合到学生自己知识体系中的内化了的知识。

（2）室内空间体验学习法

室内空间体验是学习设计的重要方法。所谓室内空间体验是设计者亲自沉浸在已建成的室内空间环境中，与空间融为一体，感受空间的存在，和空间进行交流互动。

室内空间总是由具体的物质围合而成，它不是抽象而是具体的。一个画在纸上的方案不是空间，它只是也只能是对空间或多或少的不够充分的表现。这些表现空间的方法是间接的，需要许多中间环节，只有空间体验才是最直接、最真实的。我们应该学会以一种具体的方式去体验室内空间，去摸它、看它、听它、闻它的味道。我们只有带着室内设计作品的形象，受到它们的影响，我们才能在心灵中唤起这些形象并重新审视它们，帮助我们发现新的形象，设计出新的作品。

（3）室内设计专题训练

所谓专题训练，是指一个有一定独立性的、有确定的题目和任务、可以获得一定成果（阶段成果）或结论的室内设计。是从开始到室内设计作品的完成，都由学生在教师指导下独立完成的实践过程，是一个知识→智力→能力的转化过程。在教学中表现为课程设计、毕业设计和室内设计实习（实践）等。

专题训练的主要目的是培养学生运用已获得的一系列基础知识和专业技术，进行综合思考和分析，进一步训练运用创造性思维去分析和解决问题。专题训练的题目有两种，一种是假想的，另一种是实际的，这两类题目各有利弊。前者有利于教学的系统性，但与工程实践有较大的距离；后者的特点刚好相反。为了使学生毕业后能尽快融入社会，在教学中应当增加以实际工程为题目的训练。

（4）施工现场实践教学

施工现场实践是教学的一个重要环节，其目的是在学生完成基础课、专业基础课和专业课的基础上，通过工程施工实习，进一步了解室内设计工程的设计、施工、施工组织管理及工程监理等主要技术，使书本理论与生产实践有机结合，扩大视野，增强感性认识，培养学生独立分析问题和解决问题的能力，以适应未来实际工作的需要。

通过对室内设计工程施工的现场实践教学有助于提高专业课的教学质量；丰富和拓宽学生的专业知识面；加深学生对细部构造、装饰材料、结构体系、施工工艺、施工组织管理、工程预算等课程的理解，巩固课堂所学内容；使学生了解装饰施工企业的组织机构及企业经营管理方式……，达到理论联系实践的目标。

本章小节

室内设计是一项复杂的系统工程，设计师的工作可以分为：设计准备阶段、方案设计阶段、深化设计阶段、施工图设计阶段、现场配合阶段和使用后评价阶段。在实际工作中，应该抓住每一个阶段的特点认真对待，确保工程项目的顺利进行。

设计师在思考中可以从以下几方面着手，即：大处着眼、细处着手，总体把握与细部深入推敲相结合；从里到外、从外到里，局部与整体协调统一；意在笔先或笔意同步，立意与表达并重。

室内设计的学习一般分为理论学习和设计实践两部分。室内设计理论学习应注意：注重对人和自然的关怀、注重全球文化与地域文化、熟悉人类工效学和环境心理学、学习相关工程知识、熟悉相关规范等方面。室内设计的实践学习则主要包括：案例学习法、室内空间体验学习法、室内设计专题训练和施工现场实践教学。

3 室内设计的演化

室内设计是与建筑同步产生的，两者的发展息息相关，关系十分紧密。室内设计发展史是一专门研究课题，与哲学史、艺术史、美术史、家具发展史、建筑史等学科密切相连，其资料浩如烟海，内容十分丰富。由于本书侧重于从设计的角度探讨室内设计的原理与方法，因此仅对室内设计的演化作一概括的分析，以有助于室内设计的学习 。

3.1 中国传统室内设计的特征及演化

中国建筑以中国为中心，以汉族为主体，在漫长的发展过程中，始终保持了完整的基本体系和特征。中国建筑可以分成几个大的发展段落，如商周（公元前17世纪～公元前11世纪）到秦汉（公元前221年～公元8年）是其萌芽与成长阶段，秦和西汉是发展的第一个高潮；历魏晋经隋唐而宋，是其成熟与高峰阶段，盛唐（公元618～907年）至北宋（公元960～1127年）的成就更为辉煌，是第二次高潮；元至明清是其充实与总结阶段，明至盛清（公元1368～1644年）以前是第三次高潮。可以看出，每一次高潮，都相应地伴随着国家统一、长期安定和文化交流等社会背景，室内设计的发展同样遵循这样的规律。

室内设计的演化与两大因素有关：一是地理因素，包括地形、地貌、水文、气候等；二是文化因素，包括政治、经济、技术、宗教和风俗习惯等。在上述两大因素中，明显影响中国传统室内设计演化的原因可以归纳为三个方面：一是虽然中国面积大，但边缘环境相对恶劣，因此从社会发展的大方向看来还是过于内向和闭塞。二是古代中国的经济是重农抑商，这种经济及其相应的宗法制度直接影响着建筑和室内空间的形式。三是儒家思想影响广泛，儒家所倡导的伦理道德观念几乎渗透到了包括建筑在内的所有文化领域。在上述三点中，第一点是地理环境基础，第二点是经济基础，第三点是思想基础，它们从总体上决定了中国传统建筑的室内设计的大方向，这就使中国传统建筑的室内设计一直表现出浓厚的大陆色彩、农业色彩和儒家文化色彩，表现出鲜明的地方性和民族性。

3.1.1 中国传统室内设计的特征

室内设计涉及空间、家具、陈设、装饰、色彩等多种因素，这里仅就中国传统建筑中室内设计的基本特征作一概略的介绍和分析。

3.1.1.1 内外一体化

从外观看，中国传统建筑是内向和封闭的，城有城墙，宫有宫墙，园有园墙，院有院墙……几乎所有的建筑都通过墙体而形成一个范围界限。但与此同时，墙

图 3-1　传统建筑中常用的隔扇门

内的建筑又是开放的，这些建筑的内部空间都以独特的方式与外部院落空间相联系，形成了内外一体的设计理念。以下是中国传统建筑中常见的内外一体化的处理手法：

第一是通达。即内部空间直接面对着庭院、天井。在中国的传统建筑中常常使用隔扇门（图 3-1 及第六章第一节图 6-25），它由多个隔扇组成，可开、可闭、可拆卸。开启时，可以引入天然光和自然风；拆卸后，可使室内与室外连成一体，使庭院成为厅堂的延续。更有甚者不用门扇，而直接使用栏杆，这种方式使内外空间更加交融。

第二是过渡。许多房屋都设有回廊或廊道，廊就是一个过渡空间，它使内外空间的变换更加自然（图 3-2）。

第三是扩展。建筑中常常通过挑台、月台的形式把室内的空间拓展到室外。“台”本身分割出了一块人工化的场地，但它又只是一种平面上的分割，而非三维的绝对隔离，从空间和情感上都与大自然更加亲近。

第四是“借景”，“巧于因借，精在体宜”。“借景”是中国造园的一种重要手法，“景到随机”，园林中凡是能触动人的景观，都可以被借用，正如计成在《园冶》中所说：“轩楹高爽，窗户虚邻，纳千倾之汪洋，收四时之烂漫。”借景的方式有多种，如远借、近借、仰借、俯借等。

中国传统建筑的上述特征，对今天的室内设计仍有重要的意义。它表明，室内设计应该充分重视室内室外的联系，尽量地把外部空间、自然景观、阳光、乃至空气引入室内，把它们作为室内设计的构成元素。

3.1.1.2　布局灵活化

中国传统建筑的平面以“间”为单位，由间成栋，由栋成院。建筑中的厅、堂、室可以是一间，也可跨几间。厅、堂、室的分隔有封闭的，有空透的，更多的则是“隔而不断”，互相渗透。如何使简单规格的单座建筑富有不同的个性，在室内主要依靠灵活多变的空间处理。例如一座普通的三五间小殿堂，通过不同的处理，可以成为府邸的大门、寺观的主殿、衙署的正堂、园林的轩馆、住宅的居室、兵士的值房等完全不同的建筑。室内空间处理主要依靠灵活的空间分隔，即在整齐的柱网中间用板壁、隔扇（碧纱橱）、帐幔和各种形式的花罩、飞罩、博古架隔出大小不一的空间，有的还在室内上空增加阁楼、回廊，把空间竖向分隔为多层，再加以不同的装饰和家具陈设，使得建筑的性格更加鲜明。另外，天花、藻井、彩画、匾联、佛龛、壁藏、栅栏、字画、灯具、幡幢、炉鼎等，在室内空间艺术中都起着重要的作用。

图 3-2　传统建筑中的回廊

（1）隔扇：又称碧纱橱，由数扇组成，上部称格心，下部称裙板，还有用于房屋明间外檐的隔扇门（图 3-1 及图 6-25）。

（2）罩：用隔扇分隔会产生比较封闭的空间，若不需要完全分隔，就用罩来分间。罩是一种比隔扇的空间限定更加模糊的隔断，它灵活、轻盈，既能形成虚划分，丰富空间层次，又能增加环境的装饰性（图 3-3 及第六章第一节图 6-24）。

图 3-3　传统建筑中的罩

（3）屏风：最早用于挡风和遮蔽视线，后来有了观赏意义。它既可以视为家具，也可以视为空间分隔物，是中国传统建筑中的独有要素。由于屏风便于搬动，可以使空间限定更加灵活、多变。

（4）帷幕：早在《周礼·天宫》中，就有幕人“掌帷、幕、幄、峦、绶”的记载。可见，以纺织品作为空间的分隔物具有久远的历史。纺织品颜色丰富，图案多样，纹理、质地各不相同，易开易合，易收易放，用它分隔空间，既有灵活性，又有装饰性，具有独特的魅力。

3.1.1.3　陈设多样化

室内空间的内含物涉及多种艺术门类，是一个包括家具、绘画、雕刻、书法、日用品、工艺品在内的“大家族”，其中书法、盆景和大量民间工艺品具有浓厚的民族特色，是其他国家少有的。

用书法装饰室内的方法很多，常见的有悬挂字画和屏刻等。在传统建筑中还有在厅、堂悬挂匾额，内容往往为堂号、室名、姓氏、祖风、成语或典故等，对联有当门、抱柱、补壁。

中国的民间工艺品数不胜数，福建的漆器、广西的蜡染、湖南的竹编、陕西的剪纸、潍坊的风筝、庆阳的香包等，无一不是室内环境的最佳饰物。

纵观中国传统建筑的室内陈设，可以看出以下两点：一是重视陈设的作用。在一般建筑中，地面、墙面、顶棚的装修做法是比较简单的，但就是在这种装修相对简单的建筑中，人们总是想方设法用丰富的陈设和多彩的装饰美化自己的环境。陕西窑洞中的窗花，牧人帐篷中的挂毯，北方民居中的年画等都可说明这一点。二是重视陈设的文化内涵和特色。例如书法、奇石、盆景等，不仅具有美化空间的作用，更有中国传统文化的内涵，是审美心理、人文精神的表现，包含丰富的理想、愿望和情感。

3.1.1.4　构件装饰化

中国传统建筑以木结构为主要体系，在满足结构要求的前提下，几乎对所有构件都进行了艺术加工，以达到既不损害功能又具装饰价值的目的。例如撑弓，原本只是用于支撑檐口的短木，但逐渐加入线刻、平雕、浅浮雕、高浮雕、圆雕、透雕来装饰，造型也变得更加丰富。又如柱础（柱脚下垫的石头），在满足基本的防潮功能的前提下，人们不断对它进行艺术加工，唐代喜欢在柱础上雕莲瓣；宋、

图 3-4　传统建筑中的装饰性柱础

辽、金、元时，除使用莲瓣外，还使用石榴、牡丹、云纹、水纹等纹样；到了明清，不仅纹样多变，柱础的形状也有了变化，除了圆形，还有六角的、八角的、正方的等等（图 3-4）。还有隔扇，由于中国早期没有玻璃，只能裱纸、裱织物，隔芯就需要密一些，于是人们对隔芯进行艺术加工，产生了灯笼框、步步锦等多种美观的形式。

上述几例，可以充分表明，在中国传统建筑中，装修、装饰无不体现着美观、功能、技术统一的原则。只是到了后期（例如清代），斗栱等构件才变得越来越繁琐，以致其中的一部分成为毫无功能意义的纯装饰。

3.1.1.5　图案象征化

象征，是中国传统艺术中应用颇广的一种艺术手段，按《辞海》中“象征”条的解释，所谓象征，就是“通过某一特定的具体形象以表现与之相似的或接近的概念、思想和情感”。就室内装饰而言，是用直观的形象表达抽象的情感，达到因物喻志、托物寄兴、感物兴怀的目的。

在中国传统建筑中，表达象征的手法主要有以下几种：

（1）形声：即利用谐音，使物与音义相应和，表达吉祥、幸福的内容。如：金玉（鱼）满堂——图案为鱼缸和金鱼；富贵（桂）平（瓶）安——图案为桂花和花瓶；万事（柿）如意——万字、柿子、如意；必（笔）定（锭）如意——毛笔、一锭墨、如意；喜（鹊）上眉（梅）梢——图案为喜鹊、梅花；五福（蝠）捧寿——图案为五只蝙蝠和蟠桃（图 3-5）等。

（2）形意：即利用直观的形象表示延伸了的而并非形象本身的内容。在中国传统建筑中，有大量以梅、兰、竹、菊为题材的绘画或雕刻。古诗云“未曾出土先有节，纵凌云处也虚心”，自古以来，人们已把竹的“有节”和“空心”这一生态特征与人品的“气节”和“虚心”作了异质同构的关联。除上述梅、兰、竹、菊之外，还常用石榴、葫芦、葡萄、莲蓬寓意多子，如葫芦或石榴或葡萄加上缠枝绕叶，表现“子孙万代”；用桃、龟、松、鹤寓意长寿；用鸳鸯、双燕、并蒂莲寓意夫妻恩爱；用牡丹寓意富贵；用龙、凤寓意吉祥等。

图 3-5　传统建筑中表达吉祥的装饰性图案

（3）符号：符号在思维上也蕴含着象征的意义。在室内装饰中，这类符号大多已经与现实生活中的原形相脱离，而逐渐形成了一种约定俗成、为大众理解熟悉的要素。这类符号有：方胜、方胜与宝珠、古钱、玉磬、犀角、银锭、珊瑚和如意，共称“八宝”，均有吉祥之意。方胜有双鱼相交之状，有生命不息的含意；古钱又称双钱，常与蝙蝠，寿桃等配合使用，取“福寿双全”的意义；人们总是向往万事如意，“如意头”的图案便大量用于门窗、隔扇和家具上。

3.1.2 中国传统室内设计的演化

为了比较系统地展现中国传统建筑的室内设计脉络，下面将按照历史年代的顺序介绍中国传统室内设计的演化历程。

3.1.2.1 原始时期

从考古材料得知，早在距今170多万年前，中华大地上就有了人类的活动。年代最早的元谋人，一般被认为是中华民族的祖先。

穴居是当时的居住方式，早期穴居的平面形式都是圆形，可能是因为圆形平面成形容易，结构简单，稍后有了矩形平面的穴居和房屋，也有了圆形和矩形相接的处理方式。原始时期的房屋空间组织较简单，但仍作了空间上的划分。以西安半坡的半穴居圆形屋为例，在入口部分两侧有短墙，分隔出一个小型“门厅”，成为内外空间的过渡；室内中央部分是火坑，它正对入口，可把冷空气加热，也便于进出燃料和灰烬；火坑的一侧是睡觉之处，后期这一处常常垫高数厘米，目的是防潮，火坑另一侧则是做饭和储藏的空间。

原始时代的建筑已有简单的装饰，如半坡遗址中的房屋有锥刺纹样，牛河梁神庙的墙壁上有彩绘图案和泥塑。至新石器晚期，室内装饰又有新发现。河南陶寿遗址的白灰墙面上有刻划的几何形图案；山西石楼、陕西武功等地的白灰墙面上还有用红颜色画的墙裙等。

原始时代的工艺品，既具实用性，又具艺术性，但几乎都以实用为主要目的。正因为如此，它们都不以室内陈设的面目出现，而表现为各种生产、生活用具或器物，其中以陶器最为普及。综观已经出土的陶器，流行的色彩有黑、红、黄，图案则有平行条纹、波浪纹、网纹、垂弦纹、连弧纹、同心圆纹、锯齿纹、叶形纹、凹边三角、钩叶以及人形纹、人面纹、鱼纹、蛙纹和鸟纹（图3-6、图3-7）。其次是漆器。新石器中期已有漆木碗。20世纪七八十年代，考古学家在山西襄汾陶寺龙山文化墓葬中发现了数十件彩绘的漆木器，有案、俎等家具和器物。这批漆木器的颜色有红、黄、白、蓝、黑、绿等多种，纹饰多为条带纹、几何线、云纹和回纹。另外还有茵席，茵席是供坐卧铺垫的用具，在古人的日常生活中占有重要的地位。其时，人们都席地坐卧，因此茵席不仅是生活起居的必需品，也有了礼仪的意义。茵席有编织和纺织的，纺织席包括毡、毯、茵和褥，其中的茵和褥也有用兽皮制成的。

新石器时代的陶器纹饰并非全是动物纹而是兼有抽象的几何纹，如各式曲线、直线、水纹、旋涡纹、三角纹和锯齿纹。但不论何种图样，有两点是可以肯定的，一是几何纹样是由写实的、生动的、多样化的动物纹样抽象出来并逐步符号化了的；二是在后世看来属于纯装饰而无具体内容的几何纹样，在当年都有重要的内容，都具有原始巫术和图腾的含意。

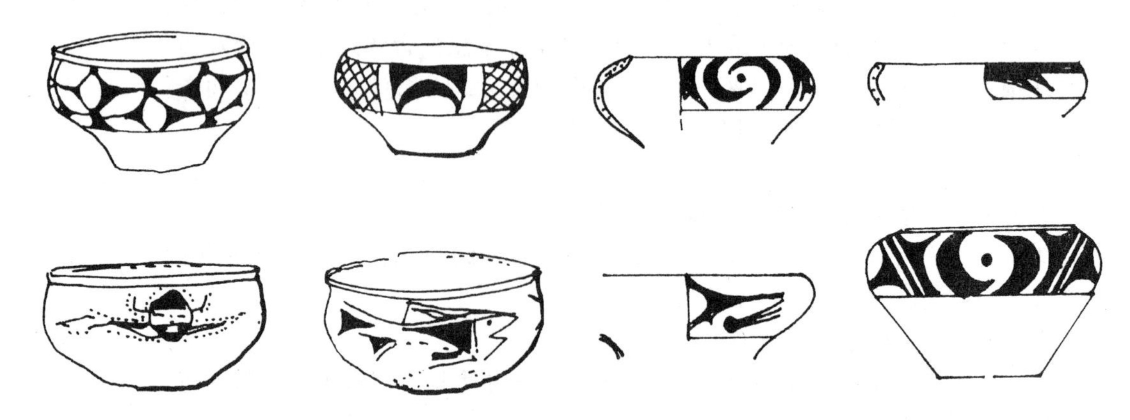

图 3-6 半坡彩陶纹饰　　图 3-7 庙底沟彩陶纹饰

3.1.2.2 春秋战国时期

公元前 770 年，周平王从西安迁都洛阳，历史学家把这一年之后的周朝叫做东周。此后的周朝失去了控制四方诸侯的力量，进入了一个动乱时期，即春秋（公元前 770 年 ~ 公元前 476 年）。春秋末期，中国开始由奴隶社会向封建社会转变，从春秋时期的列国争霸到战国时期的七国鼎立，共经历了256年（公元前476年 ~ 公元前 220 年）。

春秋战国的建筑平面日渐多样，仅居住建筑就有圆形、方形、矩形、亚字形、回字形等，此时的建筑中中柱消失，开间已经变为奇数，而且对于空间的功能分区也越来越受到重视，回廊和庭院式布局已经普及，高台建筑又开始兴起。此时的"台"一般用夯土分层筑成，台呈阶梯状，逐层收小，台顶建造建筑。

春秋战国继承了前代的建筑技术，但在砖瓦及木结构装修上又有新的发展。随着制砖、制瓦技术的提高，还出现了专门用于铺地的花纹砖，燕下都出土的花纹砖有双龙、回纹、蝉纹等纹饰。木结构的装修装饰也逐渐丰富，贵族士大夫的宫室常常"丹楹刻桷"、"山节藻棁"、"设色施章"、"美轮美奂"，极尽彩绘装修之能事。按《礼记》规定，"楹，天子丹，诸侯黝，大夫苍，士黈"，说明其颜色是有严格的等级的。"山节藻棁"见于《礼记》，也见于《论语・公冶长》，是指斗栱等处的装饰。"山节"即柱头斗栱，"棁"是梁上的瓜柱，孔疏说"藻棁者，谓画梁上短柱为藻文也，此是天子庙饰"。此时的彩饰已经不是简单的平涂，而是初始的彩画了。

春秋时铁制工具出现，大大促进了家具的发展和进步。当时人们已经掌握了木材干燥和涂胶等技术，还创造了许多榫卯形式，使家具有了更加坚实合理的结构。春秋时的著名木匠鲁班（姓公输，名班），系鲁国人，是中国第一位有名有姓的建筑师和家具师。春秋时已有多种木工工具，传说墨子主张"以矩尺量方，以圆规量圆，以绳量直，以悬锤量垂直，以水定平"，其方法直到今天仍然沿用。

3.1.2.3　秦汉时期

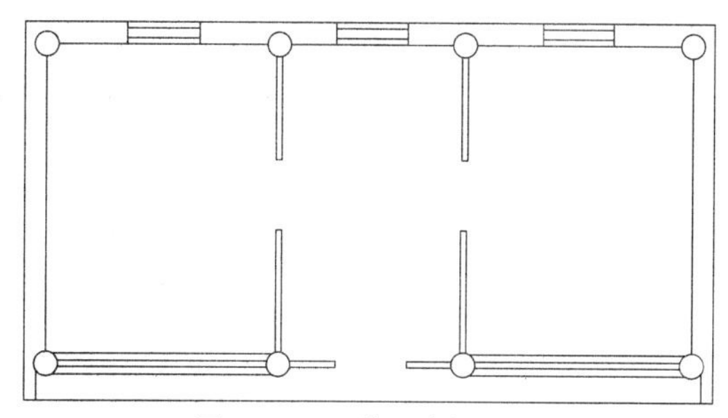
图 3-8　一明两暗的平面

代表秦汉风格的主要是都城、宫室、陵墓和礼制建筑。其特点是，都城区划规则，居住里坊和市场以高墙封闭；宫殿、陵墓都是很大的组群，其主体为高大的团块状的台榭式建筑；重要的单体多为十字轴线对称的纪念型风格，尺度巨大，形象突出；屋顶很大，曲线不显著，但檐端已有了“反宇”；雕刻色彩装饰很多，题材诡谲、造型夸张、色调浓重；重要建筑追求象征涵义，虽然多有宗教性内容，但都能为人们所理解。秦汉建筑奠定了中国建筑的理性主义基础，伦理内容明确，布局铺陈舒展，构图整齐规则，同时表现出质朴、刚健、清晰、浓重的艺术风格。

秦汉建筑规模宏大，类型繁多，风格朴拙、豪放，已初步具备中国传统建筑的特征。建筑多采用矩形平面，其他的平面造型如“L”形、“U”形、“十”字形和“H”形等都是由矩形平面组合而成。秦代的住宅资料留存下来的很少，汉代住宅可从画像砖、冥器等实物上了解到其大概。如“一明两暗”的三开间正房的布局方式（图3-8），这种空间形态后来成为我国传统建筑的基本形态，沿用至今。

秦汉宫殿的墙壁大都是夯土和土坯混用的，中间有壁柱。其表面先用掺有禾茎的粗泥打底，再用掺有米糠的细泥抹面，最后以白灰涂刷。这种做法是个不小的进步，因为它已经分出底层、间层和面层。除上述一般做法外，还有一些特殊的做法，如以椒涂壁法，多用于后宫，因其香气氤氲，又取椒多子之意，称这种宫室为“椒宫”。

地面除传统做法外，多用铺地砖。铺地砖以方形居多，上有花纹，还有用黑、红两色漆地的做法，用色彩装饰木构件的做法早已有之，比较正规的藻井彩画则出于秦汉。藻井多用于顶界面的重点部位，如宫殿中帝王宝座的顶部，寺庙中神像佛龛的顶部等。秦汉时期的藻井，虽没有之后的藻井复杂，但作为一种高等级的装修，也只用于祠堂、庙宇、陵墓和宫殿。除上述常用装修外，在宫殿庙祠中还常有彩绘木结构构件，并用金银珠宝作装饰。汉代就常在界面上的一些重点部位饰以金玉珠翠，以显示建筑之高贵。

画像石是以刀代笔在石板上进行雕刻的做法，常用线刻，也有浮雕式，是一种半画半雕的装饰。画像砖的载体是砖，其上的纹样是模印或捺印出来的。画像石与画像砖之所以盛行于汉，与汉代盛行厚葬之风有关，因为画像石与画像砖比一般壁画耐久，用其装饰陵墓，更有永生的意义。目前发现的画像石，都是西汉之后的，技法有单线阴刻、减地平雕、减地平雕兼阴刻以及沉雕等。

汉朝时期，中国封建社会进入到第一个鼎盛时期，整个汉朝家具工艺有了长足的发展。汉代漆木家具杰出的装饰，使得汉代漆木家具光亮照人，精美绝伦。此外，还有各种玉制家具、竹制家具和陶质家具等，并形成了供席地起居的完整组合形式的家具系列，可以视为中国低矮型家具的代表时期。汉代之前，没有椅子和凳子，人们坐卧都在席上或床上。筵席在古代是坐具，筵与席，作用一样，铺设不同，筵的尺寸大，席的尺寸小，筵满铺在下面，席加铺在上面。席为长方形或正方形，大小不一，长的可坐四人，短的仅坐一二人。古时坐席有严格的规矩，主旨是突出长、幼、尊、卑的等级。《礼记·曲礼》“群居五人，则长者必异席”，这是为尊长，让长者坐得宽松些；“父子不同席”，“为人子者……坐不中席”，这是为了保持尊卑之分；“女子已嫁而返，兄弟弗与同席而坐”，这是为了保持男女之别。与席同时使用的有一种名“镇”的器物。“我心匪席，不可卷也”，“镇”以铜或玉石制成，质地较重，放在席之四角，可保证席角不卷，“镇”本身也是一个装饰物。

床榻早在周朝就已出现，《诗·小雅·斯干》说“乃生男子，载寝之床”，这时的床榻显然是高级卧具，床、榻与筵、席一样，本是同类，又稍有区别。床略高也略宽于榻，可坐可卧，榻则一般供单人独坐或两人同坐（图 3-9），只是到后来才演化成坐躺均可的。秦汉时，普通人仍多用席、床，富裕人家同时用榻，而后床逐渐向高型化发展，榻向大型化发展。值得特别提及的是，此时已有可供垂足而坐的胡床。据《后汉书·五行志》记载，“灵帝好胡服、胡帐、胡床、胡坐……京师贵戚，皆竞为之”，可知在汉末胡床已经流行。

图 3-9　望都汉墓壁画中的独坐榻

3.1.2.4　魏晋南北朝时期

从公元 220 年到 581 年的三国两晋南北朝，是中国历史上少有的分裂、纷乱与复杂变革的时代。

这个时期佛教建筑、石窟建筑发展迅速，砖瓦也应用得更加广泛。此时的建筑，多在墙上、柱上及斗栱上面作涂饰，流行的设色方法是“朱柱素壁”、“白壁丹楹”。这种设色方法背景平素、红柱鲜明，靓丽而不失古朴，故也为后来的建筑所沿用。木构件也有雕刻纹饰的，《邺中记》中就有关于北齐邺都朝阳殿“梁栿间刻出奇禽异兽，或蹲或踞，或腾逐往来”的记载。虽然用金玉珠翠装饰环境的做法早已有之，魏晋南北朝尤其兴盛。《晋书载记》在谈到后赵邺都时说：“（石）虎作太极殿……室皆漆瓦金铛，银楹金柱，柱础亦铸铜为之。珠帘玉壁，窗户宛转，尽作云气。复施流苏之帐，白玉之床，黄金莲花于帐项，以五色锦编薄心而为荐席。”《南史·张贵妃传》在谈到陈后主为贵妃于光照殿前建临春、结绮、望仙三阁时说：“又饰以金玉，间以珠翠，外施珠帘，内有宝床宝帐，其服玩之属，瑰丽皆近古未有。”仅此几例，不难看出，宫室奢侈、华丽已到何种程度。

魏晋南北朝时期，起居形式多样化。北方十六国时期，西北少数民族大量涌入中原，垂足而坐的方式渐盛，也逐渐出现了一些垂足而坐的高坐具。这时的高型坐具有凳椅、胡床和筌蹄。胡床（座具）即马扎，以相交的两框为支架，可以折叠，以便搬运，可以打开，供人垂足而坐，这促使了高型和中原原有的低矮家具的融合，如睡眠的床逐渐增高（图3-10），上有床顶和蚊帐，可垂足坐于床沿。凳因型较高，故称“悬凳”。椅出现较晚，例证也较少。魏晋南北朝时的筌蹄是一种用藤或革编成的高型坐具，其形如束腰长鼓，后来演变成绣墩。综观魏晋南北朝的床榻，与汉代床榻没有明显差别，只是尺度更大，应用更广，并有了汉代少见的架子床。由于此时仍然保留席地而坐的习俗，作为凭倚的凭几不仅继续流行，还有了一些新发展，突出表现是除直几之外，又出现了弧形几，更符合人类工效学。三足弧形凭几的最大好处是可以放在坐者的前后左右，可供人们侧倚、后靠或前伏。

图3-10　魏晋南北朝时的床榻

3.1.2.5　隋唐五代时期

隋唐五代是中国历史上的一个重要时期。唐王朝时期政治、经济、文化高度发展，达到中国封建社会的鼎盛阶段。隋代是唐代崛起的伏笔，五代十国则是这一时期的衰落期。唐承隋制，唐的手工业也十分发达，丝绸、金银器、“唐三彩”均已达到炉火纯青的地步。唐朝已不“独尊儒术”，而是让儒、佛、道三教并举，这也在客观上增进了政治的开明和民族的融合，促进了经济和文化艺术的繁荣。在这样一个充满文化宽容精神的氛围中，唐朝人充满自信精神，在文化上形成了一种高昂洒脱、豪爽开朗、健康奋进的格调。盛唐前后，无论是散文、诗歌、传奇，还是建筑、音乐绘画、雕塑、杂技、舞蹈、书法和工艺美术，都取得了突飞猛进的成就，取得了远超秦汉的繁荣，成为中华文明史上令人永远缅怀和礼赞的绝响。“海纳百川，有容乃大”，唐代敢于和乐于吸收外来文化，融合国内各民族文化,并且在前人的基础上敢于创新,缔造出中华文明史上光彩夺目的一个高峰。隋唐国内民族大统一，又与西域交往频繁，更促进了多民族间的文化艺术交流。秦汉以来传统的理性精神中揉入了佛教的和西域的异国风味以及南北朝以来的浪漫情调，终于形成了理性与浪漫相交织的盛唐风格。其特点是，都城气派宏伟，方整规则；宫殿、坛庙等大组群建筑序列恢阔舒展，空间尺度很大；建筑造型浑厚，轮廓参差，装饰华丽；佛寺、佛塔、石窟寺的规模、形式、色调异常丰富多采，表现出中外文化密切交汇的新鲜风格。

隋唐宫殿、礼制建筑体量较大；宗教建筑在这个时期发展迅速，是中国历史上宗教文化最为繁荣的时期，从现存的佛光寺大殿可以看出唐代建筑出檐深远、沉稳大度、气势恢宏的风格特色（图3-11）；在住宅建筑方面，住宅的形制有着

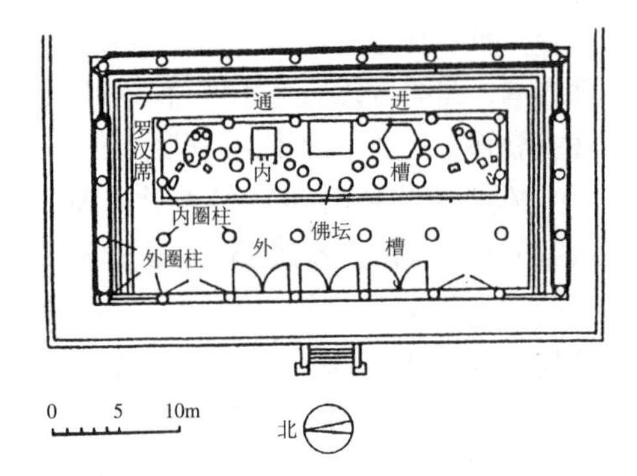

图 3-11　佛光寺大殿平面图、剖面图

严格的等级要求，普通住宅多为三间式平房，大型宅第多为平房或平房与楼房组成的院落。隋唐时期在内外空间的处理上，理解更加深刻，经验也更加丰富，这体现在多个方面。大到城市的选址，小到房间的布局，都可以从留存下来的诗词画卷等历史记载上窥得端倪。

隋唐建筑的墙壁多为砖砌，木柱、木板常涂赭红或朱红，土墙、编笆墙及砖墙常抹草泥并涂白，故自魏晋起就有“白壁丹楹”和“朱柱素壁”的记载。顶棚的做法有两大类：一种是“露明”做法，另一种是“天花”做法。露明做法到宋代称为“彻上露明造”，即将“上架”的梁、坊、檩、椽等直接暴露于室内，把屋顶的空间纳入室内空间，不另外做顶棚。其好处是做法简便，室内空间高爽，故常用于古代早期建筑及后来的次要建筑。天花做法又可分为三种：一是软性天花，即用秸杆扎架，于其上糊纸，多用于一般的住宅，讲究一点的，可以做成平棋、平阇或海墁天花。平棋是以支条组成方格子，然后在方格子的上端覆盖木板，不施彩画的又叫做“平阇”，而“海墁天花”同样以支条组成方格子，但是木板却覆盖在方格子的下方，这种做法表面平整，色调淡雅，明亮亲切，多用于大型宅第和宫室。第二种是硬性天花，也称井口天花，做法是由天花梁枋、支条组成井字形框架，在其上钉板，并在板上彩绘图案，或做精美的雕饰。这种天花隆重、端庄，故多用于宫殿等较大的空间。天花的第三种做法是藻井，藻井主要用于天花的重点部位，如宫殿、坛庙的中央，特别是帝王宝座、神像佛龛的顶部，藻井最原始的功能是为了支撑天窗，后来逐渐成为匠师展现高度技巧的地方，常见的藻井形式有八角形结网、四方形结网和旋涡形结网，它如突然高起的伞盖，渲染着重点部位庄严、神圣的气氛，并突出空间构图的中心。藻井是天花中等级最高的做法，故唐制明确规定“凡王公以下屋舍，不得施重栱藻井”。

隋唐五代是我国家具史上一个变革的时期，它上承秦汉，下启宋元，既融合了国内各个民族的文化，又大胆吸收了外来文化的优点。唐代是我国高低型家具并行的时期，高型家具在原来的基础上又有较大的发展。唐代家具在工艺制作上和装饰意匠上追求清新自由的格调。从而使得唐代家具制作的艺术风格摆脱了商周、汉、六朝以来的古拙特色，取而代之是华丽润妍、丰满端庄的风格。其时，人们的习惯呈现出席地跪坐、伸足平坐、侧身斜坐、盘足迭坐和垂足而坐同时并存的现象。

隋唐屏风主要有两类，即折屏与座屏。折屏是多扇组成的，最少的是两扇，最多的可达十数扇。由于要互成夹角，立于地上，故一律为双数。盛唐前后的折屏，大多用六扇，因此，又专以“六曲屏风”而称之。折屏较矮，高约1200～1650mm。屏扇先用木条做成日字框或目字框，再在其上裱糊纸或绢、纱等织物。座屏也叫硬屏风，下有底座，不折叠。由于常取对称形式，屏扇为三、五、七、九等奇数。屏扇下面有腿，插入屏座之中。隋唐时期，大量用纸糊屏扇，不大采用实板。在“木为骨兮纸为面”的屏面上或画山水、花鸟，或写格言、警句，使屏风增加了美化和教化的功能（图3-12）。《唐书》云“房玄龄集古今家诫书于屏风”就是一个典型的实例。

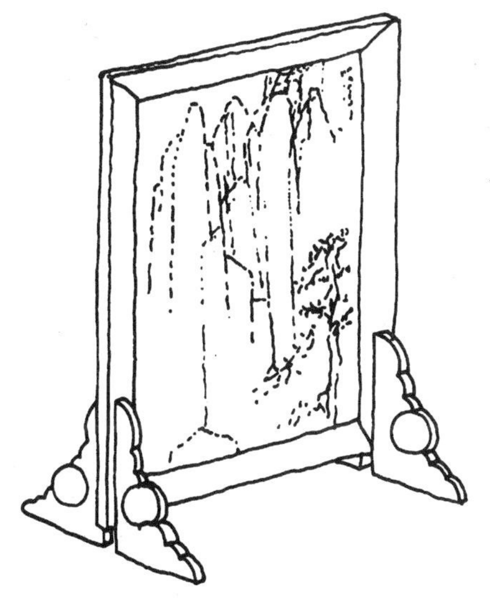

图3-12　唐敦煌壁画中的屏风

隋唐五代的装饰纹样题材丰富、格调明朗、构图严谨，与此前的纹样相比，具有更强的生活气息。隋唐以前，装饰纹样的载体多少都有一些局限性，如夏商周的装饰纹样主要体现在青铜器上，秦汉的装饰纹样主要体现在瓦当、画像石和画像砖上等等。到了隋唐，装饰纹样则全面表现于建筑、铜器、金银器、陶瓷器和各类织物上。上述各类载体的装饰纹样各不相同，但大体上有以下几大类：一是几何纹样，如联珠、万字、双胜、棋格和十字等。二是动物纹样，如鸾鸟、鹦鹉、飞狮、天鹿、天马和龙凤等。三是植物纹样，如忍冬、莲叶、石榴、葡萄等。四是人物故事和神话传说，如伯牙抚琴、吹箫引凤、嫦娥奔月等。隋唐装饰纹样的构图比起前朝更加新颖、多样和严谨。从图案看，有散花与团花等不同组合方式。初唐，散花和小团花较多。盛唐时期，大团花盛行，布局由紧密变得更开朗，形态由概括变得更写实，题材也更加丰富和广泛。

3.1.2.6　明清时期

从1368年朱元璋于应天（南京）登基，建立明朝，至1664年崇祯自缢于煤山，宣告明朝灭亡，明朝共历时276年。清朝的清太祖努尔哈赤于1583年建国，从清太宗皇太极1636年将金改国号大清开始计算，到1911年被孙中山先生领导的辛亥革命推翻，清朝共经历了276年。明清是中国最后的两个封建王朝，是中国封建社会走向晚期、资本主义萌芽开始出现的时期，也是国家长期统一、生产取得发展、各民族文化大交流的重要时期。明代继元又一次统一全国，清代最后形成了统一的多民族国家。中国建筑终于在清朝盛期（18世纪）形成最后一种成熟的风格。其特点是，城市仍然规格方整，但城内封闭的里坊和市场变为开敞的街巷，商店临街，街市面貌生动活泼；城市中或近郊多有风景胜地，公共游览活动场所增多；重要的建筑完全定型化、规格化，但群体序列形式很多，手法很丰富；民间建筑、少数民族地区建筑的质量和艺术水平普遍提高，形成了各地区、各民族的多种风格；私家和皇家园林大量出现，造园艺术空前繁荣，造园手法最后成熟。总之，盛清建筑继承了前代的理性精神和浪漫情调，按照建筑艺术特有的

图 3-13 明清建筑中的藻井

规律，终于最后形成了中国建筑艺术成熟的典型风格——雍容大度，严谨典丽，肌理清晰，而又富于人情趣味。这时期的室内装饰主要可以从下列几方面进行分析：

（1）顶棚装饰

明清建筑，沿续古代建筑传统并继续发展，在定型化和世俗化方面有新的突破，并达到了中国古代建筑发展史上的又一个高峰。明清时期，建筑装修与装饰迅速发展和成熟。建筑等级森严，不同类型、不同级别的建筑，其装饰、装修是不一样的。在顶棚和墙面、柱面的处理上明清时期就有多种做法。顶棚一般分以下四类：

1）井口天花，也就是平棋，即在方木条架成的方格内设置天花板，在天花板上绘彩画、施木雕，或用裱糊的方法贴彩画。这种做法应用范围较广泛，除大式建筑外，也用于某些等级较高的小式建筑（而平口天花也就是平阇，多在宋代以前建筑中使用，为小方格形，不绘彩画）。

2）藻井，有斗四、斗八和圆形多种（图3-13），多用于宫殿、庙宇的御座和佛坛上。明清藻井的技术和艺术水平远远高于以前的朝代，紫禁城太和殿、天坛祈年殿及皇穹宇的藻井都是典型的佳作。

3）海墁天花。海墁天花又称软天花，其做法是在方木条架构的格构下面，满糊苎布、棉榜纸或绢，再在其上绘制图案。

4）纸顶。简易的大式建筑，可在方木条格构的下面，直接裱糊呈文纸，作为底层，再在其上裱大白纸或银花纸，作为面层。纸顶更多的是用于一般住宅，其骨架往往不是方木的，而是用高梁杆绑扎的。

（2）墙柱装饰

在墙面的处理上也有区分：内墙面可以表面不抹灰，但更多的是在隔碱以上抹白灰，并保持白灰的白色。内墙面还可以裱糊，小式建筑常用大白纸，称“四白落地”。大式建筑或比较讲究的小式建筑，可糊银花纸，有“满室银花，四壁生辉”的意义。有些等级较高的建筑，特别是住宅，可在内墙的下部做护墙板。一般做法是在木板表面做木雕、刷油或裱锦缎。

柱子的表面大多作油饰，油漆颜料中含有铜，不仅可以防潮、防风化剥蚀，而且还可以防虫蚁，既是为了保护木材，也是为了美观。柱子的颜色十分讲究，但色彩的使用是有限制的，明清时期规定朱、黄为至尊至贵之色。

在雕刻方面，明清石雕柱础式样丰富，远远超出宋《营造法式》的规定。明清木雕题材多样，技法纯熟，在室内已经成为分隔空间、美化环境不可缺少的元素。明清木雕有五大流派，即黄杨木雕、硬木雕、龙眼木雕、金木雕和东杨木雕。室内木雕主要用于隔扇、罩和梁柱上。飞罩、花罩多用镂空雕，高级者也用大挖即透雕。藻井是木雕与斗栱、木作的结合，雕刻题材多为龙云等。与飞罩近似的木雕还有垂头和花牙子。梁柱雕刻大都采用比较经济简便的手法，目的是“软化”结构，给本来只有结构功能的构件赋予一种更加美观的形式。

（3）彩画

明清是展示建筑美的高峰时期，手段之一就是大量用彩画。绚丽的色彩和彩画，是建筑等级和内容的表现手段。屋顶的色彩最重要，黄色（尤其是明黄）琉璃瓦屋顶最尊贵，是帝王和帝王特准的建筑（如孔庙）所专用，宫殿内的建筑，除极个别特殊要求的以外，不论大小，一律用黄琉璃瓦。宫殿以下，坛庙、王府、寺观按等级用黄绿混合（剪边）、绿色、绿灰混合；民居等级最低，只能用灰色陶瓦。主要建筑的殿身、墙身都用红色，次要建筑的木结构可用绿色，民居、园林杂用红、绿、棕、黑等色。梁枋、斗栱、椽头多绘彩画，色调以青、绿为主，间以金、红、黑等色，以用金、用龙的多少有无来区分等级。明代彩画与宋、清彩画相比有以下特点：

1）绘画部位不再以斗栱为重点，而是以梁、檩、枋等柱头以上的部分为重点。

2）梁、檩、枋上的彩画已有定式，明显的特征是中间一段不画图案，与宋、清做法均不相同。

3）所用颜料均为矿物质颜料，如石青、石绿、银朱等。不像清代那样掺兑白粉，故艳丽而沉稳。

4）不像清代苏式彩画那样大片用白地，也很少用红色，尤其慎用金色，是真正的"点金"，而不像清式彩画那样"沥粉贴金"、"大点金"或"混金"。

5）此前的彩画色调偏暖，清代彩画色调偏冷，但多用红色调剂。明代彩画以纯净偏绿的调子为主，故有宁静，淡雅的风格。

清代彩画与明代彩画有很大差别，主要有下面几个特点：

1）色彩反差大，具有华美艳丽的特点；

2）图案纹饰多样，善于在不同的部位使用不同的图案，尤其喜欢用有象征意义的吉祥图案；

3）有严格的等级要求，不同等级的彩画，在内容、形式、设色等方面都有不同的要求。

清官式建筑以金龙和玺为最荣贵，雄黄玉最低。民居一般不画彩画，或只在梁枋交界处画"箍头"。园林建筑彩画最自由，可画人物、山水、花鸟题材。一组建筑的色彩，不论多么复杂华丽，总有一个基调，如宫殿以红、黄暖色为主，天坛以蓝、白冷色为主，园林以灰、绿、棕色为主。

（4）空间分隔物

室内空间处理主要依靠灵活的空间分隔，空间分隔物也属内檐装修，到明清时期的室内空间分隔物更是种类繁多，如果三间房安装两樘碧纱橱，便可形成一明两暗。有时需要两间或三间沟通，作为客厅或起居室时，就可以采用另一种装修形式——花罩。

花罩在北京四合院的内装修中应用也很广泛，它的种类很多，两侧各有一条腿（边框）的，称为几腿罩；两侧各有两条腿，并在其间安装栏杆的，称为栏杆罩；两侧各安装一扇隔扇，中间留空的，称为落地罩；上面的花雕沿边框落至地面的，称为落地花罩；通间布满棂条花格，仅在中间留圆形洞口供人通行的称为圆光罩，留八角形洞口的称为八角罩；还有专门安装在床或炕前面的，

图3-14 常见的博古架

称为炕面罩或床罩。

碧纱橱可以理解为室内的隔扇门，是一种能把两侧完全隔开的分隔物。碧纱橱中间两扇可以开启，在开启的隔断外面还附着一樘帘架，可在上面挂帘子。这样碧纱橱既可以作为分间的隔断，又可以沟通相连的两间房间，还可以作为艺术品供人欣赏，可谓一举三得。隔扇的数量多为8扇或10扇，中间的两扇是可以开启的。隔扇由边框、抹头裙板、绦环板和隔心（也叫棂心）组成，隔心必须糊纸或糊纱。碧纱橱和落地罩中的隔扇均不采用菱花式隔心，目的是体现内外有别的原则。

博古架又称多宝格，因中间有许多可以陈设古玩、器皿、书籍的空格而得名。它是一种与落地罩相近的空间分隔物，但又是一种具有实际功能的"家具"。它常由上下两部分组成，上部为大小不一的格子，下面为封闭的柜子，柜门上多有精美的雕刻（图3-14）。

屏风通常由四、六、八扇组成，常常位于厅堂的正中，用来组织空间，遮挡视线，充当主要家具及主客的背景。

板壁，即板墙，是用木板做的隔墙，一般的板壁，两面糊纸，只做隔断用，讲究的板壁，表面涂刷油漆或烫蜡，镌刻名家书法字画，紫檀色底子上透出扫绿锓阳字，另有一番雅趣。

图3-15 常见的挂落

挂落与飞罩相近，可以用于室内，也可用于室外，用于室内的做工更精致。挂落与飞罩的区别在于，前者多由杆件组成，后者多为木板雕刻。挂落常用的图案有万字纹、回纹和花鸟枝叶纹等（图3-15）。

帷幕也称幔帐，是明清宫室、民间都很流行的空间分隔物。宫室的帷幕多悬挂于床炕的外面，目的是增加空间的静密感。寺庙、宫殿的帷幕主要用于渲染气氛，故其形式和色彩往往更丰富。

（5）陈设

在陈设方面，明清时期大大超越了以前的任何朝代，大体有织物、陶瓷、金属制品、小型雕塑、插花盆景、书法绘画、挂屏、灯饰等等。

织物一类中，清代的丝织品种类繁多，印染工业也相当先进，明代的刺绣已经很发达，到了清代更是形成了不同的体系，如苏绣、蜀绣、湘绣、京绣、鲁绣、粤绣、汴绣等等。

明代陶瓷的主要瓷种为白瓷，主要产地为景德镇；清代制瓷中心仍然在景德镇，同时宜兴紫砂器日益兴盛，其中又以紫砂壶最多。

金属制品中宣德炉和景泰蓝最为突出，清代景泰蓝在明代的基础上又有更新，品种更多，小到烟壶、笔床、印盒，大到桌椅、床榻、屏风等。

明清之前，雕塑一般用于室外、寺庙和陵墓，到了明清，为美化生活，适应观赏需要，有了大量置于案头的小雕塑，这类小雕塑包括玉、石雕，牙、骨雕，竹、木雕，陶、瓷雕和泥塑等。

插花与盆花源于佛前供花，又受绘画、书法、造园的影响，是室内环境中不可缺少的陈设。明代的插花与盆花，在元代几近停滞之后，再度兴盛起来，技术和理论已成完整的体系。明代插花有一个发展过程。初期，以中立式堂花为主，有富丽庄重之倾向，著名花鸟大师边文进所画岁朝清供十全瓶可以为证。中期，倾向简洁，常常加入如意、珊瑚等物，更加讲究花与花瓶、几案的搭配。晚期理论上趋于成熟，出现了袁宏道的《瓶史》、张谦德的《瓶花谱》等经典著作。清代插花、赏花之风不亚于明，只是欣赏角度有些变化，表现之一是由人格化向神化转化，往往把赏花作为精神上的一种寄托；表现之二是常常利用谐音等赋予插花以吉祥的含意，如用万年青、荷花、百合寓意"百年好合"，用苹果、百合、柿子、柏枝、灵芝寓意"百事如意"等。明清盆景，既有树桩盆景，也有山石盆景。

明清时期，书法绘画在室内装饰中占有重要的地位。用于室内的书法有多种多样，从陈设形式看，有屏刻、楹联、匾额以及与挂画相似的"字画"等。

1）屏刻：即在屏壁上书写或雕刻文字。

2）臣工字画：北京故宫的许多殿堂内，常在精致的隔扇夹纱上，镶嵌小幅书法，它们被称为"臣工字画"，是一种将诗文融入装修的高雅方式。

3）匾额：空间环境常用匾额点题，其内容多是寓意祥瑞、规戒自勉、寄志抒怀的。

4）对联：我国的对联已有悠久的历史，西蜀后主孟昶于公元964年所作"新年纳余庆，嘉节号长春"被认是我国最早的春联。对联的作用与匾额相似，都是在发掘和阐述环境的意境。室内的对联，有三种展现方式，即当门、抱柱和补壁。

明清时期的绘画，既流行于宫廷，也普及于乡野，在室内挂画的作法也随之盛行。年画在明代，尤其是清代，发展迅猛，其中又以天津的杨柳青、江苏苏州的桃花坞和山东潍县的杨家埠年画最为知名。年画与一般绘画不同，它是一年一换，而且题材广泛、寓意吉祥，在民居中相当普及。

（6）装饰纹样

明清的装饰纹样十分繁杂，较之以前更加世俗化，更加贴近生活，而且大都象征祥瑞，寄托着人们美好的愿望。总的看来，装饰纹样可以分为以下几类：锦文类、文字类、植物类、动物类、器物类、生活类、故事类、宗教类等。锦文类是一种由二方连续或多方连续的纹样，如回文锦、龟背锦、拐子锦、丁字锦、万字不到头等。文字类则多由汉字、少数民族文字或阿拉伯文字组成，如福字纹、寿字纹等。植物类多是花草枝蔓，像牡丹花、菊花、兰花、梅花、忍冬、竹、松等，有些是写实的刻画，有些则是经过艺术的加工和提炼。动物类一般都有固定的组合方式，如二龙戏珠、犀牛望月、松鹤延年等。在器物类中常见的有炉、鼎、瓶、琴、棋、书画、笙、箫、文房四宝等。生活类、故事类都是一些场景的表现，有对现实生活情境的刻画，有对文学作品、戏曲和民间传说的表现，具有强烈的生活性和时代性。宗教类则常用莲花、佛八宝（法螺、法轮、莲花、宝瓶、宝伞、白盖、双鱼、盘节)、道七珍、暗八仙(汉钟离的还魂扇，吕洞宾的宝剑，李铁拐的葫芦，曹国舅的绰板，蓝采和的花篮，张果老的渔鼓，韩湘子的笛子，何仙姑的荷花或笊篱)等来表现。

1911年的辛亥革命成功地结束了中国长达2000多年的封建统治,取得了资产阶级民主革命的胜利。在1911年至1949年这段时间内，建筑风格变化非常之快。其间，既有与西方建筑风格平行发展的一般类型，也有受中国本土社会文化制约的特殊类型。从艺术特征来看，后者无疑更具有典型的美学价值，也就是说，新内容、旧形式和中外建筑形式能否结合、怎样结合，一直是近代建筑风格变化的主线。寻求时代风格与民族风格相结合的道路，一直是建筑艺术创作的主题。

1949年新中国成立伊始，人民的生活水平还很低，人们还没有意识和考虑到室内设计的问题，这个时期的建筑基本上是国计民生急需的，如1952年建造的北京和平宾馆、北京儿童医院等。1960年到1965年中国遭遇了严重的自然灾害，1966年至1976年的文化大革命使得建筑理论和建筑创作几乎停滞，直到1978年十一届三中全会以后，国民经济才得到迅速的恢复和发展。在20世纪80年代涌现出很多著名的设计作品，但设计的主流还是酒店宾馆和少量的文体建筑，比如北京香山饭店、福建武夷山庄、广州白天鹅宾馆、深圳南海酒店、山东阙里宾舍、上海华亭宾馆等等，这个时期的建筑设计和室内设计在风格上多侧重于体现民族性和地域性的特色，室内设计越来越表现出它的重要作用。到了20世纪90年代，室内设计开始步入高潮。当时的建筑设计作品数量更大，在风格上更强调国际化、现代化，在室内设计方面也更强调人性化和个性化，如：上海商城、北京奥林匹克中心、北京燕莎中心等等，优秀作品层出不穷。伴随着大量住宅建筑的出现，又使住宅室内设计日益普及，这在我国室内设计发展史上有着重大意义，它标志着室内设计已不再为少数大型公共建筑所专有，而是深入到社会的各个阶层，与广大人民群众的关系更加密切。

3.2 西方室内设计的演化及主要特征

西方室内设计演化涉及范围广、内容丰富多彩，对当代室内设计的发展具有非常重要的参考意义和借鉴意义，下面将按照历史年代的顺序介绍西方室内设计的演化历程及主要特征。

3.2.1 古代

3.2.1.1 古埃及

公元前三千年左右古埃及开始建立国家。古埃及人制定出世界上最早的太阳历，发展了几何学、测量学、并开始运用正投影方式来绘制建筑物的平面、立面及剖面。古埃及人建造了举世闻名的金字塔、法老宫殿及神灵庙宇等建筑物，这些艺术精品虽经自然侵蚀和岁月埋没，但仍然可以通过存世的文字资料和出土的遗迹依稀辨认出当时的规模和室内装饰概况。

在吉萨的哈夫拉金字塔(Khafra)祭庙内有许多殿堂,供举行葬礼和祭祀之用。"设计师成功地运用了建筑艺术的形式心理。庙宇的门厅离金字塔脚下的祭祀堂很远,其间有几百米距离。人们首先穿过曲折的门厅,然后进入一条数百米长的狭直幽暗的甬道,给人以深奥莫测和压抑之感"。"甬道尽头是几间纵横互相垂直、塞满方形柱梁的大厅。巨大的石柱和石梁用暗红色的花岗岩凿成、沉重、奇异并具有原始伟力。方柱大厅后面连接着几个露天的小院子。从大厅走进院子,眼前光明一片,正前面出现了端坐的法老雕像和摩天掠云的金字塔,使人精神受到强烈的震憾和感染"(注:摘自矫苏平等著《国外建筑与室内设计艺术》一书)。

埃及的神庙是供奉神灵的地方,也是供人们活动的空间。其中最令人震憾的当推卡纳克阿蒙神庙(the Temple of Ammon at Karnak 大约始建于公元前1530年)的多柱厅,厅内分16行密集排列着134根巨大的石柱,柱子表面刻有象形文字、彩色浮雕和带状图案。柱子用鼓形石砌成,柱头为绽放的花形或纸草花蕾。柱顶上面架设9.21m长的大石横梁,重达65t。大厅中央部分比两侧高起,造成高低不同的两层天顶,利用高侧窗采光,透进的光线散落在柱子和地面上,各种雕刻彩绘在光影中若隐若现,与蓝色天花底板上的金色星辰和鹰隼图案构成一种梦幻般神秘的空间气氛(图3-16)。

阵列密集的柱厅内粗大的柱身与柱间净空狭窄造成视线上的遮挡,使人觉得空间无穷无尽、变幻莫测,与后面光明宽敞的大殿形成强烈的反差。这种收放、张弛、过渡与转换视觉手法的运用,证明了古埃及建筑师对宗教的理解和对心理学巧妙应用的能力。

图3-16　埃及卡纳克阿蒙神庙圆柱大厅一角

3.2.1.2　古希腊与古罗马

古代希腊和罗马创立的建筑艺术确立了西方建筑艺术的科学规范、力学形制和艺术原则,对世界建筑艺术和室内设计的发展产生了深远的影响,时至今日仍被视为世界建筑艺术的经典。

(1)古希腊

古希腊是泛神论国家,祀奉多种神灵,主张人神同源,宗教带有浓郁的世俗化色彩,很多城邦国家实行奴隶制民主政体,普通公民享有较大的自由,个性和才智均能得到较大的发展,在科学、哲学、文学、艺术上都取得了辉煌的成就,古希腊被称为欧洲文化的摇篮,对欧洲和世界文化的发展产生了深远的影响。其中给人留下最深刻印象的莫过于希腊的神庙建筑。

希腊神庙象征着神的家,神庙的功能单一,仅有仪典和象征作用。它的构造关系也较简单,神堂一般只有一间或二间。为了保护庙堂的墙面不受雨淋,在外增加了一圈雨棚,其建筑样式变为周围柱廊的形式,所有的正立面和背立面均采用六柱式或八柱式，而两侧更多的却是一排柱式。希腊神庙的柱式有三种：多立克柱式(Doric Order)、爱奥尼柱式(Ionic Order)、科林斯柱式(Corinthian Order)。

除了那些激动人心的柱式之外，始建于公元前447年的雅典卫城帕提农神庙（Parthenon）也是一幢经典建筑。人们通过外围回廊，步过二级台阶的前门廊，进入神堂后又被正厅内正面和两侧立着的连排石柱围绕，柱子分上下两层，尺度由此大大缩小，把正中的雅典娜雕像衬托得格外高大。神庙主体分成两个不同大小的内部空间，它们恰好都是1∶1.618的黄金比关系，它的正立面也正好适应长方形的黄金比，这不能不说是设计师遵循和谐美的刻意之作（图3-17，图3-18）。

（2）古罗马

公元前2世纪，古罗马人入侵希腊，希腊文化逐渐融入罗马文化，罗马文化在设计方面最突出的特征是借用古希腊美学中舒展、精致、富有装饰的概念，选择性地运用到罗马的建筑工程中，强调高度的组织性与技术性，进而完成了大规模的工程建设（道路、桥梁、输水道）以及创造了巨大的室内空间。这些工程的

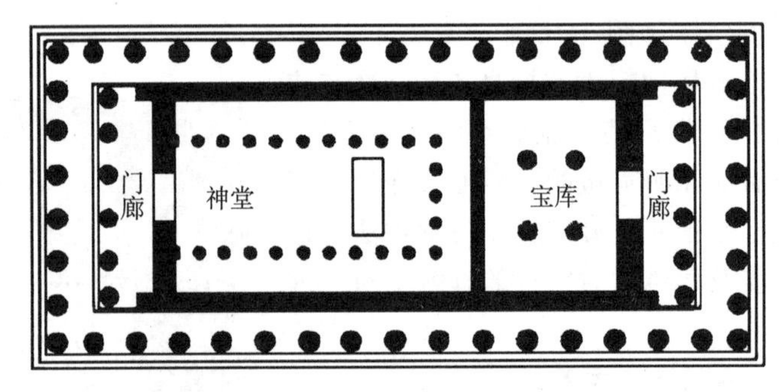

图3-17　希腊帕提农神庙平面

图3-18　希腊帕提农神庙外观

完成首先归功于罗马人对券、拱和穹顶的运用与发展。

建筑构造技术的发展还来源于罗马人在建筑材料、建筑技术方面的创造发明。首先，他们创造了切割精细的石材——“细石”；还发明用火烧制结实耐用的“罗马砖”；另外罗马人还发明了用天然火山灰与石子、砂子混合做成可浇灌的混凝土。正是这些构造技术和建筑材料的创新与发明，使古罗马的建筑艺术成就在世界文明史上留下十分光辉灿烂的篇章。

古罗马的代表性建筑很多，神庙就是其中常见的类型。在罗马的共和时期至帝国时期先后建造了若干座神庙，其中比较有名的当推万神庙（Pantheon）。神庙的内部空间组织得十分得体。入口门廊由前面八根科林斯柱子组成，空间显得具有深度。入口两侧两个很深的壁龛，里面两尊神像起到了进入大殿前序幕的作用。圆形正殿的墙体厚达4.3m，墙面上一圈还发了八个大券，支撑着整个穹顶。圆形大厅的直径和从地面到穹顶的高度都是43.5m，这种等比的空间形体使人产生一种浑圆、坚实的体量感和统一的谐调感。穹顶的设计与施工也很考究，穹顶分五层逐层缩小的凹形格子，除具有装饰和丰富表面变化的视觉效果之外，还起到减轻重量和加固的作用。阳光通过穹顶中央圆形空洞照射进来，产生一种崇高的气氛（图3-19）。

图3-19 罗马万神庙内景

罗马的巴西利卡法庭、图拉真市场（公元100～112年）则是世俗公共建筑中具有代表性的作品，它们都强调设置一个可供许多人活动的中央大厅，而两边则以拱券形式修建一些分开的侧廊，高出的中庭周边都开有高侧窗，室内光线明亮，有利于室内各种活动的开展（图3-20）。

图3-20 罗马巴西利卡法庭

3.2.2 欧洲中世纪

3.2.2.1 教堂的兴起

公元313年，罗马帝国君士坦丁大帝颁布了“米兰赦令”、彻底改变了历代皇帝对基督教的封杀令，公元342年基督教被奥多西一世皇帝奉为正统国教。全国各地普遍建立教会，教徒也大量增加，这时最为缺少的就是容纳众多教徒作祈祷的教堂大厅。过去的神庙样式也不太适应新的要求，人们发现曾作为法庭的巴西利卡会议厅比较符合要求，早期的教堂便在此基础上发展起来。

罗马的圣保罗教堂（公元386年）、圣·萨宾教堂（约423～432年）和圣·玛利亚教堂等就是巴西利卡式的教堂中保存最好的一类。

另外在意大利的拉韦拉有一座八边形的圣维达尔教堂（约公元532～548年），它的穹顶用中空的陶器构件制造，可减轻结构压力。从教堂中心看，八个墩柱支撑的多层拱券形成无数的支撑圈，空间形式变化丰富，一个层次连着另一个层次，加之来自各个方向的彩色玻璃透光强化了幻象的效果，为教堂创造了神秘的宗教气氛。

圣维达尔教堂的壁画与装饰更是令人赞叹，金碧辉煌的图案设计复杂而不琐碎，与构造巧妙结合、浑然一体。半圆穹顶上的马赛克镶嵌画借伊甸园的场景描绘了人神共乐的场面，无论构图和色彩都具有强烈的宗教隐喻和象征。其艺术成就不仅感动了诗人但丁，引发了《神曲》中的一段精彩的描述，以致文艺复兴时期人文主义思想家特拉瓦萨利也曾写道“我们从来没有见过这么完美这么精致的墙面装饰”（图3-21）。

1. 前廊　2. 回廊　3. 中厅　4. 圣坛　5. 圣龛　6. 壁龛

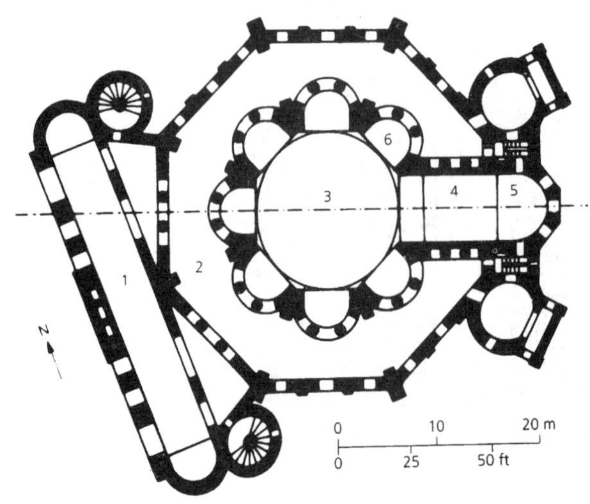

图3-21　意大利圣维达尔教堂平、剖面图

3.2.2.2 罗马风

经过中世纪早期近400年的“黑暗时代”，公元800年查理曼在罗马加冕称帝，查理曼是一位雄心勃勃、思想开明的帝君，在他统治期间、文学、绘画、雕刻及建筑艺术都有很大发展，史学上把这种艺术启蒙运动新风格的出现称为“加洛林式”（Canolingian）。

罗马风设计最易识别的元素是半圆形券和拱顶，现在的西欧各地都能看到那个时期在罗马风影响下建造的数以千计的大小教堂，甚至在斯堪的纳维亚半岛上的北欧地区也有许多用木结构修建的罗马风格的小教堂，罗马风的威力不能小觑。

3.2.2.3 城堡与住宅

中世纪中期的世俗建筑主要是城堡和住宅。封建领主为了维护自己领地的安全、防御敌人的侵袭，往往选择险要地形，修建高大的石头城墙，并紧挨墙体修筑可供防守和居住的各种功能的塔楼、库房和房间。室内空间的分布随使用功能临时多变。为了抵风御寒，窗户开洞较小，大厅中央多设有烧火用的炉床（后来才演变为壁炉），墙内和屋顶有烟道，室内墙面多为裸石。往往依靠少量的挂件（城徽、兽头骨、兵器和壁毯）作装饰。室内家具陈设也都简单朴素，供照明用的火炬、蜡烛都放置在金属台或墙壁的托架上，不仅实用，同时也是室内空间的陈设物品（图3-22，图3-23）。

图3-22　法国·马德莱娜修道院教堂

图3-23　中世纪城堡内的一间大厅

3.2.2.4 哥特式风格

大约12世纪，随着社会历史的发展与城市文化的兴起，王权进一步扩大，封建领主势力缩小，教会也转向国王和市民一边，市民文化在某种意义上来说改变了基督教。在西欧一些地区人们从信仰耶稣改为崇拜圣母。人们渴求尊严，向往天堂。为了顺应形势变化，也为了宠络民心，国王和教会鼓励人们在城市大量兴建能供更多人参加活动的修道院和教堂。由于开始修建这些教堂的地区的大多数市民来自七百多年前倾覆罗马帝国统治的哥特人，后来文艺复兴的艺术家便称这段时期的建筑形式为哥特式（Gothic）建筑风格。

（1）哥特式风格的主要特征

1）艺术形式方面

高大深远的空间效果是人们对圣母慈祥的崇敬和对天堂欢乐的向往；对称稳定的平面空间有利于信徒们对祭台的注目和祈祷时心态的平和；轻盈细长的十字尖拱和玲珑剔透的柱面造型使庞大笨重的建筑材料失去了重量，具有腾升冲天的意向；大型的彩色玻璃图案，把教堂内部渲染得五色缤纷，光彩夺目，给人以进入天堂般的遐想。

经过长时间的锤炼，哥特式教堂的设计格局已成定式：即教堂平面成船形，有同舟共济之意；教堂门口朝西与之相对的祭台朝东，因为那是耶稣圣墓所在；教堂平面图形呈纵（东西向）长、横（南北向）短的十字型，这样的十字叫“拉丁十字”，以区别于拜占庭的“希腊十字”。这种十字形被比喻为耶稣受难的十字架，具有宗教的象征意义和艺术形式上的寓意性。

2）结构技术方面

中世纪前期教堂所采用的拱券和穹顶过于笨重，费材料、开窗小、室内光线严重不足，而哥特式教堂从修建时起便探索摒除已往建筑构造缺点的可能性。他们首先使用肋架券作为拱顶的承重构件，将十字筒形拱分解为“券”和“蹼”两部分。券架在立柱顶上起承重作用，“蹼”又架在券上，重量由券传到柱再传到基础，这种框架式结构使“蹼”的厚度减到20～30cm，节约了材料，减轻了重量，增加了适合各种平面形状的肋架变化的可能性。其次是使用了尖券。尖券为两个圆心划出的尖矢形，可以任意调整走券的角度，适应不同跨度的高点统一化。另外尖券还可减小侧推力，使中厅与侧厅的高差拉开距离，从而获得了高侧窗变长、引进更多光线的可能性。第三，使用了飞券。飞券立于大厅外侧，凌空越过侧廊上方，通过飞券大厅拱顶的侧推力便直接经柱子转移到墙脚的基础上，墙体因压力减少便可自由开窗，促成了室内墙面虚实变化的多样性（图3-24）。

（2）哥特式的法国教堂

最具代表性的哥特式建筑大多在法国（图3-25），大致可分为三个阶段：

1）早期和盛期哥特式：公元1135～1144年巴黎的圣丹尼斯修道院和公元1163始建的巴黎圣母院均是早期过渡到盛期的哥特式建筑代表，它们体现了应用尖券和肋骨发展演变的过程。法国盛期的哥特式建筑代表是亚眠圣母大教堂（约1220～1288年），中厅宽约15m，高约43m，内部充满了起伏交错的尖形肋骨和束柱状的柱墩，空间感觉高耸挺拔。

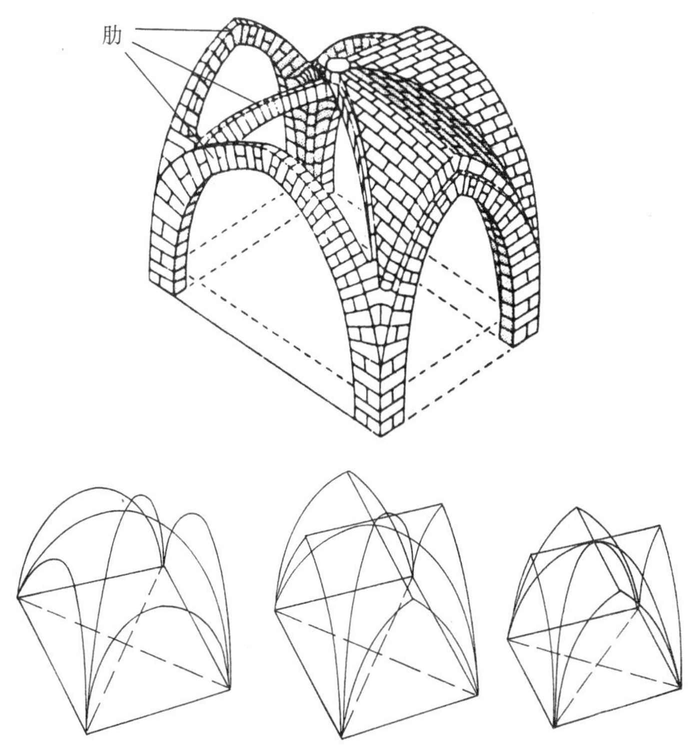

图 3-24　哥特式建筑的技术结构说明图例

图 3-25　法国沙特尔大教堂大厅剖面透视图

2）辐射式：这一时期（公元1230～1325年）彩色玻璃窗花格的辐射线已成为一种重要元素，许多主教堂的巨大玫瑰窗就是典型的辐射式，巴黎圣夏佩尔小教堂（约1242～1248年）的墙体缩小成纤细的支柱，支柱之间全是镶满彩色玻璃的长条形窗，创造了一个彩色斑斓的室内空间。

3）火焰式：这是指教堂唱诗班后面窗花格的形式呈火焰状，火焰式已成为法国哥特式晚期设计细部装饰复杂、精致、甚至繁锁的一个代名词。

（3）欧洲其他地区的教堂设计

除法国之外，欧洲其他地区的哥特式教堂也大量涌现。建于1328～1348年德文郡的埃克塞特大教堂则是英国装饰式风格的实例，它的中厅为扇形肋组成的穹顶所控制，以簇叶式雕刻线为基础的装饰是这一时期的主要特征（图3-26）。

此外，德国的科隆大教堂（始建于1270年）、奥地利的圣斯芬教堂、比利时的图尔奈教堂、荷兰的圣巴沃大教堂以及西班牙的莱昂大教堂（始建于1252年）、巴塞罗那大教堂（始建于1298年）等都先后不同程度地受到法国哥特式建筑的影响。

图3-26 英国埃克塞特大教堂

3.2.3 欧洲文艺复兴运动时期

3.2.3.1 文艺复兴运动的历史背景

13世纪后，一大批勇敢的人文主义者和艺术家，如：但丁（Dante Alighieri）、乔托（Giotto di Bondone）、达·芬奇（Leonardo da Vinci）、米开朗琪罗（Michelangelo Buonarroti）和伯鲁乃列斯基（Filippo Brunelleschi）等人主张：人有权力去认识客观世界，发展人性，塑造自我，享受现实生活，热爱一切的美。他们在意大利的古典文化中和被土耳其灭掉的拜占庭的古希腊和古罗马遗留的文物中看到了这些人文气息十分浓重的东西，发出了“让死去的东西复活”的呼唤。古典文化的再生，是文艺复兴运动的重要标志之一，也是这场运动得名的依据。

在15世纪文艺复兴运动大潮冲击下，意大利中部和北部的封建统治者和罗马教庭转而支持人文学者，到了16世纪，罗马便成了文艺复兴运动的中心。文艺复兴运动在建筑上和室内设计上的主要表现有如下几个方面：

第一，为现实生活服务的世俗建筑类型大大丰富，质量大大提高。

第二，各类建筑的型制和艺术形式都有很多创新。

第三，大型建筑都用古罗马式的拱券覆盖，尤其是穹顶结构技术进步很大。

第四，建筑师摆脱了工匠身份，成为个性强烈且多才多艺的“巨人”。

第五，建筑理论空前活跃，产生了大量理论著作。

第六，恢复了古典建筑风格，柱式再度成为建筑构图的基本因素。

第七，许多建筑师成为新思想、新文化的代表，他们的作品成为历史的里程碑。

3.2.3.2 意大利文艺复兴时期的代表作品

（1）佛罗伦萨大教堂

这座教堂（1420～1470年）是13世纪末，行会把它作为共和政体的纪念碑式的建筑来修建的，由于构造技术和审美心理等问题，拖延了很长时间没能完成。15世纪初，伯鲁乃列斯基（1379～1446年）通过对古罗马建筑，特别是对万神庙的圆顶结构做了深入研究后，提出一个无须支撑也不必建造木膺架的大穹顶的设计方案。他创造性地将古罗马的水平构造方法和哥特式的骨架券结构相结合，在直径42.2m的八角形鼓座的每一个角上建一根主券、八个边上各建两根次券、用九道水平券把主券、次券连接成整体，形成一个八角形状的尖矢形笼子，在此结构基础上加建外壳和顶上的采光亭。大厅内部的空间净高接近百米，人们举头仰望透着天光的矢顶，无不赞叹这座结构上大胆创新、形式上巧妙结合（古罗马与哥特式）的里程碑式建筑。

（2）罗马圣彼得大教堂

这是在旧的巴西利卡式的彼得教堂旧地上重新设计建造的新的圣彼得大教堂。经过设计竞赛，伯拉孟特（Donto Bramante，1444～1514年）的方案中标，该方案平面中厅为希腊十字形，近似正方形的四角分别有一个小十字空间，集中式的布局严格对称，具有纪念碑式的形象意义。该工程1506年动工至1514年，伯拉孟特去世。此后的三十多年里，随着进步势力与保守势力的反复较量，设计方案也几经变动，直到1547年，教皇保罗三世才委任72岁高龄的米开朗琪罗主持圣彼得大教堂的工程设计。他首先肯定伯拉孟特方案“纹丝不乱，清爽明朗、光线充足……它很美好”。当然作为艺术大师的米开朗琪罗更具创造性，他加强了中央支承穹顶的四座柱墩，简化了四角的布置，使整个大厅内部空间更为流畅。同时他还提高了穹顶的鼓座，使穹顶向上拔高增大内部空间。穹顶的造形受佛罗伦萨大教堂影响，也在顶部做了一个以柱子环绕的采光亭，鼓座上一圈长方形的采光窗将大量光线引入中厅。充足、明朗的光线，正是人文主义者对教堂的要求。

目前，我们看到圣彼得大教堂内部空间仍是光线明晰的中厅、高大宽阔的拱廊、连续优美的半圆形券柱、色彩艳丽而堂皇的图案设计、檐部和壁龛上精美的雕刻等等，向人们展示意大利文艺复兴运动的巨大成果，证明了古希腊、古罗马、古典文化是取之不竭的艺术源泉。

（3）府邸与住宅

盛期文艺复兴的府邸和别墅建筑显示了更多的古罗马语汇。罗马的法尔尼斯府邸就是典型实例，它是小桑迦洛（Antonio da San Gallo，the younger）和米开朗琪罗前后合作设计建造的。建筑为正方形四合院，每边三层均有柱廊。建筑的拱券不是架在柱头而是落在厚实的柱墩上，柱头直接顶住各层的檐部增强了竖向的力度感，一部巨大的楼梯引向二层，该层有一环形通道通向院落三边大小不同房间。底邸最大的房间是加德斯大厅，空高两层，窗户及柱子形式与外部一致。门道的门框和镶板式的木格顶棚以及铺砌精美的地面都具有古典韵味，除了墙面中部装饰一些小圆浮雕和彩色挂毯之外，并无多余浮华的装饰，显得简洁、朴素。府邸内其他房间的室内装饰根据功能，繁简不一。许多房间也多喜欢通过绘画的形式来装饰天顶和墙面，采用逼真的手法描绘各种神话题材。一些立体感极强的人物雕刻和绘画的框子，均是运用透视方面的知识描绘在平滑的粉墙上，有些类似庞培古城住宅墙面装饰建筑画的效果（图3-27）。

图3-27 罗马法尔尼斯府邸的门廊

3.2.3.3　欧洲各国的文艺复兴时期的代表作品

意大利文艺复兴运动影响了整个欧洲，也促进了人文主义思潮和古典主义设计的发展。

法国“枫丹白露学派”艺术家在16世纪设计的法兰西斯一世长廊等宫廷建筑，吸取了意大利的艺术装饰风格，创造了灰泥高浮雕和绘画相结合的新的建筑装饰造型手法。长廊的空间整齐规正，起伏变化较大的顶棚结构和壁画上的门窗、线脚装饰以及绘画、雕刻的设计，使人目不暇接，效果十分强烈。

西班牙出现了银匠式风格，这是将当地哥特式、阿拉伯式建筑风格和意大利文艺复兴的装饰设计手法相融合的产物，这种风格的作品具有类似银器般的精雕细琢的工艺特色。建筑物内外的各种装饰构件以及家具陈设的细节部位也都做工精美、千变万化，体现了西班牙人特有的活泼热情的性格，其代表建筑有贝壳府邸和海纳瑞大学等。

图3-28　英国罕普敦府邸的大厅

英国的罕普敦府邸也是这一时期的例子。罕普敦府邸是一座“都铎风格”明显的具有欢快气息的庄园。外观形体起伏多变，红砖白缝的外墙显示着尼德兰的影响。内部装饰以深色木材作浅浮雕花饰的围护墙裙；天花用浅色抹灰制作直线和曲线结合的格子，中间下垂钟乳状的装饰以求造型变化。一些重要大厅采用由两侧逐级挑出的木制锤式屋构架，构架上精雕细镂的下垂装饰物具有典型的英格兰地方风味（图3-28）。

俄国没有过多受意大利文艺复兴设计样式的影响。他们在16世纪推翻蒙古人的统治，正经历一个民族复兴的时期，民族意识十分强列。伊凡雷帝为纪念战胜蒙古人在1555～1560年修建了著名的华西里·柏拉仁内教堂。教堂着重外部造型，内部空间却十分狭小，算是室内空间设计的一个败笔。但是它具有别具一格的俄罗斯民间建筑形式，九个高低不一、色彩多样、形态各异的葱头顶，就像一团熊熊燃烧着的烈火，充满了活力，爆发出欢乐，成了俄罗斯的标志。

3.2.4　巴洛克与洛可可时期

3.2.4.1　巴洛克

巴洛克这个词源于葡萄牙语（Barocco），意思是畸形的珍珠（另一种说法认为该词来源于意大利语，意为奇形怪状、矫揉造作），这个名词最初出现略带贬义色彩。巴洛克建筑的表情非常复杂，历来对它的评价褒贬不一，尽管如此，它仍造就了欧洲建筑和艺术的又一个高峰，其影响远至俄罗斯和美洲。

（1）巴洛克风格的室内设计

意大利罗马的耶稣会教堂被认为是巴洛克设计的第一件作品，其正面的壁柱成对排列，在中厅外墙与侧廊外墙之间有一对大卷涡，中央入口处有双重山花，这些都被认为是巴洛克风格的典型手法。另一位雕塑家兼建筑师伯尼尼（Giovanni Lorenzo Bernini）设计的圣彼得大教堂穹顶下的巨形华盖，由四根旋转扭曲的青铜柱子支撑，具有强烈的动感，整个华盖缀满藤蔓、天使和人物，充满活力（图3-29）。

意大利的威尼斯、都灵以及奥地利、瑞士和德国等地都有巴洛克式样的室内设计。比如：威尼斯公爵府会议厅里的墙面上布满令人惊奇的富丽堂皇的绘画和镀金石膏工艺，给参观者留下强烈的印象。都灵的圣洛伦佐教堂，室内平

图3-29　圣彼得大教堂大厅的华盖

立面造型比圣伊沃教堂的六角星平立面更为复杂，直线加曲线，大方块加小方块，希腊十字形、八边形、圆形或不知名的形状均可看到。室内大厅里装饰复杂的大小圆柱、方柱支撑着饰满图案的半圆拱和半球壁龛，龛内上下左右布满大大小小的神象、天使雕刻和壁画，拱形外的大型石膏花饰更是巴洛克风格的典型纹样。

德国的维斯朝圣教堂等也都一律秉承大量穿金戴银，工艺精细，材料华贵等特点，把法国洛可可风格也混在一块，很难区分两者的归属（图 3-30）。

图 3-30　德国　菲森·维斯朝圣教堂

（2）古典主义的室内设计

16世纪末，路易十四登基后，法国的国王更成为至高无上的统治者，法国文化艺术界普遍成为为王室歌功颂德的工具。王室也以盛期古罗马自比，提倡学习古罗马时期艺术，建筑界兴起了一股崇尚古典柱式的建筑文化思潮。他们推崇意大利文艺复兴时期帕拉第奥（Andrea Palladio）规范化的柱式建筑，进一步把柱式教条化，在新的历史条件下发展为古典主义的宫廷文化。

法国的凡尔赛宫和卢佛尔宫便是古典主义时期的代表之作，两宫内部的豪华与奢侈令人叹为观止。绘满壁画和刻花的大理石墙面与拼花的地面、镀金的石膏装饰工艺、图案的顶棚、大厅内醒目的科林斯柱廊和罗马式的拱券，都体现了古典主义的规则。除了皇宫，这个时期的教堂建筑有格拉斯教堂和最壮观的巴黎式穹顶教堂恩瓦立德大教堂，它的室内设计特点是穹顶上有一个内壳，顶端开口，可以通过反射光看见外壳上的顶棚画，而看不见上面的窗户，创造出空间与光的戏剧性效果。这种创新做法体现了法国古典主义并不顽固，有人把它称作真正的巴洛克手法。

3.2.4.2 洛可可

同“巴洛克”一样，“洛可可”（Rococo）一词最初也含有贬意。该词来源于法文，意指布置在宫廷花园中的人工假山或贝壳作品。

（1）法国洛可可风格的代表作品

法国洛可可艺术设计新时期在艺术史上称为“摄政时期”，奥尔良公爵的巴莱卢雅尔室内装饰就是一例，在那里看不见沉重的柱式，取而代之的是轻盈柔美的墙壁曲线框沿。门窗上过去刚劲的拱券轮廓被逶迤草茎和婉转的涡卷花饰所柔化（图3-31）。巴黎苏俾士府邸椭圆形客厅是洛可可艺术最重要的作品，设计师博弗兰（Gabriel Germain Boffrand）。客厅共有8个拱形门洞，其中4个为落地窗，3个嵌着大镜子，只有1个是真正的门。室内没有柱的痕迹，墙面完全由曲线花草组成的框沿图案所装饰，接近天花的镶板绘满了普赛克故事的壁画。画面上沿横向连接成波浪形，紧接着金色的涡卷雕饰和儿童嬉戏场面的高浮雕。室内空间没有明显的顶立面界线，曲线与曲面构成一个和谐柔美的整体，充满着节奏与韵律。三面大镜加强了空间的进深感，造成令人安逸和迷醉的幻境效果。

（2）英国的乔治风格

英国从安妮女王时期到乔治王朝时期，建筑艺术早期受意大利文艺复兴晚期大师帕拉第奥的影响，讲究规矩而有条理，综合了古希腊、古罗马、意大利文艺复兴时期以及洛可可的多种设计要素，演变到后期形成了个性不明朗的古典罗马复兴文化潮流，其代表作有伦敦郊外的柏林顿府邸和西翁府邸。他们的室内装饰从柱式到石膏花纹均有庞培式的韵味（图3-32）。乔治时期的家具陈设很有成就，各种样式和类型的红木、柚木、胡桃木橱柜、桌椅以及带柱的床，制作精良；装油画和镜片的框子，采线和雕花也都十分考究；窗户也都采用帐幔遮光；来自中国的墙纸表达着自然风景的主题。室内的大件还有拨弦古钢琴和箱式风琴，其上

图3-31 洛可可风格的墙面设计

图 3-32 西翁府邸接待厅

都有精美的雕刻，往往成为室内的主要视觉元素。乔治时期的家具之所以能在欧洲红极一时，主要依赖于家具手工工业生产的艺术化、科学化。奇彭达尔（Thomas Chippendale）、赫普尔怀特（George Hepplewhite）、谢拉顿（Thomas Sheraton）等一批艺术素质很高的家具设计师，不仅身体力行，而且还将设计图整理出版，推广了乔治时期的家具。

（3）西班牙的“超级洛可可”

中世纪后期的西班牙，宗教裁判所令人胆寒，建筑装饰艺术风格也异常的严谨和庄重。直到18世纪受其他地区巴洛克与洛可可风格的影响，才出现了西班牙文艺复兴以后的“库里格拉斯科”（ChurriGueresco）风格，这种风格追求色彩艳丽、雕饰繁琐、令人眼花缭乱的极端装饰效果。格拉纳达的拉卡图亚教堂圣器收藏室就是这样的实例。它的室内无论柱子或墙面，无论拱券和檐部均淹没于金碧辉煌的石膏花饰之中，过分繁复豪华的装饰和古怪奇特的结构，形成强烈的视觉冲击和神秘气氛。

（4）殖民时期与联邦时期的美洲

欧洲殖民主义者在瓜分占领美洲的同时，也把各自国家流行的文艺复兴式、巴洛克式、洛可可式或者古典主义式的风格带进了新建筑的室内装饰中。

18世纪中期的美国追随欧洲文艺复兴的样式，用砖和木枋来建造城市住宅，称为美国乔治式住宅，一般2～3层，成联排式样。从前门进入宽大的中央大厅，由漂亮的楼梯引向二层大厅。门厅两边有客房和餐厅，楼上为卧室，壁炉、烟囱设在墙的端头，厨房和佣人房布置在两翼。室内装修多以粉刷墙和木板饰面，富裕一些的家庭则在门、窗、檐口一带做木质或石膏的刻花线。壁炉框及画框都用欧洲古典细部装饰，还有的喜欢在一面墙上贴中国式的壁纸，大厅地面多为高级木板镶拼，铺一块波斯地毯，显示主人的优越地位。费城的鲍威尔住宅（1765～1766）就是一个很好的典型（图3-33）。

图3-33 费城鲍威尔住宅室内空间

3.2.5 19世纪时期

18世纪末到19世纪中叶，资本主义社会政治制度在欧美大片地区逐步得以实现和巩固。随着这些国家政治、经济、文化的进步与发展，在建筑艺术领域，浪漫主义、新古典主义（希腊复兴、哥特复兴）、折衷主义是几个主要的潮流。作为一种理念和样式，它们在不同的地区、不同的时候，有区别地表现着自己。各种“主义”之间既相互排斥又相互渗透，从历史的足迹来看，各个主义都留下了值得炫耀的作品。

（1）新古典主义（含罗马复兴与希腊复兴）

在18世纪中期，新古典主义与巴洛克在法国几乎并存了许久。进入19世纪后，继续有力地影响着法国，特别是在1804年拿破仑称帝之后，为了宣扬帝国的威力、歌颂战争的胜利、也为他自己树立纪念碑，在国内大规模地兴建纪念性建筑，对19世纪的欧洲建筑影响很大。这种帝国风格的建筑往往将柱子设计得特别巨大，相对开间很窄，追求高空间的傲慢与威严，巴黎的圣日内维夫教堂（万神庙、1756～1789年）和巴德莱娜教堂（军功庙、1804～1849年）就是实例。这些建筑大厅内均有高大的科林斯柱子支撑着拱券，山花和帆拱的运用正是罗马复兴的表现，图案和雕刻分布合理，体现了罗马时期建筑的豪华而不奢侈，表现出一种冷漠的壮观。

新古典主义在与法国为敌的英国以及德国、美国一些地方则表现为希腊复兴。他们认为古希腊建筑无疑是最高贵的，具有纯净的简洁，其代表作有英国伦敦大英博物馆（1825～1847）和爱丁堡大学，德国柏林博物馆（1823～1833年）和宫庭剧院（1818～1821年），美国纽约海关大厦（现为联邦大厦、1833～1842年）。这些建筑模仿希腊较为简洁的古典柱式，追求雄浑的气势和稳重的气质。

（2）浪漫主义（含哥特复兴）

浪漫主义起于18世纪下半叶的英国，常称先浪漫主义。浪漫主义在艺术上强调个性，提倡自然主义，反对学院派古典主义，追求超凡脱俗的中世纪趣味和异国情调。19世纪30到70年代是它的第二阶段，此时浪漫主义已发展成颇具影响力的潮流，它提倡造型活泼自然、功能合理适宜、感觉温情亲切的设计主张，强调学习和摹仿哥特式的建筑艺术，又被称为哥特式复兴。

1836年始建的英国伦敦议会大厦、1846年始建的美国纽约圣三一教堂、林德哈斯特府邸是当时哥特复兴的代表性建筑和室内设计。在这些实例中都能看到哥特式的尖券和扶壁式的半券，彩色玻璃镶嵌的花窗图案仍然是那样艳丽动人。

（3）折衷主义

进入19世纪，随着科学技术的进步，人们能更快、更多地了解历史的、当前的、各地的文化艺术成果。有人主张选择在各种主义、方法或风格中看起来是最好的东西，于是设计师根据业主的喜爱，从古典到当代、从西方到东方、从丰富的资料中选择讨好的样式揉合在一起，形成了折衷主义的设计风格。折衷主义作为一种思潮有其市场，但最可悲的是他们更多地依赖于传统的样式，过多的细节模仿妨碍了对新风格的探索与创造。

（4）工业革命与现代室内设计

18世纪末到19世纪初，世界工业生产的发展与变化给室内设计带来了新意。早期工业革命对室内设计的影响，其技术性大于美学性。用于建筑内部的钢架构件有助于获取较大的空间；由蒸气带动的纺织机、印花机生产出大量的纺织品，给室内装饰用布带来更多的选择。

19世纪中期，钢铁与玻璃成为主要建筑用材，同时也给室内设计创造出历史上从未有过的空间形式。1851年，由约瑟夫·帕克斯顿（J·Paxton 、1803～1865年）为举办首届世界博览会而设计的“水晶宫”更是将铸造厂里预制好的铁构架、梁架、柱子运到现场铆栓装配，再将大片的玻璃安装上去，形成巨大的透明的半圆拱形网架空间。另外，结构工程师埃菲尔（G·Eiffel 、1832～1923年）设计了著名的铁塔和铁桥，也设计了巴黎廉价商场的钢铁结构，宏大的弧形楼梯和走道与钢铁立柱支撑的玻璃钢构屋顶，创造出开敞壮观的中庭空间。

（5）维多利亚时期

与此同时还并行着另一种设计风格，那就是以英国维多利亚女王名字作为代称的维多利亚风格，它反映了欧美设计的一个侧面。

维多利亚设计不是一种统一的风格，而是欧洲各古典风格折衷混合的结果。维多利亚风格更多地表现在室内设计与工业产品的装饰方面，它以增加装饰为特征，有时甚至有些过度装饰。究其原因，大概与手工艺制作的机器化、模具化生产有关，雕刻与修饰不再像以前纯手工艺制作那样艰难，许多样式的生产只须按图纸批量加工便可。借用与混合成为维多利亚式创作与设计的主要手段。

（6）工艺美术运动

19世纪下半叶，设计界出现了一股既反对学院派的保守趣味，又反对机械制造产品低廉化的不良影响的有组织的美学运动，称为工艺美术运动。这场运动中最有影响的人物是艺术家兼诗人威廉·莫里斯（William Morris，1834～1896年），他信奉拉斯金（John Ruskin，1819～1900年）的理论，认为真正的艺术品应是美观而实用的，提出“要把艺术家变成手工艺者，把手工艺者变成艺术家”的口号。他主要从事平面图形设计，诸如：地毯（挂毯）、墙纸、彩色玻璃、印刷品和家具设计。他的图案造形常常以自然为母题，表达出对自然界生灵的极大尊重，他的设计风格与维多利亚风格类似，但却更为简洁、高贵和富于生机。

（7）新艺术运动

图3-34　比利时布鲁塞尔的塔塞尔住宅楼梯

19世纪晚期，欧洲社会相对稳定和繁荣，当工艺美术运动在设计领域产生广泛影响的同时，在比利时布鲁塞尔和法国一些地区开始了声势浩大的新艺术运动。与此同时在奥地利也形成了一个设计潮流的中心，即维也纳分离派；法国和斯堪的纳维亚国家也出现一个青年风格派，可以看作是新艺术运动的两个分支。新艺术运动赞成工艺美术运动对古典复兴保守、教条的反叛，认同对技艺美的追求，但却不反对机器生产给艺术设计带来的变化。

比利时设计师维克托·霍尔塔（Victor Horta 1861～1947）在布鲁塞尔设计的塔塞尔住宅，室内有一个复杂开敞的楼梯，楼梯的扶手和支撑柱均用钢铁为材料加工成型。栏杆与铁柱上端的图形呈曲线和涡卷，韵律优美。墙面描绘的卷草图案与地面玻璃马赛克的拼花图形，构成一幅十分和谐、轻盈，极富流动感的画面，生硬而冷冰的钢铁在这儿变得柔软而富有生气（图3-34）。

新艺术运动在欧美不仅对建筑艺术，还对绘画、雕刻、印刷、广告、首饰、服装和陶瓷等日常生活用品的设计产生了前所未有的影响。这种影响还波及到亚洲和南美洲，它的许多设计理念持续到20世纪，为早期现代主义设计的形成奠定了理论基础。

3.2.6 近现代时期

3.2.6.1 现代主义运动时期的室内设计

（1）现代主义的出现

在20世纪初的十年中，人们清楚地看到：工业化及其所依赖的工业技术为人们的生活带来了巨大的变化——生活中电话、电灯的使用；旅行中轮船、火车、汽车和飞机的采用；以及结构工程中钢和钢筋混凝土材料的运用——所有这些都为人们的生活带来了翻天覆地的变化。纵观人类历史，过去手工劳动是主要的生产方式，而这时已经很少有手工产品了，工厂生产的产品也越来越标准化，于是人们在艺术、建筑领域中更加感觉到：历史上一直遵循的传统与这个现代世界的距离越来越远了。

在19世纪，人们已经开始努力寻找新的设计方向，工艺美术运动、新艺术运动和维也纳分离派都保持着和过去紧密的联系。工艺美术运动希望回归前工业时代的手工技艺；新艺术运动和维也纳分离派在寻找新的装饰语汇，但却没能认识到涉及现代生活方方面面的变化所具有的强大影响力；折衷主义被用来作为旧形式向现实转化的手段。机器工业的发展使以手工艺为基础的装饰艺术与时代格格不入，工艺美术运动以来室内设计的装饰化、艺术化倾向又使之脱离了最广泛的群众基础。最后艺术变成阳春白雪，高高在上。因此在某种意义上说，现代主义运动的先驱们希望改变这种现象，他们的作用具有革命性。

现代主义运动希望提出一种适应现代世界的设计语汇，这种运动涉及所有艺术领域，如绘画、雕塑、建筑、音乐与文学。在建筑设计领域有四位人物被认为是“现代运动”的先驱和发起人——欧洲的沃尔特·格罗皮乌斯（Walter Gropius，1881～1969）、密斯·凡德罗（Mies van der Rohe，1886～1969）、勒·柯布西耶（Le Corbusier，1887～1965）和美国的弗兰克·劳埃德·赖特（Frank Lloyd Wright，1867～1959），这四位大师既是建筑师，但同时又都活跃于室内设计领域。

1）格罗皮乌斯与包豪斯

1919年，格罗皮乌斯出任魏玛“包豪斯”（Bauhaus）校长，在包豪斯宣言中，他倡导艺术家与工匠的结合，倡导不同艺术门类的综合。

1925年，“包豪斯”迁至工业城市德绍，由格罗皮乌斯设计了新的校舍。包豪斯校舍于1926年竣工，这是一组令人印象深刻的建筑群，无论平面布局还是立面表达都体现了包豪斯的理念。复杂组群中最显著的部分是用作车间的四层体块，在这里学生们能进行真正的实践，各种材料均在这些车间中生产。包豪斯校舍引人注目的外观来自车间建筑三层高的玻璃幕墙、其他各翼朴素的不带任何装饰的白墙、墙面上开着的条形大窗以及宿舍外墙上突出的带有管状栏杆的小阳台。“包豪斯”校舍设计强调功能决定形式的理念，建筑的平面布局决定建筑形式，这是对传统的巨大冲击，影响十分深远。“包豪斯”的室内非常简洁，并且功能与外观有着直接的关联。格罗皮乌斯主持的校长办公室室内设计引人注目，表现出对线

图3-35　包豪斯校舍

性几何形式的探索。学生和指导教师设计的家具和灯具亦随处可见，对白色、灰色的运用以及重点使用原色的方法使人联想起风格派的手法（图3-35）。

2）密斯·凡德罗

1913年，密斯·凡德罗在柏林创办了自己的事务所。1927年，作为德意志制造联盟副主席的密斯主持了斯图加特国际住宅博览会。当时现代运动的许多领袖（包括格罗皮乌斯与勒·柯布西耶）都被邀请设计某些样板住宅，密斯则设计了展览会中最大的住宅。这是一座高三层、有屋顶平台的公寓住宅，具有光面白墙和宽阔带形长窗等国际式建筑的典型特征。室内简洁朴素的特征清楚地表明了密斯的名言——“少就是多”，色彩和各种材料的纹理成为惟一的装饰元素。

1929年巴塞罗那博览会中的德国展览馆是密斯的代表作之一，巴塞罗那馆布置在一座宽阔的大理石平台上，有两个明净的水池。整幢建筑结构简单，由八根钢柱组成，柱上支撑着一个平板屋顶。建筑没有封闭的墙体，像屏幕一样的玻璃和大理石墙呈不规则的直线形，并布置成抽象形式，其中一部分墙体延伸到室外。巴塞罗那馆是一座发挥钢和混凝土性能的建筑，它的结构方式使墙成为自由元素——它们不起支撑屋顶的作用，室内空间可以自由安排。这个作品凝聚了密斯风格的精华和原则：水平伸展的构图、清晰的结构体系、精湛的节点处理、高贵而光滑材料的使用、流动的空间、“少就是多”的理念等等（图3-36）。

密斯是一个真正懂得现代技术并熟练地应用了现代技术的设计师，他的作品比例优美，讲究细部处理，通过现代技术所提供的高精度的产品和施工工艺来体现“少就是多”的理念。密斯善于把他人的创作经验融会到自己的建筑语言中去，他的作品虽有浓郁的个人色彩，但却能用最抽象的形式来抑制个人冲动，追求表达永恒的真理和时代精神。

图3-36　巴塞罗那博览会德国馆

3）勒·柯布西耶

勒·柯布西耶是一位对后代建筑师产生重大影响的现代主义大师。早在1914年，勒·柯布西耶在他提出的“多米诺”体系中，就已经把建筑还原到最基本的水平和垂直的支撑结构以及垂直交通构件，这样就为室内空间的营造提供了最大限度的自由。

20世纪20年代初，勒·柯布西耶和友人共同创办了《新精神》杂志。在《走向新建筑》（1923）一书中，勒·柯布西耶提出了他著名的“新建筑五项原则”：

独立的支撑结构；自由平面，不受承重墙限制；自由立面，即垂直面上的自由平面；水平条形窗；屋顶花园。他认为要把建筑美和技术美结合起来，把合乎目的性、合乎规律性作为艺术的标准，并把建筑从为少数所谓高品位的人服务转向为大众服务，提倡建筑产品工业化。在设计方法上，他十分注重自然因素对建筑的作用，认为“建筑是一些装配起来的体块在光线下辉煌、正确和聪明的表演”。

勒·柯布西耶最著名、最有影响力的作品之一是巴黎近郊的萨伏伊别墅（Villa Savoye，1929～1931年）。住宅的主体部分接近方形，抬高到第二层的楼板支撑在底层纤细的管状钢柱上。建筑的墙面大部分都是白色的，开着连续的带形窗。地面层布置一条通向车库的曲线形车道、一处门厅区以及几间服务用房。一层的墙体从上层楼板处后退，配以落地玻璃或漆成暗绿色的墙面，减弱了墙体的视觉冲击力。一条双折坡道通向主要楼层，直抵空间中央。一间宽敞的起居空间占据了建筑的一侧，上下贯通的玻璃面对一处室外露台，直接接纳天光；室外露台没安装玻璃的带形长窗便于观赏周围的风景。坡道一直延伸至室外，通向屋顶生活平台，平台由或直或曲的隔墙围合，墙体被漆上柔和的颜色。萨伏伊别墅外型简洁，但通过几何形体的巧妙组合创造了丰富的空间效果。在室内设计中，没有任何多余的线脚与繁琐的细部，强调建筑构件本身的几何形体美以及不同材质之间的对比效果；内部空间用色以白为主，辅以一些较为鲜艳的色彩，追求大的色彩对比效果，气度大方而又不失活泼之感；内部的家居与陈设也突出其本身的造型美和材质美，强化了建筑的整体感，使之成为一个完美的艺术品。该住宅同格罗皮乌斯设计的包豪斯校舍、密斯设计的巴塞罗那德国馆一起成为20世纪最重要的建筑之一，展示了现代建筑的发展方向（图3-37）。

图3-37 萨伏伊别墅

4）弗兰克·劳埃德·赖特

赖特是20世纪的另一位大师，是美国最重要的建筑师，在世界上享有盛誉。赖特一生设计了许多住宅和别墅，他的一些设计手法打破了传统建筑的模式，注重建筑与环境的结合，提出了“有机建筑”的观点。

赖特的代表作当推流水别墅，这是1936年为考夫曼家庭建造的私人住宅。建筑高架在溪流之上，与自然环境融为一体，是现代建筑中最浪漫的实例之一。流水别墅共三层，采用非常单纯的长方形钢筋混凝土结构，层层出挑，设有宽大的阳台，底层直接通到溪流水面。未装饰的挑台和有薄金属框的带形窗暗示了设计者对欧洲现代主义的认识。流水别墅的室内空间设有自然石块和原木家具，非常强调与户外景观的联系，达到内外一体的效果（图3-38）。

（2）现代主义的发展与高潮

第二次世界大战期间，原材料的匮乏对现代主义风格提出了挑战，但同时又创造了机会。早期的现代主义作品往往依赖于高质量的材料来表达其自然的肌理，材料的高贵弥补了形式的单调。战争期间只能提供最普通、最粗糙的原料，但这却反而促成了现代主义风格的大众化，更能体现出它最基本的特征。

二战前夕，现代主义大师们从欧洲迁徙美国，他们不仅把现代主义的中心移到了美国，更重要的是在美国兴建学院，培养了一代新人。1937年，格罗皮乌斯出任哈佛大学设计研究生院院长，传播包豪斯思想。1938年，密斯被聘为伊利诺伊理工学院建筑系主任。同时，布劳埃尔（Marcel Breuer）也执教于哈佛大学，这些包豪斯的主要人物在美国的教学活动，无疑促进了现代主义在美国生根开花。

图3-38　流水别墅室内

二战结束后，西方国家进入经济恢复时期，建筑业迅猛发展，造型简洁、讲究功能、结构合理并能大量工业化生产的现代主义建筑纷纷出现，现代主义的观念开始被普遍地接受。

在美国，统领室内设计迈上正统的现代主义道路的学派有三个：格罗皮乌斯指导下的哈佛，密斯引导的国际式风格以及匡溪学派。

格罗皮乌斯的教学纲领依然强调功能主义，强调空间的简单和明晰，强调视觉上的趣味性和质感。1937年，他在麻省修建的住宅以及他和布劳埃尔合作设计的一些小住宅，是功能性原则和简单性原则结合的典型。这些住宅都是简单的方盒子，但尺度宜人，墙面装修使用竖向的条形护墙板，火炉和基座用当地的块石拼合，既现代、又乡土，在以后的几十年中这一类做法长盛不衰。格罗皮乌斯的哈佛学派造就了一批第二代大师，包括约翰逊（Philip Johnson）、贝聿铭、考柏（Henry N. Cobb）、鲁道夫（Paul Rudolph）等，他们的室内设计和建筑设计一样独具风采。

匡溪学派的核心是在20世纪30年代在匡溪艺术学院（也可译作克兰布鲁克艺术学院）执教或就学的依姆斯（Charles Eames）、小沙里宁（Eero Sarrinen）、诺尔（Florence Schust Knoll）、伯托亚（Harry Bertoia）、魏斯（Harry Weese）等人。这个学派崭露头角于1938至1941年间，在纽约现代艺术博物馆举办的“家庭陈设中的有机设计”竞赛中，依姆斯和沙里宁双双获得头奖，他们设计了曲面的合成板椅子、组合家具等。

朱斯特·诺尔和她的丈夫汉斯·诺尔于1946年成立了设计公司，设计生产了许多经典作品，成为现代家具第二代的代表，即“诺尔样式”（Knoll look）。

小沙里宁为诺尔公司设计了不少家具。他把椅子的靠背、扶手、座位用统一的材料使其成为整体，充分发挥了材料的可塑性；椅子腿则用纤细的钢管。这种整体的造型和他日后的建筑设计风格非常接近。1948年以后，诺尔公司开始用玻璃钢工艺批量生产沙里宁式的椅子，这是现代技术把高艺术产品廉价地推向市场的早期先例（图3-39）。

图3-39 “诺尔样式”家具

1948至1951年间，芝加哥湖滨路高层公寓的设计与建立，圆了密斯早期的设计摩天楼之梦。1954年至1958年间，他又完成了著名的纽约西格拉姆大厦。密斯的成功标志着国际式风格在美国开始被广泛接受。美国最著名的设计事务所SOM于1952年设计了纽约的利华大厦，这是对密斯风格的一个积极响应。密斯风格已经成为从小到大、从简到繁的各类建筑都能适用的风格，而且它古典的比例、庄重的性格、高技术的外表也成为大公司显示雄厚实力的媒介，使战后的现代主义建筑不仅能有效地解决劳苦大众的居住问题，还能表达社会上流的身份与地位，甚至表达国家的新形象。

与此同时，美国的设计文明随着电影、书刊等大众传播媒介遍及到欧洲。战后欧洲各国的政府也在努力创造新的国家形象，体现自由、民主的精神，现代主义的风格与内涵无疑吻合了时代潮流。

现代主义能够盛行的另一个主要原因是因为它提出了全新的空间概念。20世纪，人类对世界认识的最大飞跃莫过于时间—空间概念的提出。在以往的概念中，时间和空间是分离的。但爱因斯坦的相对论指出，空间和时间是结合在一起的，人们进入了时间—空间相结合的“有机空间”时代。

把“有机空间”的设计原则和“功能原则”结合在一起，就构成了现代主义最基本的建筑语言。在大师们的晚期作品中，常常能欣赏到这些原则淋漓尽致的发挥：赖特的莫里斯商会（1948年）和古根海姆美术馆（1959年）的室内空间（图3-40），都使用了坡道作为主要的行进路线，达到了时间—空间的连续；密斯的玻璃住宅打破了内外空间的界限，把自然景观引入室内；柯布西耶的朗香教堂（1950～1954年）最全面地解释了有机建筑的原则，变幻莫测的室内光影，把时间和空间有效地结合在一起。

正因为现代空间有如此丰富的表现手段，才使人们认识到单纯装饰的局限性，才使室内设计从单纯装饰的束缚中解脱出来。与此同时，建筑物功能的日趋复杂、经济发展后的大量改造工程，进一步推动了室内设计的发展，促成了室内设计的独立。20世纪50年代，室内设计已经和仅限于艺术范畴的室内装饰有所区别，“室内设计师”的称号开始被普遍地接受。1957年，美国“室内设计师学会”成立，标志着室内设计学科的最终确立。

3.2.6.2 20世纪晚期的室内设计

进入后工业社会和信息社会以来，人类面临新的挑战，人们已经逐渐认识到：设计既给人们创造了新的环境，但又往往破坏了既有的环境；设计既给人们带来了精神上的愉悦，但又经常成为过分的奢侈品；设计既有经常性的创新与突

图3-40 美国古根海姆博物馆

破，但又往往造成新的问题。今天，人们已经不能用一、两种标准来衡量设计，对不同矛盾的不同理解和反应，构成了设计文化中的多元主义基础。自由与严谨、热情与冷静、严肃与放纵、进步与沉沦……，这些相对立的体验，在多元主义时代的设计中都能找到它们的对应物。

（1）晚期现代主义

20世纪五六十年代以后，现代建筑从形式的单一化逐渐变成形式的多样化，虽然现代建筑简洁、抽象、重技术等特性得以保存和延续，但是这些特点却得到最大限度的夸张：结构和构造被夸张为新的装饰；贫乏的方盒子被夸张为各种复杂的几何组合体；小空间被夸张成大空间……夸张的对象不仅仅是建筑的元素，一些设计原则也走向了极端。这种夸张，虽然深化、拓展了现代主义的形式语言，但也使现代主义变成了一种手法和风格。

早在19世纪80年代，沙利文就提出了“形式追随功能”的口号，后来“功能主义”的思想逐渐发展为形式不仅仅追随功能，还要用形式把功能表现出来。这种思想在晚期现代主义时期进一步激化，美国建筑师路易斯·康（Louis I·Kahn）的“服务空间”—“被服务空间”理论就是典型代表。

在路易斯·康所处的时代，人们坚信世界统一性原则和简单性原则，即可以用最简单化的原理、定理和形式来表现统一的宇宙图像，爱因斯坦在他晚年孜孜追求统一理论便是明证。路易斯·康颇受这种思想的影响，他认为“秩序”是最根本的设计原则，世界万象的秩序是统一的。建筑应当用管道给实用空间提供气、电、水等并同时带走废物。因而，一个建筑应当由两部分构成——“服务空间”（Servant Space）和“被服务的空间”（Served Space），并且应当用明晰的形式表现它们，这样才能显现其理性和秩序。

这种用专门的空间来放置管道的思想在路易斯·康的早期作品中就已形成。他非常钟爱厚重的实墙，但认为现代技术已经能够把古代的厚墙挖空，从而给管道留下空间，这就是“呼吸的墙”（Breathing Wall）的思想。20世纪50年代初，他为耶鲁大学设计的耶鲁美术馆中，又发展了“呼吸的顶棚”（Breathing Ceiling）的概念。这个博物馆是个大空间结构，顶棚使用三角形锥体组合的井字梁，这样屋盖中就有通长的、可以贯通管道的空间，集中了所有的电气设备，使展览空间非常纯净（图3-41）。在以后的几个设计中，路易斯·康又逐渐认识到“服务空间”不应当仅仅放在墙体和天花的空隙中，而要作为专门的房间。这种思想指导了宾夕法尼亚大学理查兹医学实验楼的设计：三个有实用功能的研究单元（“被服务空间”）围绕着核心的“服务空间”——有电梯、楼梯、贮藏间、动物室等。每个“被服务空间”都是纯净的方形平面，又附有独立的消防楼梯和通风管道（“服务空间”），同时使用了空腹梁，可以隐藏顶棚上的管道。

“服务空间”和“被服务空间”虽然有其理性的基础，但这种思想最终被形式化，“服务空间”变成了被刻意雕琢的对象，不惜花费大量的财力来表现它们，使之成为塑造建筑形象的元素。这种手法主义的做法实际上已经偏离了“形式追随功能”的初衷，走向了用形式来夸张功能之路，构成了晚期现代主义设计风格的一大特点。

图 3-41　耶鲁大学美术馆

这种形式主义还表现为把结构和构造转变为一种装饰。现代主义建筑没有了装饰元素，但它们的楼梯、门窗洞、栏杆、阳台等等建筑元素以及一些节点替代了传统的装饰构件而成为一种新的装饰品。现代主义设计师擅长于抽象的形体构成，往往用有雕塑感的几何构成来塑造室内空间；现代主义的设计师还擅长于设计平整、没有装饰的表面，突出材料本身的肌理和质感。因而，晚期现代主义风格把现代主义推向装饰化时，产生了两个趋势——雕塑化趋势和光亮化趋势。

如果说抽象主义可以分为冷抽象和热抽象的话，雕塑化趋势也可以分为冷静的和激进的两个方向，即可以用极少主义和表现主义来加以概括。

极少主义和密斯的“少就是多”的口号相一致，它完全建立在高精度的现代技术条件下，使产品的精密度变成欣赏的对象，而无需用多余的装饰来表现。20世纪60年代初，一批前卫的设计师在密斯口号的基础上提出了“无就是有”的新口号，并形成了新的艺术风格。他们把室内所有的元素（梁、板、柱、窗、门、框等）简化到不能再简化的地步，甚至连密斯的空间都达不到这么单纯。

20世纪六七十年代许多建筑师的作品都表现出极少主义的倾向，贝聿铭就是其中的代表。贝聿铭的设计风格在于能精确地处理可塑性形体，他的设计简洁明快，颇有极少主义的倾向。代表这种倾向的例子是肯尼迪图书馆和华盛顿国家美术馆东馆。

在华盛顿国家美术馆东馆中，美术馆的主体——展厅部分非常小，而且形状并不利于展览，最突出的反而是中庭的共享空间。在开始设计时，中庭的顶棚是呈三角形肋的井字梁屋盖，这样显得庄严、肃穆。后来改用25个四边形玻璃顶组成的采光顶棚，使空间气氛比较活跃。中庭的另一个特点是它的交通组织，参观者的行进路线不断变化，似乎更像是从不同的角度欣赏建筑，而不是陈列品（图 3-42）。

中庭的产生使室内设计的语言更加丰富，并且提供了充足的空间，使室外空间的处理手法能运用于室内设计，更好地实现了现代主义内外一致的整体设计原则（total design）。小沙里宁设计的纽约肯尼迪机场TWA候机楼就是整体设计的代表作。候机楼的曲面外型有一个非常简明的寓意——一只飞翔的大鸟，它的室内空间除了一些标识自成系统之外，其余的座椅、桌子、柜台以及空调、暖气、灯具等等都和建筑物浑然一体。为了和双曲面的薄壳结构相呼应，这些构件也用曲线和曲面表现出有机的动态，使建筑具有统一的性格（图 3-43）。

用结构来塑造感人的空间的最好例子就是勒·柯布西耶的晚期作品朗香教堂，鲁道夫赞誉道："这个世纪最伟大的教堂——朗香教堂，却有着最不纯粹的结构——用混凝土喷浆遮盖了一切，它不求助于几何形和图案这两根拐杖，却产生了能呼吸、有生命、适合人使用的空间。"显然，在设计师的观念中，结构已经不仅仅是解决受力问题的手段，更是表现空间的有力手段。

与雕塑化趋势并行的是光亮化趋势，现代技术所提供的各种性能的玻璃、金属等面材，使最平庸的方盒子都能熠熠生辉、令人叫绝。光亮派（Slick—Tech）亦随之成为一种潮流。

图 3-42　华盛顿国家美术馆东馆

图 3-43　TWA 候机楼

（2）后现代主义

由于现代主义设计排除装饰，大面积玻璃幕墙，室内、外部光洁的四壁，这些理性的简洁造型使“国际式”建筑及其室内千篇一律。久而久之，人们对此感到枯燥、冷漠和厌烦。于是，20世纪60年代以后，后现代主义应运而生并受到欢迎。

20世纪后期，世界进入了后工业社会和信息社会。工业化在造福人类的同时，也产生了环境污染、生态危机、人情冷漠等矛盾与冲突。人们对这些矛盾的不同理解和反应，构成了设计文化中多元发展的基础。人们认识到建筑是一种复杂的现象，是不能用一两种标准，或者一两种形式来概括，文明程度越高，这种复杂性越强，建筑所要传递的信息就越多。1966年，美国建筑师文丘里（Robert Venturi）的《建筑的复杂性与矛盾性》一书就阐述了这种观点。文丘里指出：现代主义运动所热衷的简单与逻辑是现代运动的基石，但同时也是一种限制，它将导致最后的乏味与令人厌倦。文丘里从建筑历史中列举了很多例子，暗示这些复杂和矛盾的形式能使设计更接近充满复杂性和矛盾性的人性特点。

文丘里1964年为母亲范娜·文丘里在费城郊区栗子山设计的住宅是第一个具有后现代主义特征构想的建筑物。其基本的对称布局被突然的不对称所改变；室内空间有着出人意料的夹角形，打乱了常规方形的转角形式；家具令人耳目一新，而非意料中的现代派经典（图3-44）。费城老人住宅基尔德公寓和康涅狄格州格林威治城1970年建的布兰特住宅，都体现了类似的复杂性。1978年，汉斯·霍莱因（Hans Hollein）设计的维也纳奥地利旅游局营业厅的室内，则是对文丘里理论更好的直观的阐释。

从20世纪70年代末，迈克尔·格雷夫斯（Michael Graves）开始为桑拿家具公司设计系列展厅。这期间，格雷夫斯趋向于把古典元素简化为积木式的具象形式。在1979年设计的纽约桑纳公司的室内设计中，他把假的壁画和真实的构架

图3-44　文丘里母亲住宅

揉合在一起，造成了透视上的幻觉。这种作法是文艺复兴后期手法主义的复苏。

作为新的设计趋向的代表，霍莱因和格雷夫斯有着共识。一方面他们延续了消费文化中波普艺术的传统，他们的作品都很通俗易懂，意义虽然复杂，但至少有能让人一目了然的一面，即文丘里所谓的“含混”；另一方面，这些作品中又包含着高艺术的信息，显示了设计师深厚的历史知识和职业修养，因而又有所脱俗。这种通俗与高雅、美与丑、传统与非传统的并立，也是信息时代的艺术特点。

（3）高技派

现代主义风格作为20世纪的正宗，在多元主义时代继续发展。技术既是现代主义的依托，又是现代主义的表现对象。20世纪晚期，“高技派”作为后现代时期与“后现代主义”并行的一股潮流，与后现代主义一样，强调设计作为信息的媒介，强调设计的交际功能。

在后工业社会，“高技术、高情感”（High Tech，High Touch）变成一句口号。高技派设计师指出：所有现代工程50%以上的费用都是由供应电、电话、管道和空气质量服务的系统产生的，若加上基本结构和机械运输（电梯、自动扶梯和活动人行道），技术可以被看作所有建筑和室内的支配部分。使这些系统在视觉上明显和最大限度地扩大它们的影响，导致了高技派设计的特殊风格。

巴黎的蓬皮杜中心（1971～1977年）是高技派设计风格的代表，由意大利人伦佐·皮亚诺（Renzo Piano）和英国人理查德·罗杰斯（Richard Rogers）合作设计。这座巨大的多层建筑在外部暴露并展示了其结构、机械系统和垂直交通（自动梯），西边暗示了正在施工的建筑脚手架，东边则暗示了炼油厂或化工厂的管道。内部空间同样坦率地显示了顶部的设备管道、照明设备和通风管道系统，而这些设备管道过去都是习惯于隐藏在结构中的。这座建筑受到公众的强烈欢迎，成为游人的必去之处。

英国设计师福斯特（Norman Foster）设计的香港上海汇丰银行（1980—1986），其室内亦应用了高技派常用的手法，但同时也充满了人文主义的因素。入口大厅通向上层营业厅的自动扶梯，呈斜向布置。这种方向的调整据说是顺从了风水师的教化，却反而使室内空间更加丰富。在这个纯机械的室内，设计师努力不使职员感到生活在一个异化的环境之中。福斯特把办公区分成五个在垂直方向上叠加的单元，职员先乘垂直电梯达到他所在单元的某一层后，再换乘自动扶梯去他的办公室所在的那一层。这种交通设计、既解决了摩天楼中电梯滞留次数过频的老问题，又能使不同层、不同部门的职员之间能相互了解、相互交流（图3-45）。

高技派注重反映工业成就，其表现手法多种多样，强调对人有悦目效果的、反映当代最新工业技术的“机械美”，宣传未来主义。但是，高技派往往只是用技术的形象来表现技术，它的许多结构和构造并不一定很科学，有时由于过分的表现反而使人们感到矫揉造作。

高技派是随着科技的不断发展而发展的，强调运用新技术手段反映室内空间的工业化风格，创造出一种富于时代情感和个性的美学效果。可以预料，随着科学技术的发展，高技派还会有新的发展，还会不断出现新的形式和新的设计手法。

图3-45 香港上海汇丰银行

（4）解构主义

解构主义一词被用来界定设计实践的一种倾向，解构主义出现于20世纪80年代和90年代的作品之中。解构主义的一个突出表现就是颠倒、重构各种既有词汇之间的关系，使之产生出新的意义。运用现代主义的词汇，却从逻辑上否定传统的基本设计原则，由此构成了新的派别。

解构主义用分解的观念，强调打碎、叠加、重组，把传统的功能与形式的对立统一关系转向两者叠加、交叉与并列，用分解和组合的形式表现时间的非延续性。解构主义一词既指俄国构成主义者塔特林、马列维奇和罗德琴柯，他们常关注将打碎的部分组合起来，也指解构主义这一法国哲学和文学批评的重要主题，它旨在将任何文本打碎成部分以提示叙述中表面上不明显的意义。

巴黎的拉维莱特公园（1982～1985年）是解构主义的代表作，其设计者为伯纳德·屈米（Bernard Tschumi）。屈米在公园中布置了许多小亭子，均由基本的立方体解构成复杂的几何体，涂上鲜红色并按公园里的一个几何网格布置在开敞的公园中。这些亭子有各种功能——一个咖啡馆，一个儿童活动空间，一个观景平台……，因此，多数亭子人们可以进入，从而可以从内部看到它们切割的形式。几个大一些的建筑单体则包含了似乎是偶然形成的错综复杂关系的成分（图3-46）。

图3-46 拉维莱特公园的解构体建筑室内

作为纽约五人之一而为人所知的彼得·埃森曼（Peter Eisenman）根据复杂的解构主义几何学发展了他的设计作品。他设计的一系列住宅，使用了格子形布局法，有些格子是重叠的，室内外则都保持白色。康涅狄格州莱克维尔的米勒住宅，由两个互成45°角的冲突交叉和叠合的立方体形成。结果，室内空间成为全白色的直线形雕塑的抽象空间，一些简单的家具则可适应居民的生活现实（图3-47）。

尽管弗兰克·盖里（Frank Gehry）不承认自己是解构主义者，但他已经成为解构主义最著名的实践者之一。他最早引起人们注意的作品是他自己在洛杉矶郊外的住宅（1978～1988年），他将各种构件分裂，然后再附加到住宅外部的组合方法暗示了偶然的冲突。在这个住宅以及洛杉矶地区的其他设计中，盖里采用了将一般材料和内部色彩进行表面上随意而杂乱地相互穿插的处理方式。

图3-47 米勒住宅

盖里在西班牙毕尔巴鄂的古根海姆博物馆（Guggenheim Museum，1998年）是另一个有趣的作品，其建筑整体是一个复杂的形式，外部包以闪光的钛合金皮，内部空间则反映了外部形式的错综复杂和变化多端。复杂和曲线空间的设计，过去一直受到绘图和工程计算等实际问题的限制，同时也受到实际建筑材料切割与组装的制约，为此盖里开发了计算机辅助设

图3-48 西班牙古根海姆博物馆室内

计，探讨了做出自由形体的潜能（图3-48）。

总之，解构主义也像其他后现代主义流派一样反映了20世纪设计者内心的矛盾与无奈，他们的探索是大胆的，设计作品与众不同，往往给人以出人意外的刺激和感受。

当然除了以上一些主要倾向之外，还有大量设计师进行了各种各样的尝试与探索，产生了诸多优秀作品与理论，室内设计界展现出生气勃勃的景象，可以相信室内设计仍将一如既往地为人类文明创造美好的环境。展望未来，室内设计仍将处于开放的端头，它的变化将与建筑设计及其他艺术门类中的变化思潮同步发展，这些思潮的变化并不局限于美学领域，而是与整个社会的变化相和谐、与科学技术的进步相和谐，与人类对自身认识的深化相和谐，室内设计将永无止境地不断向前发展。

本章小结

一般认为室内空间是与建筑同步产生的，两者的发展息息相关，关系十分紧密。中国传统室内设计经过原始时期、春秋战国时期、秦汉时期、魏晋南北朝时期、隋唐五代时期、明清时期的发展，终于形成了传统建筑中室内设计的基本特征，即：内外一体化、布局灵活化、陈设多样化、构件装饰化、图案象征化。

西方室内设计涉及范围广，内容丰富多彩。古埃及、古希腊、古罗马、欧洲中世纪、欧洲文艺复兴时期、巴洛克与洛可可时期、19世纪时期都产生了不少精美的作品，其影响力至今很大。20世纪初期，现代主义运动兴起，室内设计也受到现代主义思潮的影响，得到蓬勃发展，并终于从单纯装饰的束缚中解脱出来。与此同时，建筑物功能的日趋复杂、经济发展后的大量改造工程，进一步推动了室内设计的发展，促成了室内设计的相对独立。1957年，美国“室内设计师学会”成立，标志着室内设计学科的确立。

20世纪晚期，室内设计的发展也表现出多元化的趋势，晚期现代主义、后现代主义、高技派、解构主义等思潮不断涌现，展现出生气勃勃的景象。

4 室内设计的主要设计原则

室内设计涉及多门学科，其设计原则也涉及多方面的内容。从整体而言，涉及国家的方针政策；从使用功能而言，涉及功能原则；从建造而言，涉及各种技术规范和安全防火等条例；从经济而言，涉及各项经济原则……本章则从设计角度出发，主要介绍室内设计中的空间原则和形式美原则。

4.1 空间原则

在大自然中，空间是无限的，但就室内设计涉及的范围而言，空间往往是有限的。空间几乎是和实体同时存在的，被实体要素限定的虚体才是空间。离开了实体的限定，室内空间常常就不存在了。正像二千多年前老子说的那样："埏埴以为器，当其无，有器之用。凿户牖以为室，当其无，有室之用。故有之以为利，无之以为用。"（《老子》第十一章）老子的观点十分清晰，生动地论述了"实体"和"虚体"的辩证关系，同时亦阐明了空间的组织、限定和利用。因此，在室内设计中，如何限定空间和组织空间，就成为首要的问题。

4.1.1 空间的限定

在设计领域，人们常常把被限定前的空间称之为原空间，把用于限定空间的构件等物质手段称之为限定元素。在原空间中限定出另一个空间，是室内设计常用的手法，非常重要。经常使用的空间限定方法有以下几种，即：设立、围合、覆盖、凸起、下沉、悬架和质地变化等。

（1）设立

设立就是把限定元素设置于原空间中，而在该元素周围限定出一个新的空间的方式。在该限定元素的周围常常可以形成一向心的组合空间，限定元素本身亦经常可以成为吸引人们视线的焦点。在室内设计中，一组家具、雕塑品或陈设品等都能成为这种限定元素，它们既可以是单向的，也可以是多向的；既可以是同一类的物体，也可以是不同种类的。图4-1和图4-2即为两个实例。图4-1为北京华都饭店休息厅。几个古朴淡雅的大瓷花瓶和一组软面沙发，限定出一处供人休憩交谈的场所，很具庄重典雅的中国气息。图4-2则示英国利默豪斯电视演播中心接待大厅内景。结构需要且略加修饰的柱体既限定了大厅空间，又成为全厅的中心。

（2）围合

通过围合的方法来限定空间是最典型的空间限定方法，在室内设计中用于围合的限定元素很多，常用的有隔断、隔墙、布帘、家具、绿化等。由于这些限定元素在质感、透明度、高低、疏密等方面的不同，其所形成的限定度也各有差异，相应的空间感觉亦不尽相同。图4-3至图4-8即是一些实例。图 4-3是利用隔墙来分隔围合空间（a是开有门洞的到顶隔墙，而b是不到顶的隔墙实例）；图 4-4则利用透空搁架（博古架）来分隔围合空间；图 4-5则利用活动隔断来围合空间；而图4-6通过书架围合分隔空间；此外还可以利用家具、灯具来围合限定空间（图4-7）。图4-8 则为通过列柱分隔围合空间，这种方法通透性极强，似围非围，似隔非隔，虽围而不断，成为空间限定中的常用设计手法。

图4-1　北京华都饭店休息大厅

图4-2　英国利默豪斯电视演播中心接待大厅

（a）　（b）

图4-3　隔墙围合空间

（a）到顶隔墙；（b）不到顶隔墙

图 4-4　透空搁架围合空间

图 4-5　活动隔断围合空间

图 4-6　书架围合空间

图 4-7 灯具、家具围合空间

图 4-8 列柱限定空间

（3）覆盖

通过覆盖的方式限定空间亦是一种常用的方式，室内空间与室外空间的最大区别就在于室内空间一般总是被顶界面覆盖的，正是由于这些覆盖物的存在，才使室内空间具有遮强光和避风雨等特征。当然，作为抽象的概念，用于覆盖的限定元素应该是飘浮在空中的，但事实上很难做到这一点，因此，一般都采取在上面悬吊或在下面支撑限定元素的办法来限定空间。在室内设计中，覆盖这一方法常用于比较高大的室内环境中，当然由于限定元素的透明度、质感以及离地距离等的不同，其所形成的限定效果也有所不同。图4-9至图4-12即是一些实例。图4-9通过悬垂的发光顶棚限定了下面的空间。图4-10为一饭店的门厅，下垂的晶体波形灯帘限定了服务与休息空间，使空间既流通又有区分，十分适用于交通频繁的公共性场所。图4-11则利用鲜艳色彩的圆伞限定出私密性很强的交流休憩空间。图4-12则通过简单的帷幔限定了就餐空间。

图4-9　悬垂发光顶棚划分限定空间

图4-10　下垂波形灯帘限定空间

图4-11 不同色彩的伞盖既限定了空间又美化了环境

图4-12 帷幔限定空间

图4-13 在升高的地面上休息就餐

图4-14 儿童在地台上玩耍

（4）凸起

凸起所形成的空间高出周围的地面，在室内设计中，这种空间形式有强调、突出和展示等功能，当然有时亦具有限制人们活动的意味。图4-13即为一例，在设计中故意将休息空间的地面升高，使其具有一定的展示性。图4-14为儿童在地台上玩耍的情景。

（5）下沉

与凸起相对，下沉是另一种空间限定的方法，它使该领域低于周围的空间，在室内设计中常常能起到意想不到的效果。它既能为周围空间提供一处居高临下的视觉条件，而且易于营造一种静谧的气氛，同时亦有一定的限制人们活动的功能。当然，无论是凸起或下沉，由于都涉及地面高差的变化，所以均应注意安全性的问题。图4-15就是通过地面的局部下沉，限定出一个聚谈空间，增加了促膝谈心的情趣，同时也增添了室内空间的趣味。图4-16为一下沉式的阅览空间，下沉部分的垂直面恰好与书架相结合，局部地面的下沉划分了空间，使大空间具有广阔的视野，丰富了空间层次。

图4-15　下沉地面限定空间

图4-16　下沉式阅览空间

（6）悬架

悬架是指在原空间中，局部增设一层或多层空间的限定手法。上层空间的底面一般由吊杆悬吊、构件悬挑或由梁柱架起，这种方法有助于丰富空间效果，室内设计中的夹层及通廊就是典例。图4-17所示悬挑在空中的休息岛就有“漂浮”之感，趣味性很强。图4-18为美国国家美术馆东馆中央大厅内景，设置巧妙的夹层、廊桥使大厅空间互相穿插渗透，空间效果十分丰富。特别当人们仰目观看时，一系列廊桥、挑台、楼梯映入眼帘，阳光从玻璃顶棚倾泻而下，给人以活泼轻快和热情奔放之感。

图4-17　悬挑的休息岛趣味性很强

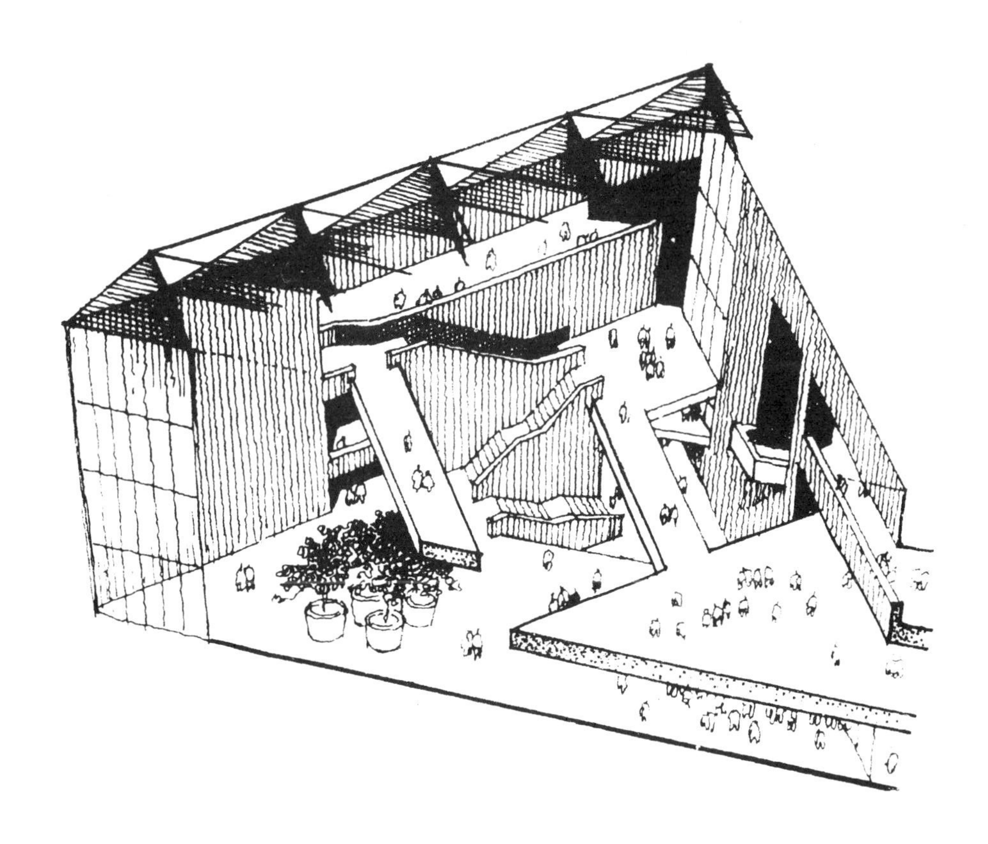

图 4-18 美国国家美术馆东馆中央大厅内景

（7）肌理、色彩、形状、照明等的变化

在室内设计中，通过界面质感、色彩、形状及照明等的变化，也常常能限定空间。这些限定元素主要通过人的意识而发挥作用，一般而言，其限定度较低，属于一种抽象限定。但是当这种限定方式与某些规则或习俗等结合时，其限定度就会提高。图4-19即是通过地面色彩和材质的变化而划分出一个休息区，既与周围环境保持极大的流通，又有一定的独立性。

图4-19 通过地面色彩和材质的变化来限定空间

4.1.2 空间的限定度

通过设立、围合、凸起、下沉、覆盖、悬架、色彩肌理变化等方法就可以在原空间中限定出新的空间，然而由于限定元素本身的不同特点和不同的组合方式，其形成的空间限定的感觉也不尽相同，这时，我们可以用“限定度”来判别和比较限定程度的强弱。有些空间具有较强的限定度，有些则限定度比较弱。

4.1.2.1 限定元素的特性与限定度

用于限定空间的限定元素，由于本身在质地、形式、大小、色彩等方面的差异，其所形成的空间限定度亦会有所不同。表4-1即为在通常情况下，限定元素的特性与限定度的关系，设计人员在设计时可以根据不同的要求进行参考选择。

限定元素的特性与限定度的强弱　　表4-1

限定度强	限定度弱
限定元素高度较高	限定元素高度较低
限定元素宽度较宽	限定元素宽度较窄
限定元素为向心形状	限定元素为离心形状
限定元素本身封闭	限定元素本身开放
限定元素凹凸较少	限定元素凹凸较多
限定元素质地较硬、较粗	限定元素质地较软、较细
限定元素明度较低	限定元素明度较高
限定元素色彩鲜艳	限定元素色彩淡雅
限定元素移动困难	限定元素易于移动
限定元素与人距离较近	限定元素与人距离较远
视线无法通过限定元素	视线可以通过限定元素
限定元素的视线通过度低	限定元素的视线通过度高

4.1.2.2　限定元素的组合方式与限定度

除了限定元素本身的特性之外，限定元素之间的组合方式与限定度亦存在着很大的关系。在现实生活中，不同限定元素具有不同的特征，加之其组合方式的不同，因而形成了一系列限定度各不相同的空间，创造了丰富多彩的空间感觉。由于室内空间一般都由上下、左右、前后六个界面构成，所以为了分析问题的方便，可以假设各界面均为面状实体，以此突出限定元素的组合方式与限定度的关系。

（1）垂直面与底面的相互组合

由于室内空间的最大特点在于它具备顶面，因此严格来说，仅有底面与垂直面组合的情况在室内设计中是较难找到实例的。这里之所以摒除顶面而加以讨论，一方面是为了能较全面地分析问题；另一方面在现实中亦会出现在一室内原空间中限定某一空间的现象（图 4-20*a*）。

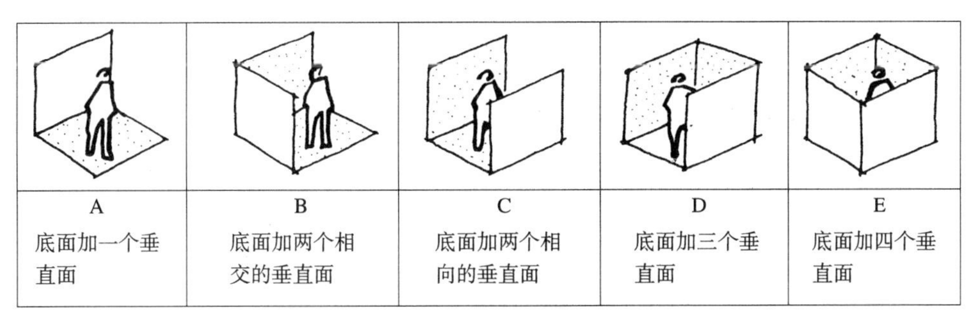

A	B	C	D	E
底面加一个垂直面	底面加两个相交的垂直面	底面加两个相向的垂直面	底面加三个垂直面	底面加四个垂直面

图4-20（*a*）　垂直面与底面的相互结合

1）底面加一个垂直面

人在面向垂直限定元素时，对人的行动和视线有较强的限定作用。当人们背向垂直限定元素时，有一定的依靠感觉。

2）底面加两个相交的垂直面

有一定的限定度与围合感。

3）底面加两个相向的垂直面

在面朝垂直限定元素时，有一定的限定感。若垂直限定元素具有较长的连续性时，则能提高限定度，空间亦易产生流动感，室外环境中的街道空间就是典例。

4）底面加三个垂直面

这种情况常常形成一种袋形空间，限定度比较高。当人们面向无限定元素的方向，则会产生“居中感”和“安心感”。

5）底面加四个垂直面

此时的限定度很大，能给人以强烈的封闭感，人的行动和视线均受到限定。

（2）顶面、垂直面与底面的组合

这一方法不但运用于建筑设计（即室内原空间的创造）之中，而且在室内原空间的再限定中也经常使用（图 4-20*b*）。

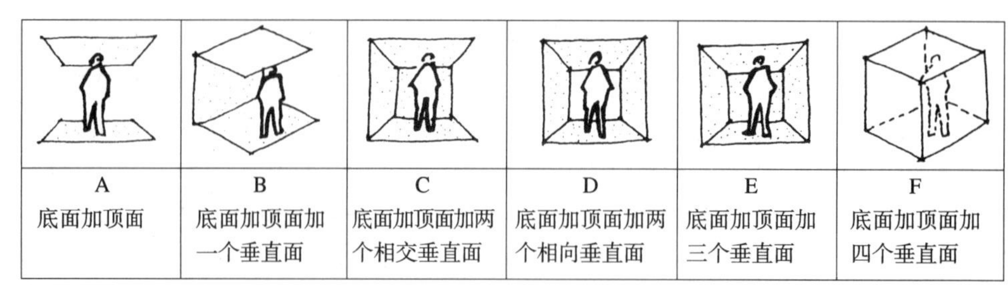

图4-20（*b*） 顶面、垂直面与底面的相互组合

1）底面加顶面

限定度弱，但有一定的隐蔽感与覆盖感，在室内设计中，常常通过在局部悬吊一个格栅或一片吊顶来达到这种效果。

2）底面加顶面加一个垂直面

此时空间由开放走向封闭，但限定度仍然较低。

3）底面加顶面加两个相交垂直面

如果人们面向垂直限定元素，则有限定度与封闭感，如果人们背向角落，则有一定的居中感。

4）底面加顶面加两个相向垂直面

产生一种管状空间，空间有流动感。若垂直限定元素长而连续时，则封闭性强，隧道即为一例。

5）底面加顶面加三个垂直面

当人们面向没有垂直限定元素时，则有很强的安定感；反之，则有很强的限定度与封闭感。

6）底面加顶面加四个垂直面

这种构造给人以限定度高、空间封闭的感觉。

在实际工作中，正是由于限定元素组合方式的变化，加之各限定元素本身的特征不同，才使其所限定的空间的限定度也各不相同，由此产生了千变万化的空间效果，使我们的设计作品丰富多彩。

4.1.3 空间的组织

在规模较大的室内设计项目中，常常需要根据功能而对原有的建筑空间进行再划分与再限定，这时便会涉及到不同空间之间的组织。一般而言，不同空间之间的组织方式有以下几种：以廊为主的组合方式、以厅为主的组合方式、套间形式的组合方式和以某一大型空间为主体的组合方式。这几种方式既各有特色又经常互相组合使用，形成了形式多样的空间效果。

（1）以廊为主的组合方式

这种空间组合方式的最大特点在于各使用空间之间可以没有直接的连通关系，而是借走廊或某一专供交通联系用的狭长空间来取得联系。此时使用空间和交通联系空间各自分离，这样既保证了各使用空间的安静和不受干扰，同时通过走廊又把各使用空间连成一体，并保持必要的联系。当然，在具体设计中，走廊可长可短、可曲可直、可宽可狭、可封可敞、可虚可实，以此取得丰富而颇有趣味的空间变化（图4-21）。

（2）以厅为主的组合方式

厅是建筑中一种极为重要的空间类型，从交通组织而言，它有集散人流、组织交通和联系空间的功能，同时它亦具有观景、休息、表演、提供视觉中心等多种作用。在室内空间布局时，有时亦常采用以厅为主的组合方式。

这种组合方式一般以厅为中心，其他各使用空间呈辐射状与厅直接连通。通过厅既可以把人流分散到各使用空间，也可以把各使用空间的人流汇集至厅，使厅负担起人流分配和交通联系的作用。人们可以从厅任意进入一个使用空间而不影响其他使用空间，增加了使用和管理上的灵活性。在具体设计中，厅的尺寸可大可小，形状亦可方可圆，高度可高可低，甚至数量亦可视建筑的规模大小而不同。在大型建筑中，常可以设置若干个厅来解决空间组织的问题（图4-22）。

（3）套间形式的组合方式

套间形式的组合方式取消了交通空间与使用空间之间的差别，把各使用空间直接衔接在一起而形成整体，不存在专供交通联系用的空间。这在以展示功能为主的空间布局上尤其常见。图4-23即是套间形式组合方式的示意图。图4-24为巴塞罗那博览会德国馆的平面，设计师采用几片纵横交错的墙面，把空间分隔成几个部分，但各部分空间之间互相贯穿，隔而不断，彼此之间不存在一条明确的界线，完全融成一体。美国的古根海姆博物馆则是又一典例。一条既作展览又具步行功能的弧形坡道把上下空间连成一体，取得别具一格的空间效果（图3-40）。

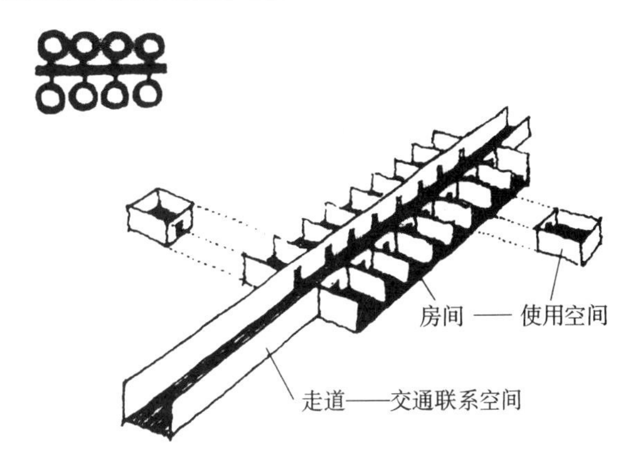

图4-21　以廊为主的组合方式

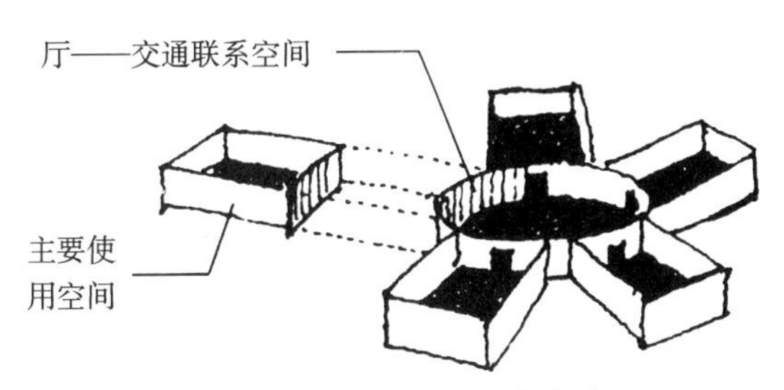

图4-22　以厅为主的组合方式

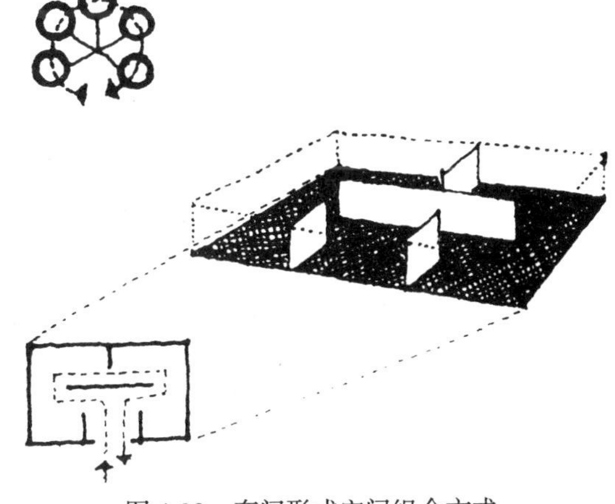

图4-23　套间形式空间组合方式

（4）以一大空间为主体的组合方式

在空间布局中，有时可以采用以某一体量巨大的空间作为主体、其他空间环绕其四周布置的方式。这时，主体空间在功能上往往较为重要，在体量上亦比较大，主从关系十分明确。旅馆中的中庭、会议中心的报告厅等都可以成为主体空间。在体育类和观演类建筑中，观众厅就是这样的主体空间。观众厅一般是整个建筑物中最主要的功能所在，而且体量巨大，其他各种辅助房间必然和其发生关系，形成了一种独特的空间组合形式（图4-25、图4-26）。

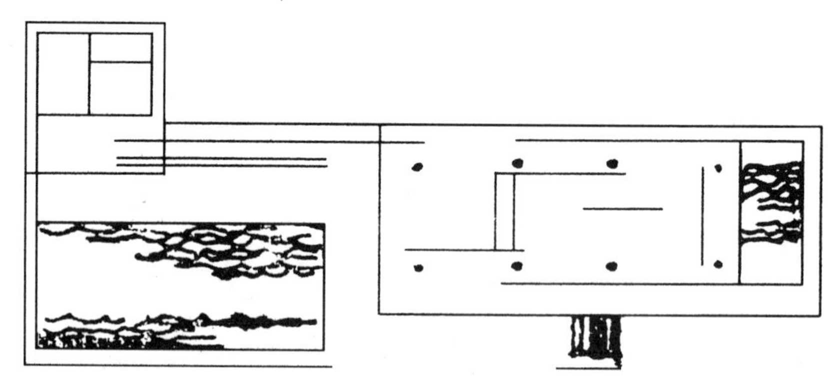

图4-24　巴塞罗那博览会德国馆平面图

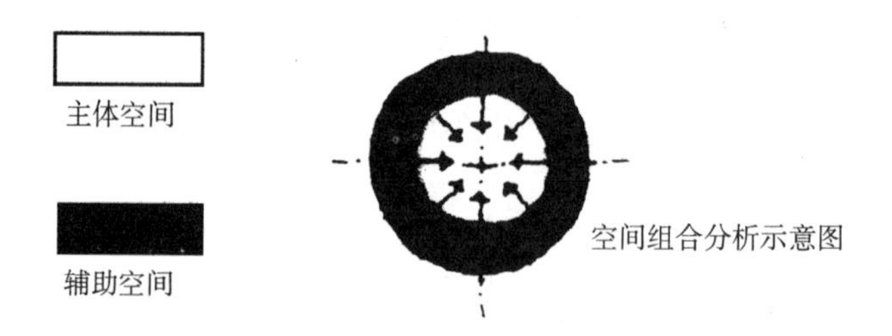

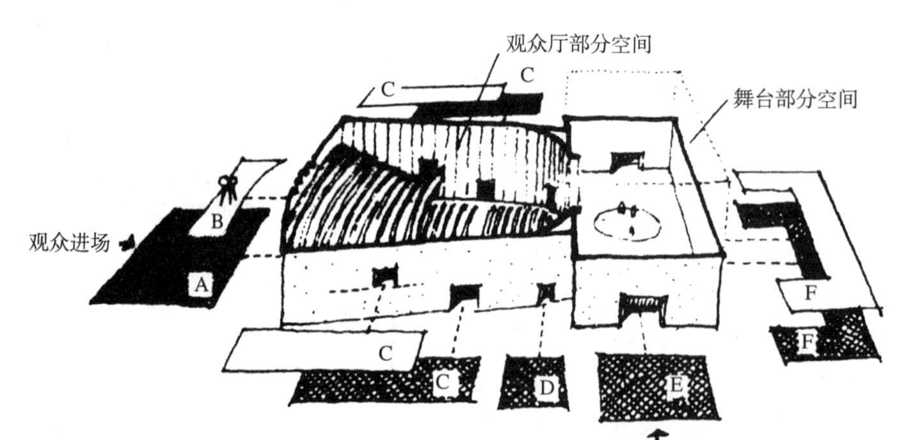

A-门厅；B-放映；C-休息厅；D-厕所；E-侧台；F-演员活动部分（化妆、道具）

图4-25　大空间为主体的组合方式（剧院建筑）

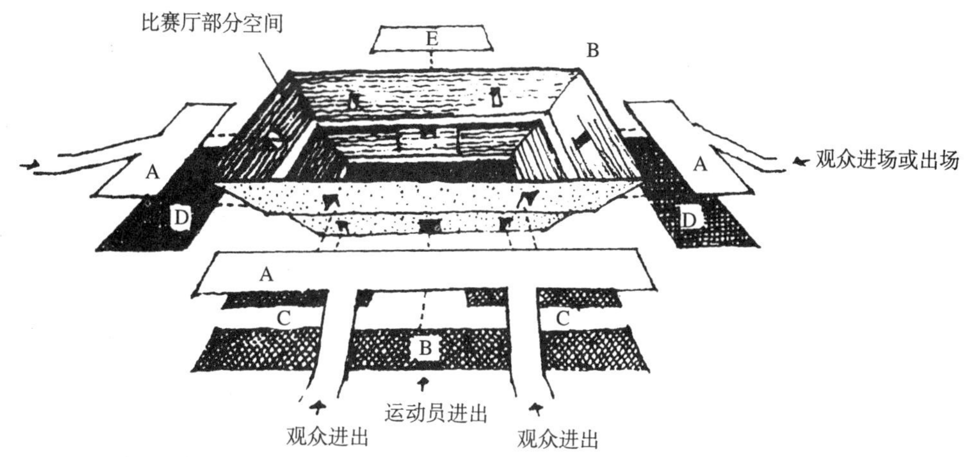

A-门厅、休息厅；B-运动员活动部分；C-淋浴；D-辅助、管理用房；E-贵宾活动部分

图4-26 大空间为主体的组合方式（体育场建筑）

上述四种常见的空间组合方式经常结合使用。在大部分公共建筑的室内空间布局中，总是要综合使用这几种方式，可能某一部分采用大空间为主体的空间组合方式，某一部分通过走廊联系不同的空间，某一部分则通过大厅组织空间……。但不论是怎样的空间组织，一切都应该从总体构思出发，从形式美的原则出发，综合考虑使用、美观、经济的要求，灵活运用各种空间组合方式，创造出丰富多彩的空间效果。

4.1.4 空间的序列

空间序列一般属于建筑设计的内容，但在规模较大的室内设计项目中，在室内空间的再创造、再组合中也会涉及空间序列的问题。空间序列涉及空间群体的组合方式，它的内容较为独特而且综合性强，为此这里专门进行介绍。

在室内，人们不能一眼就看到室内环境的全部，只有在从一个空间到另一个空间的运动中，才能逐一看到它的各个部分，最后形成综合的印象。所以，室内设计师在进行群体空间组织时，应该充分考虑到让人们在运动过程中获得良好的观赏效果，使人感到既协调一致、又充满变化、具有时起时伏的节奏感，从而留下完整、深刻的空间印象。

组织空间序列，首先要考虑主要人流方向的空间处理，当然同时还要兼顾次要人流方向的空间处理。前者应该是空间序列的主旋律，后者虽然处于从属地位，但却可以起到烘托前者的作用，亦不可忽视。

完整的经过艺术构思的空间序列一般应该包括：序言、高潮、结尾三部分。在主要人流方向上的主要空间序列一般可以概括为：入口空间——一个或一系列次要空间——高潮空间——一个或一系列次要空间——出口空间。其中，入口空间主要解决内外空间的过渡问题，希望通过空间的妥善处理吸引人流进入室内；人流进入室内之后，一般需要经过一个或一系列相对次要的空间才能进入主体空间（高潮空间），在设计中对这一系列次要空间也应进行认真处理，使之成为高潮空间的铺垫，使人们怀着期望的心情期待高潮空间的到来；高潮空间是整个空间序列的重点，一般来说它的空间体量比较高大、装饰比较丰富、用材比较考究，希望给人留下深刻的印象；在高潮空间后面，一般还需要设置一些次要空间，以使人的情绪能逐渐回落；最后则是建筑物的出口空间，出口空间虽然是空间序列的终结，但也不能草率对待，否则会使人感到虎头蛇尾、有始无终。

上面介绍的是比较理想化的空间序列，在实际设计中，一定要根据建筑物的具体情况，结合功能要求对原空间进行调整。总之，应该根据空间原则和形式美原则，综合运用空间对比、空间重复、空间过渡、空间引导等一系列手法，使整个空间群体成为有次序、有重点、有变化的统一整体。图4-27～图4-32就是北京火车站空间序列的实例。

图4-27是北京火车站平面图，图4-28是北京火车站剖面图。北京火车站基本呈对称平面布局，人流沿一条主轴线和两条副轴线展开，大量人流必须经过自

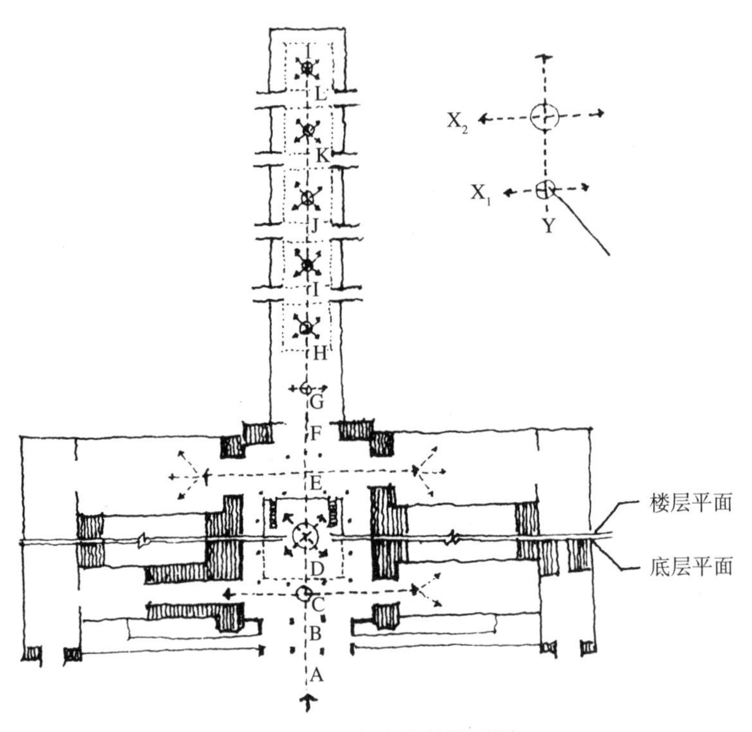

图4-27　北京火车站平面图

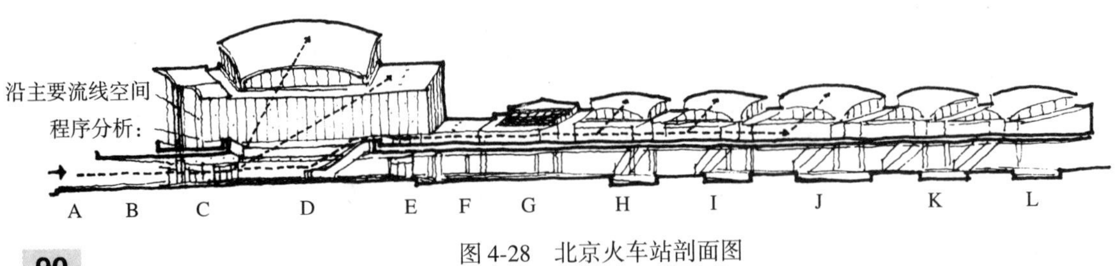

图4-28　北京火车站剖面图

动扶梯登上二层高架候车厅后才能检票上车，所以必须处理好这条主轴线的空间序列。上图中，A 是室外空间；B 是雨篷下的空间，是内外空间交融之处；C 是夹层下的低矮空间，为旅客进入大厅作好准备（图 4-29 即为从夹层下的空间远看车站大厅）；D 是车站大厅，是整个空间序列中的高潮所在，这里空间高敞，人们的精神为之一振（图 4-30 为大厅透视图）；然后由自动扶梯引导至二层空间 E，该空间左右的候车厅是大厅空间的扩展与补充（图 4-31）；F 和 G 是过渡空间，空间比较低矮；H 至 L 是高架候车厅，空间再次略微升高，并借五次空间重复形成优美的韵律感，旅客由此进站上车，标志着空间序列的结束（图 4-32）。

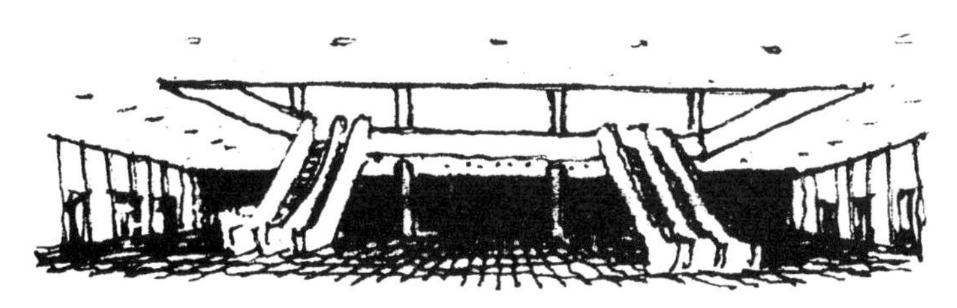

图 4-29　从夹层远看车站大厅

图 4-30　车站大厅效果图

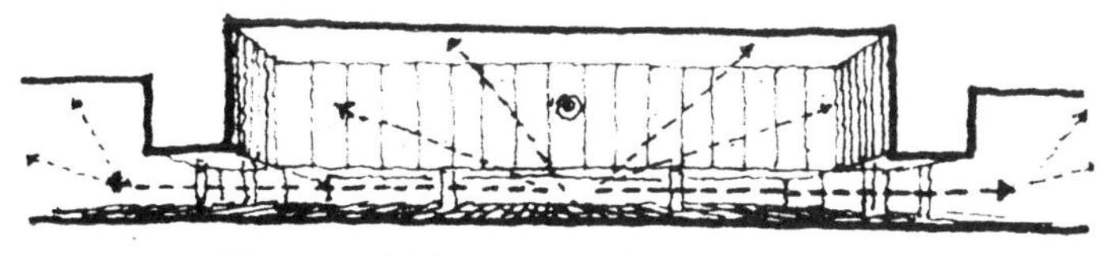

图 4-31　大厅二层正对候车厅的空间效果

图 4-32　高架候车厅

4.2　形式美原则

重视对形式的处理是建筑设计、室内设计乃至工业产品设计与景观设计的共同之处，设计师的一项重要任务就是要创造美，创造美的环境。当然，“美”的含义很多很复杂，但是形式美无疑是其中很重要很直观的一项内容。

室内设计有没有能被大家普遍接受的形式美原则呢？尽管由于时代不同，地域、文化及民族习惯不同，古今中外的室内设计作品在形式处理方面有极大的差别，但凡属优秀的室内环境，一般都遵循一个共同的准则——多样统一。

多样统一，可以理解成在统一中求变化，在变化中求统一。任何一个室内设计作品，在满足功能的前提下，一般都具有若干个不同的组成部分，它们之间既有区别，又有内在的联系，只有把这些部分按照一定的规律，有机地组合成为一个整体，才能达到理想的效果。这时，就各部分的差别，可以看出多样性的变化；就各部分之间的联系，可以看出和谐与秩序。既有变化、又有秩序就是室内设计乃至其他设计的必备原则。因此，一件室内设计作品要唤起人们的美感，就应该达到变化与统一的平衡。

多样统一是形式美的准则，具体说来，又可以分解成以下几个方面，即：均衡与稳定，韵律与节奏，对比与微差，重点与一般。

4.2.1　均衡与稳定

现实生活中的一切物体，都具备均衡与稳定的条件，受这种实践经验的影响，人们在美学上也追求均衡与稳定的效果。

一般而言，稳定常常涉及室内设计中上、下之间的轻重关系的处理，在传统的概念中，上轻下重，上小下大的布置形式是达到稳定效果的常见方法。图4-33和图4-34就是常见的例子。一般床、沙发、柜子等大件物品均沿墙布置，墙面

图4-33　构图稳定的卧室效果

图 4-34　构图稳定的起居室效果

上仅挂了些装饰画或壁饰，这样的布置从整体上看，完全达到了上轻下重的稳定效果。

均衡一般指的是室内构图中各要素左与右、前与后之间的联系。均衡常常可以通过完全对称、基本对称以及动态均衡的方法来取得。

对称是极易达到均衡的一种方式，而且往往同时还能取得端庄严肃的空间效果。然而对称的方法亦有其自身的不足，其主要原因是在功能日趋复杂的情况下，很难达到沿中轴线完全对应的关系，因此，其适用范围就受到很大的限制。为了解决这一问题，不少设计师采用了基本对称的方法，即既使人们感到轴线的存在，但轴线两侧的处理手法并不完全相同，这种方法往往显得比较灵活，图4-35与图4-36即是典例。图4-35是崇政殿内景，采用了完全对称的处理手法，塑造出一种庄严肃穆的气氛，符合皇家建筑的要求。图4-36则为一会客厅内景，采用的是基本对称的布置方法。既可感到轴线的存在，同时又不乏活泼之感。图中不规则的石材装饰墙面、美术挂画、艺术饰件、壁炉、绿化、铝合金落地窗等组合成现代氛围的会客厅。

除了上述两种方法之外，在室内设计中大量出现的还是不对称的动态均衡手法，即通过左右、前后等方面的综合思考以求达到平衡的方法。这种方法往往能取得活泼自由的效果，图4-37和图4-38即为动态均衡布局的佳例。前例气氛轻松，适合现代生活要求。后例起居室中仅用了几件艺术观赏品，就取得了富有灵气的视觉效果，具有少而精的韵味。

图 4-35　崇政殿内景

图 4-36　会客厅内景

图 4-37　不对称布置例一

图 4-38　不对称布置例二

4.2.2 韵律与节奏

自然界中的许多事物或现象，往往呈现有秩序的重复或变化，这也常常可以激发起人们的美感，造成一种韵律，形成节奏感。在室内环境中，韵律的表现形式很多，比较常见的有连续韵律、渐变韵律、起伏韵律与交错韵律，它们分别能产生不同的节奏感。

连续韵律一般是以一种或几种要素连续重复排列，各要素之间保持恒定的关系与距离，可以无休止地连绵延长，往往给人以规整整齐的强烈印象。图4-39的利雅得外交部大厦就是通过连续韵律的灯具排列而形成一种奇特的气氛。

如果把连续重复的要素按照一定的秩序或规律逐渐变化，如逐渐加长或缩短、变宽或变窄、增大或减小，就能产生出一种渐变的韵律，渐变韵律往往能给人一种循序渐进的感觉或进而产生一定的空间导向性。图4-40即为室内排列在一起的点状灯具所营造的渐变韵律，具有强烈的趣味感。

当我们把连续重复的要素相互交织、穿插，就可能产生忽隐忽现的交错韵律。图4-41为法国奥尔塞艺术博物馆大厅的拱顶，雕饰件和镜板构成了交错韵律，增添了室内的古典气息。

如果渐变韵律按一定的规律时而增加，时而减小，有如波浪起伏或者具有不规则的节奏感时，就形成起伏韵律，这种韵律常常比较活泼而富有运动感。图4-42为纽约埃弗逊美术馆旋转楼梯，它通过混凝土可塑性而形成的起伏韵律颇有动感。

韵律在室内设计中的体现极为

图4-39 具有连续韵律的灯具布置

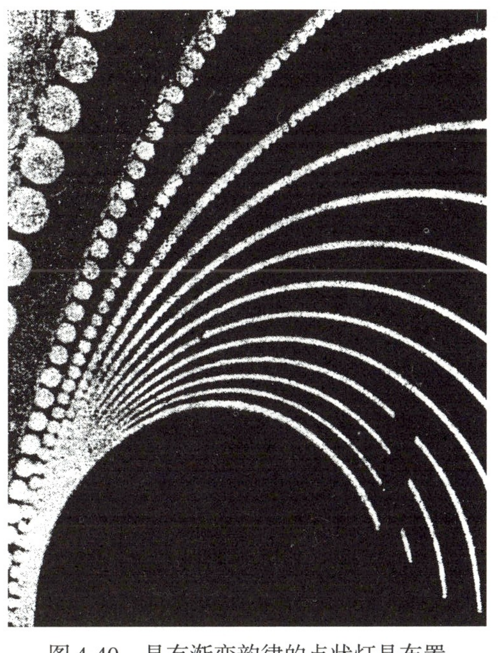

图4-40 具有渐变韵律的点状灯具布置

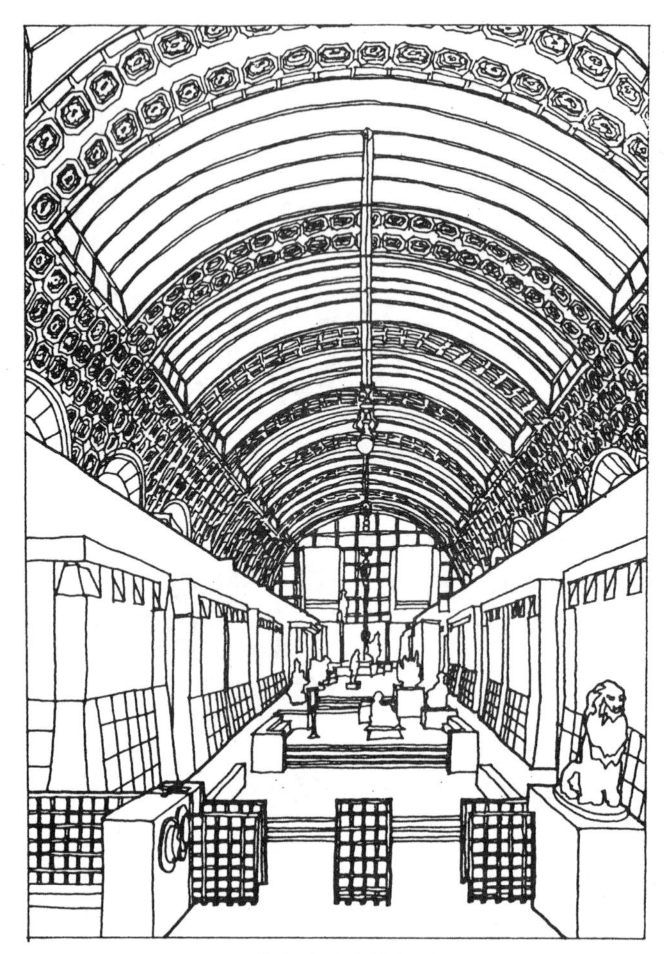

图 4-41 法国奥尔塞艺术博物馆大厅的拱顶

图 4-42 纽约埃弗逊美术馆旋转楼梯

广泛普遍，我们可以在形体、界面、陈设等诸多方面都感受到韵律的存在。由于韵律本身所具有的秩序感和节奏感，可以使室内环境产生既有变化又有秩序的效果，即多样统一的境界，从而体现出形式美的原则。

4.2.3　对比与微差

对比指的是要素之间的差异比较显著；微差则指的是要素之间的差异比较微小。当然，这两者之间的界线也很难确定，不能用简单的公式加以说明。就如数轴上的一列数，当它们从小到大排列时，相邻者之间由于变化甚微，表现出一种微差的关系，这列数亦具有连续性。如果从中间抽去几个数字，就会使连续性中断，凡是连续性中断的地方，就会产生引人注目的突变，这种突变就会表现为一种对比关系，而且突变越大，对比越强烈。

由于室内空间的功能多种多样，加之结构形式、设备配套方式、业主爱好等的不同，必然会使室内空间在形式上也呈现出各式各样的差异。这些差异有的是对比，有的则是微差，作为室内设计师来讲，如何利用这种对比与微差而创造富有美感的内部空间是自己应尽的职责。

在室内设计中，对比与微差是十分常用的手法，两者缺一不可。对比可以借彼此之间的烘托来突出各自的特点以求得变化；微差则可以借相互之间的共同性而求得和谐。没有对比，会使人感到单调，但过分强调对比，也可能因失去协调而造成混乱，只有把两者巧妙地结合起来，才能达到既有变化又有和谐。在室内环境中，对比与微差体现在各种场合，只要是同一性质间的差异，就会有对比与微差的问题，如大与小、直与曲、虚与实以及不同形状、不同色调、不同质地……。巧妙地利用对比与微差，具有重要的意义。美国玛瑞亚泰旅馆中庭的织物软雕塑（图4-43）就是利用质感进行对比的范例。设计师采用织物巧制而成的软雕塑与硬质装饰材料形成强烈的对比，柔化了中庭空间。在室内设计中，还有一种情况也能归于对比与微差的范畴，即利用同一几何母题，虽然它们具有不同的质感大小，但由于具有相同母题，所以一般情况下仍能达到有机的统一。例如加拿大多伦多的汤姆逊音乐厅设计中就运用了大量的圆形母题，因此虽然在演奏厅上部设置了调节音质的各色吊挂，且它们之间的大小也不相同，但相同的母题，使整个室内空间保持了统一（图4-44）。

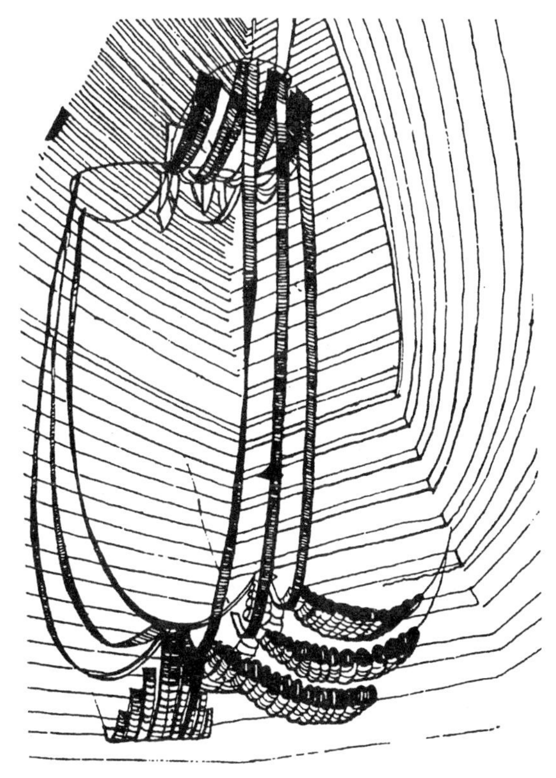

图4-43　美国玛瑞亚泰旅馆中庭的织物软雕塑

图4-44　多伦多汤姆逊音乐厅内景

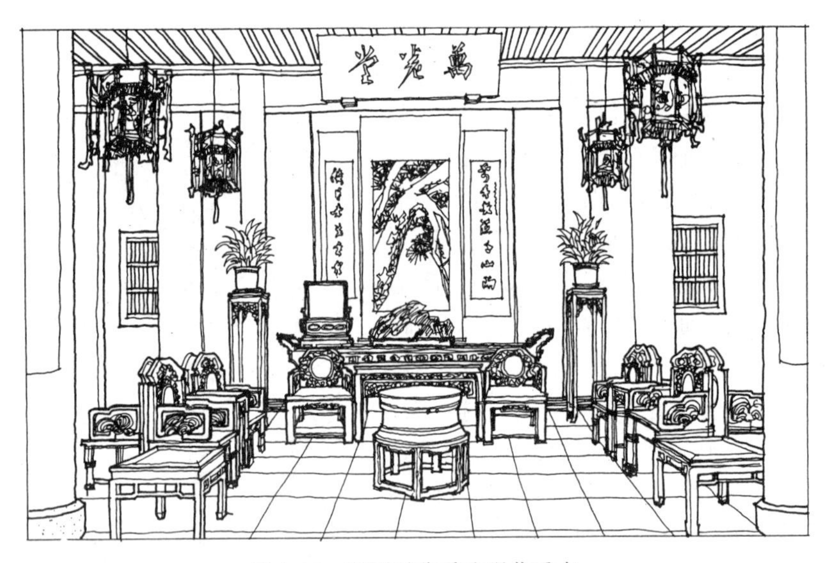

图4-45　运用对称手法强化重点

4.2.4　重点与一般

在一个有机体中，各组成部分的地位与重要性应该加以区别而不能一律对待，它们应当有主与从的区别，否则就会主次不分，削弱整体的完整性。各种艺术创作中的主题与副题、主角与配角、主体与背景的关系也正是重点与一般的关系。在室内设计中，重点与一般的关系也经常遇到，比较多的是运用轴线、体量、对称等手法而达到主次分明的效果。图4-45为苏州网师园万卷堂内景，大厅采用对称的手法突出了墙面画轴、对联及艺术陈设，使之成为该厅堂的重点装饰。图4-46中的美国旧金山海雅特酒店的中庭内，就布置了一个体量巨大的金属雕塑，使之成该中庭空间的重点所在。图 4-47 和图 4-48 所示的则是通过轴线和框景而突出墙上的挂件。

此外，室内设计中还有一种突出重点的手法，即运用“趣味中心”的方法。趣味中心有时也称视觉焦点。它一般都是作为室内环境中的重点出现，有时其体量并不一定很大，但位置往往十分重要，可以起到点明主题、统帅全局的作用。能够成为“趣味中心”的物体一般都具有新奇刺激、形象突出、具有动感和恰当含义的特征。

按照心理学的研究，人会对反复出现的外来刺激停止作出反应，这种现象在日常生活中十分普遍。例如：我们对日常的时钟走动声会置之不理，对家电设备的响声也会置之不顾。人的这些特征有助于人体健康，使我们免得事事操心，但从另一方面看，却加重了设计师的任务。在设计“趣味中心”时，必须强调其新奇性与刺激性。在具体设计中，常采用在形、色、质、尺度等方面与众不同、不落俗套的物体，以创造良好的景观。图 4-49 是加拿大尼亚加拉瀑布城彩虹购物中心的共享大厅，它由玻璃及钢架组成，内部纵横的廊桥、购物小亭、庭院般的灯具、郁郁葱葱的绿化，虽在室内宛若在大自然的庭院之中，最吸引人的是空中悬挂的彩带和抽象三角框条，色彩明快鲜艳，仿佛雨后彩虹当空的感觉，非常吸引人们的注意。图 4-50 的玩具售货区则又是另一番情景，大树外形的柱子布置有儿童熟悉的卡通动物及可爱的机器人，这样的动物世界大大诱发了孩子们的好奇心理，当然成为视觉中心了。图 4-51 则以巨大的乌贼的动物造型作为餐厅的趣味中心，既突出了海味食品的特征又激起了人们的食欲兴趣。

此外，有时为了刺激人们的新奇感和猎奇心理，常常故意设置一些反常的或和常规相悖的构件来勾起人们的好奇心理。例如在人们的一般常识中，梁总是搁置在柱上的，而柱总是垂直竖立在地面上的，图 4-52 却故意

图 4-46　通过不同体量的对比突出重点

图 4-47　通过轴线突出墙上的挂件

图 4-48 通过框景突出重点

图 4-49 加拿大彩虹中心共享大厅内景

图 4-50 玩具售货区的卡通世界

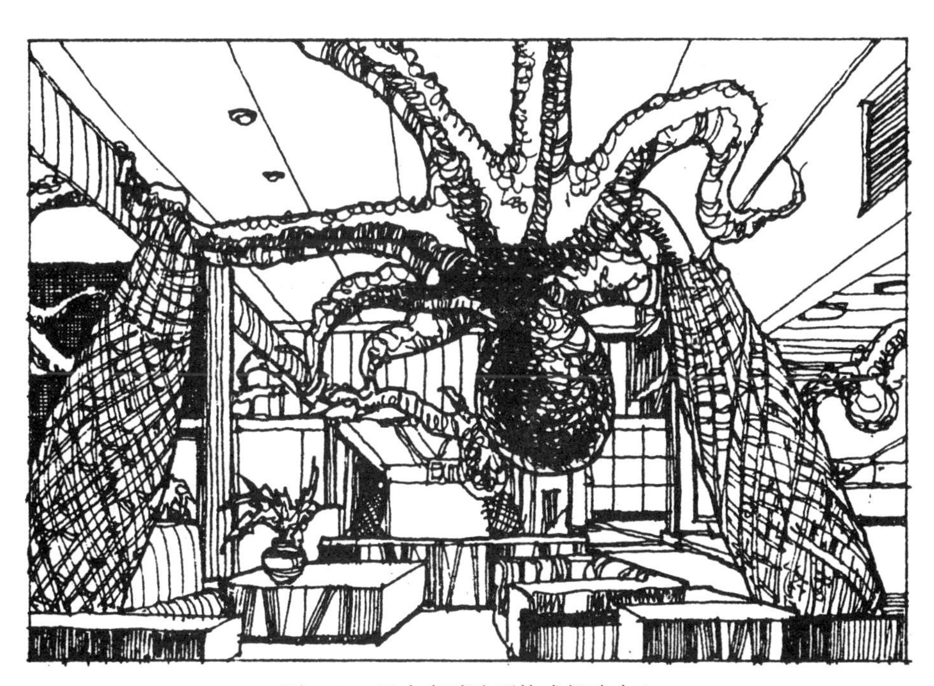

图 4-51 巨大乌贼造型构成趣味中心

图 4-52 倒置的建筑构件布置吸引人们的视线

营造梁柱倒置的场景，用这种反常的布置方式来吸引人们的注意力，并给人以强烈的印象。

形象与背景的关系一直是格式塔心理学研究的一个重要问题。人在观察事物时，总是把形象理解为"一件东西"或者"在背景之上"，而背景似乎总是在形象之后，起着衬托作用。尽管在理论上，形象与背景完全可以互相转化，在某场合是形象的事物，到了另一场合下却可以转化成背景。然而心理学的研究认为：一般情况下，人们总是倾向于把小面积的事物、把凸出来的东西作为形象，而把大面积的东西和平坦的东西作为背景。尽管在现代绘画中经常使用形象与背景交替的处理手法，但在处理趣味中心时，却应该有意造成形象与背景的明显区别，以便使人作出正确的判断，起到突出重点的作用。图4-53中十字形常被视为形象而正方形则几乎总被视为背景，而图4-54中的彼得—保尔高脚杯则表示形象与背景互动的现象。

运动亦是一种极易影响视觉注意力的现象，运动能使人眼作出较为敏捷的反应。人眼的这种特性，早被艺术家所发现和利用，他们认为：一幅画最优美的地方就在于它能够表现运动，画家们常常将这运动称为绘画的灵魂。雕塑大师罗丹（A.Rodin）亦承认：他常常赋予他的塑像某种倾斜性，使之具有表现性的方向，从而暗示出运动感。艺术家们巧妙地把握住了人眼的特点，创造出很多具有动感的艺术品，取得了很好的效果。室内设计师在设计中，也要充分发挥眼睛的这种特点。例如图4-55所示的界面上有两幅抽象壁画，左边采用长方形画框，具有沿长轴方向移动的运动感，加之画面上充满了具有动感的曲线

图 4-53 正方形常视为背景而十字形常被视为形象

图 4-54 彼得—保尔高脚杯表示形象与背景互动的现象

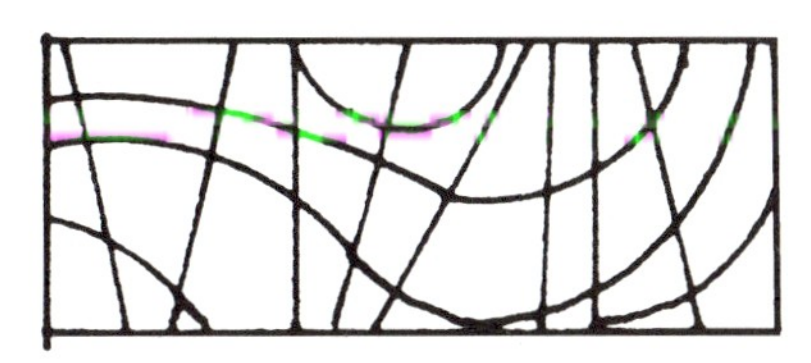

图 4-55 具有动感的画易于吸引人们的注意力

和倾斜线，使整幅作品具有一定的动势；而右边的作品则采用没有明显运动方向的正方形画框，加之画面又仅由动感不强的水平线与垂直线组成，因而整幅作品的动感比较弱。当它们同时出现在某一墙面时，左边一幅作品常常比较容易吸引人们的视觉注意力而成为趣味中心。随着时代的进步，艺术家们创造出真正能够活动的动态雕塑，从而彻底打破了艺术是“冻结了的时间薄片”的观念，赢得了观众们的极大兴趣，并常常成为室内环境中的趣味中心，美国国家美术馆东馆内的红黑金属抽象活动雕塑就是典例（图 3-42），图 4-49 彩虹中心内的悬挂雕塑也属这类例子。再如图 4-56 为某会议室内的活动雕塑，设计者采用大小不一的圆盘，利用杆件使之获得巧妙的平衡。开会时形成的热气流自下而上轻轻作用于圆盘，并使之缓缓地旋转移动，此时映在天花板上的阴影也随之变化，这种变幻着的运动形象，在室内建立起包括时间因素在内的四维空间感觉，理所当然地成为室内的趣味中心。

人在欣赏作品时，总是会按照“看——赋予含义”的过程来处理。如果趣味中心的含义过分明显，不需经过太多的思维活动就能得出结论，那就可能会产生缺乏兴趣的感觉。同样，如果趣味中心的含义过分隐晦曲折，人们亦可能会采取敬而远之的态度。真正优秀的作品往往能提供足够的刺激，吸引人们的注意力并作出一定的结论，但同时又不能一目了然、洞察全貌。凡是能吸引人们经常不断注目，并且每次都能联想出一些新东西，每次都由观赏者从自己以往的经验中联想出新的含义，这样的作品也就会自然而然地成为室内空间的重点所在。

图 4-56 会议室上空的活动圆盘雕塑

形式美是涉及各设计行业的原则，重点与一般、韵律与节奏、均衡与稳定、对比与微差是其中的重要基本范畴。对于室内设计而言，它们能够为设计师们提供有益的规矩，进而创作出美好的内部空间。

总之，空间限定原则和形式美原则是室内设计中的重要原则，结合室内空间的造型元素、界面处理、家具陈设布置等各方面的内容，就能够为设计师们提供比较全面的文法，借助于这些语法，就可以使设计师的作品少犯错误或不犯错误，塑造出良好的室内视觉环境。然而，一项真正优秀的室内设计作品还离不开设计者的构思与创意。如果创作之前根本没有明确的设计意图，那么即便有了优美的形式，也难以感染大众。只有设计师具备了高尚的立意，同时具有熟练的技巧，加之灵活运用这些原则，才能达到“寓情于物”的标准，才能通过艺术形象而唤起人们的思想共鸣，进入情景交融的艺术境界，创造出真正具有艺术感染力的作品。

本章小结

在室内设计中可以通过设立、围合、覆盖、凸起、下沉、悬架和质地变化的手法在原空间中限定出另一个空间。与此同时，用于限定空间的限定元素的特性和组合方式也与空间限定度有很大的关系。

室内设计还涉及到不同空间之间的组织，一般形式有：以廊为主的组合方式、以厅为主的组合方式、套间形式的组合方式和以某一大型空间为主体的组合方式。这几种方式既各有特色又经常互相综合使用，形成了丰富多彩的空间效果。有时候还涉及空间序列的问题，完整的空间序列一般包括：序言、高潮、结尾三部分。在主要人流方向上的主要空间序列可以概括为：入口空间—— 一个或一系列次要空间——高潮空间—— 一个或一系列次要空间——出口空间。在实际设计中，可以结合具体情况灵活运用。

室内设计具有能被人们普遍接受的形式美准则——多样统一，即在统一中求变化，在变化中求统一。具体又可以分解成：均衡与稳定，韵律与节奏，对比与微差，重点与一般。

5 室内空间的造型元素

室内空间的造型元素包括形、色、质、光等。在室内空间中，这些元素作为统一整体的组成部分，相互影响、相互制约，彼此存在着紧密的关系。然而尽管如此，每一种造型元素仍有其相对独立的特征和相应的设计手法，熟练地掌握这些特征和设计手法，才能在设计中做到灵活运用、游刃有余，从而创造出优秀的设计作品。以下对形、色、质、光这四种基本造型元素进行分析。

5.1 形

形是创造良好的视觉效果和空间形象的重要媒介。人们通常将形分为点、线、面、体这四种基本形态（图5-1）。在现实空间中，几乎一切可见的物体都是三维的，因此，这四种基本形态的区分也不是固定的、绝对的，而是取决于一定的视野、一定的观察点和它们自身的长宽高尺度与比例以及与周围其他物体的比例关系等因素。通过把握这四种基本形态的特征和美学规律，能帮助我们在室内空间造型设计中有序地组织各种造型元素，创造良好的室内空间形象。

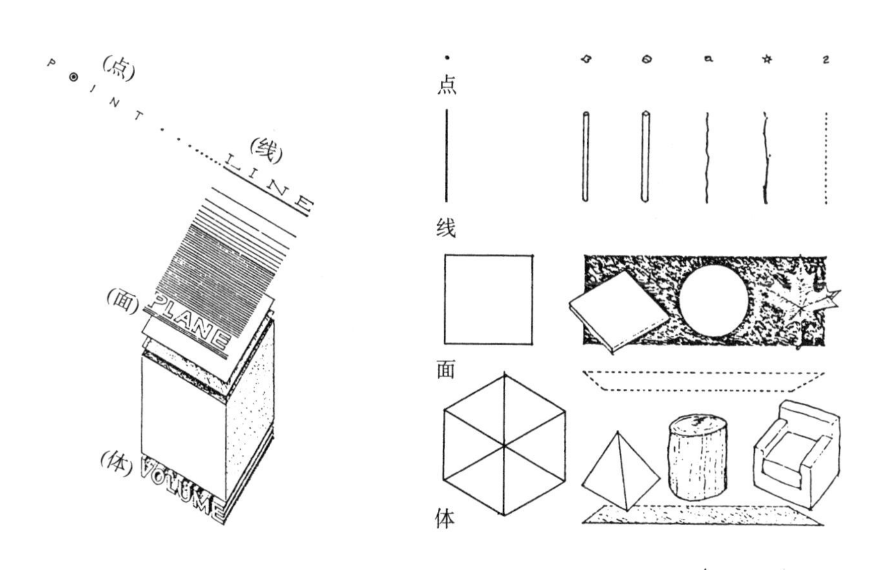

图5-1　点、线、面、体四种基本形态

5.1.1 点、线、面、体

(1) 点

一个点在空间中标明一个位置。在概念上，它没有长、宽、高，因此它是静态的，无方向性的。

作为形态的原发要素，它可标志出一条线的起止，标明两条线的交点，当平面上或体量中的线条相交时，点也可标出交角的顶端。作为一种可见的形，点最常见的是以圆点的形式出现，是一个比它周围物体都小的圆形。当具备足够小、足够紧凑而且无方向性等特征时，其他各种形状也可看成是点状物（图 5-2）。

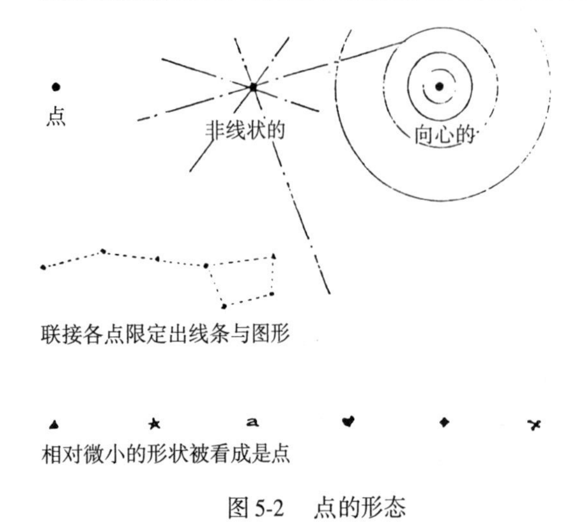

图 5-2　点的形态

当一个点处于区域或空间中央时，它往往是稳固的、安定的，并且能将周围其他要素组织起来。当它由中央被挪开时，仍保留着这种以自我为中心的性质，但更趋于动态。它引起这个点与周围区域之间出现一种紧张状态。由点所生成的形态，诸如圆形或球形，都具有点的这种以自我为中心的性质（图 5-3）。

在室内设计中，较小的形都可以视为点。例如，一幅小画在一块大墙面上或一个家具在一个大房间中都可以视为点。尽管点的面积或体积很小，但它在空间中的作用却不可小视。点在室内环境中起到的最明显的作用是标明位置或使人的视线集中，特别是形、色、质、大小与背景不同或带有动感的点，更容易引人注目，例如美国国家美术馆东馆大厅内的著名动雕，就凭其奇特的形状、鲜艳的色彩和随气流移动的动感而成为一处引人注目的景观（图 5-4）。

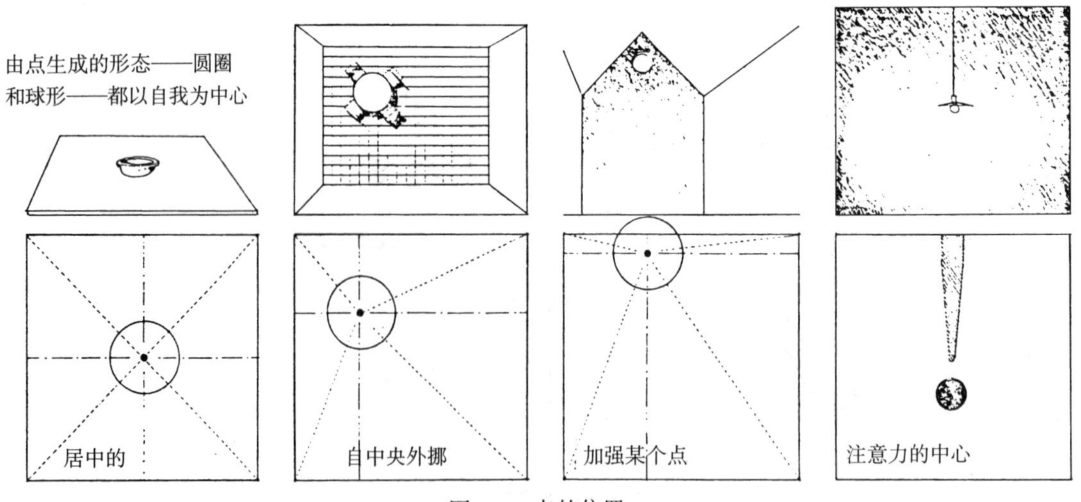

图 5-3　点的位置

图 5-4　美国国家美术馆东馆的动雕

在室内环境中，还常常遇到点的组合。有规律排列的点的组合，能给人以秩序，反之则给人活泼的感受；有时，点的巧妙组合还能产生一定的导向作用。

（2）线

一个点延伸开来，成为一条线。一条线也可以用两个点来暗示。推而广之，如果有足够的连续性，用相似的形式要素进行简单的重复，就可以限定出一条线。在概念上，一条线只有单维元次，即长度。在现实中，一条线的长度在视觉上居主导地位。

线与点不一样，点是静态的，无方向性；而线则具有表达运动、方向和生长的特性（图 5-5）。作为可见形，一条线的视觉特性取决于它的粗细程度、轮廓形状和连续程度给人的感觉。各种线因其粗细和性质的不同而给人以不同的视觉感受：粗犷或是纤细、规整或是杂乱、平滑或是参差不齐……

线种类很多（图 5-6），下面是常见的线的分类：

直　　线：水平线、垂直线、斜线

几何曲线：圆、弧线、抛物线……

有机曲线：螺旋线、涡形线……

自由曲线：任意形

一条直线表现出两点之间的关系。直线的一个重要特性就是它的方向性。一条水平线能够表达稳定与平衡，给人的感受常常是稳定、舒缓、安静与平和；垂直线则能表现一种与重力相均衡的状态，给人的感觉常常是向上、崇高、坚韧和理想；斜线与水平线和垂直线均不同，可视为正在升起或下滑，暗示着一种运动，在视觉上是积极而能动的，给人以动势和不安定感。曲线表现出一种由侧向力所

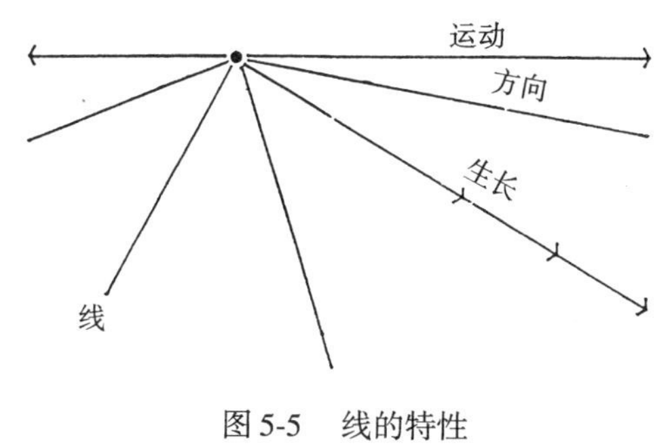

图 5-5　线的特性

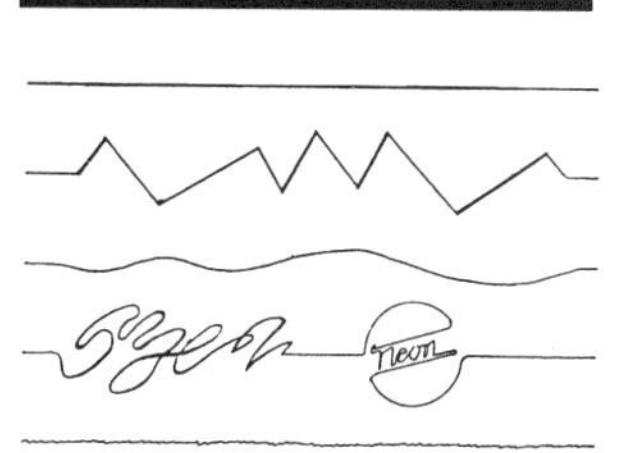
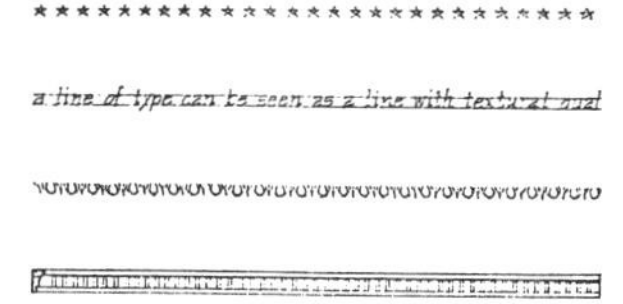

不同粗细、不同轮廓外形和不同质感的线

图 5-6　线的形态

引起的弯曲运动,更倾向于表现柔和的运动。不同的曲线常给人带来不同的联想。如:抛物线流畅悦目,有速度感;螺旋线有升腾感和生长感;圆弧线则规整稳定,有向心的力量感。一般而言,在室内空间中的曲线总是比较富有变化,可以打破因大量直线而造成的呆板感,使空间富有人情味与亲切感;但过于繁琐或无规律的曲线,也容易造成浮华和杂乱的感觉。各种线给人的感受见图 5-7。

在室内设计中,凡长度方向较宽度方向大得多的构件均可以视为线,如室内的梁、柱子等等。例如,安藤忠雄设计的世界博览会日本馆,其室内空间利用“线”作为主要的造型手段,结合日本传统木构建筑的建造方法,创造出丰富的空间效果(图 5-8)。

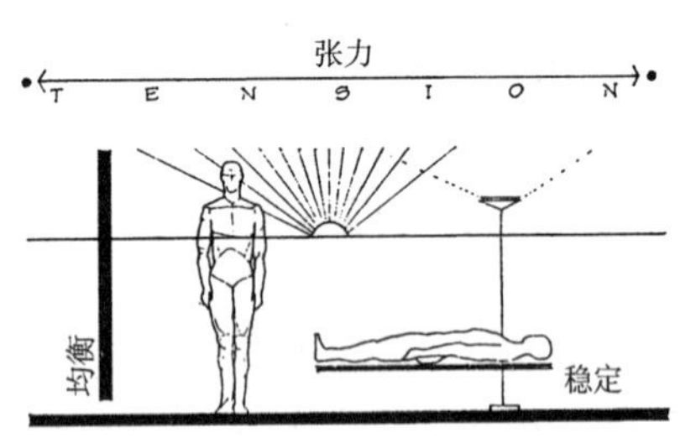

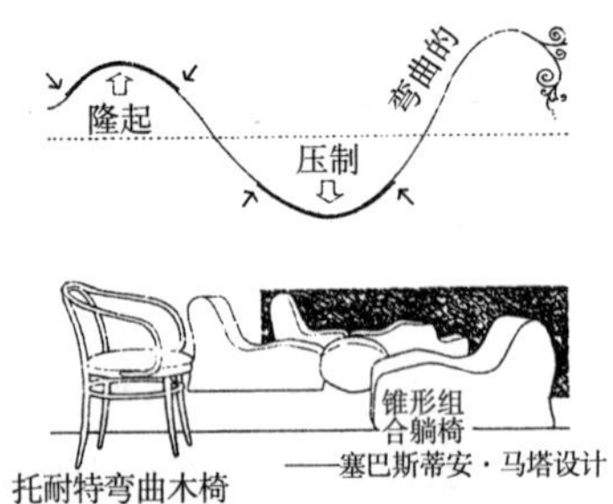

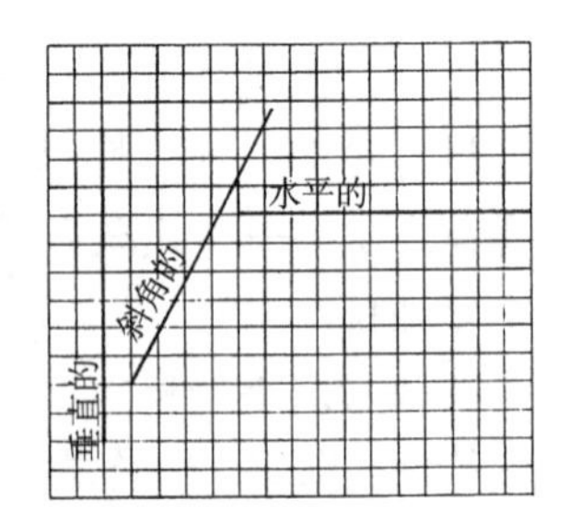

图 5-7 各种线给人的不同感受

图 5-8 室内空间中的“线”——安藤忠雄设计的世界博览会日本馆

(3)面

一条线在自身方向之外平移时,界定出一个面。在概念上面是两维的,有长度和宽度,但无厚度。面的最基本特性是它的形态,形态由面的边缘轮廓线描绘出来(图 5-9)。

常见的面的形态分为:

平面:垂直面、水平面、斜面;

曲面:直纹曲面、非直纹曲面、螺旋面、非螺旋面、自由面。

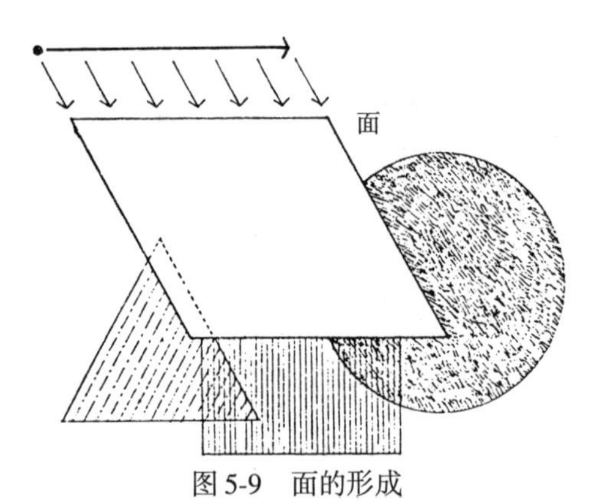

图 5-9 面的形成

面的形态不同，给人的心理感受也不相同（图 5-10）。总的来说，平面比较单纯，具有直截了当的性格。在平面之中，水平面显得平和宁静，有安定感；垂直面有紧张感，显得高洁挺拔；斜面有动感，效果比较强烈。曲面则常常显得温和轻柔，具有动感和亲切感。其中几何曲面比较有理性，而自由曲面则显得奔放与浪漫。从对空间的限定与导向而言，曲面往往比垂直面有更好的效果。曲面的内侧区域感较明确，给人以安定感，而曲面的外侧，则更多地反映出对空间和视线的导向性。

除了形态之外，面还具有颜色、质地和花纹等多种特性（图 5-11）。

面在室内空间造型中具有十分重要的作用（图 5-12）。在内部空间中，面所处的位置常常有三处，即顶界面、底界面与侧界面，它们特有的视觉特性和在空间中的相互关系决定了所界定的空间的形式与性质。

尖锐的几何形，浓烈的色彩，使空间非常活跃

倾斜的吊顶活跃了空间造型

把美人头部的侧面剪影作为隔断，既具魅力，又突出了美容室的特点

曲面形的遮光设备构成很有装饰性的围护面

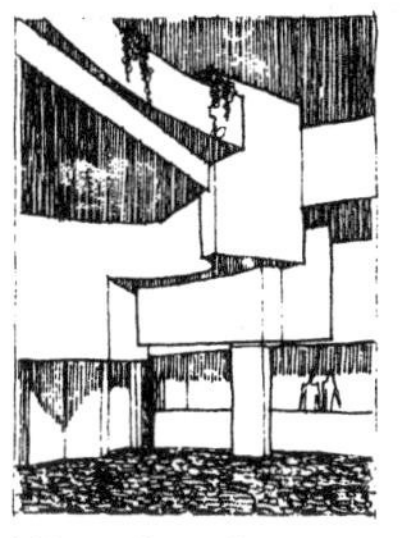

栏板、顶棚和墙面，运用几何形曲直变化及削减和增加的手法，生动和谐

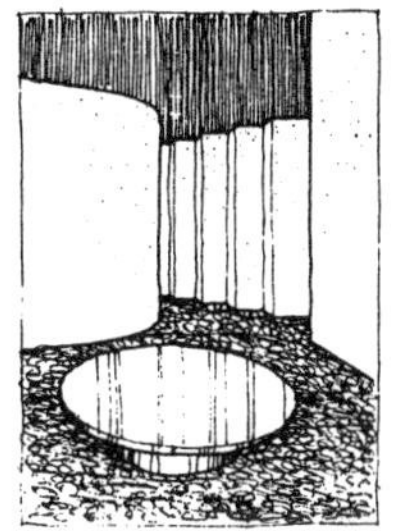

用几何形的巧妙配置，构成完美的空间造型

与原空间倾斜相交的隔断，分隔出的空间打破了矩形空间的呆板

图 5-10 面的各种形态

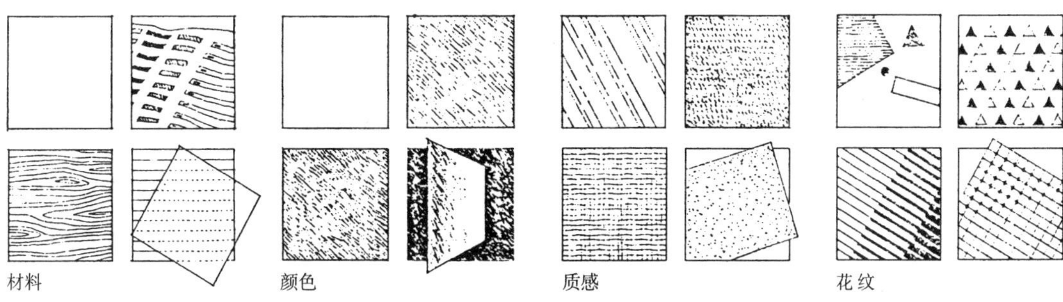

平面部件的表面特性

图 5-11 面的颜色、质感或花纹

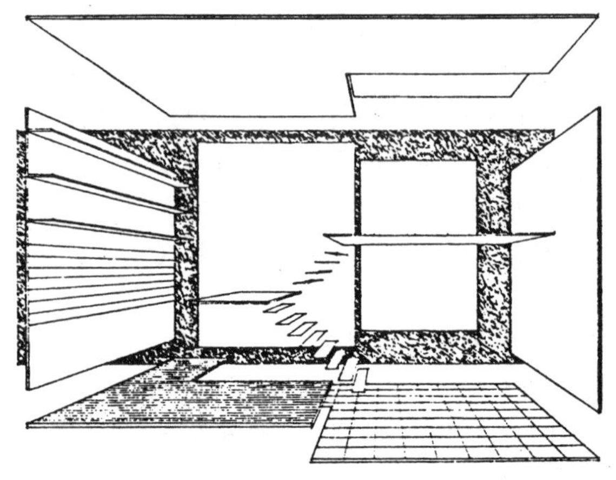

图 5-12 室内空间中面的界定

顶界面可以是屋顶成楼板的底面，也可以是顶棚面。除了顶界面的不同形状可以造成不同的心理感受之外，顶界面的升降也能形成丰富的空间感觉。

底界面即地面，在大部分情况下是水平面；在某些场合下，也可以处理成局部升降或倾斜，以造成特殊的空间效果。底界面往往作为空间环境的背景，发挥烘托其他形体的作用。

侧界面主要包括墙面和隔断面，由于它垂直于人的视平线，因此对人的视觉和心理感受的影响极为重要。侧界面的相交、穿插、转折、弯曲等都可以形成丰富的室内景观与空间效果；同时，侧界面的开敞与封闭还会形成不同的空间流通效果与视觉变化。

在室内空间中，面的组合丰富多彩，其空间效果往往引人入胜。例如理查德·迈耶（Richard Meier）设计的美国亚特兰大高级美术馆，其室内空间造型充分利用了不同展示面的穿插、组合，形成连续、流动的空间效果（图 5-13）。

图 5-13 室内空间中面的作用——美国亚特兰大高级美术馆室内

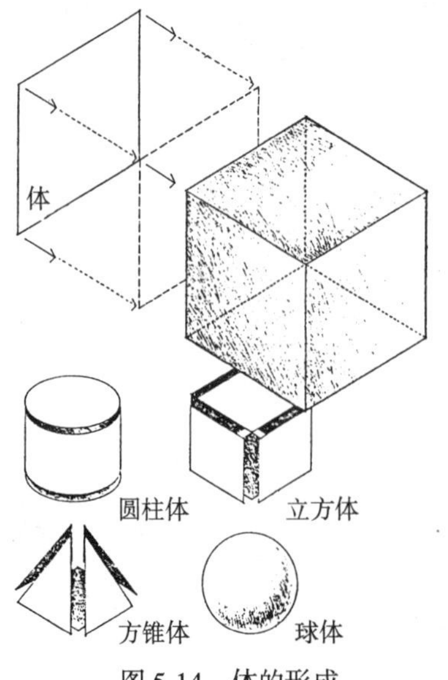

图 5-14 体的形成

（4）体

一个面沿着非自身表面的方向扩展时，即可形成体（图5-14）。在概念上和现实中，体量均存在于三维空间中。体用来描绘一个体量的外貌和总体结构，一个体所特有的体形是由体量的边缘线和面的形状及其内在关系所决定的。

体既可以是实体（即实心体量），也可以是虚体（由点、线、面所围合的空间）。体的这种双重性也反映出空间与实体的辩证关系：体能限定出空间的尺寸大小、尺度关系、颜色和质地；同时，空间也预示着各个体。这种体与空间之间的共生关系可以在室内设计的几个尺度层次中反映出来（图 5-15）。

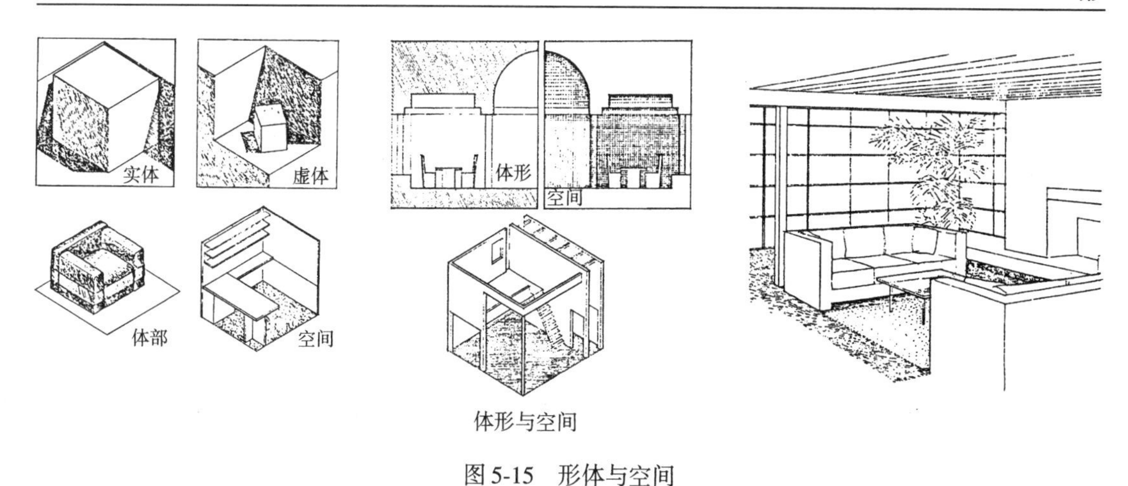

图 5-15　形体与空间

5.1.2　形的比例与尺度

长期以来，人们对各种形的构成总结出一系列基本法则，如比例、尺度、平衡、韵律、重点……，这些法则对于在室内空间的各个“形”之间构成并维持一种视觉规律很有帮助。考虑到这种视觉规律的不少内容已经在前面“形式美”的章节中作了论述，所以这里仅介绍比例与尺度的内容。

5.1.2.1　比例

比例涉及到局部与局部、局部与整体之间的关系。在室内设计中，比例一般是指空间、界面、家具或陈设品本身的各部分尺寸间的关系，或者指家具与陈设等与其所处空间之间的尺度关系。

要在室内设计中把握良好的比例关系，在很大程度上取决于设计师的美学素养，然而随着历史的发展，也产生了几种利用数学和几何原理来确定物体的最佳比例的方法。这种对完美比例的追求已经超越了功能和技术的因素，致力于从视觉角度寻求符合美感的基本尺寸关系，其中人们最熟悉的比例系统就是黄金分割比（图 5-16）。黄金分割比是古希腊人建立起来的，它定义了一个整体的两个不等部分的特定关系，即：大、小两部分的比率等于大的部分与整体之比。黄金分割比虽然以数学名词定义一个比例系统，但它在一个构图的各个部分之间建立起一种连贯的视觉关系，是改善构图统一性和协调性的有效工具。

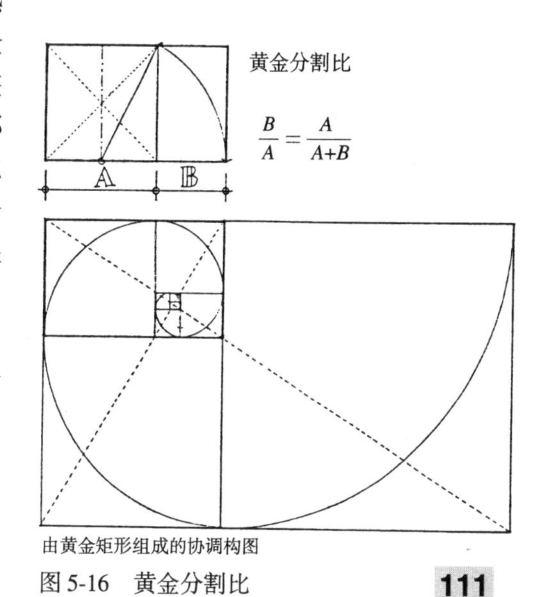

图 5-16　黄金分割比

比例问题是设计的一个重要问题，当我们在某个既定环境里观察到其组成要素再增一分太多，减一分又太少时，常常意味着是恰当的比例。在室内设计中，往往需要在单个设计部件的各部分之间、几个设计部件之间以及在众多部件与空间形态或围合物之间反复推敲比例关系（图 5-17），只有这几个方面都出现了协调的比

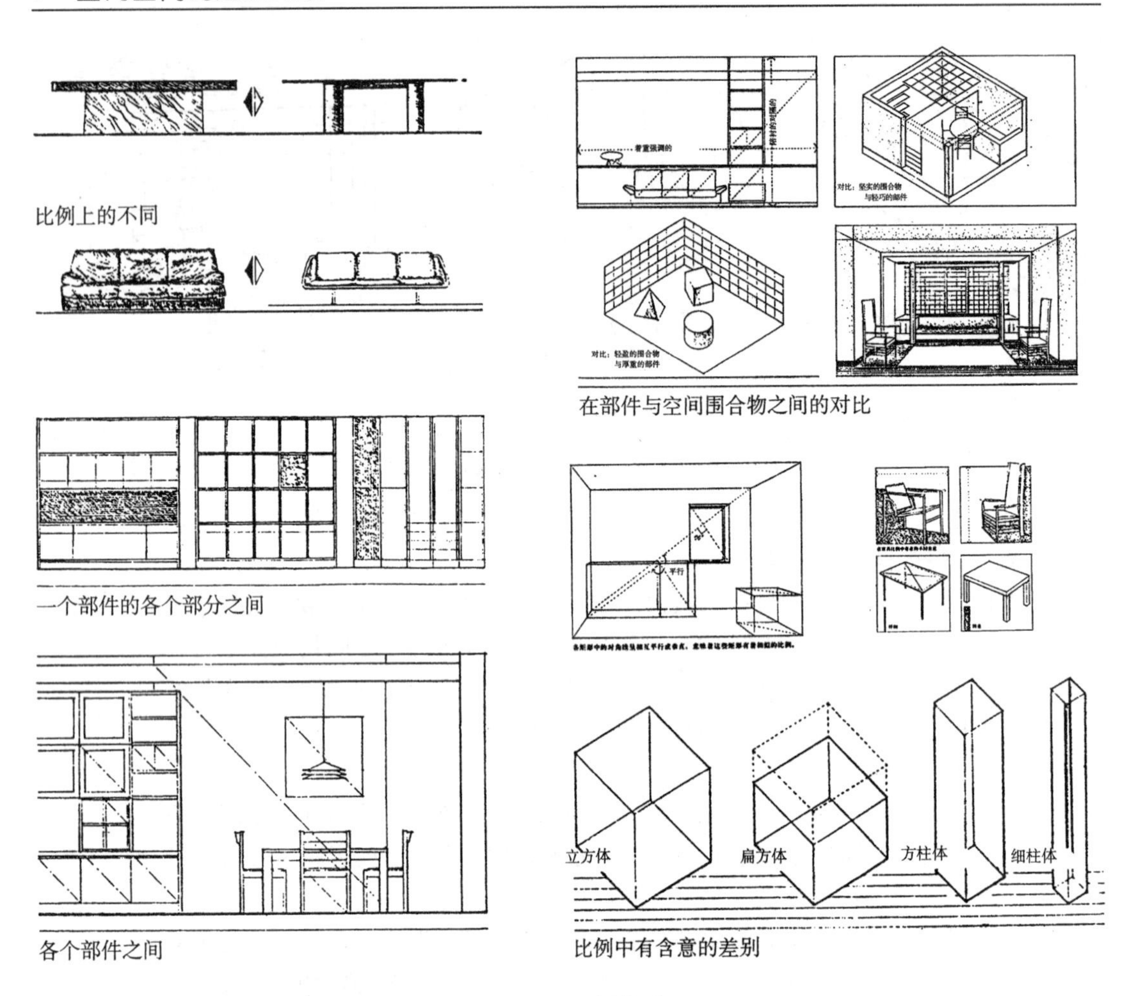

图 5-17 比例关系

例关系，才能取得最佳的效果。

不同的比例关系，常常给人不同的心理感受。就空间的高宽比例而言，比例不同给人的感觉也不同。高而窄的空间（高宽比大）常会给人向上的感觉，利用这种感觉，建筑空间可以产生崇高、雄伟的艺术感染力，哥特时期的教堂就是利用这种空间来表现宗教建筑的特征；低而宽的空间（高宽比小）常会使人产生侧向广延的感觉，利用这种感觉，可以形成一种开阔博大的气氛，不少建筑的门厅、大堂常采用这种比例；细而长的空间会使人产生向前的感觉，利用这种空间，可以造成深远的空间气氛，园林中的长廊就是这样的例子。

5.1.2.2 尺度

比例与尺度都是研究物体的相对尺寸，然而两者也有很大的区别。比例是指一个组合构图中各个部分之间的关系，而尺度则特指相对于某些已知标准或公认的常量的物体的大小。我们所说的“视觉尺度”往往是指：在物体与近旁或四周部件尺寸比较后所作的判断。视觉尺度中的大物体，就是指与周围物体比较后觉得大的物体（图 5-18）。至于我们经常所说的 “人体尺度”就是物体相对于人身体大小给我们的感觉，如果室内空间或空间中各部件的尺寸使我们感到自己很渺小，我们就说它们缺乏人体尺度感；反之，如果空间不使人感觉矮小，或者其中各部件使我们在室内活动时符合人类工效学的要求，我们就说它合乎人体尺度要求。大多数情况下，我们通过接触和使用已经习惯其尺寸的物体，如：门廊、台阶、桌子、柜台和各式座椅等来判断物体是否符合人体尺度。

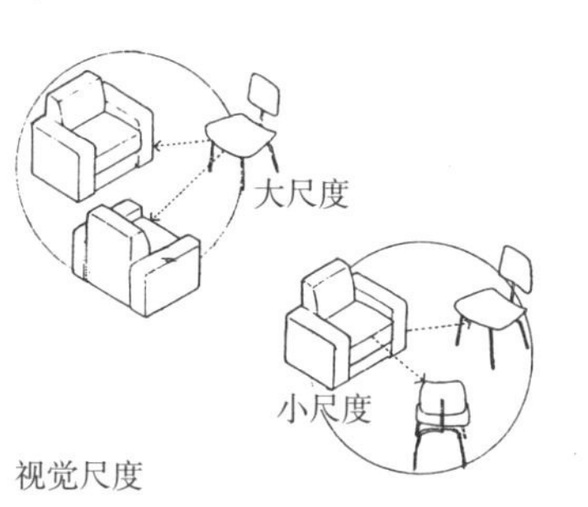

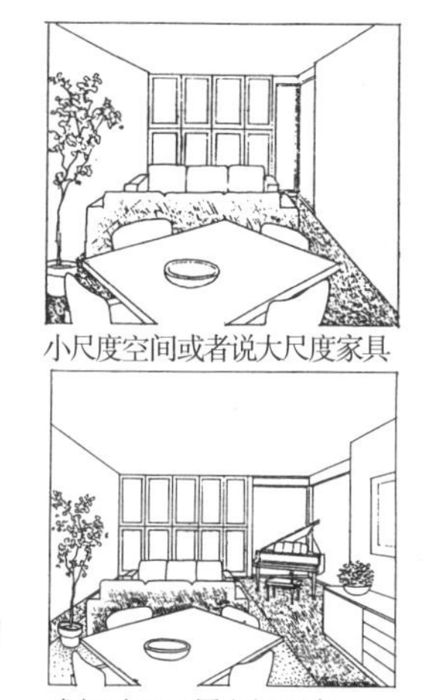

图 5-18 视觉尺度——物体的大小是相对于环境中其他物体而言

尺度对于形成特定的环境气氛有很大影响。面积较小的空间，容易形成亲切宁静的气氛，一家人围坐在不大的空间内休憩、交谈，可以感到温馨的居家气氛；面积大的空间，则会给人一种宏伟博大的感觉。即使是陈设品，其尺度对于人的心理感受亦很有关系，例如在室内布置尺度较大的植物时，容易形成树林感，布置尺度较小的植物时，则会产生开敞感；如果在儿童卧室内布置太大的盆栽植物，容易对儿童的心理造成不良影响，在夜间甚至还会使他们受到惊吓。

一般情况下，室内空间各部件之间、各部件与整个空间之间、各部件与使用者之间应该有正常的、合乎规律的尺度关系；当然在特殊情况下，可以对某些部件采用夸大的尺度，以吸引人们的注意力，形成空间环境的焦点。

5.1.3 形与心理效应

形状是我们用来区别一种形态不同于另一种形态的根本手段，它参照一条线的边缘、一个面的外轮廓或是一个三维体量的边界而形成。通常情况下，形状都是由线或面的特有外形所确定，这个外形将体量从它的背景或周围空间中分离出来。形状一般可分以下为几类（图 5-19）。

• 自然形——表现了自然界中的各种形象和体形。这些形状可以被抽象化，这种抽象化的过程往往是一种简化的过程，同时保留了它们天然来源的根本特点。

• 非具象形—— 一般是指：不去模仿特定的物体，也不去参照某个特定的主题。有些非具象形是按照某一种程序演化出来的，诸如书法或符号。还有一些非具象形是基于

自然形

非具象形

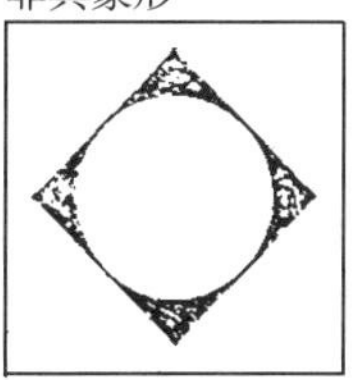

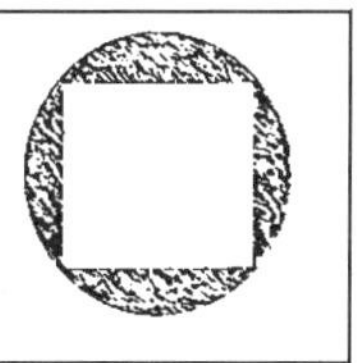
几何形

图 5-19 形状的类型

它们的纯视觉素质的几何性和诱发反应而生成的。

• 几何形——在建筑设计和室内设计中使用最频繁。几何形中主要有：直线型与曲线型两种，曲线中的圆形和直线中的多边形是其中最规整的形态。在所有几何形中，最醒目的要算圆形、三角形和正方形，推广到三维形体中就生成了球体、圆柱体、圆锥体、方锥体与立方体。

圆是一种紧凑而内向的形状，这种内向一般是对着圆心的自行聚焦。它表现了形状的一致性、连续性和构成的严谨性。圆的形状通常在周围环境中是稳定的，且以自我为中心。当与其他线形或其他形状协同时，圆可能显出分离的趋势。曲线或曲线形都可以看作是圆形的片断或圆形的组合。无论是有规律的或无规律的曲线形都有能力去表现柔软的形态、流畅的动作以及生物繁衍生长的特性。

从纯视觉的观点看，当三角形站立在它的一条边上时，给人的感觉比较稳定；然而，当它伫立于某个顶点时，三角形就变得动摇起来。当趋于倾斜向某一条边时，它也可处于一种不稳状态或动态之中。三角形在形状上的能动性也取决于它三条边的角度关系。由于它的三个角是可变的，三角形比正方形和矩形更加灵活多变。此外，在设计中比较容易将三角形进行组合，以形成方形、矩形以及其他各种多边形。

正方形表现出纯正与理性，它的四个等边和四个直角使正方形显现出规整和视觉上的精密与清晰性。正方形并不暗示也不指引方向。当正方形放置在自己的某一条边上时，是一个平稳而安定的图形；当它伫立于自己的一个顶角上时，则转而成为动态。各种矩形都可被看成是正方形在长度和宽度上的变体。尽管矩形的清晰性与稳定性可能导致视觉的单调乏味，但借助于改变它们的大小、长宽比、色泽、质地、布局方式和方位，就可取得各种变化。在室内设计中，正方形和矩形显然是最规范的形状，它们在测量、制图与制作上都很方便，而且实施也比较容易。

5.2 色

色彩的视觉效果非常直接，被广泛运用于各个方面，室内环境也离不开色彩，室内色彩设计在室内设计中占有非常重要的地位。

5.2.1 色彩的心理感受

在日常生活中，色彩的生理现象和心理现象是密不可分的。色彩能表达丰富的情感，人们试图概括各种不同颜色的特殊表情，并结合不同的文化背景进行联想，赋予其不同的象征意义。

5.2.1.1 对色彩的反应

由于人们自身的生理和心理特征，在实际生活中，人眼对于色彩的疲劳与平衡有正常的生理反应。在色彩的刺激下，人们会产生某种联想。

（1）色彩的对比

色彩的对比是指两个或两个以上的色彩放在一起时，由于相互间的影响而呈现出差别的现象。色彩对比有两种情形：一种是同时看到两种色彩时所产生的对比叫同时对比（彩图5-20）；另一种是先看了某种颜色，然后接着看另外一种颜色时产生的对比，叫连续对比（彩图5-21），连续对比只是对第二色发生单向性作用。如：先看了红色再看黄，就感觉黄色带有绿色倾向，这是因为先看到的颜色的补色的残像，被下意识地相加到后面物体上的缘故。我们有这样的生活经验：先看鲜艳的色彩，后看灰色，后看的灰色就显得更加灰；先看灰色，后看鲜艳的色彩，后看的色彩就会显得更鲜艳。总之，后看的色彩感受更强烈。

彩图5-20　同时对比

除了同时对比和连续对比之外，色彩对比还有：

• 色相的对比：当相同纯度和相同明度的橙色分别与黄色和红色对比时，与黄色在一起的橙色显得红，而与红色在一起的橙显得黄（彩图5-22）。

• 明度的对比：当相同明度的灰色分别与黑和白同时对比时，与黑并置在一起的灰色显得亮一些，而与白并置在一起的灰色显得暗一些（彩图5-23）。

• 纯度的对比：当无彩色系的灰色与鲜艳的色彩同时对比时，灰色就会显得更加灰，艳色显得更加鲜艳（彩图5-24）。

• 冷暖的对比：当暖色与冷色同时对比时，暖色就会显得更加暖，冷色显得更冷（彩图5-25）。

• 面积的对比：面积大小不同的色彩配置在一起，面积大的色彩容易形成调子，面积小的容易突出，形成点缀色（彩图5-26）。

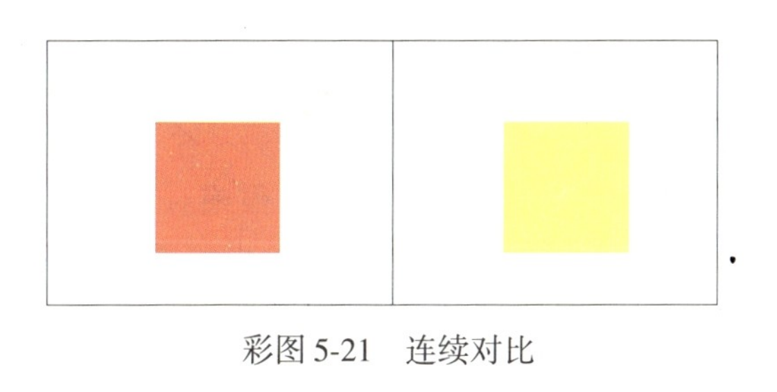

彩图5-21　连续对比

彩图5-23　明度对比

彩图5-22　色相对比

彩图5-24　纯度对比

彩图 5-25 冷暖对比

彩图 5-26 面积对比

（2）色彩的适应

人类有着适应自然环境变化的本能，无论在黑暗中还是在阳光下，人的眼睛都会自觉地调节瞳孔，控制光线量的进入，以便正确客观地辨别物体的形状、色彩、明暗以及空间。人眼这种视觉适应能力有三种现象：

• 明适应：当我们置身于黑暗的空间里，又突然暴露在强烈的光线下，那一瞬间会什么也看不清，眼睛发花，片刻之后物形与颜色才会慢慢地显露出来，人眼这种从暗到明的视觉适应过程叫明适应。

• 暗适应：夜晚，当我们从灯火辉煌的大厅走到室外，刹那间也会什么也看不清，但是过一会儿，慢慢地就会辨别出道路、树木和行人……，人眼这种从明到暗的适应过程叫暗适应。

• 色适应：当我们从橙黄色灯光照射下的环境来到蓝白色灯光照射下的环境，一开始会觉得两个环境的灯光色彩有一定的差异，但一会儿便会不知不觉地习惯下来，觉得没有什么区别，这种适应叫做色适应。

（3）视觉的惰性

我们在观察物象时，会自觉不自觉地进行心里调节，力求不被进入眼睛内的光的物理性质所欺骗，进而能认识物象的真实特性。视觉的这种自然或无意识地对物体的色知觉始终想保持原样不变和“固有”的现象叫做色彩感觉恒常，即视觉惰性。

• 大小恒常：在我们前方有两个等高的人，一个站在眼前，而另一个站在远处，虽然近处的人比站在远处的人在视网膜上的成像大，但我们会很绝对地认为是同样大小的人，只是离我们距离不同而已，这种视觉现象就是大小恒常。

• 明度恒常：当我们同时观察一个阳光下穿浅灰色衣服的人和一个处在阴影里穿白色衣服的人，尽管阳光下的浅灰色对光的反射量比阴影下的白色对光的反射量多，但是我们仍然会准确无误地分辨出其原有的色彩，而不会混淆。眼睛的这种对物体明度的观察特质叫明度恒常。

• 色彩恒常：即色彩的稳定性。当我们把红色光照在白纸上，把白色光照在红纸上，虽然两者都成了红色，但眼睛仍然能区分出纸的本来颜色，能将“固有色”与照明光区别开来，这种视觉现象称为色彩恒常。

（4）色彩的视觉错觉现象

视觉错觉现象是一种人的生理现象，是眼睛产生的错觉，使得人在特定的环

彩图 5-27　黑白色块对比产生的错觉

境条件下不能正确认识客观事物的本质，如：物体的大小、形状、色彩等这些客观事物刺激眼睛所产生的影像。

视觉错觉现象主要涉及形态和色彩两个方面。人们对色彩感觉的错觉，主要来自色彩的对比。因为在日常生活中没有独立存在的色彩，色彩总是处在一个复杂的色彩对比环境之中。同时由于光线的影响，人们不仅对物体的色彩会产生错觉，同时对物体的形状、大小、空间、色相、明度、纯度都会产生错觉。对比越强，错觉就越强。例如：同样大小的黑色和白色的色块，我们分别将白色块放置在黑色背景上，将黑色块放置在白色背景上，就会感觉黑色背景上的白色块的面积要比白色背景上的黑色块的面积大（彩图 5-27）。

5.2.1.2　色彩的情感

色彩是一个非常丰富的世界。在这个丰富的色彩世界里，不同的色彩有着不同的性质和特征，这些性质在室内设计中具有很大的运用前景。

（1）色彩的冷暖感

色彩本身是没有温度的，但是由于人们根据自身的生活经验所产生的联想，使色彩能给人以冷暖的感觉。通常人们看到暖色系的色彩，就联想到暖和、炎热、火焰、阳光；看到冷色系的色彩，就联想到寒冬、夜空、大海、绿荫，有凉爽、冷静的感觉。冷色系与暖色系的划分是以色相为基础的，在色相环中，红、黄、橙色调子称为暖色调；蓝、蓝绿、紫等色调称为冷色调；绿、紫色为中性微冷色；黄绿色、红紫色为中性微暖色（彩图 5-28 至彩图 5-30）。

各种色彩都有冷暖倾向，如：当中性的绿色偏蓝色，变为蓝绿色时产生冷的感觉（彩图 5-31）；当中性的绿色偏黄色，变为橄榄绿或黄绿色时产生温暖的感觉；红在偏蓝色时为紫红，虽然处在红色系，但具有冷的意味；大红比朱红冷，蓝紫色比钴蓝色暖，钴蓝色比湖蓝色彩感觉更加暖。

彩图 5-28　暖色调

彩图 5-29　中性微冷色调

彩图 5-30 中性微暖色调

彩图 5-31 绿偏蓝成蓝绿色产生的冷感觉

彩图 5-32 灰色与纯度较高颜色并置所产生的冷暖差别

在无彩色系中，白色偏冷，因为它反射所有色光；黑色偏暖，因为黑色吸收所有色光；灰色是中性色，当它与纯度较高的颜色放在一起时，就会有冷暖的差别，如：灰色与黄色，灰色会显得冷；与蓝色在一起，灰色就会显得暖。总之，色彩的冷或暖是相对而言的，是相对比而存在的（彩图 5-32）。

（2）色彩的轻重感

色彩的轻重感是从人的心理感觉上来讲的，如白色的物体感到轻，有轻柔、飘逸的感觉，会使人联想到棉花、轻纱、薄雾，有飘逸柔软的感觉；黑色使人联想到金属、黑夜，具有沉重感。明度高的色彩轻快、爽朗；而明度低的色彩稳重、厚实。明度相同时，鲜艳的颜色感觉重，纯度低的颜色感觉轻；纯度高的暖色具有重感，纯度低的冷色有轻的感觉。

彩图 5-33 柔美、微妙的气氛

（3）色彩的软硬感

色彩的软与硬的感觉与色彩的明度和纯度有关。与低明度色调和高纯度色调相比，浅色调、灰白色调等高明度的色彩比较软，色调比较柔和。纯色中加进灰色，使色彩处于色立体明度上半球的非活性领域，则色彩容易显得柔和稳定、没有刺激、柔美动人。总之，软色调带给人们的是一种柔美、朦胧和微妙的气氛（彩图 5-33）。

5.2.1.3 色彩心理与思维

色彩本身包含着丰富的情感内涵，人们内心的情感、审美情趣都可以通过色彩来体现。

彩图 5-34　充满激情的阳刚红

彩图 5-35　和平的橙色

彩图 5-36　温暖、欢愉的黄色

（1）色彩的个性化特征

红色：可以说是一种积极的、自我奋斗的、响亮的、男性化的颜色。它具有狂风暴雨般的激情，富有动感，红色“用直接的方式达到理想中的愿望。它具有狂热的、充满激情的、不带任何拐弯抹角的精神；同时红色又具有侵略性，在必要的时候可运用暴力”。红色火热、艳丽而又都市化（彩图 5-34）。

橙色：兴奋、喜悦、心直口快、充满活力。“开放、大方、亲密直接、接受型、感情洋溢的。人的行动在橙色里与心相连，没有任何的拘束。因此，橙色最大限度地代表了焦急、温暖和真挚的感情。”橙色代表平和，一视同仁（彩图 5-35）。

黄色：最明亮、最光辉的颜色。“根据经验，黄色给人十分温暖、舒服的感觉。晴天令人愉悦，心情变得开朗起来，如同一股温暖和风迎面吹来。”黄色亦代表希望、摩登、年轻、欢乐和清爽（彩图 5-36）。

绿色：生命的颜色。“绿色与生命以及生长过程有着直接的关系。”绿色有着健康的意义，它也具有理想、田园、青春的气质（彩图 5-37）。

蓝色：一种让人幻想的色彩。深邃的大海、白云飘浮的蓝天令人产生无穷无尽的遐思，蓝色使天空更加广阔，仿佛在无止境地扩张、膨胀；同时蓝色冷静沉着，给人以科学、理想、理智的感觉。（彩图 5-38）。

紫色：最有魅力、最神秘的颜色。它高贵、幽雅、潇洒，它是红色和蓝色的混合，“在某种程度上是火焰的热烈和冰水的寒冷的混合，而两种相互对立的颜色又同时保持了它们潜在的影响力”（彩图 5-39）。

彩图 5-37　生命之绿

彩图 5-38 深邃、令人产生无尽遐思的蓝

彩图 5-39 神秘、魅力的紫

白色：光明的颜色，是一种令人追求的色彩。它洁净、纯真、浪漫、神圣、清新、漂亮；同时还有解脱和逃避的本质。

灰色：黑白之间，“灰色作为一种中立，并非是两者中的一个——既不是主体也不是客体；既不是内在的也不是外在的；既不是紧张的也不是和解的”。“灰色的感情便是逃避一切事物，保持着虚幻的阴影、幻觉和幻影。它的苍白和郁闷体现了原始的寂寞。” 它无聊、雅致、孤独、时髦。

黑色：美丽的颜色，具有严肃、厚重、性感的特色。黑色在某种环境中给人以距离感，具有超脱 、特殊的特征。任何一种颜色在黑色的陪衬下都会表现得更加强烈，黑色提高了有彩颜色的色度，使周围的世界变得更加引人注目。黑色是美丽的色彩、黑色是吸引人的色彩，黑色的眼睛热烈而活泼，黑色的头发热情而奔放……，“黑色——绝对的开始和绝对的结束的颜色。处于它们中间的叫做生活。”

（2）色彩与记忆

记忆中的色彩，称为记忆色。一般人对色彩的记忆，由于年龄、性别、个性、职业、教育、自然环境以及社会背景的不同，差别很大。人对于物体色的记忆相当正确，各个色相都能严格地区分开来，一般没有任何偏移现象，只是记忆中的色彩都要比实际的物体色在纯度和明度上偏高许多。这是因为记忆中的色彩，视觉通过简化和重点选择，获得了某种程度的强调。如香蕉在人们的眼里是黄色的，但在记忆里，这种黄的程度就更加强化、象征化了，但实际上香蕉是黄色中带绿色的感觉。

一般情况下，暖色系的色彩比冷色系的色彩记忆性强；纯度高的色彩记忆率高；高明度的色彩比低明度的色彩容易记忆；华丽的色彩比朴素的色彩容易唤起人们的记忆。

（3）色彩的联想与延伸

飘逸与凝重的色彩、华丽与朴素的色彩、灿烂与质朴的色彩、积极与消极的色彩以及意志与幻想的色彩，人们的这些感觉，是进一步对色彩的认识以及由此而产生的情感升华。在佛教壁画中有牛头、马面、青面獠牙的厉鬼，有天堂、人间、地狱的景象。人们把饿鬼的脸涂抹成为绿色，把受人尊敬的神以金银、红色来描绘，象征神圣的光辉，象征赤胆忠心。这些赋予幻想性、意志性、目的性的描绘是色彩在人们心中起着最自由、最奇异的作用。

5.2.2 色彩的空间效果

（1）色彩的视觉认知度

色彩的视觉认知度取决于视觉主体与背景的明度差，这个明度差决定了视觉认知度的高低。色相、明度、纯度对比强的色彩，视觉认知度高；反之，视觉认知度低。

（2）前进与后退的色彩感觉

色彩的前进与后退是一个视觉进深的概念。在我们生活中常常可以体验到由于色彩的不同而造成的空间远近感的不同，感觉比实际空间距离近的色彩称之为前进色，反之，称为后退色。一般认为，长波长的颜色比短波长的颜色具有前进性；从色相的角度看，一般认为黄、红等暖色属于前进色，蓝、绿等冷色是后退色；从明度上看，明亮的颜色看起来比深沉的颜色显得距离近一些（彩图5-40）。

（3）扩张与收缩的色彩感觉

色彩的扩张与收缩与视觉感性面积有关。同等色彩面积的条件下，看起来比实际面积更大的色叫扩张色，反之，称为收缩色。一般前进色是扩张色，后退色是收缩色。

色彩的扩张与收缩的规律是：同样面积的暖色比冷色看起来面积大；同样大的面积，明亮的色彩比灰暗的色彩显得面积大；在色彩的相对明度上，“底”即背景色的明度越大，“图”色的面积就显得越小。除此以外，生活经验还告诉我们，暖色的明度比冷色的明度要高，所以显得比冷色具有扩张感；在黑暗中高明度色彩的面积看起来往往比实际面积要大，这是由于光的渗透作用。我们在懂得色彩扩张与收缩的规律后，设计时就可以根据所需要的视觉效果进行色彩处理（彩图5-41）。

彩图5-40　由于色彩的明度差和纯度差所产生的进退感觉

彩图5-41　由于色度与面积之差而产生的扩张与收缩感

5.2.3 色彩在室内设计中的运用

现代室内设计要求室内空间能够满足现代人的审美需求，提供便利舒适的服务，实现环境气氛的和谐，使空间具有亲和力和人情味，而色彩设计正是达到这一要求的有力手段。室内色彩不仅是创造视觉效果、调整气氛和表达心境的重要因素，而且具有表现性格、调节光线、调整空间、配合活动以及适应气候等诸多功能。

室内色彩可以分为三部分：首先是背景色彩，常常指室内固定的天花板、墙壁、门窗和地板等大面积的色彩，根据面积原理，这部分色彩适于采用彩度较弱的沉静的颜色，使其充分发挥背景色彩的烘托作用；其次是主体色彩，指的是那些可以移动的家具和陈设部分的中等面积的色彩，它们是表现主要色彩效果的载体，这部分设计在整个室内色彩设计中极为重要；然后是强调色彩，指的是最易发生变化的陈设部分的小面积色彩，这部分色彩处理可根据性格爱好和环境需要进行设计，以起到画龙点睛的作用。当然，设计师应该关心各种色彩的和谐，使各种色彩的搭配趋于合理，达到协调统一的效果。

在具体的室内色彩设计中还应注意以下几点：

5.2.3.1 室内色彩对室内光线的影响

没有光，色彩就不能被感知。在自然光线下，随着天气、时间的变化，物体的色彩也会相应地发生变化。然而，在人工光线下情况就更加复杂，在不同光源下，如在白炽灯、荧光灯、水银灯下，物体的色彩都会各有不同。

室内色彩在某种程度上可以对室内光线的强弱进行调节。因为各种颜色都有不同的反射率，如：实验显示，色彩的反射率主要取决于明度。在理论上，白的反射率为100%、黑的反射率为0。但在实际上，白的反射率在92.3%～64%，灰的反射率在64%～10%之间，黑的反射率在10%以下（表5-1至表5-3）。

孟赛尔所定的无彩色反射率表　　表5-1

符　号	白	N9	N8	N7	N6	N5	N4	N3	N2	N1	黑
明　度	10	9	8	7	6	5	4	3	2	1	0
反射率	100%	72.8%	53.6%	38.9%	27.3%	18.0%	11.05%	5.9%	2.9%	1.12%	0

一般室内合理反射率表　　表5-2

部　　位	明　　度	反　射　率
天花板	N9	78.7%
墙　　壁	N8	59.1%
壁　　腰	N6	30.0%
地　　板	N6	30.0%

公共室内空间合理反射率表　　表5-3

部　　位	明度	反射率
天花板	N9以上	78.66%以上
墙　　壁	8～9	69.10%～78.66%
壁　　腰	5～7	19.77%～43.06%
地　　板	4～6	12.00%～30.05%

彩图 5-42 室内暖色对温度的调节

彩图 5-43 室内冷色对温度的调节

色彩的纯度越高反射率越大，但必需与明度相互配合才能决定其反光性能。一般情况下，可以根据不同室内空间的采光要求，选用一些反光率较高或者较低的色彩对室内光亮进行调节。室内光线强的，可以选用反射率较低的色彩，以平衡强烈光线对视觉和心理上造成的刺激；相反的，室内光线太暗时，则可采用反射率较高的色彩，使室内光线效果获得适当的改善。

5.2.3.2 室内色彩对室内温度的调节

色彩本身没有温度，人们之所以面对色彩有冷暖的感觉，是由于色彩的性格特征所产生的，因此可以用色彩调节人们的心理感受。在一间长年很难照射到阳光的房间内，选用暖色系的色彩会使人感觉温暖一点（彩图 5-42）；在一间夏天西晒的房间里，可以把色彩设计成冷色调，使之产生凉爽、清新的感觉（彩图 5-43）。

5.2.3.3 室内色彩与空间

根据色彩的特性，高明度、高纯度和暖色相的色彩，具有前进性；低明度、低纯度和冷色相的色彩具有后退感；同样，高明度、高纯度和暖色相的色彩具有膨胀感；低明度、低纯度和冷色相的色彩具有收缩感。如果室内空间存在过大过小、过高过矮这样一些给人不太舒服的感觉时，都可以运用色彩给予一定的调节。

（1）色彩明度对室内空间的影响

如果感觉室内空间过于狭窄、拥挤，或者采光不理想，就可以采用具有后退感和明度相对高的色彩来处理墙面，使室内空间获得较为宽敞和明亮的效果。反之，如果室内空间过于宽敞、松散，就可以采用有前进感的色彩来处理墙面，使空间变得亲切而紧凑。

（2）色彩纯度对室内空间的影响

如果室内空间较为宽大时，无论是家具或是其他陈设均须采用膨胀性较大、纯度较高的色彩，使室内产生充实的感觉；如果室内空间较为拥挤、狭窄，室内家具和陈设则须采用收缩性较强、纯度较低的色彩，使室内产生宽敞的感觉。

从色彩心理角度讲，色彩具有重量感。纯度高的色彩重，纯度低的色彩轻；亮色轻，暗色重；同明度，彩度高的色彩较轻，彩度低的色彩较重；同明度同彩度的暖色彩较轻，冷色彩较重。轻的色彩具有上浮感，重的色彩具有下沉感。如果室内空间过高，天花板可采用略重的下沉感的色彩，地板可采用较轻的上浮性色彩，使室内的空间高度得到适当的调整；相反，如果室内空间太矮，天花板则须采用较轻的浮性色彩，地板则可采用略重的下沉感的色彩，使室内空间产生较高的感觉。

（3）色彩色调对室内空间的影响

明亮的色调使室内空间具有开敞、空旷的感觉，使人的心情开朗；暗色调会使室内空间显得紧凑、神秘。明亮并且鲜艳的色调能使室内环境显得活泼，富有动感；冷灰较暗的色调会使室内气氛显得严肃、神圣。

此外，纯度低的浅色调会显得很休闲。因为，浅浅的低纯度的色彩不会较强地刺激人们的视觉，从而在心理上引起强烈的反映，在这样的环境中活动起来就会很放松，不会瞻前顾后。

5.2.3.4 室内色彩设计

室内色彩设计应注意以下几点：

（1）室内色彩体现风格和个性

室内色彩的配置既能体现人的性格，又能影响人的情绪。人的性格或开朗、热情、豁达、坦诚，或内向、平静、稳重、典雅，这都能从个人对色彩的喜好上体现出来。一般说来，喜欢浅色调和纯色调的人多半直率开朗，喜欢灰色调和暗色调的人多半深沉含蓄；喜欢暖色调的人热情活泼、开朗大方，喜欢冷色调的人平静、内向。所以，合理运用色彩的和谐配置，常常会使人保持一种全新的、愉悦的心情和饱满的精神状态。

（2）室内色彩对心态的调节

色彩环境对于人的精神状态具有重要的影响，哥德曾提到“一个俏皮的法国人自称，由于夫人把她室内的家具颜色从蓝色改变成了深红色，他对夫人谈话的声调也改变了”。由此可见，室内色彩氛围以及由此呈现出的某种情调会极大地影响人的情绪。一般情况下，暖色调、浅色调、纯色调等使人心情愉悦；冷色调、暗色调、灰色调使人冷静深沉。

（3）室内色彩设计的应用

按规律，室内色彩设计大致可分为两大类：关系色类和对比色类，无论哪一类型的色彩计划，都必须根据室内设计效果综合考虑。

1）关系色类

关系色类包括单色相和类似色相。单色相，即选择一种适当的色相，使室内整体上有一个较为明确的、统一的色彩效果，同时，充分发挥明度与彩度的变化作用，以及白、灰和黑色等无彩色系列色的配合，把握好统一而适度的色调，这样就能够创造出鲜明的室内色彩氛围，并充满某种情趣。例如：日本东京的赤坂王子饭店，在首层大厅以及地下的前厅，整个墙面和地面都选用了白色的大理石，家具也是白色的，在照明、栏杆、玻璃围板等细部的设计上也以浅色调为主，色调统一和谐（彩图5-44）。整个室内空间显得明快、开阔，气氛高雅。这种单纯的、柔和的、中性色系的单色相色彩设计在医院、博物馆、展览馆等室内空间中也不少见。

类似色彩用于室内色彩设计中，会使人感觉到在统一中求变化的视觉效果，在运用这种效果的同时也可以适当加入无彩色系列色彩予以配合（彩图5-45）。根据奥斯华德色彩和谐原理，凡是在75度之间的色彩皆具有类似和谐的效果；根据孟.史斑莎色彩和谐原理，类似色是指0度所标示的选定色与25度至43度之间的色彩所形成的组合，但选定色与25度之间的色彩将造成暧昧效果（彩图5-46）。在理论上，两个原色之间的色彩称为协调类似色。

类似色彩在室内色彩设计中的运用非常广泛，如酒店、商场、写字楼、餐馆等等。在波特曼设计的新加坡海滨广场泛太平洋大酒店中，酒店经营者充分利用了建筑所提供的空间，在内部布置了大量红纱灯笼。一串串红纱灯笼中，暗红色织物的软雕塑好似抽象的朱龙，错落有致，在色调统一的前提下构筑了一幅绚丽壮观的立体图画，具有浓郁的东方韵味，很好地把握了主体色彩，强调了色彩在情绪酝酿、表现风格和营造气氛上的作用，真正起到了画龙点睛的效果（彩图5-47）。

彩图5-44　赤坂王子饭店首层大厅

彩图5-45　类似色加无彩色系列的色彩应用

彩图5-46　暧昧的类似色组合

彩图 5-47 泛太平洋大酒店中富有东方想象力的红灯笼

彩图 5-48 分裂补色的应用

彩图 5-49 活泼、华丽、富有朝气的三色配置

2）对比色类

对比色彩在室内色彩设计中的运用也较为广泛，对比色类包括分裂补色、双重补色、三角色、四角色等多种色彩设计类型。

补色效果的色彩配置需要根据影响室内色彩效果的诸多因素来选择一组合适的互补色对，充分运用其强烈的对比作用，通过彩度、明度和无彩色系列的合理调节，在不影响室内整体色彩效果的同时，达到一种既有鲜明对比又协调和谐的色彩效果。

分裂补色和双重补色是对比色彩运用中的两种形式。分裂补色是一个色相与其补色的分裂色共同形成组合，即是一个色相与一组类似色（一个色相分裂出的）作共相对比（彩图 5-48）；双重补色，即是两组类似色的共同对比。分裂补色与双重补色一样，从对比的角度看比补色的配置更加柔和，对比度略小，有统一性较强、变化性较大的特点。有效地把握好分裂补色和双重补色的色彩结构，室内空间往往就会呈现一种较为华丽的效果。

三角色和四角色的色彩配置也属于对比色彩的应用范畴。三角色指的是原色、二次色、三次色，在色相环上凡是在近似正三角形尖端上的色相，都可认为是三角色，在组合上较富有弹性。三角色的组合华丽而活泼，富有朝气，更多地适合于应用在儿童公共环境中（彩图 5-49）。四角色即是在色相环上选择一组位置成正方形关系的色彩。四角色的组合配置方式类似于双重补色配置的运用，既对比又统一，效果丰富多彩（彩图 5-50）。

彩图 5-50 既对比又统一的四色配置

5.3 质

这里的“质”是指质感，是人对材料的一种基本感觉，是在视觉、触觉和感知心理的共同作用下，人对材料所产生的一种主观感受。质感包括两个方面的内容：一是材料本身的结构表现和加工纹理；二是人对材料的感知。

5.3.1 质感的特性

常见的室内装修和装饰材料的质感有以下特性（图5-51）：

平整光滑的大理石

纹理清晰的木材

具有斧痕的斩假石

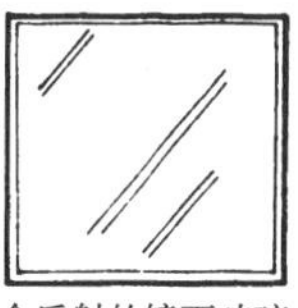
全反射的镜面玻璃

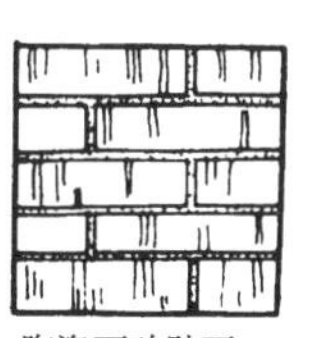
陶瓷面砖贴面

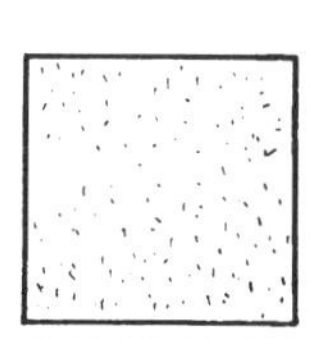
拉毛面喷塑涂料

图5-51 常用材料的质感

（1）粗糙和光滑

表面粗糙的材料，如：石材、未加工的原木、粗砖、磨砂玻璃、长毛织物等等；光滑的材料，如：玻璃、抛光金属、釉面陶瓷、丝绸、有机玻璃等等。

（2）软与硬

纤维织物、棉麻等都有柔软的触感，如：纯羊毛织物虽然可以织成光滑或粗糙的质地，但摸上去都是很愉快的。硬的材料，如：砖石、金属、玻璃，耐用耐磨，不变形，线条挺拔。硬质材料多数有很好的光洁度与光泽。

（3）冷与暖

质感的冷暖表现在身体的触觉和视觉感受上。一般来说，人的皮肤直接接触之处都要求选用柔软和温暖的材质；而在视觉上的冷暖则主要取决于色彩的不同，即采用冷色系或暖色系。选用材料时应同时考虑两方面的因素。

（4）光泽与透明度

通过加工可使材料具有很好的光泽，如抛光金属、玻璃、磨光花岗石、釉面砖等等。通过镜面般光滑表面的反射，可扩大室内空间感，同时映射出周围的环境色彩。有光泽的表面还易于清洁。

常见的透明、半透明材料有：玻璃、有机玻璃、织物等等，利用透明材料可以增加空间的广度和深度。在物理性质上，透明材料具有轻盈感。

（5）弹性

因为弹性的作用，人们走在草地上要比走在混凝土路面上舒适，从而感到省力和达到休息的目的。弹性材料有：泡沫塑料、泡沫橡胶、竹、藤，木材也有一定的弹性，特别是软木。

（6）肌理

材料表面的组织构造所产生的视觉效果就是肌理。材料的肌理有自然纹理和工艺肌理（材料的加工过程所产生的肌理）。肌理的运用可以丰富装饰效果，但室内表面肌理纹样过多或过分突出时，也会造成视觉上的混乱，这时应辅以均质材料作为背景。

材料的性能有很多方面，但是从造型和视觉效果的角度来看，最重要的性能之一就是质感，而如何运用质感又与如何运用材料联系在一起，因此，室内设计师必须学会运用正确的方法处理材料，尊重材料的本质，掌握各种材料的质感特征，并结合具体环境巧妙运用，以创造具有特色的室内环境。

5.3.2 质感与心理

心理学的研究告诉我们：在人类发展的早期阶段，感知能力是逐渐生成的，感知顺序的第一位便是质感，然后是形状，再其次是色彩。在包豪斯，格罗皮乌斯让学生们通过自己的试验去亲自体验各种材料。学生们记录了他们做作业时所用的各种材料的印象，记录的重点不仅仅是材料表面的特征，尤其注意的是对它们的感受。材料按照粗糙程度排列，以此顺序去体验质地，训练触觉，学生们一遍又一遍地在材料上触摸，最后能体会到类似音阶一样的质感知觉，深深体会到人类最基本的心理感受。

人类精神活动与情感活动的最深层的心理就是表现生命。由于人类对生命特有的向往心理，因此一般认为最贴近人们身体的材料是具有生命的动物类材料，如皮毛、丝绸、鸟类的羽毛或是贝壳等。室内的软装饰受到越来越多人的重视，决不是偶然现象，而是符合人的心理需要的，由于动物资源的缺乏，人类已经开始用复合材料来生产仿动物类的各种材料。

除了动物类材料，最接近人类的材料就是木、棉、竹、麻、藤、草等植物类材料。“纹理是经受风霜雨雪的履历书。人类也有年轮，但它铭刻在精神之中……由于树木和人有类似的经历，所以人们可以从树木年轮的复杂花纹中感受到人与大自然的关系”（小原二郎），在对质感的知觉过程中，质感的属性已加上了人的情感，显示出生命的特征。植物类材料的质感表面以线条为主，具有生动的方向性和图案性，这是由构成它们的植物细胞结构所决定的，而人的这种心理感受却是在未经科学证明之前就已经产生了。

次于植物类材料的自然材料是土以及同脉络的陶、瓷、瓦和砖。源于农耕文化的人类文明对泥土尤感亲切，对土的质地感受颇深。这类材料的表面质感朴实亲切、细润坚硬。由于它们坚固耐久的特性，常作为室内界面材料，实用功能性很强。

石材系列材料主要以重量感和实体感为主，兼具晶体表面，显示出瞬息万变的不确定性……

要真正理解材料的质感，必须训练自己去仔细观察、触摸和感受各种材料的特性，积累对材料感知的直接经验，并且在训练过程中要还原、追溯到材料早期或原始时代的状态，找到材料的原始性格，发现真正具有个性的审美表现方式。

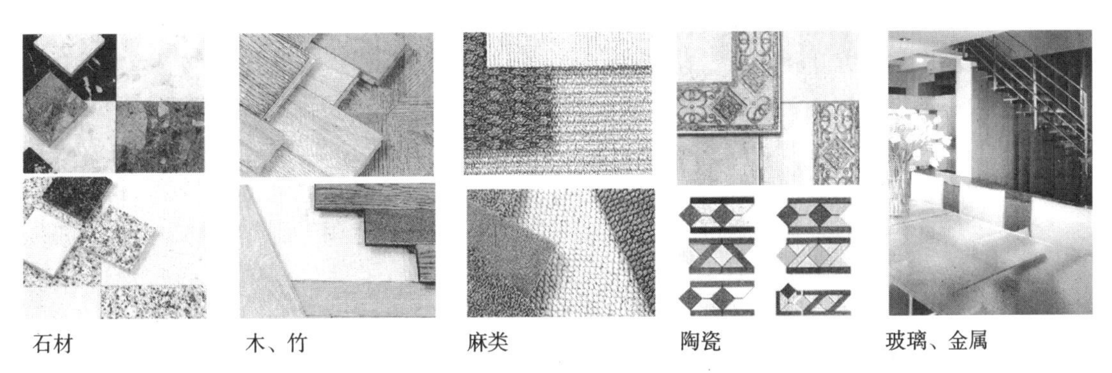

石材　木、竹　麻类　陶瓷　玻璃、金属

图 5-52　各种类型的硬质材料

5.3.3　常用硬质材料

常用的硬质装修材料有木、竹、金属、石材、玻璃、陶瓷、塑料等等……（见图 5-52）。

5.3.3.1　木

木材用于室内设计工程，已有悠久的历史。它材质轻、强度高、有较好的弹性和韧性、耐冲击和振动，易于加工和表面涂饰，对电、热和声音有高度的绝缘性。特别是木材美丽的自然纹理、柔和温暖的视觉和触觉效果是其他材料无法替代的。

（1）木材的基本性质

木材的基本性质主要涉及木材的物理性质和力学性质。

木材的物理性质包括木材的水分、实质、比重、干缩、湿涨以及木料在干缩过程中所发生的缺陷、导热、导电、吸湿、透水等。明确木材物理性质的意义、性质、测定方法与相互关系以及对木材力学性质的影响，有利于合理利用和节约木材。

木材的力学特性是指木材抵抗外力作用的性能，一般从以下方面进行考查：

强度：木材抵抗外部机械力破坏的能力。

硬度：木材抵抗其他物体压入的能力。

弹性：外力停止作用后，能恢复原来的形状和尺寸的能力。

刚性：木材抵抗形状变化的能力。

塑性：木材保持形变的能力。

韧性：木材易发生最大变形而不致破坏的能力。

（2）木材的常见种类

室内设计中所用的木材可分为天然木材和人造板材两大类。天然木材是指由天然木料加工而成的板材、条材、线材以及其他各种型材。天然木材由于生长条件和加工过程等方面的原因，不可避免地存在这样和那样的缺陷，同时木材加工也会产生大量的边角废料。为了提高木材的利用率和产品质量，人造板材的使用更为广泛。常用的人造板材有以下类型：

胶合板：是将原木经蒸煮软化沿年轮切成大张薄片，通过干燥、整理、涂胶、组坯、热压、锯边而成。木片层数应为奇数，一般为3~13层，胶合时应使相邻木片的纤维互相垂直，使其在变形上相互制约。

刨花板：是将木材加工剩余物、小径木、木屑等切削成碎片，经过干燥，拌以胶料、硬化剂，在一定的温度下压制成的一种人造板。

细木工板：是由上下两层夹板，中间为小块木条压挤连接的芯材。其特点是具有较大的硬度和强度，且轻质、耐久、易加工，适用于制作家具饰面板，亦是装修木作工艺的主要用材。

纤维板：是将树皮、刨花、树枝干、果实等废材，经破碎浸泡，研磨成木浆，使其植物纤维重新交织，再经湿压成形、干燥处理而成。根据成型时温度和压力的不同，纤维板分硬质、中硬质和软质三种。

防火板：是将多层纸材浸渍于碳酸树脂溶液中经烘干，再以高温高压压制而成。表面的保护膜处理使其具有防火功能，且防尘、耐磨、耐酸碱、防水、易保养，同时表面还可以加工出各种花色及质感。

微薄木贴皮：是以精密设备将珍贵树种经水煮软化后，旋切成0.1~1mm左右的微薄木片，再用高强胶粘剂与坚韧的薄纸胶合而成，多做成卷材，具有真实的木纹，质感强。

5.3.3.2 竹

竹的生长比树木快得多，仅三、五年时间便可加工应用，故很早就广泛运用于制作家具及民间装修中。竹为有机物质，受生长的影响与自然条件的支配，存在某些缺陷，如：虫蛀、腐朽、吸水、开裂、易燃和弯曲等，因此应经过防霉、防蛀、防裂以及表面处理后才能作为装饰材料使用。

竹的可用部分是竹杆，竹杆外观为圆柱形，中空有节，两节间的部分称为节间。节间的距离一般在竹杆中部比较长，靠近地面的基部或近梢端的比较短。竹杆有较好的力学强度，抗拉、抗压能力比木材好，且富有韧性和弹性，抗弯能力也很强，不易断折，但缺乏刚性。

5.3.3.3 金属

金属材料在装修设计中分结构承重材与饰面材两大类。色泽突出是金属材料的最大特点。钢、不锈钢及铝材具有现代感，而铜材较华丽、优雅，铁则古拙厚重。

普通钢材：是建筑装修中强度、硬度与韧性优良的一种材料，主要用作结构材料。

不锈钢材：不锈钢耐腐蚀性强，表面光洁度高，为现代装修用材中的重要材料之一，但不锈钢并非绝对不生锈，故保养工作十分重要。不锈钢饰面处理有光面板（或称不锈钢镜面板）、丝面板、腐蚀雕刻板、凹凸板、半珠形板或弧形板等多种。

铝材：铝属于有色金属中的轻金属，铝的化学性质活泼，耐腐蚀性强，便于铸造加工，可染色。在铝中加入镁、铜、锰、锌、硅等元素组成铝合金后，机械性能明显提高。铝合金可制成平板、波形板或压型板，也可压延成各种断面的型材。

铜材：在建筑装修中有悠久的历史，应用广泛。铜材表面光滑，光泽中等，经磨光处理后表面可制成亮度很高的镜面铜。常被用于制作铜装饰件、铜浮雕、门框、铜条、铜栏杆及五金配件等。随着岁月的变化，铜构件易产生绿锈，故应注意保养。

5.3.3.4 石材

石材分为天然石材与人造石材两种。前者指从天然岩体中开采出来，经加工成块状或板状的材料，后者是以前者石渣为骨料经人工制成的板材。

饰面石材的装饰性能主要是通过色彩、花纹、光泽以及质感肌理等反映出来，同时还要考虑其可加工性。

天然大理石：是指变质或沉积的碳酸盐类的岩石。其组织细密、坚实、可磨光，颜色品种繁多，有美丽的天然纹理，在装修中多用于室内饰面材。由于不耐腐蚀和风化，故较少用于室外。

天然花岗石：属岩浆岩，其主要矿物成分为长石、石英、云母等。其特点是构造致密、硬度大、耐磨、耐压、耐火及耐大气中的化学侵蚀。其花纹为均粒状斑纹及发光云母微粒。可用于内、外墙与地面装饰。

水磨石：是用水泥（或其他胶结材料）和石渣为原料，经过搅拌、成型、养护、研磨等主要工序，制成一定形状的人造石材。

人造大理石、人造花岗石：是以石粉与粒径3mm左右的石碴为主要骨料，以树脂为胶粘剂，经浇铸成型、锯开磨光、切割成材。其色泽及纹理可模仿天然石材，但抗污力、耐久性及可加工性均优于天然石材。

5.3.3.5 玻璃

玻璃作为建筑装修材料已由过去单纯作为采光材料，而向控制光线、调节热量、节约能源、控制噪声以及降低建筑结构自重、改善环境等方向发展，同时借助于着色、磨光、刻花等办法提高装饰效果。

玻璃的品种很多,可分为以功能性为主的玻璃和以装饰性为主的玻璃两大类。功能性玻璃主要包括：平板玻璃、夹丝玻璃、中空玻璃、吸热玻璃、热反射玻璃等等；装饰性玻璃主要包括：磨砂玻璃、花纹玻璃、彩色玻璃、彩绘玻璃、玻璃空心砖等等。

5.3.3.6 陶瓷

陶瓷是陶器与瓷器两大类产品的总称。陶器通常有一定的吸水率，表面粗糙无光、不透明、敲之声音粗哑，有无釉与施釉两种。瓷器则坯体细密，基本上不吸水、半透明、有釉层、比陶器烧结度高。

5.3.3.7 塑料

塑料是人造或天然的高分子有机化合物，这种材料在一定的高温和高压下具有流动性，可塑制成各式制品，且在常温、常压下制品能保持其形状而不变形。塑料有质量轻，成型工艺简便，物理性能和机械性能良好，并有抗腐蚀性和电绝缘性等特征。缺点是耐热性和刚性比较低，长期暴露于大气中会出现老化现象。

5.3.4 常用软质材料

软质材料主要是指室内织物，室内织物有以下特性和功能特点：

5.3.4.1 室内织物的特性

（1）实用性与装饰性

室内使用的织物绝大部分都具有很强的实用性，它们都是和人们的生活密切相关的日用品；但另一方面，由于织物本身的色彩、材质、图案、纹理和形体等因素，又使它们具有一定程度的观赏性和装饰性。

（2）多样性与灵活性

织物的花色品种多，选择范围大。艳者有大红大绿；素者有晶白墨黑；厚重者纹理挺拔，外观凝重；轻薄者如烟如云，轻盈活泼。至于图案花纹、加工形式等，更是丰富多彩，不胜枚举。室内织物相对于家具及室内各界面的装饰来讲易于更换，具有很大的灵活性。

（3）柔软性与变形性

与家具、灯具等相比，织物最大的特点就是具有柔软与变形的特性。织物所特有的柔软质感和触感是其他材料所不能比拟的，它使人产生温暖感和与它接触的愿望，这种良好触感和温暖亲切的感觉，能满足人的生理和心理需求。织物的柔软性同时也导致了它的可变形性。

（4）方便性与经济性

织物本身的加工性很强，成形方便，亦比家具、灯具等其他物品轻便得多，价格也较低，且可换性大。

（5）地方性与民族性

不同地区、不同民族，由于地理环境、气候条件和历史文化背景的不同，加上人们的生活习惯、传统技艺和材料来源的差异，导致了室内织物具有不同的风格。

5.3.4.2 室内织物的功能及特点

常用的室内织物按功能不同可以分为实用性织物和装饰性织物两大类。实用性织物主要包括：窗帘、床罩、枕巾、帷幔、靠垫、地毯、沙发罩、台布……；装饰性织物主要包括：挂毯、壁挂、软雕塑、旗帜、吊伞、织物玩具……。

各种装饰织物的内容、功能及特点详见表5-4。

总之，室内设计离不开室内装修、装饰材料。材料美化室内环境的作用主要取决于材质本身固有的表情和产生的对人的心理影响。材料的另一个作用是改善室内物理环境，即：通过材料本身的特性，延长围护构件的使用年限，改善室内环境的各种使用要求，使室内环境清洁卫生、光线均匀、温湿度宜人，具备吸声、隔声、防火等功能。在室内空间中，大多数部位的装饰材料都具有精神和物质的双重作用，有些虽然不具有明显的功能特征，但从装饰角度看，能丰富人的视觉感受、美化环境、使人在精神上得到一定的享受。

随着科学技术的发展，新型材料越来越多，它们在性能、质感、装饰效果等方面比以往有了明显改进，表现出从单功能到多功能、从现场制作到制品安装、从低级到高级的发展趋势。材料的这种发展趋势为室内设计提供了更好的条件，

各种装饰织物的内容、功能及特点　　表5-4

类别	内容、功能、特点
地毯	地毯给人们提供了一个富有弹性、保暖、减少噪声的地面，并可限定象征性的空间
窗帘	窗帘分为：纱帘、绸帘、呢帘三种。又分为：平拉式、垂幔式、挽结式、波浪式、半悬式等多种。它的功能是调节光线、温度、声音和视线，同时具有很强的装饰性
家具蒙面织物	包括：布、灯芯绒、织锦、针织物和呢料等。功能特点是厚实、有弹性、坚韧、耐拉、耐磨、触感好、肌理变化多等
陈设覆盖织物	包括：台布、床罩、沙发套（巾）、茶垫等室内陈设品的覆盖织物。其主要功能是发挥防磨损、防油污、防灰尘的作用，同时也起到空间点缀的作用
靠垫	包括：坐具（沙发、椅、凳等）、卧具（床等）上的附设品。可以用来调节人体的坐卧姿势，使人体与家具的接触更为贴切，同时其艺术效果也十分重要
壁挂	包括：壁毯、吊毯（吊织物）。其设置根据空间的需要，有助于活跃空间气氛，有很好的装饰效果
其他织物	还有：顶棚织物、壁织物、织物屏风、织物灯罩、布玩具；织物插花、吊盆、工具袋及信插等。在室内环境中除了实用价值外，都有很好的装饰效果

为室内环境的个性化、多样化，为满足人们日益增长的物质和精神需求提供了保证。作为一个室内设计师，只有熟悉不同种类材料的特性，深入挖掘各种材料的质感特性和表情特征，处理好材质与室内环境其他要素的关系，才能使室内环境达到更加完美的境地。

5.4　光

自从有了人类以来，光就伴随着我们。光是人类生活不可缺少的重要元素，它除了满足人的视觉、健康、安全等方面的需要外，还对人的生理和心理产生显著的影响。

5.4.1　光的心理功能

我们研究的对象是能够引起人视觉感觉的可见光，即波长范围在380～780nm的电磁波。人的视觉感觉是通过眼睛来完成的，而人眼是一个非常灵敏、具有很强调节能力的器官。人眼的调节范围很广，通过自动调节和补偿，可以很好地适宜各种不同的视觉环境。因此，尽管各国的照明专家在大量实验和研究的基础上制订出一系列严格的照明标准，但仅靠标准仍然无法解决所有复杂的视觉感受问题。研究处在不同视觉环境中照明（采光）模式的差异、寻求在特定环境中照明（采光）模式的最佳方案，是室内光环境设计中的核心内容。

（1）室内光环境设计要求

室内光环境设计应满足人、经济及环保、内部空间等三方面的要求，这三个方面又各包含了以下一些更具体的要求：

人的需求：包括可见度、工作面性能、视觉舒适度、社交信息、情绪及气氛、健康与安全等需求；

经济及环保要求：包括安装、维护、运行、能源、环保等方面的要求；

内部空间要求：包括建筑形式、空间构成关系、室内空间风格、建筑标准等方面的要求。

要满足上述各方面的要求，必然涉及到室内光环境中的照明数量和质量问题。通常对于某一空间来说，进入到室内空间的光线数量（无论是天然光还是人工光）必须达到一定的限度，才能满足使用者最基本的需要，也即上文中提到的人对可见度、安全性的需求；在具体的室内照明（采光）设计中，照明（采光）数量的计算和控制较易实现，而真正具有挑战性的是对于特定空间照明质量及设计创意的把握，这才是决定该空间照明效果好坏的关键所在。

（2）光环境对视觉与心理的作用

照明的主要目的是使物件清晰可见，但实际上照明的影响范围远不止于此。不同的照明给人以不同的感受：照明可以使一个空间显得宽敞或狭小；可以使人感到轻松愉快，也可使人感到压抑。它直接影响着处在这一空间中人们的情绪和行为，因此，当我们进行室内照明设计时，应该充分考虑这些因素，采用恰当的照明手法。

不同的照明设计所创造出的光环境可以对人的心理产生完全不同的影响，产生如：开敞感，透明感，轻松感，私密感，欢快感，乏味单调感，压抑感，兴奋欢乐感，混乱感，矛盾感，洞穴感，不安全感，恐怖感，黑洞感等等。由于光环境对人的心理影响在建筑物理教科书上已有详细的描述，在此不再赘述。

5.4.2 室内光线的艺术运用

室内照明设计不仅应满足最基本的功能要求，即满足照度值、照度均匀度的要求，还应满足眩光控制、色彩/阴影表现、室内各表面亮度比、照度稳定性等照明质量要求。这些都要求设计师巧妙地运用各种手法，利用光线表现室内空间及空间中的各种元素。

室内光线包括天然光和人工光，要正确地运用它们，首先必须了解它们的特点。

5.4.2.1 天然光

在大力推广绿色照明的今天，天然光越来越受到人们的青睐，主要有以下几个原因：

（1）减少了照明能耗，减少了因人工照明带来的多余热量而产生的空调制冷费用，同时，清洁无污染。

（2）可以形成比人工照明系统更健康和更积极的工作环境，缓解工作压力。同时，由于天然光是全光谱辐射，当投射到物体上时，它比任何人工光源都能更真实地反映出物体的固有色彩。

（3）比人工光具有更高的视觉功效。天然光与人工光视觉功能对比实验表明，在照度2～2000lx的范围内，人在天然光下工作的视觉功效要比在人工光下高5%～20%。

（4）天然光丰富的变化有利于艺术创作。从表现力来看，天然光具有丰富多变的特点。直射阳光为建筑空间创造出丰富的光影变化，柔和的天空漫射光能细腻地表现出物体各部分的细节和质感变化。不同地区、不同季节、每天不同的时段，光线的色温、强度、入射角度、漫射光与直射光的比例都在变化着，光线—空气—色彩的组合变幻使被照射的物体呈现出鲜明的时空感。

然而天然光的多变也带来光照的不稳定性、非连续性以及直射阳光对视觉工作的不利影响，同时在需要恒定照度和眩光控制要求高的工作场所，仅仅依靠天然光，难以满足严格的视觉工作条件要求，因此在不少情况下必须利用人工光进行辅助照明。

5.4.2.2 人工光

与天然光相比，人工光尽管存在着种种不足，但在满足不同光环境要求，以及在光源和灯具品种的多种性、场景设计的多变性、布光的灵活性、投光的精确性等方面有着不可替代的优势。特别是在文物、艺术品照明方面，由于需严格限制光线中红外线和紫外线的含量，全光谱的天然光无法满足这一要求，此时，无红外线、紫外线的光纤等人工光源可以很好地解决这一问题。因此，本教材的重点仍将放在介绍人工照明上。

5.4.2.3 大然光与人工光的结合

注重天然光与人工光的结合是照明设计今后的发展方向，也是绿色照明的特点之一。所谓绿色照明，按照《绿色照明工程实施手册》中的概念，是指“通过科学的照明设计，采用效率高、寿命长、安全和性能稳定的照明电器产品（电光源、灯用电器附件、灯具、配线器材以及调光控制设备和控光器件），充分利用天然光，改善提高人们工作、学习、生活条件和质量，从而创造一个高效、舒适、安全、经济、有益的环境并充分体现现代文明的照明”。

我们知道，天然光的利用可分为被动式和主动式两类。被动式采光法是通过或利用不同类型的建筑窗户进行采光的方法。采光窗可分为侧窗采光和天窗采光两大类。《建筑物理》建筑光学部分的“天然采光”一章对采光窗的形式、特点、优缺点等有较详细的叙述。要提高天然光的利用率，最经济有效的方式就是在设计阶段，通过研究确定最适宜的采光口形式。

主动式采光法则是利用集光、传光和散光等设备与配套的控制系统将天然光传送到需要照明部位的采光法。这种方法由人控制，人处于主动地位，故称为主动式采光法。在《绿色照明工程实施手册》中，将主动式采光法具体归纳为以下几种，即：镜面反射采光法、利用导光管导光的采光法、光纤导光采光法、棱镜组传光采光法、利用卫星发射镜的采光法、光电效应间接采光法。

通过这些方式，可将直射阳光转换成室内视觉环境所需要的漫射光，同时，其效率较被动式更高。在这个照明系统中，要达到恒定的照度，需增加人工光辅助照明，即：在天然光不足时通过人工智能系统部分开启人工照明，以补充天然光；夜间则全部启用人工照明。

在选择人工光源时，应注意人工光源的光色与天然光的协调。一般多选用高色温、显色性良好、长寿命的金卤灯。主动式采光法的主要缺点是一般造价比较昂贵，但天然光和人工照明通过智能控制系统相互配合，可达到较满意的照明效果。

(*a*)

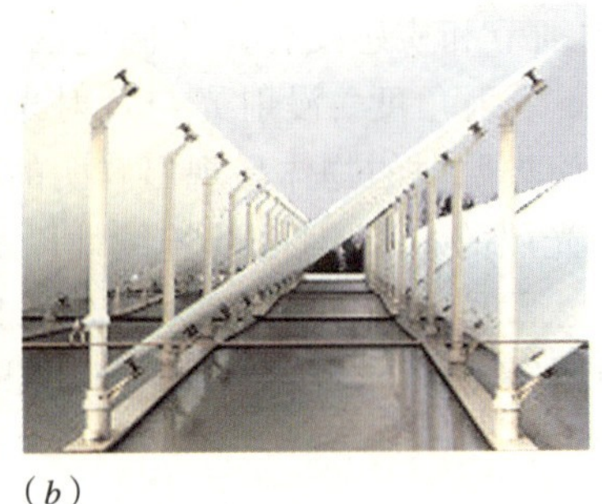
(*b*)

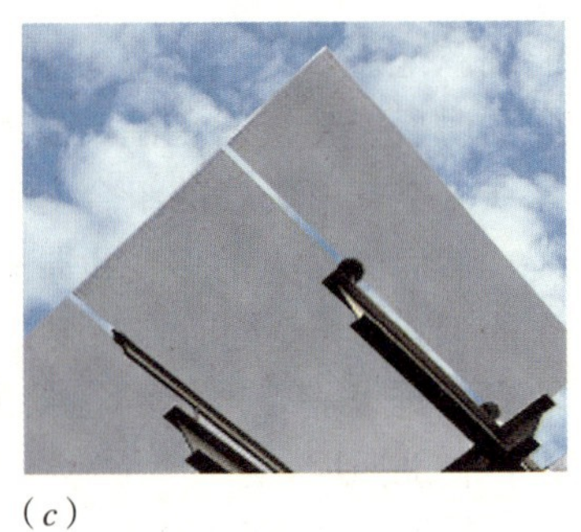
(*c*)

彩图 5-53 Foudation Beyeler 美术馆展室天然光照明

彩图5-53中（*a*）~（*c*）是Foudation Beyeler美术馆，它的展室顶部就使用了主动式采光法中的镜面反射采光法，将反光板、遮阳板合二为一，既解决了建筑深处的采光问题，又避免了多余的得热；角度可调的锯齿状嵌板利用正面可以遮挡和反射掉南向强烈的直射阳光，利用高反射率的背面（白色）使北面柔和的扩散光不受遮挡地进入展室深处。从图（*a*）中我们可以看到，进入室内的光线均匀、无眩光。

5.4.2.4 室内光线的艺术运用

利用天然光或人工光来塑造室内空间，除应充分了解各种光源、灯具的特性外，还应对被照明空间的性质、室内设计风格、光环境要求、被照对象特点等进行深入了解，巧妙安排照明场景，合理选用所需的灯具和光源。从照明设计构思、设计手法到照明器具的选择，都应与室内设计风格相协调。通过对光的艺术化运用，充分利用光的表现力，达到强化设计主题的目的。

在针对特定的室内空间和照明对象进行设计时，可以利用各种照明手法对空间的各部分进行不同的照明处理，以达到所需的艺术效果。这一过程涉及到多方面的照明技术和设计技巧，在此我们无法一一列举，仅对当中最重要的三个方面进行阐述，即：合理安排各空间的亮度分布、利用光线形成的阴影来强化或淡化被照对象的立体感、正确运用光色来渲染光环境气氛。

（1）空间亮度分布

在对任何特定的室内空间进行照明设计时，首先都应对其进行照明区域划分，然后按其使用要求确定各区域的相对亮度，最后再决定各区域具体的照明方案。一般来说，室内空间可划分为如下照明区域：

1）视觉中心：视觉中心是一个特定室内光环境中最突出的区域，其照明主体通常是该环境中设计师欲引人注目的部分，如一些富有特色的室内装饰品、艺术品、客厅入口的玄关等等。由于人们习惯于将目光投向明亮的表面，因此，提高这些照明主体表面的亮度，使它高于周边区域物体的亮度，可将人们的目光自然地引向希望突出的照明主体。一般来说，该区域与周边区域的亮度对比越大，重点照明主体越突出。根据经验，其亮度对比可控制在5：1~10：1左右。彩图5-54是建筑师Kashef Mahboob Chowdhury为自己设计的住宅，画面中就运用了这种方法。

2）活动区：是人们工作、学习的区域，也是进行视觉工作的重点区域。该区域的照明首先应满足国家相应照明规范中有关照度标准和眩光限制的要求；其次，为了避免过亮而产生的视觉疲劳，该区域与周边区域的亮度对比不宜过大。具体比例应根据室内空间的性质、活动区的视觉工作特点来确定。

彩图 5-54 视觉中心

3）顶棚区：顶棚区为灯具的主要安装区域，是灯具的载体，在室内光环境中处于从属地位。因此，除特殊情况外，不应过于突出顶棚区，以免喧宾夺主。宴会厅、酒吧、夜总会等餐饮娱乐空间的顶棚处理可能复杂一些，这时可以根据需要考虑一点局部的亮度变化和闪烁，以满足功能要求。其余大部分建筑，如办公、住宅、商场、学校等建筑的室内顶棚区的照明方式则应简洁、统一，灯具的排列应与室内家具、陈设、地面铺装等相呼应。

4）周围区域：是整个室内光环境中亮度相对最低的区域。一般情况下，它的亮度不应超过顶棚区。对周围区域的照明，首先要避免使用过多和过于复杂的灯具，以免对重点区域的照明形成干扰；其次是应避免采用单一和亮度过于均匀的照明方式，特别是对于大尺度房间周边区域的照明，应在照明方式上进行适当的变化，以打破单一的照明方式所带来的单调感，消除过于均匀的亮度所带来的视觉疲劳。

（2）阴影立体感

在室内光环境中，除了绘画等平面作品外，大部分物体都是立体的。正确运用光线，使之在物体上形成适当的阴影，是表现物体立体感和表面材质的重要手段。光线的强度、灯具的数量和配光方式、光线的投射方向在其中起着关键的作用。

首先，光线应达到一定的数量和强度，才可能满足基本的照明要求。过暗的光线使物体表面的细节和质感模糊不清，不利于物体立体感的表现；过强的光线如果从物体的正面进行投射，就会淡化物体的阴影，削弱物体的立体感。同时，过强的光线会形成浓重的阴影，使物体表面显得粗糙，不利于物体表面质感的表现。

其次，灯具的数量和配光方式对物体立体感的影响很大，如：处在天然光照明环境中的物体，在阳光天有直射阳光和天空漫射光两种光线对其进行照明。直射阳光在物体上形成浓重的阴影，塑造出物体的立体感；而分布均匀的天空漫射光可适当削弱阴影的浓度，细腻地反映出物体表面的质感和微小的起伏，使物体更加丰满和细致。因此，阳光照耀下的物体立体感强，表面的质感和细节清晰。

在人工光环境中，仍需要这两种不同特点的光线。也就是说，灯具的数量至少应在两个以上——窄配光的投光灯作为主光源，起着类似天然光中直射阳光的作用；宽配光的泛光灯具作为辅助照明，起着类似天然光中天空漫射光的作用。

光线投射方向的变化则可使物体呈现出不同的照明效果。以一组雕像的照明为例，我们在雕像顶部设置了宽配光灯具对其进行辅助照明，提供一定数量的扩散光；通过改变主投光灯（主光源）的位置来比较一下被照物体的照明效果：当主光源从雕像顶部进行投射时，光线在雕像的眼、鼻、口下方形成强烈的阴影，使雕像看上去显得生硬、不自然；当主光源从雕像下颚处由下向上进行投射时，脸部出现了浓烈的阴影，显得神秘、恐怖；而当主光源从雕像的侧前方（约45°）进行投射时，由于更接近天然光环境，雕像的阴影更为自然，立体感和物体表面的质感效果很好（彩图5-55）。

研究发现，对于一个三维物体来说，它的各个面都需要一定的照度，但切忌平均分配，应分清主次，主要受光面的照度应略高于其他几个面，见彩图5-56。与彩图5-55相比，彩图5-56除主光源外，还有两个辅助光源对雕像进行投射，因此，它的效果更加柔和、生动。

应该提醒的是，照明设计没有固定的模式，不能将上述基本原则视作死板的教条。在针对具体物体进行照明时，应注意抓准其特点进行表现，哪怕有时与我们熟悉的表现方式相悖，但只要照明强化了室内设计的整体风格，真正突出了物体本身的特点，就可以认为是一个成功的照明设计。如彩图5-57是一株陈旧的塑料植物，色彩暗淡、质感较差。在对其进行照明时，我们避开了对植物本身质感的表现，将重点放在了它的阴影上，利用植物婆娑的姿态，扬长避短，形成了图中的剪影效果。

彩图5-55　主光源（单一光源）从侧面投射

彩图5-56　加入辅助光源后的效果

（3）色彩与照明

在对室内光环境进行表现时，正确选择光源的色温和光色也非常重要。低、中、高色温的光源可分别营造出浪漫温馨、明朗开阔、凉爽活泼的光环境气氛，在设计中应根据室内空间的性质来进行选择。如，宾馆大堂、住宅客厅等处的光源，应以低色温的暖光（黄光）为主，以产生热烈的迎宾气氛；办公室、车间的照明，应选择中到高色温的光源（白光），有利于提高工作效率。

彩图 5-57 剪影效果的照明设计

如在同一空间中使用了两种以上不同的光源，则应对光源光色的匹配性进行认真的考虑，既可选用色温相近的光色，也可选用色温相异的光色。如果不同色温的光源数量接近，则反差不宜过大，以免产生混乱感，破坏整体气氛。

在商店橱窗、表演台等处，可根据需要适当运用彩色光源，通过人工智能系统，进行季节性场景变幻。在利用色光对物体进行投射时，必须注意色光的颜色应与被照物体表面色彩匹配，避免物体固有色与色光叠加后变得灰暗。

彩图 5-58 中（*a*）、（*b*）、（*c*）图是一组色布分别在红、绿、蓝（光的三原色）光照射下的色彩效果，图（*d*）是红、绿、蓝光同时开启形成白光后，照射得到的色彩效果。从中我们可以看出，在单色光照射下，相同颜色的布匹色彩得以加强，而其他颜色的布匹经与色光叠加后，因固有色彩被削弱而变得暗淡。而当三原色经混光后，所有布匹的色彩都较在自然光下更鲜艳。

彩图 5-59 是光色与阴影补色关系的实例，其中图（*a*）是花束在天然光照射下的真实效果，图 *b* 则是在彩色光照射下的特殊效果。在图（*b*）中我们同时开启了红、绿、蓝、黄四种颜色的投光灯，花束的颜色总体呈现出黄色（红 + 绿 + 蓝 = 白色，相互抵消），而其阴影则分别为红、绿、蓝、黄光所对应的补色：绿、红、黄、蓝色。通过这个实例，我们可以清楚地了解光色之间的补色关系，在进行一些特殊场景设计时，巧妙地利用这一原理，可以达到良好的设计效果。

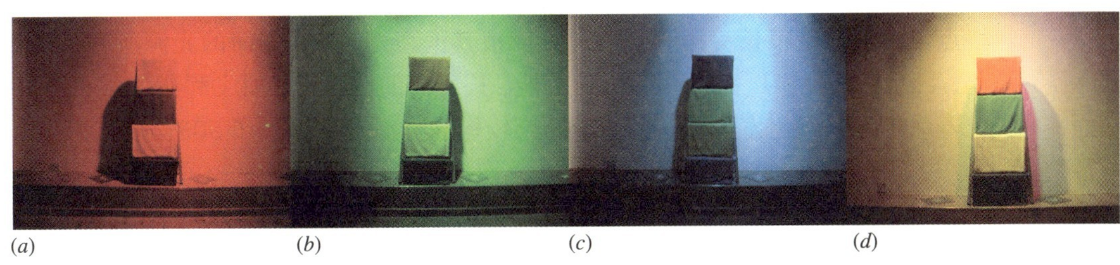

(*a*) (*b*) (*c*) (*d*)

彩图 5-58 光色与物体固有色的叠加关系

(*a*)

(*b*)

彩图 5-59　光色与阴影的补色关系
(*a*)天然光环境;(*b*)人工光环境(彩色光)

5.4.3　室内设计中的灯具选择

室内光环境设计必然涉及到光源和灯具的问题，下面简单介绍如下：

5.4.3.1　光源

室内最常用的光源主要包括以下三大类：白炽灯、荧光灯、高强气体放电灯(HID 灯)。近年来，发光二级管(LED)、激光等新型光源也开始运用在室内设计中。

(1)白炽灯(彩图 5-60)

白炽灯是将灯丝加热到白炽的温度，利用热辐射而辐射出可见光的光源。白炽灯的主要部件为灯丝、支架、泡壳、填充气体和灯头。

1)普通照明用白炽灯 GLS(General Lighting Service Lamps)

普通照明白炽灯的发光效率较低，约为 8 ~ 21.5 lm/W，大部分能量都变成了红外辐射即热能；白炽灯色温较低，约为 2800K 左右，但显色性好，一般显色指数 Ra=100；白炽灯的优点是可瞬间启动，可进行调光。调光使灯丝工作温度降低，从而使灯的色温降低，灯的光效降低，但寿命延长。与其他光源相比，白炽灯的寿命较短，通常额定寿命只有 1000h 左右。

尽管存在寿命短、光效低等缺点，但优良的显色性和可瞬间启动、可调光的特点使白炽灯在很长一段时间内还难以被其他高光效、长寿命的光源所替代。因此，目前一些生产厂商也开始研发节能、长寿命的白炽灯，如飞利浦 25 ~ 60W 的长寿命灯泡，额定寿命已达到 1500h，较标准灯泡寿命增加了 50%。

2)反射型白炽灯

根据泡壳的加工方法，可将反射型白炽灯分为吹制泡壳反射型白炽灯和压制泡壳反射型白炽灯两类。吹制泡壳反射型白炽灯，泡壳的反射部分为真空蒸镀的铝层，常称为薄玻璃射灯，有多种色彩。适用于商店橱窗、柜台、博物馆等的局部照明。

磨砂玻壳 FROSTED

长寿命白炽灯

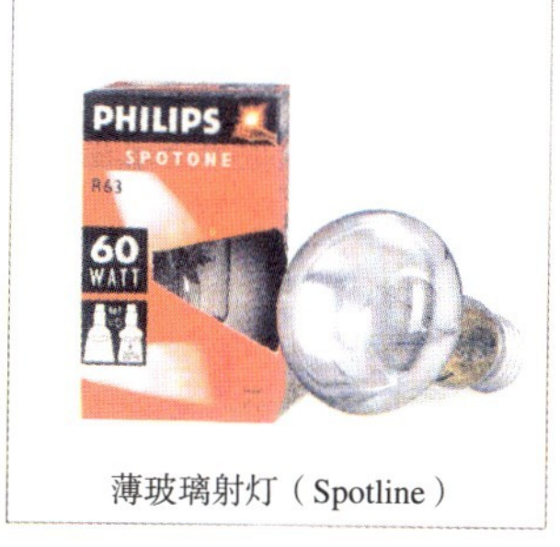

薄玻璃射灯（Spotline）

反射型白炽灯（薄玻璃）

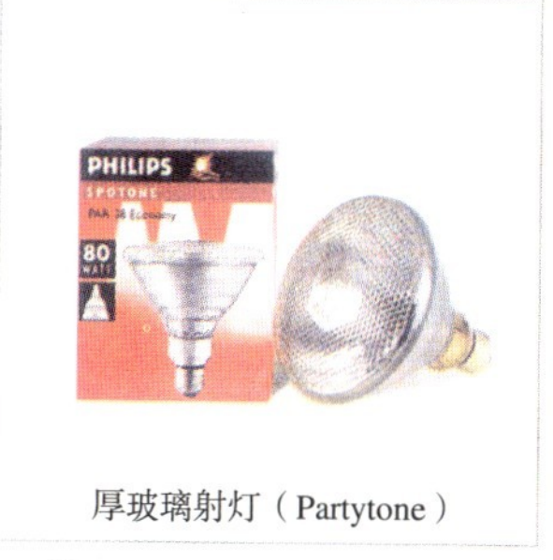

厚玻璃射灯（Partytone）

反射型白炽灯（厚玻璃）

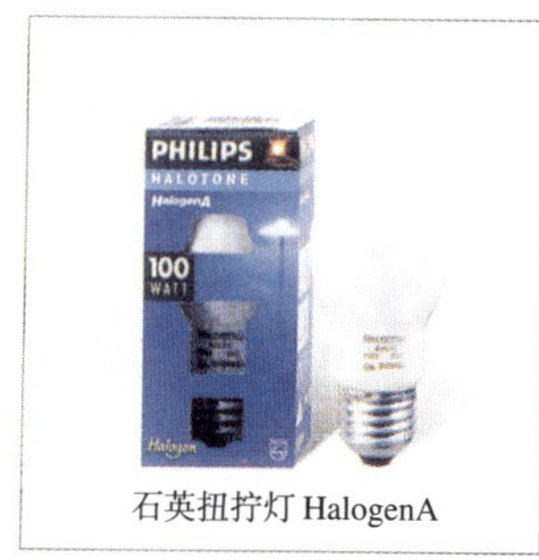

石英扭拧灯 HalogenA

卤钨灯

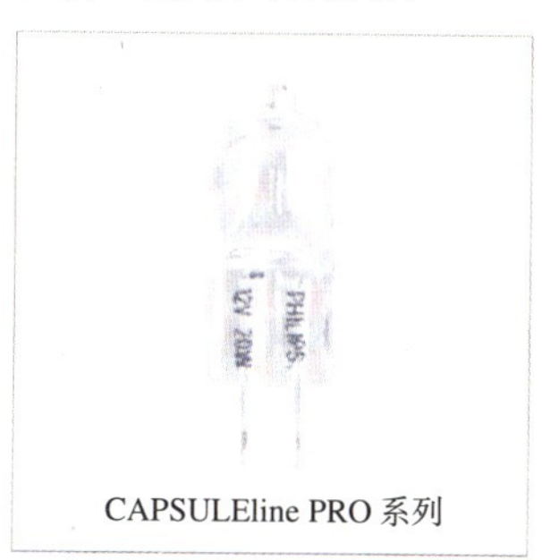

CAPSULEline PRO 系列

花生米卤钨灯

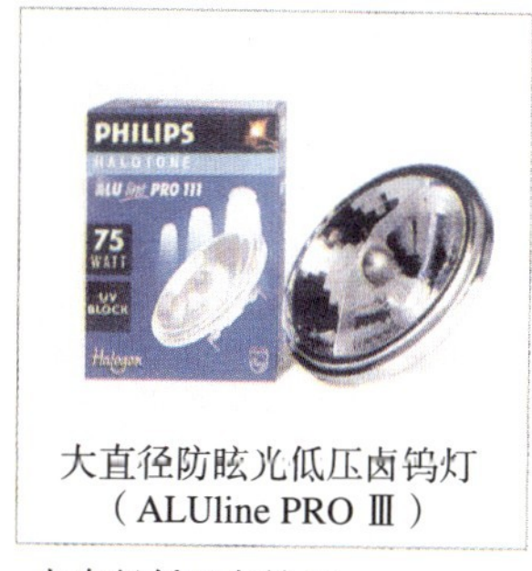

大直径防眩光低压卤钨灯（ALUline PRO Ⅲ）

大直径低压卤钨灯

彩图 5-60　部分类型的白炽灯

压制泡壳反射型白炽灯的外壳为硬玻璃高温压制一体成型，这类灯通常称为PAR灯或厚玻璃射灯。具有不易破碎、密封性能好的优点，可用于水下照明。PAR灯有聚光型和泛光型两大类，功率 80 ~ 300W，寿命较薄玻璃射灯长，薄玻璃射灯额定寿命与普通白炽灯相仿，而PAR灯可达2000h。除透明泡外，PAR灯还有红、黄、蓝、绿等几种色彩。彩色PAR灯特别适合各种气氛照明，如商店橱窗的季节性照明、舞厅照明等。

与普通白炽灯相比，反射型白炽灯的控光更为精确。

3）卤钨灯

发光原理同普通白炽灯，不同之处在于在白炽灯充填的惰性气体中加有微量的卤素物质。目的是利用卤素循环的原理减少灯丝的蒸发率，消除灯泡发黑的现象，增加灯的寿命。卤钨灯泡壳为耐高温的石英玻璃或硬玻璃。

卤钨灯的特点之一是光效较普通白炽灯高，且在寿命期内的光维持率几乎达到100%。色温约为2550 ~ 4100K，一般显色指数Ra=100。卤钨灯可以进行调光，但过分调光会影响灯泡寿命。

卤钨灯可分为市电压型和低电压型，即平时我们常说的高压型和低压型。市电压型的卤钨灯直接在220V的市电电压下工作，这类卤钨灯有双端、单端和双泡壳之分，功率以35 ~ 100W最为常见（双端卤钨灯有功率高达1000W的，但多用于室外）；还有将卤钨灯封入抛物反射面泡壳内制成的卤钨PAR灯，效率比普通PAR灯更高。

低电压型卤钨灯在12V的低压下工作，最常用的是20 ~ 50W的MR型卤钨灯，即我们俗称的冷反射石英灯。灯泡与反射镜封装在一起，抛物面由玻璃压制而成，灯杯内表面涂多层介质膜。卤钨灯的可见光被反射到需要照明的物体上，而所发射的红外线绝大部分（约80%）透过反射镜被滤除。因此，用于展示照明时，可防止被照明对象被热量和紫外线损害，是目前商店、博物馆、住宅重点照明中最常用的光源。

室内常用卤钨灯的额定寿命约为1500～3000h，由于光线的指向性强，特别适合珠宝、首饰和时装等贵重商品的重点照明。

（2）荧光灯

荧光灯是一种利用低压汞蒸气放电产生的紫外线，通过涂敷在玻管内壁的荧光粉转换成为可见光的低压气体放电光源。与白炽灯相比，荧光灯具有发光效率高、灯管表面亮度及温度低、光色好、品种多、寿命长等优点，因此，是目前室内照明中运用最广的主力产品。

荧光灯的主要类型有直管型、紧凑型、环形荧光灯等三大类（彩图5-61）。

1）直管型荧光灯：

直管型荧光灯按其启动方式来分有预热启动式、快速启动式、瞬时启动式；按管径来分，有T12（38mm）、T8（26mm）、T5（16.5mm）、T2（7mm）之分；由于细管径荧光灯具有更高的光效、节省灯管用料、美观等优点，因此，在室内照明中，T8、T5荧光灯的用量较大。直管型荧光灯有多种规格和类型，光色2700～

SLE-棱晶形长寿电子节能灯
棱晶型节能灯

Tornado-螺旋形电子节能灯
螺旋型节能灯

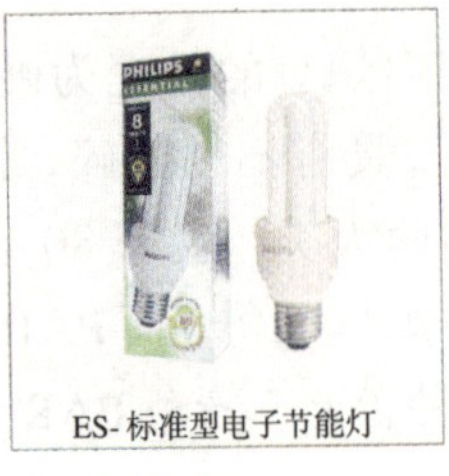
ES-标准型电子节能灯
标准型节能灯

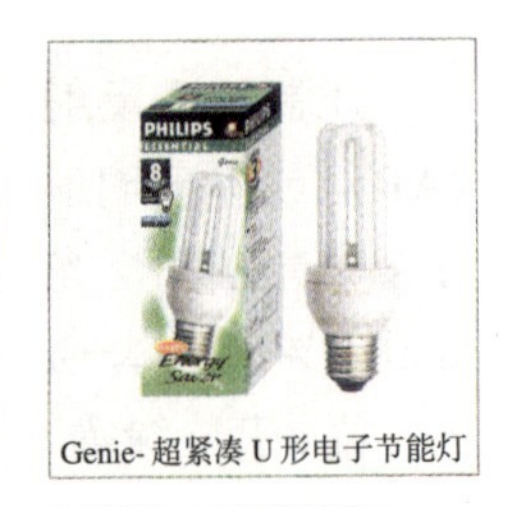
Genie-超紧凑U形电子节能灯
超紧凑U型节能灯

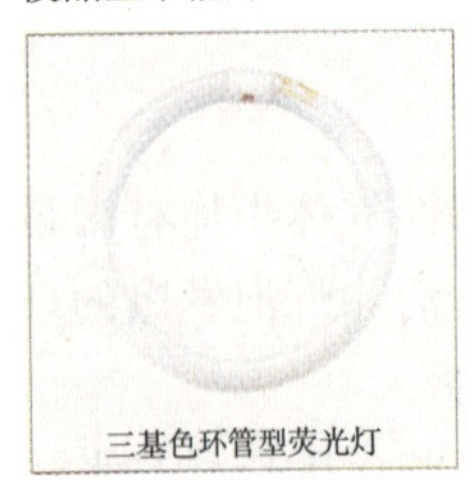
三基色环管型荧光灯
环管荧光灯

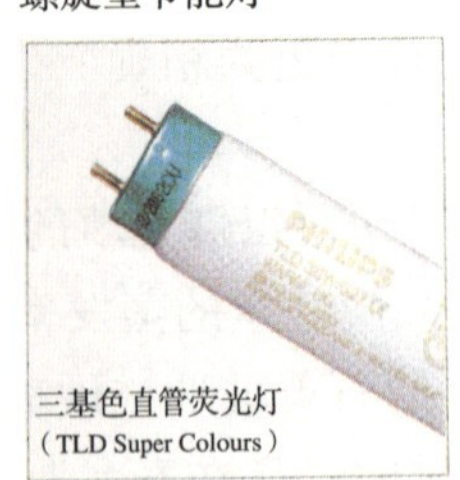

三基色直管荧光灯
（TLD Super Colours）
T8三基色直管荧光灯

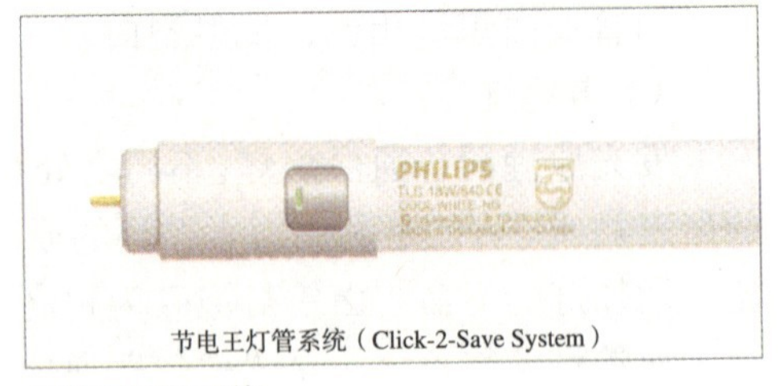

节电王灯管系统（Click-2-Save System）
节能王灯管系统

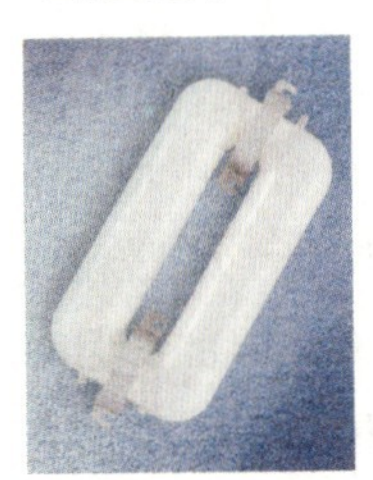
欧司朗QL无极灯

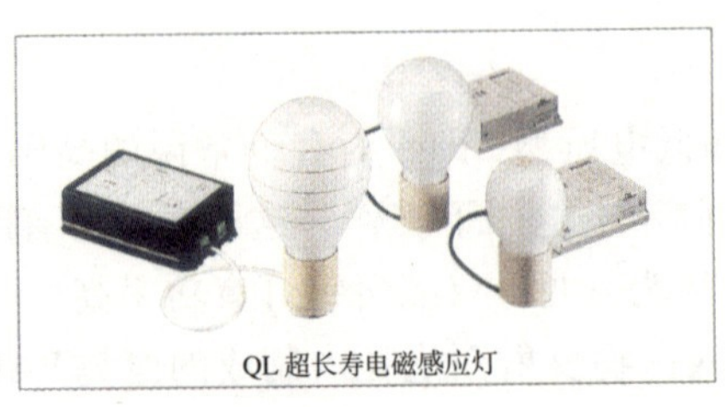
QL超长寿电磁感应灯
飞利浦QL超长寿命感应灯

彩图5-61　部分类型的荧光灯

6500K，显色指数85～95，光效可达70～90lx/W（如，飞利浦TL5 HE超高效型35W的光效达94.3lx/W），额定寿命12000～20000h。

2）紧凑型荧光灯：

功率现分为低功率4～32W和高功率32～96W两大类。镇流器内藏在灯具内，有分体式和一体化式两类，是白炽灯的替代产品，是目前室内设计中应用最广的光源之一。具有紧凑化、轻量化和高光效化的特点。

近年来，紧凑型荧光灯不断发展，已从过去的2管型、4管型发展到6管型、8管型。最近还研制出了螺旋型紧凑式荧光灯，使光源更加高效化、紧凑化和配光均匀化。

常用紧凑型荧光灯的光色范围为2700～6500K，显色指数78～82，光效50～75lx/W，额定寿命6000～10000h。

3）环形荧光灯：

环形荧光灯管径为29mm，光效高于普通直管型荧光灯。现已开发出用管径为20mm的两根不同环径的灯管，利用桥接的方式封接在同一平面上制成的双重环形荧光灯，光效比单环灯又提高了1.2倍左右。

常用环形荧光灯光色范围为4000～6500K，显色指数63～85，光效55～80lx/W，额定寿命8000～12000h。

4）无极荧光灯（QL）：

电极的寿命是决定气体放电灯寿命的关键因素，因此，无电极的QL无极荧光灯采用突破性的电磁感应发光原理，使灯泡寿命完全不受电极寿命的限制，具有80000h的超长寿命。

目前，无极荧光灯有55、85、165W，色温有2700、3000、4000K几种选择，光效约为65～70lm/W，无极荧光灯特别适合运用于维护困难的场所。

（3）高强气体放电灯（HID灯）

HID灯的外观特点是在灯泡内装有一个石英或半透明的陶瓷电弧管，内充有各种化合物。室内照明所涉及的HID灯主要是荧光高压汞灯、高压钠灯和金卤灯三种。这三种光源发光原理相同，主要的区别在于电弧管所使用的材料和管内填充的化合物不同。

HID灯发光原理同荧光灯，只是构造不同，内管的工作气压远高于荧光灯。HID灯的最大优点是光效高、寿命长，但总体来看，有启动时间长（不能瞬间启动）、不可调光、点灯位置受限制、对电压波动敏感等缺点，因此，多用作室内空间的一般照明，而较少用于精确的重点照明。

1）荧光高压汞灯

高压汞灯的光效较白炽灯高（约50lm/W），但光色差，发蓝、绿光。因此，在照明质量要求较高的室内场所几乎不使用。随着光源的发展，带特种荧光粉涂层的高压汞灯在色表和显色性方面有了较大的改进，开始运用在某些商业经营场所的通道照明上。但总体来看，高压汞灯无论在光色、显色性、光效，还是启动时间、外观尺寸上，都逊于其他光源，使用概率低，因此，这里不对它进行讨论。

2）高压钠灯

高压钠灯的电弧管为半透明的多晶体氧化铝（PCA）陶瓷管，除充入氩气或氙气作为启动气体外，还要充入汞、钠等元素。有普通型、高显色型、高光效型、低汞型等。高压钠灯的功率范围为35～1000W，色温1900～2000K。钠灯具有高光效、长寿命的特点，如飞利浦高光效型SON（-T）Plus 600W可达150lm/W，平均寿命达32000小时；但显色性较差，光色发黄，Ra通常只有23。

白色（高显色型）高压钠灯的显色指数可达83，色温2500K，但光效降低为40～55lm/W，寿命24000h。普通高压钠灯由于显色性较差，通常只用于室外或对辨色要求低的室内交通空间，而白色高压钠灯可用于照明质量要求较高的室内空间，用以替代白炽灯。

3）金属卤化物灯

结构与高压汞灯相似，但管内添加了某些金属卤化物，起到提高光效、改善光色的作用。通过调配金属卤化物的成分和配比，可得到各种全光谱的光源。金属卤化物灯具有高光效、光色好、长寿命等优点，被广泛地运用在体育场馆、商业中庭等高大空间及商业店铺的橱窗照明等场所。

• 普通（石英）金卤灯

普通金卤灯的电弧管为耐高温的石英玻璃。普通金卤灯的光效为80～110 lm/W，显色指数Ra为60～96，色温3000～5600K，功率70～2000W，寿命8000～20000h。以往，金卤灯主要用于室内高大空间及建筑立面、道路、室外景观等处的照明，随着光源技术的进步和人们节能意识的增强，中功率（250、400W）、小功率（70、150W）的金卤灯开始大量应用在室内公共空间的一般照明中。近年来，由于金卤灯显色指数的提高和光色的改进，在商店、展览馆的重点照明中，开始使用节能、高效的金卤射灯，用以替代传统的石英卤钨灯。从外形来看，普通金卤灯分为单端和双端两种。

• 陶瓷金卤灯（CDM）（图5-62）

普通金卤灯的石英电弧管可耐高温、汞与金属卤化物之间的化学反应，但不能耐受钠蒸汽所产生的高温和腐蚀。陶瓷金卤灯将石英金卤灯与高压钠灯的陶瓷管技术结合起来，在显色性、光色、寿命、光效等方面都较普通金卤灯有了很大改进，是最具发展潜力的新型光源之一。目前已开始运用在商店橱窗、汽车展厅等处的照明中。

GE陶瓷金卤灯

陶瓷金卤灯系列（CDM-TT/ET）

飞利浦单端陶瓷金卤灯

小功率双金属卤化物灯系列（MHN-TD/MHW-TD）

飞利浦双端陶瓷金卤灯

反射型陶瓷金卤灯系列（CDM-R）

飞利浦反射型陶瓷金卤灯

图5-62 陶瓷金卤灯

陶瓷金卤灯分为单/双端、反射型、防爆型，功率范围为35～150W，有3000、4200K两种色温可供选择。显色指数Ra为81～96，寿命6000～15000h。

4）微波硫灯

发光原理与QL无极灯相似，但它的工作频率更高，为2450MHz，处于微波波段。微波硫灯光效高（120lx/W以上）、寿命长，且显色性能良好，可产生连续光谱。但功率大，工作时需强制风冷，因此，目前还只局限于应用在室外广场照明上。但从发展前景来看，微波光源是一种很有前途的光源。

（4）其他光源

1）发光二级管（LED）

与其他光源相比，发光二级管（LED）具有省电、10万h以上的超长寿命、体积小、冷光、光响应速度快、工作电压低、抗震耐冲击、光色选择多等诸多优点，被认为是继白炽灯、荧光灯、HID灯之后的第四代光源。世界各国都在LED的研发上投入了大量的资金，发展很快。我国也将发展推广应用LED光源作为推广绿色照明的一个重要组成部分。目前我国在城市夜景照明方面已开始较大规模地利用LED来替代（支架）荧光灯、PAR灯等一、二代光源，效果良好。

LED用于室外装饰照明已较普遍，在室内照明中，用于标志、指示牌照明及装饰照明的LED技术已非常成熟；但作为白炽灯的替代产品用于室内照明尚处在发展中。

2）光纤

光纤照明是利用全反射原理，通过光纤将光源发生器所发出的光线传送到需照明的部位进行照明的一种新的照明技术。光纤照明的特点一是装饰性强，可变色、可调光，是动态照明理想的照明设施；二是安全性好，光纤本身不带电，不怕水、不易破损，体积小，柔软、可挠性好；三是光纤所发出的光不含红外/紫外线，无热量；四是维护方便，使用寿命长，由于发光体远离光源发生器，发生器可安装在维修方便的位置，检修起来很方便（图5-63）。

从发光体的形式来看，光纤可大致分为尾光光纤和通体发光光纤两种。在高级别墅、酒吧、专卖店的装饰照明中，常可看到光纤照明的应用。此外，由于光纤所发出的光滤除了红外/紫外线，因此，特别适合作为博物馆、美术馆中对光敏感展品的照明。目前，国内外重要的博物馆、美术馆大多采用光纤来对展品进行照明。

光纤的缺点一是传光效率较低，光纤表面亮度低，不适合要求高照度的场所，使用时须布置暗背景方可衬托出照明效果；二是价格昂贵影响推广。

3）激光

激光是通过激光器所发出的光束，激光束具有亮度极高、单色性好、方向性强等特点，利用多彩的激光束可组成各种变幻的图案，是一种较理想的动态照明手段。多用于商业建筑的标志照明、橱窗展示照明和大型商业公共空间的表演场中，可有效地渲染商业气氛。

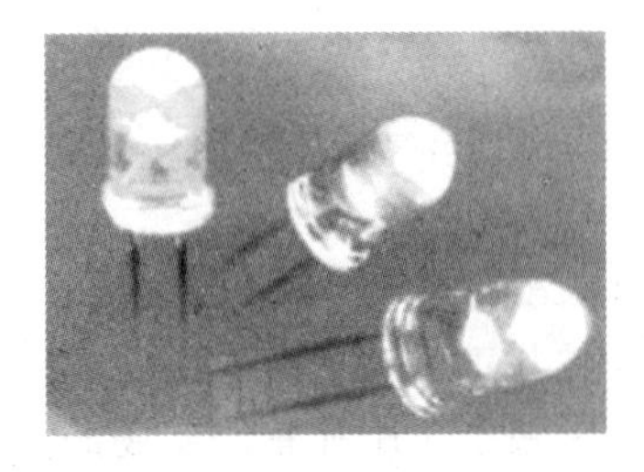
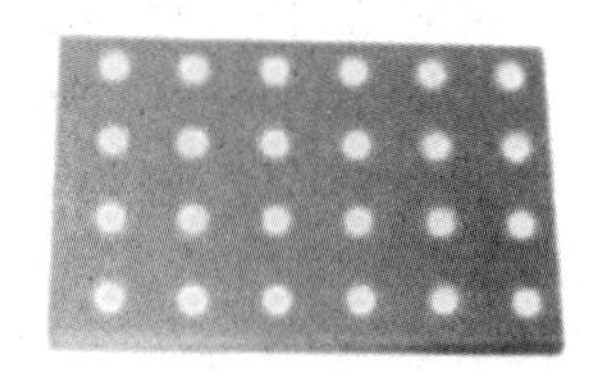

LED光源

光纤　　电脑灯　　激光图案

图5-63　发光二级管、光纤及激光

5.4.3.2　灯具

照明科技的发展日新月异，市场上的灯具种类繁多，琳琅满目。每年都有外观新颖、效率更高的各种新型灯具出现在市场上。限于篇幅，要全面、系统地对室内照明灯具进行介绍比较困难，我们仅从中选择一些最常用的灯具进行简要的介绍。

灯具的分类方法很多，可分别依据灯具的功能、灯具的形状、安装状态、使用光源、使用目的、使用场所等等来进行分类，以往的室内照明教材多采用按使用光源来对灯具进行分类的方法，但随着技术的进步，室内灯具适配光源的互换性加强，如仍沿用上述方法，易造成歧异。因此，本教材采用按灯具的形状和安装状态来进行分类的方法。

为了让大家更清楚地了解室内常用灯具的特点，我们首先对白炽灯灯具、荧光灯灯具、高强气体放电灯灯具的基本特点进行简单的介绍。

• 白炽灯灯具：具有体积小、调控光容易、受环境温湿度影响小、投资省等优点，因此，尽管存在着光源光效低、寿命短、发热量高等缺点，目前仍是室内照明中最常用的灯具之一。在各类白炽灯灯具中，卤钨灯的射灯系列用量最大。

• 荧光灯灯具：包括两大类，一类是直管荧光灯灯具，另一类是节能灯灯具。前者常用于办公室、图书馆、教室等场所，灯具设计注重眩光控制和灯具效率；后者用途广泛，由于所配光源体积小、光效高、光色选择多、可与白炽灯互换，因此广泛运用在住宅、商场、办公等各类建筑中。特别是住宅的一般照明，几乎都以节能灯灯具为主，其中包括大型吊灯的光源也常常使用小规格的节能灯来替代传统的白炽灯。

与白炽灯灯具相比，荧光灯灯具具有光源光效高、寿命长、光色种类多，可提供大面积均匀扩散光等优点。缺点是对环境温湿度较敏感、调光需特殊镇流器、初始投资较高等。

• 高强气体放电灯灯具：与前面两种灯具相比，高强气体放电灯（HID）灯具所使用的光源光效更高，寿命更长，尺寸较直管荧光灯灯具小。HID灯具还有使用费低、受环境温湿度影响较小等优点。其缺点是灯具初始投资高、光源价格高、维护费高、需镇流器、易产生噪声、开启后需较长时间才能完全点亮、外壳破损后内管发出的紫外线辐射对人体有害等等。

中、大功率的HID灯具多用于高大空间的一般照明（多为悬挂式）和墙泛光照明，小功率的HID灯具可替代卤钨射灯作为展示照明用灯。

下面根据灯具的安装状态对不同类型的灯具进行介绍：

（1）悬挂式灯具

悬挂式灯具多用于为室内局部空间提供均匀的一般照明，从光通量在灯具上、下半球的分布情况来看，可分为直接型、半直接型、均匀扩散型、半间接型、间接型灯具（具体分类详见《建筑物理》中相关章节）。

悬挂式灯具的灯罩材料可采用织物、金属、玻璃、有机玻璃、经处理过的特制纸等制成，光源以普通白炽灯、卤钨灯、节能灯为主，在超市、工厂车间等高大空间中，常使用中等功率的高压钠灯或金卤灯。

悬挂式灯具可用在住宅、商店、超市、工业厂房等场所，为其提供均匀的一般照明。悬挂式灯具的外观尺寸、材质、适配光源、悬挂高度等差异很大，在选用时，应根据具体情况进行处理。目前大部分小功率的悬挂式灯具在光源的互换性上较好，既可使用白炽灯，又可使用节能灯。

（2）吸顶式灯具

吸顶灯一般紧贴顶棚安装，其作用是为室内场所提供一般照明和局部照明。吸顶式灯具外观有圆形、正方形、三角形、矩形、条形、曲线形等多种几何形状，透光罩有透明、半透明、磨砂罩几种，透光材料可由玻璃、有机玻璃、硬塑料、聚碳酸酯等多种材料制成。

吸顶灯分开敞式和封闭式两大类，开敞式从灯具形式、外观、灯罩材料来看，都与悬挂式灯具相似，不同之处在于无吊杆，代之以吸盘。开敞式吸顶灯的造型较丰富，装饰性较强，多用于住宅客厅和卧室照明，为之提供一般照明或局部照明。与同等功率的悬挂式灯具相比，开敞式吸顶灯更适合低—中顶棚的照明。

封闭式吸顶灯外观简洁，发光罩与灯具吸盘紧扣在一起，密封性能良好，但不利于灯具散热。因此，不宜使用功率较大、发热量过高或外观尺寸较大的光源。发热量高的卤钨灯、外观尺寸大的HID灯光源，均不适宜用作封闭式吸顶灯的内装光源。封闭式吸顶灯常用光源有白炽灯、节能灯和直管荧光灯三种，功率一般在5～100W之间。

封闭式吸顶式灯具适用于低——中等高度的顶棚，由于具有密封性能良好、易于清洁、外观简洁等优点，常用作住宅卧室、厨房、卫生间，及办公楼走廊、车间通道处的一般照明。

在安装吸顶式灯具时，由于灯具发出的光线会部分投向顶棚，对顶棚形成擦射，因此，如果顶棚凹凸不平，使用吸顶式灯具会突出这一缺陷，影响美观。因此，应确保顶棚表面的平整。

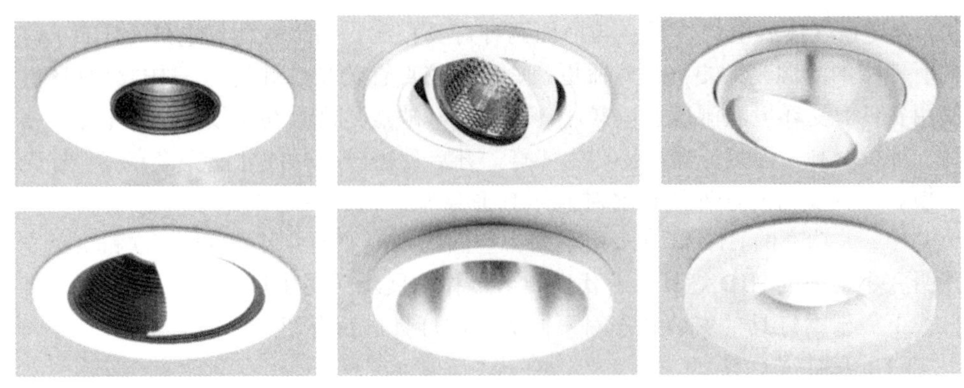

图 5-64 嵌入式灯具

（3）嵌入式灯具 （图 5-64）

嵌入式灯具设在顶棚内，灯具发光面与天棚平或稍突出于顶棚。突出于顶棚可使灯具所发出的部分光线投向顶棚，减少灯具发光面与顶棚间的亮度对比。它的配光可分为宽、中、窄三种，从灯的距/高比来看，≥1.0为宽配光；0.7～0.9为中等配光；≤0.6为窄配光。在设计中保持距/高比是为了获得良好的照度均匀度。

嵌入式灯具种类很多，有相应的灯具为各类建筑空间提供一般照明、泛光照明和强调照明。

一般照明使用下照灯（Downlight），常见的有：筒灯、开敞反射器筒灯、椭球形反射器筒灯、带棱镜的筒灯。筒灯多为窄配光，开敞反射器筒灯和椭球形反射器筒灯根据使用灯泡的不同，有窄、宽配光两种；带棱镜的筒灯常为宽配光（灯具各种配光的划分请见《建筑物理》中相关章节）。

为使被照区域获得足够的照度和良好的照度均匀度，应根据房间顶棚高度来选择不同配光的下照灯：低顶棚（3m以内）宜选择宽配光的下照灯，此时除可满足水平面照度的均匀度要求外，还可有部分余光投向四周墙面；大面积中等高度顶棚（3～4.8m）的局部区域一般照明宜选用中等配光的下照灯；高顶棚（4.8m以上）的一般照明应选用中——窄配光的下照灯，才能够保证工作面获得足够的照度。

泛光照明（Wall Washing）和强调照明（Accent Lighting）有三种常见的形式：固定在顶棚上，光束对准装置设置在灯具内；光束对准装置部分外露；光束对准装置可伸缩，灯具的配光可根据要求由窄到宽。在设计中，一般强调照明应选用窄——中等配光的灯具，而泛光照明则应选用宽配光的泛光灯具。

上述嵌入式灯具适配的光源包括白炽灯、节能灯和小功率金卤灯、高压钠灯，但目前强调照明所使用的光源仍以卤钨灯为主，泛光照明灯具以金卤灯、高压钠灯为主。

此外，嵌入式灯具还包括各种类型的格栅荧光灯具。

（4）导轨灯具系统

由导轨和灯具两部分组成，导轨通常采用电镀防腐铝材制成，既支撑灯具，又为其提供电源。灯具可在导轨全长的任意位置安装，灯具可水平、垂直转动，导轨灯具系统是高度灵活的照明系统。

导轨既可安装在顶棚表面，又可埋设在顶棚中，还可直接悬挂在顶棚下。如灯具数量较多，可采用三相四线，每线提供1800W，灯具有各种形式、尺寸和颜色。导轨灯具系统主要用于强调照明和墙泛光照明，一般不用作室内一般照明。

导轨灯具系统使用的灯具以射灯为主，光源以卤钨灯最为普遍，其次是使用小功率的金卤灯和高压钠灯。近年来，一些厂家如美国WAC华格等，开始将节能灯运用到导轨灯具系统中来，其灯具配光为宽配光，可提供均匀的墙泛光照明。

此外，带遮光片的导轨投影灯，可根据需要调节出圆形、矩形、三角形、月牙形等多种形状的光斑，灯具的前部有两片单面凸透镜，可灵活控制光斑的大小和光斑边沿的清晰度。特别适合用作重点商品的强调照明和场景设计。

由于导轨灯具系统具有投光精确，光线入射角度、照射范围灵活可调的优点，因此，几乎所有的展示照明都离不开导轨灯具系统（图5-65、图5-66）。

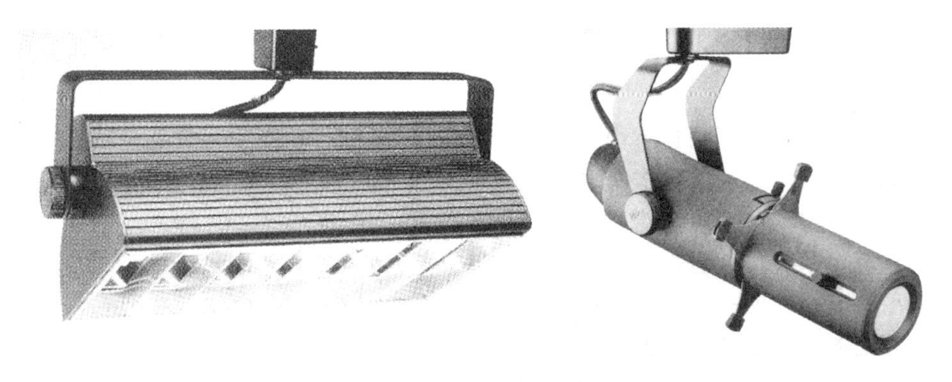

图5-65 节能轨道灯及投影灯

图5-66 利用投影灯进行照明场景设计

（5）支架荧光灯具

荧光灯具包括嵌入式、吸顶式、轨道式和支架荧光灯几个大类，前三类我们已经在前文中进行了介绍，这里对支架荧光灯具也作一简单的介绍。

支架荧光灯具的支架和灯具是一体化的，采用高纯阳极氧化铝、冲压铝或彩色钢板制成，注重灯具反射器效率。支架荧光灯安装方便，维护便捷，不需要特殊工具即可安装。安装方式包括悬挂安装和吸顶安装两种，一些支架荧光灯还配有长度可调的吊杆，因此，低、中等高度的顶棚均可安装支架荧光灯具。同时，支架荧光灯还具有外观简洁、空间导向性强的特点，特别适合作为超市、车库、工厂车间、办公室等既需要明亮光环境、又不宜使用复杂灯具场所的一般照明。

支架荧光灯有各种规格，如飞利浦的支架荧光灯系列，常用支架的长度有1.2m和3.7m，可根据需要进行组合；配14W到58W光源。支架荧光灯的配光曲线多为蝙蝠翼或余弦配光，除可提供良好的水平面照度外，还提供相当数量的垂直面照度。因此可以为超市两侧的货架、办公室的展示墙等需较高垂直面照度处提供合适的照明。

支架荧光灯还可根据室内吊顶情况进行自由组合，在顶棚上形成有规律的图案，如设计得当，可达到丰富空间的效果。

（6）壁灯、落地灯、台灯及其他

壁灯、落地灯和台灯都是室内局部照明常用的灯具，形式多样。

壁灯紧贴墙面安装，灯罩材料可由不锈钢（图5-67）、玻璃、有机玻璃、硬塑料、聚碳酸酯等材料制成，有透明、半透明、磨砂罩几种形式，灯具外观长度从数公分到数十公分不等。壁灯的装饰性很强，主要为墙面提供一定的垂直面照度。相对而言，对其配光要求不高。在选择壁灯时，应注意壁灯的造型、尺度和色彩应与室内空间高度、设计风格相匹配。安装壁灯时还应注意控制壁灯距地面的高度和灯具表面亮度，壁灯的高度应高于视平线，否则易产生直接眩光，对视线产生干扰。同时，壁灯的亮度不宜超过顶棚主灯具的亮度，否则会在人的脸部形成不自然的阴影。

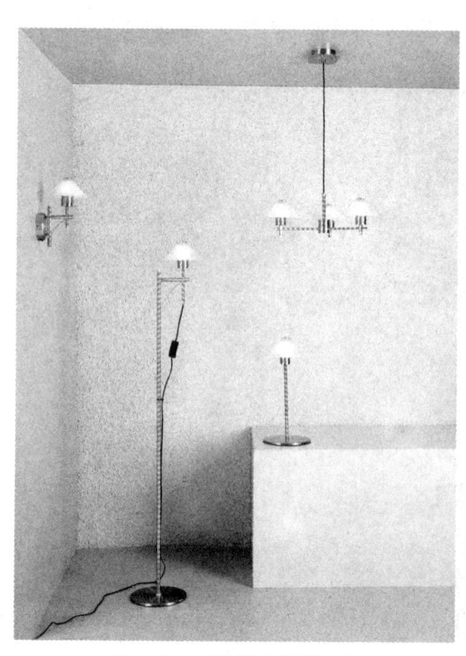

图5-67　不锈钢系列灯具

落地灯用于一定区域内的局部照明，是对一般照明的补充。传统的落地灯罩常用半透明的织物纤维制成，各种光通分布形式都有，但灯罩以上、下开口形式最为普遍，光源以白炽灯为主。新型的落地灯则多采用不锈钢和玻璃组合的形式，光源也不局限于白炽灯，可配节能灯、双端卤钨灯、小功率金卤灯等，通过可旋转的反射器，达到配光可调的目的。

台灯应用在需精细视觉工作的场所，灯杆及底座材料由塑料、铸铁、不锈钢等制成，灯罩材料为织物纤维、玻璃、塑料或不锈钢。也有不使用灯罩，直接在灯座上装设冷反射型卤钨灯的。灯罩有开口型和封闭型两种：开口型较为普遍，内可装白炽灯、节能灯光源；封闭型以学生用的“护眼灯”最为常见。

除上述常见灯具外，光纤、LED灯具等也开始运用在室内光环境中。

5.4.4 室内光环境设计示例——商店照明

为了使读者对室内照明设计有更深入的了解，我们选择代表性较强的商店室内空间，对其照明设计的基本要求、各部分的照明方法进行简要的介绍。

商店照明的目的在于利用恰当的照明手法来突出商品，诱导顾客入店，构成良好的环境氛围以使顾客产生购买的意愿，因此商店照明设计应注意以下问题：

5.4.4.1 商店照明的基本要求

（1）吸引顾客的注意力

一个设计良好的商店照明应使被照明的商店能够从林立的店铺所形成的复杂视觉环境中突现出来，给顾客留下强烈的第一印象，吸引顾客入店。

（2）创造良好的店内氛围和正确的视觉导向

店内照明应营造出良好、舒适的商业氛围，对顾客心理产生积极的影响，以刺激顾客的购买欲；应利用合理的亮度分布和照明方式、光色变化来巧妙地完成视觉导向功能，以帮助顾客找到所需的商品；重点照明应突出商品的特点，正确表现商品的形状、质感、色彩和光泽，利用照明来增加商品的附加价值。

（3）实现照明的整体性和可变性

照明是商店设施的一部分，其照明设计方案与室内设计方案一样，应配合商品的销售策略；照明设计方案的风格应与室内设计风格统一和协调，使顾客对商店的整体风格留下深刻的印象；同时，应充分考虑销售策略的变化和季节更迭，通过灵活的照明方式来适应各种变化。

5.4.4.2 商店照明的分类

商店照明由一般照明、重点照明和装饰照明三部分组成，这三部分如果配合恰当，就能产生良好的照明效果。

（1）一般照明

店内一般照明的目的是为室内空间提供一定的照度，使室内设计风格得以体现。应根据商店所在区位、商店构成、营业状态、商品内容、陈列方式等来进行考虑；在对一般照明进行设置时，不仅应重视水平面照度，还应适当注意垂直面照度。通常商店的一般照明应满足一定的均匀度要求，同时还应考虑其照度与重点照明形成的照度之间的比例关系，其取值应恰当。目前国内部分商店的一般照明照度取值过高，为了突出商品，只能大幅度提高重点照明的照度，大大增加了照明和空调负荷，不利于节能。

（2）重点照明

目的是照亮重点商品和店内的主要场所，可以根据商品的特征采用不同的照明方式对其进行照明，以突出商品的立体感、表面质感、光泽及色彩等。重点照明的设计要点是：

1）照度应为一般照明的3～5倍；

2）利用高亮度光源突出商品表面的光泽；

3）以强烈的定向光突出商品的立体感和质感；

4）利用色光突出特定的部位和商品。

（3）装饰照明

商店装饰照明的作用在于利用各种照明装饰手段来烘托商业气氛，表现商店独特的个性，给顾客留下深刻的印象。装饰照明的手法很多，视商店的性质、空间特征、室内设计风格而定，形式多样。在进行装饰照明设计时，应注意不能将它与一般照明混同起来，否则易喧宾夺主，削弱商品本身的表现力，装饰照明不能替代一般照明或重点照明。

5.4.4.3 商店照明的照度要求

中华人民共和国国家标准《建筑照明设计标准》（GB50034-2004）5.2.3中，对商业建筑照明标准作出了如表5-5规定：

商业建筑照明标准值 **表5–5**

房间或场所	参考平面及高度	照度标准值（lx）	UGR（眩光指数）	Ra
一般商店营业厅	0.75m水平面	300	22	80
高档商店营业厅	0.75m水平面	500	22	80
一般超市营业厅	0.75m水平面	300	22	80
高档超市营业厅	0.75m水平面	500	22	80
收款台	台面	500	—	80

5.4.4.4 商店各部分的照明方法

（1）标识及橱窗照明

顾客对商店的第一印象是由标识和橱窗来体现的，其目的是：吸引注意力；有别于毗邻的店铺，且更具吸引力；引起顾客的兴趣，诱导顾客入店；给顾客留下持续的、令人赞许的好印象。

1）标识照明：标识照明的方式较多，常用的有：霓虹灯标志、灯箱标志、投光广告，最近几年变色霓虹、背投式、LED标志及激光广告等新颖的广告标志形式开始在商店标识照明中广泛运用，收到了良好的效果。

标识牌应明亮、色彩鲜明、易于识别，标识牌的色彩、材质、字体及风格应与商店性质相符，通用性强。

2）橱窗照明：按照商品的陈列方式，商店的橱窗可大致分为三类，封闭式橱窗、半开放式橱窗、开放式橱窗。

封闭式橱窗由于背部不透明，便于隐藏各种照明设施；同时，由于封闭式橱窗阻断了通往店内的视线，可将顾客的注意力集中到橱窗中的重点商品上，因此，如果仅从商品展示的角度来看，封闭式橱窗的展示效果往往更好。较之于开放式橱窗，封闭式橱窗可展示的商品种类也更多，照明方式更灵活。

开放式橱窗无背板或背板为玻璃等透明材料，一般多用于大型商店的“店中店”，其优点是不对顾客的视线产生遮挡，更有利于店内气氛的传递。开放式橱窗需解决的问题是灯具的隐藏问题，一般多将灯具隐藏在顶棚或展品附近的地台中。开放式橱窗的一般照明可利用店内明亮的一般照明来形成，而利用隐藏在顶棚等处的灯具来形成其重点照明。

半开放式橱窗界于两者之间，局部有背板，但背板的高度多在1.5m以内。半开放式橱窗兼具了封闭式与开放式橱窗的优点，其照明方式也较灵活。

目前橱窗照明设计的一个流行趋势是注重设计的灵活性和可变性，注重场景设计。如，在百货公司等橱窗照明设计中，与商品的季节性更换同步，其照明场景也常常反映出鲜明的季节特征。

（2）店内环境照明

前面列出了商店室内照明的三大组成部分，即一般照明、重点照明和装饰照明；在进行照明设计时，首先应根据商店的规模、性质、平面布局特点、销售方式等来对平面进行照明分区，一般情况下营业厅可粗略地划分为以下几个区域：前导区、营业区、收银处、顾客休闲区。

由于商店种类繁多，平面布局也各不相同，其照明方式差异较大。限于篇幅，无法一一加以介绍。在这里，仅对营业厅照明进行简要的概述。

1）前导区照明：一般与商店的一般照明一致，有时也采用分区一般照明的形式。常见的方式是将灯具装设在顶棚上，形成较为均匀的前导区照明。也可在一般照明的基础上，采用局部强调照明的方式来适当地突出前导区，但其整体亮度应低于营业区。

灯具的形式有：吸顶灯、吊灯、筒灯、荧光灯盘、反光顶棚等多种形式。常用的光源有卤钨灯、细管荧光灯、紧凑型荧光灯（节能灯）、小功率金卤灯、小功率高压钠灯等多种光源。

2）营业区照明：营业区是商店最为重要的区域，通常来说，一般照明、重点照明及装饰照明在这个区域均占有一定的比例，但商品的重点照明是该区域照明的核心。

• 一般照明：营业区的一般照明形式多样，视商店的类型而定。如超市，多采用排列整齐的荧光灯具或工矿灯来提供均匀、高照度的营业区照明；百货公司的营业厅则多采用造型简洁的吸顶灯，或采用反光顶棚、发光顶棚加吊灯等形式；以上两种类型的商店尺度均较大，消费档次大众化。因此，在对这类营业厅进行一般照明设计时，比较注重室内照度的均匀度、整体照度和节能效果，宜采用投资省、效率高的灯具、光源，因此，小型HID灯、节能灯、荧光灯等均为适宜的选择。

而对于专卖店等档次较高的商店来说，从室内照明发展的趋势来看，无论是

图5-68 采用深色顶棚设计的小型商店

联营式专卖店（位于大商场中），还是独立式专卖店，其一般照明均有别于普通商场和超市。此时，室内照度的均匀度和照度值的高低已不是设计的重点，取而代之的是照明质量和效果，注重照明的个性化。因此，较少采用单一的照明方式，多采用分区一般照明的方式。从形式上看，巧妙隐藏灯具，并能提供柔和光线的反光照明在实际工程中运用较广；吊顶的形式和材料也较为多变。

以往在设置店内的一般照明（也包括前导区一般照明）时，往往要求顶棚表面色彩为有较高反射率的浅色，以提高顶棚及整个室内空间的亮度；但近年来，随着室内设计水平的提高和对商店空间个性化的要求，不少商店在进行室内设计时，采用了深色甚至是黑色的顶棚设计，此时应采用直接型吊灯或工矿灯来进行一般照明。这种方式在设计意图上有别于常规的商店照明——不是提高整个空间的总体亮度，而是弱化室内顶部照明，强化室内壁面及平面照明（也即商品主要陈列区），以便更有效和快速地将顾客视线引导至重点商品处。

在这种情况下，由于顶部表面材料的反射率很低，不宜采用吸顶灯、反光顶棚等形式。

图5-68则是暗顶棚的另一种处理手法，利用交错的光带和局部装饰性光纤使沉闷的顶棚变得富有生气。

• 重点照明：商品陈列处的重点照明是营业厅照明的核心部分，根据商品的特点，选择适当的光源和灯具，对欲表现的商品用灯光加以渲染，以增强其感染力。重点照明的方式及选用的灯具、光源视商品材质、表面质感、色彩及陈列方式而定。如对于服装、面料等织物的照明，在照明方式上多采用投光灯（射灯）从正面照射的方式；如织物为羊毛、呢绒等面料，宜选用光线扩散性强、方向性弱的荧光灯对其进行照射，可使面料显得更紧密与柔和；如织物为丝绸或其他表面光滑的面料，则可选用光线指向性强的卤钨灯、小型金卤灯进行照明，以更好地表现出面料本身的质感。

对于玻璃、水晶等透明饰品的照明，可视室内气氛的不同，选择使用不同入射角度的灯光。从物品的斜上方投射，效果自然、完整；从物品的下方投射，可产生轻盈的感觉；光线平行于物品进行横向照射，可强化其立体感和表面光泽；如果从物品的背面进行照射，则可突出物品的透明感和轮廓美。

重点照明选用的灯具以固定在吊顶上的轨道射灯或嵌入式射灯较为常见；常用光源以卤钨灯、小型金卤灯为主。近年来一些灯具生产厂家还开发出了紧凑型节能轨道灯，用于均匀度要求较高的大面积壁面展品的重点照明。

重点照明须注意以下几个问题：首先是立体感的塑造，主光源和辅助光源的强度应有一定的比例，且应形成适当的阴影，方可恰如其分地塑造出立体商品的体量感和质感。

其次是光色的选择，低、中、高色温的光源可分别营造出浪漫温馨、明朗开阔、凉爽活泼的光环境气氛；重点照明所营造的气氛应与商店一般照明及装饰照明所产生的气氛相协调。因此，在光源光色的匹配上应认真地进行考虑，既可选用色温相近的光色，也可选用色温相异的光色。但如果不同色温的光源数量接近，则反差不宜过大，以免产生混乱感，破坏整体气氛。

继而是光源显色性，对于商店内的大部分商品来说，为了真实地反映出商品的固有色彩，应选用高显色指数的光源，一般Ra应在80以上，在使用卤物灯的情况下，Ra可达100。以往在对某些食品如肉类、水果等进行照明时，常采用色光照明，以加强物品的某种色彩，使之看上去显得更加新鲜；但这种手法易使顾客有受骗的感觉，因此，在现在的设计中已很少采用了。

最后是对设计手法的灵活运用，在设计中应根据被照商品的特点，有针对性地运用各种照明手法，以突出商品的特点、营造特殊的氛围（图5-69）。

• 装饰照明：装饰照明包括安装在室内六个面上的各种装饰性照明，常见的方式有：装饰性吊灯、吸顶灯、壁灯、发光地面、局部光雕等等；所使用的光源除了有传统的节能灯、荧光灯管、小功率HID灯以外，还出现了陶瓷金卤灯、LED、光纤等新型光源。其中，LED和光纤由于色彩和造型灵活多变，受到人们广泛的欢迎，有望在不远的将来替代传统的光源，成为装饰照明的主流光源。

3）收银处照明：收银处（特别是收款台台面）的照明要求有较高的照度和良好的显色性，以便看清钱物和票据；因此，在我国《建筑照明设计标准》中，规定收款台台面的水平照度标准值为500lx，以满足功能需要。此外，收银处的标志应醒目，目前多采用小型自发光灯箱的形式，但随着LED的普及，估计今后会大量地使用亮度更高、色彩更鲜艳的LED标志。

（a）

（b）

图5-69　针对不同造型的陶瓷制品所选用的重点照明方式

（a）嵌入式下照灯照明；（b）地埋灯照明

4)顾客休闲区照明：顾客休闲区的照明应令人轻松，照度应低于商店其他区域，照度均匀度也可适当降低；在选用光源时宜考虑较低色温的光源，注意控制灯具的眩光；为调节情绪，在有条件的情况下，在顾客休闲区可设置一些供观赏的植物或小品，也可在该区域设置一些字画、雕塑等艺术品供顾客观赏，这些植物或艺术品可作为顾客休闲区的重点照明对象。

本章小结

室内空间的造型元素包括形、色、质、光等。形通常分为点、线、面、体四种基本形态，形的比例尺度对于形成合理的空间关系十分重要，同时不同的形状可以使人获得不同的心理效应。

色彩的视觉效果非常直接，不同的色彩可以使人产生不同的心理感受与空间效果，在内部空间的色彩设计中一般采用关系色类和对比色类两种方式。

质感是人们对材料的一种主观感受，不同的质感会形成不同的心理感受。在室内设计中，常用的材料有硬质材料和软质材料两种。

光是一种重要的内部空间造型元素，室内光线分为天然光和人工光两种。其中人工光环境设计又与光源、灯具等因素密切相关。

上述每一种造型元素均有其相对独立的特征和相应的设计手法，在室内设计中，它们相互影响、相互制约、相互配合，共同创造着良好的整体空间氛围。

6　室内界面及部件的装饰设计

内部空间是由界面围合而成的，位于空间顶部的平顶和吊顶等称为顶界面，位于空间下部的楼地面等称为底界面，位于空间四周的墙、隔断与柱廊等称为侧界面。建筑中的楼梯、围栏等是一些相对独立的部分，常常称为部件，本章的内容就是要阐述这些界面和部件的装饰原则与方法。

界面与部件的装饰设计，可以概括为两大内容，即造型设计和构造设计。造型设计涉及形状、尺度、色彩、图案与质地，基本要求是切合空间的功能与性质，符合并体现环境设计的总体思路。构造设计涉及材料、连接方式和施工工艺，要安全、坚固、经济合理，符合技术经济方面的要求。总之，要遵循以下几条原则：

原则一：安全可靠，坚固适用。

界面与部件大都直接暴露在大气中，或多或少地受到物理、化学、机械等因素的影响，有可能因此而降低自身的坚固性与耐久性，如钢铁会因氧化而锈蚀，竹、木会因受潮而腐烂，砖、石会因碰撞而缺棱掉角等，为此在装饰过程中常采用涂刷、裱糊、覆盖等方法加以保护。

界面与部件是空间的“壳体”或“骨架”，往往要有较高的防水、防潮、防火、防震、防酸、防碱以及吸声、隔声、隔热等功能。其质量的好坏，不仅直接关系到空间的使用效果，甚至关系到人民的财产与生命，因此在装饰设计中一定要认真解决安全可靠、坚固适用的问题。

原则二：造型美观，具有特色。

要充分利用界面与部件的设计强化空间氛围。要通过其自身的形状、色彩、图案、质地和尺度，让空间显得光洁或粗糙，凉爽或温暖，华丽或朴实，空透或闭塞，从而使空间环境能体现应有的功能与性质。

要利用界面与部件的设计反映环境的民族性、地域性和时代性，如用砖、卵石、毛石等使空间富有乡土气息；用竹、藤、麻、皮革等使空间更具田园趣味；用不锈钢、镜面玻璃、磨光石材等使空间更具时代感。

要利用界面和部件的设计改善空间感。建筑设计中已经确定的空间可能有缺陷，通过界面和部件的装饰设计可以在一定程度上弥补这些缺陷。如强化界面的水平划分使空间更舒展；强化界面的垂直划分减弱空间的压抑感；使用粗糙的材料和大花图案，可以增加空间的亲切感；使用光洁材料和小花图案，可以使空间显得开敞，从而减少空间的狭窄感；用镜面玻璃或不锈钢装饰粗壮的梁柱，可以在视觉上使梁柱“消肿”，使空间不显得拥塞；用冷暖不同的颜色可以使空间分别显得宽敞和紧凑等。

要精工细作，充分保证工艺的质量。室内界面和部件大都在人们的视野范围之内，属于人们近距离观看对象，一定要该平则平，该直则直，给人以美感。要特别注意拼缝和收口，做到均匀、整齐、利落，充分反映材料的特性、技术的魅力和施工的精良。

在界面和部件上往往有很多附属设施，如通风口、烟感器、自动喷淋、扬声器、投影机、银幕和白板等。这些设施往往由其他工种设计，直接影响使用功能与美感。为此，室内设计师一定要与其他工种密切配合，让各种设施相互协调，保证整体上的和谐与美观。

原则三：选材合理，造价适宜。

选用什么材料，不但关系功能、造型和造价，而且关系人们的生活与健康。要充分了解材料的物理特性和化学特性，切实选用无毒、无害、无污染的材料。要合理表现材料的软硬、冷暖、明暗、粗细等特征，一方面切合环境的功能要求，一方面借以体现材料的自身表现力。要摒弃“只有使用名贵材料才能取得良好效果”的陈腐观点，努力做到优材精用、普材巧用、合理搭配，要注意选用竹、木、藤、毛石、卵石等地方性材料，达到降低造价、体现特色的目的。要处理好一次投资和日常维修费用的关系，综合考虑经济技术上的合理性。

原则四：优化方案，方便施工

针对同一界面和部件，可以拿出多个装修方案。要从功能、经济、技术等方面进行综合比较，从中选出最为理想的方案。要考虑工期的长短，尽可能使工程早日交付使用。要考虑施工的简便程度，尽量缩短工期，保证施工的质量。

6.1 室内界面的装饰设计

界面的装饰设计是影响空间造型和风格特点的重要因素，一定要结合空间特点，从环境的整体要求出发，创造美观耐看、气氛宜人、富有特色的内部环境。

6.1.1 顶界面的装饰设计

顶界面即空间的顶部。在楼板下面直接用喷、涂等方法进行装饰的称平顶；在楼板之下另作吊顶的称吊顶或顶棚，平顶和吊顶又统称天花。

顶界面是三种界面中面积较大的界面，且几乎毫无遮挡地暴露在人们的视线之内，故能极大地影响环境的使用功能与视觉效果，必须从环境性质出发，综合各种要求，强化空间特色。

顶界面设计首先要考虑空间功能的要求，特别是照明和声学方面的要求，这在剧场、电影院、音乐厅、美术院、博物馆等建筑中是十分重要的。拿音乐厅等观演建筑来说，顶界面要充分满足声学方面的要求，保证所有座位都有良好的音质和足够的强度，正因为如此，不少音乐厅都在屋盖上悬挂各式可以变换角度的反射板，或同时悬挂一些可以调节高度的扬声器（图 6-1）。为了满足照明要求，剧场、舞厅应有完善的专业照明，观众厅也应有豪华的顶饰和灯饰，以便让观众在开演之前及幕间休息时欣赏。电影院的顶界面可相对简洁，造型处理和照明灯具应将观众的注意力集中到银幕上。

其次，要注意体现建筑技术与建筑艺术统一的原则，顶界面的梁架不一定都用吊顶封起来，如果组织得好，并稍加修饰，不仅可以节省空间和投资，同样能够取得良好的艺术效果（图 6-2）。

此外，顶界面上的灯具、通风口、扬声器和自动喷淋等设施也应纳入设计的范围。要特别注意配置好灯具，因为它们既可以影响空间的体量感和比例关系，又能使空间具有或者豪华、或者朴实、或者平和、或者活跃的气氛（图 6-3）。

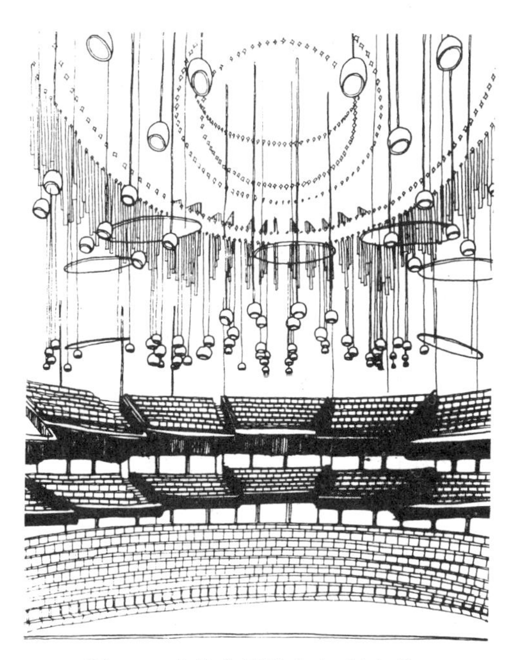

图 6-1　多伦多汤姆森音乐厅顶棚

图 6-2　亚特兰大高级美术馆顶棚

图 6-3　某酒吧带有豪华灯饰的顶棚

6.1.1.1 顶棚的造型

顶界面的装饰设计首先涉及顶棚的造型。从建筑设计和装饰设计的角度看，顶棚的造型可分以下几大类：

（1）平面式（图6-4*a*）：特点是表面平整，造型简洁，占用空间高度少，常用发光龛、发光顶棚等照明，适用于办公室和教室等。

（2）折面式（图6-4*b*）：表面有凸凹变化，可以与槽口照明相接合，能适应特殊的声学要求，多用于电影院、剧场及对声音有特殊要求的场所。

（3）曲面式（图6-4*c*）：包括筒拱顶及穹窿顶，特色是空间高敞，跨度较大，多用于车站、机场等建筑的大厅等。

（4）网格式（图6-4*d*）：包括混凝土楼板中由主次梁或井式梁形成的网格顶，也包括在装饰设计中另用木梁构成的网格顶。后者多见于中式建筑，意图是模仿中国传统建筑的天花。网格式天花造型丰富，可在网眼内绘制彩画，安装贴花玻璃、印花玻璃或磨砂玻璃，并在其上装灯；也可在网眼内直接安装吸顶灯或吊灯，形成某种意境或比较华丽的气氛。

（5）分层式（图6-4*e*）：也称叠落式，特点是整个天花有几个不同的层次，形成层层叠落的态势。可以中间高，周围向下叠落；也可以周围高，中间向下叠落。叠落的级数可为一级、二级或更多，高差处往往设槽口，并采用槽口照明。

（6）悬吊式（图6-4*f*）：就是在楼板或屋面板上垂吊织物、平板或其他装饰物。悬吊织物的具有飘逸潇洒之感，可有多种颜色和质地，常用于商业及娱乐建筑；悬吊平板的，可形成不同的高低和角度，多用于具有较高声学要求的厅堂；悬吊旗帜、灯笼、风筝、飞鸟、蜻蜓、蝴蝶等，可以增加空间的趣味性，多用于高敞的商业、娱乐和餐饮空间；悬吊木制或轻钢花格，体量轻盈，可以大致遮蔽其上的各种管线，多用于超市；如在花格上悬挂葡萄、葫芦等等植物，可以创造出田园气息，多用于茶艺馆或花店等。

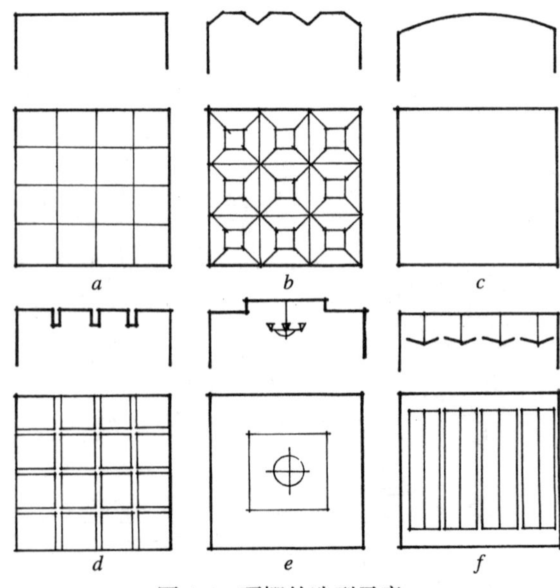

图6-4 顶棚的造型示意

6.1.1.2 顶界面的构造

顶界面的构造方法极多，下面简要介绍一些常见的作法：

（1）平顶

平顶多作在钢筋混凝土楼板之下，表层可以抹灰、喷涂、油漆或裱糊。完成这种平顶的基本步骤是先用碱水清洗表面油腻，再刷素水泥砂浆，然后做中间抹灰层。表面按设计要求刷涂料、刷油漆或裱壁纸，最后，做平顶与墙面相交的阴角和挂镜线。如用板材饰面，为不占较多的高度，可用射钉或膨胀螺栓将木搁栅直接固定在楼板的下表面，再将饰面板（胶合板、金属薄板或镜面玻璃等）用螺钉、木压条或金属压条固定在搁栅上。如果采用轻钢搁栅，也可将饰面板直接搁置在搁栅上。

（2）吊顶

吊顶由吊筋、龙骨和面板三部分组成。吊筋通常由圆钢制作，直径不小于6mm。龙骨可用木、钢或铝合金制作。木龙骨由主龙骨、次龙骨和横撑组成。主龙骨的断面常为50 mm × 70 mm，次龙骨和横撑的断面常为50 mm × 50 mm。它们组成网格形平面，网格尺寸与面板尺寸相契合。为满足防火要求，木龙骨表面要涂防火漆。钢龙骨由薄壁镀锌钢带制成，有38、56、60三个系列，可分别用于不同的荷载。铝合金龙骨按轻型、中型、重型划分系列，图6-5为轻钢龙骨的示意图。

用于吊顶的板材有纸面石膏板、矿棉板、木夹板（应涂防火涂料）、铝合金板和塑料板等多种类型，有些时候，也使用木板、竹子和各式各样的玻璃。下面简介几种常用的吊顶：

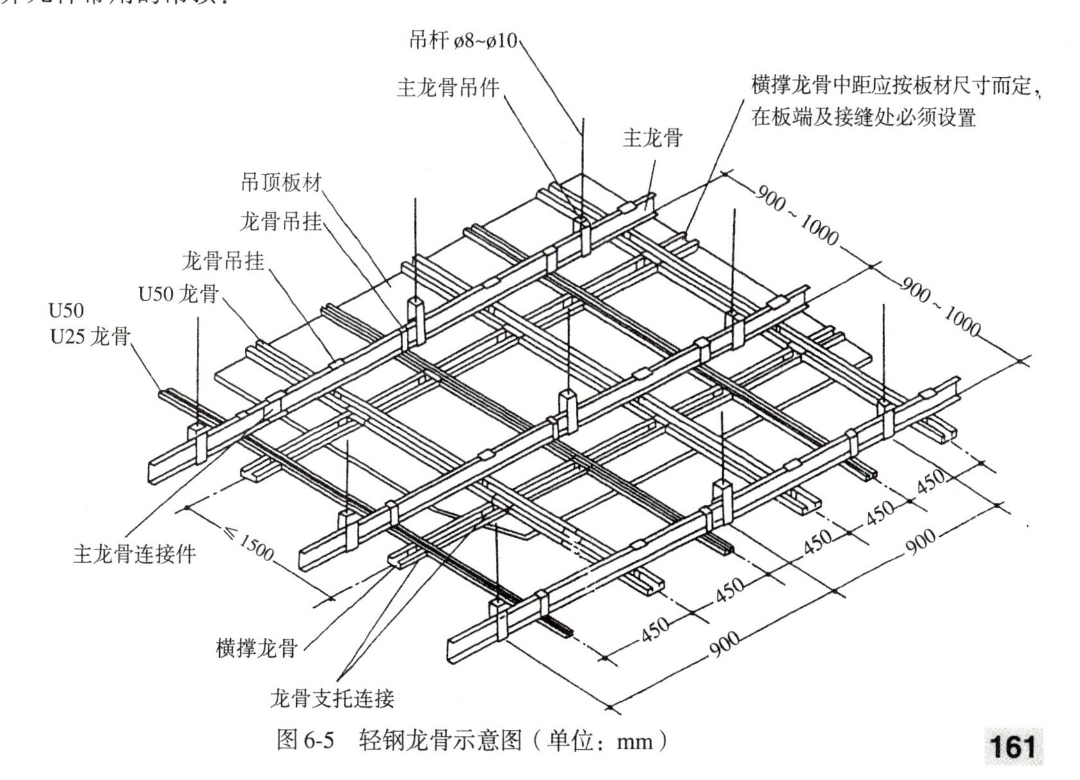

图6-5 轻钢龙骨示意图（单位：mm）

1）轻质板吊顶

在工程实践中，大量使用着轻质装饰板。这类板包括石膏装饰板、珍珠岩装饰板、矿棉装饰板，钙塑泡沫装饰板、塑料装饰板和纸面稻草板。其形状有长、方两种，方形者边长 300～600mm，厚度为 5~40mm。轻质装饰板表面多有凹凸的花纹或构成图案的孔眼，因此，几乎都有一定的吸声性，故也可称为装饰吸声板。轻质装饰板的基层可为木搁栅或金属搁栅。

2）玻璃吊顶

镜面玻璃吊顶多用于空间较小、净高较低的场所，主要目的是增加空间的尺度感。镜面玻璃的外形多为长方形，边长 500～1000mm，厚度为 5～6mm，玻璃可以车边，也可不车边。

镜面玻璃吊顶宜用木搁栅，底面要平整，其下还要先钉一层 5～10mm 厚的木夹板。镜面玻璃借螺钉（镜面玻璃四角钻孔）、铝合金压条或角铝包边固定在夹板上。

为体现某种特殊气氛，也可用印花玻璃、贴花玻璃作吊顶，它们常与灯光相配合，以取得蓝天白云、霞光满天等效果。

3）金属板吊顶

金属板包括不锈钢板、钢板网、金属微孔板、铝合金压型条板及铝合金压型薄板等。金属板具有重量轻、耐腐蚀和耐火等特点，带孔者还有一定的吸声性。可以压成各式凸凹纹，还可以处理成不同的颜色。金属板呈方形、长方形或条形，方形板多为500mm × 500 mm及600mm × 600 mm；长方形板短边400～600 mm，长边一般不超过 1200 mm；条形板宽 100 mm 或 200 mm，长度 2000 mm。

4）胶合板吊顶

胶合板吊顶的龙骨多为木龙骨，由于胶合板尺寸较大，容易裁割，故既可做成平滑式吊顶，又能做成分层式吊顶、折面式吊顶或轮廓为曲线的吊顶。胶合板的表面，可用涂料、油漆、壁纸等装饰，色彩、图案应以环境的总体要求为根据。图 6-6 为一个折面吊顶的节点图，这种吊顶多用于声学要求和装饰要求较高的场所。图 6-7 为分层吊顶的节点图。

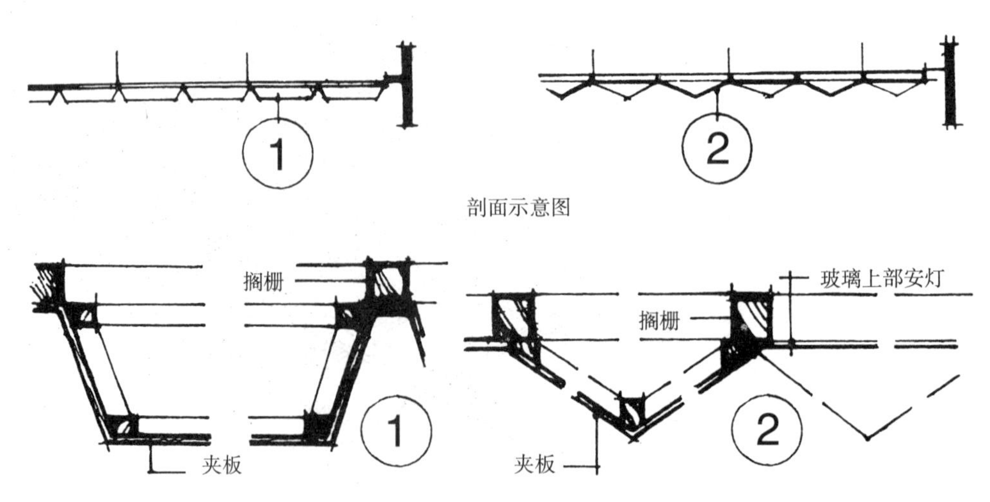

图 6-6　胶合板折面吊顶的构造

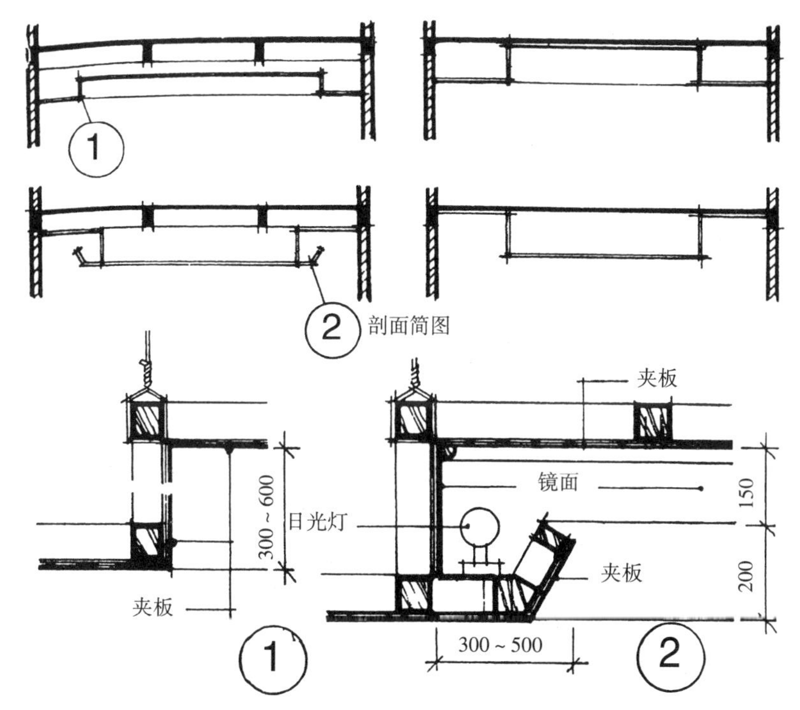

图6-7 胶合板分层吊顶的构造（单位：mm）

5）竹材吊顶

用竹材作吊顶，在传统民居中并不少见。在现代建筑中，多见于茶室、餐厅或其他借以强调地方特色和田园气息的场所。竹材面层常用半圆竹，为使表面美观耐看，可以排成席纹或更加别致的图形。这种吊顶多用木搁栅，其下要先钉一层五夹板，再将半圆竹用竹钉、铁钉或木压条固定在搁栅上。

6）花格吊顶

花格常用木材或金属构成，花格的形状可为方形、长方形、正六角形、长六角形、正八角形或长八角形，格长约150～500mm（图6-8）。为取得较好的空间效果，空间较低时，宜用小花格，空间较高时，宜用大花格。它们用吊筋直接吊在楼板或屋架的下方，并将通风管道等遮蔽起来，楼板的下表面和管道多涂成深颜色。花格吊顶经济、简便，而不失美观，常用于超市及展览馆。

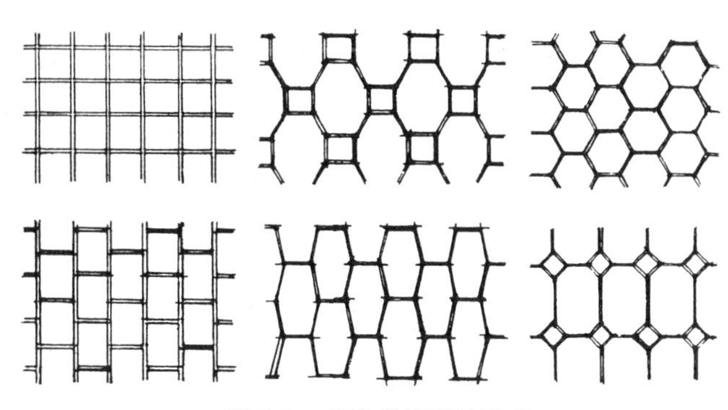

图6-8 花格式吊顶的形式

7）玻璃顶

这里所说的玻璃顶主要指单层建筑的玻璃顶和多层共享空间的玻璃顶。它们直接吸纳天然光线，可以使大厅具有通透明亮的效果，美国华盛顿美术馆东馆大厅的玻璃顶就是实例。

6.1.2 侧界面的装饰设计

侧界面也称垂直界面，有开敞的和封闭的两大类。前者指立柱、幕墙、有大量门窗洞口的墙体和多种多样的隔断，以此围合的空间，常形成开敞式空间。后者，主要指实墙，以此围合的空间，常形成封闭式空间。侧界面面积较大，距人较近，又常有壁画、雕刻、挂毡、挂画等壁饰，因此侧界面装饰设计除了要遵循界面设计的一般原则外，还应充分考虑侧界面的特点，在造型、选材等方面进行认真的推敲，全面顾及使用要求和艺术要求，充分体现设计的意图。

从使用上看，侧界面可能会有防潮、防火、隔声、吸声等要求，在使用人数较多的大空间内还要使侧界面下半部坚固耐碰，便于清洗，不致被人、车、家具弄脏或撞破。

侧界面是家具、陈设和各种壁饰的背景，要注意发挥其衬托作用。如有大型壁画、浮雕或挂毡，室内设计师应注意其与侧界面的协调，保证总体格调的统一。

要注意侧界面的空实程度。有时可能是完全封闭的，有时可能是半隔半透的，有时则可能是基本空透的。要注意空间之间的关系以及内部空间与外部空间的关系，做到该隔则隔，该透则透，尤其要注意吸纳室外的景色。

要充分利用材料的质感，通过质感营造空间氛围。图6-9表示了一个用砖装饰的内墙面，具有内墙外墙化的特点，给人的感受是朴实自然。图6-10表示了一个毛石墙餐厅的内景，它有雕塑般的体量，给人粗犷而耐看之感。图6-11表示的是金属玻璃墙，其中的门窗口形状特异，总体上更具简洁、明快的现代感。

侧界面往往是有色或有图案的，其自身的分格及凹凸变化也有图案的性质。它们或冷或暖，或水平或垂直，或倾斜或流动，无不影响空间的特性。图6-12表示了一个用织物装饰的墙面，织物的图案不但装饰了空间，而且使人感到明显的安静感与亲切感。

要尽可能通过侧界面设计展现空间的民族性、地方性与时代性，与其他要素

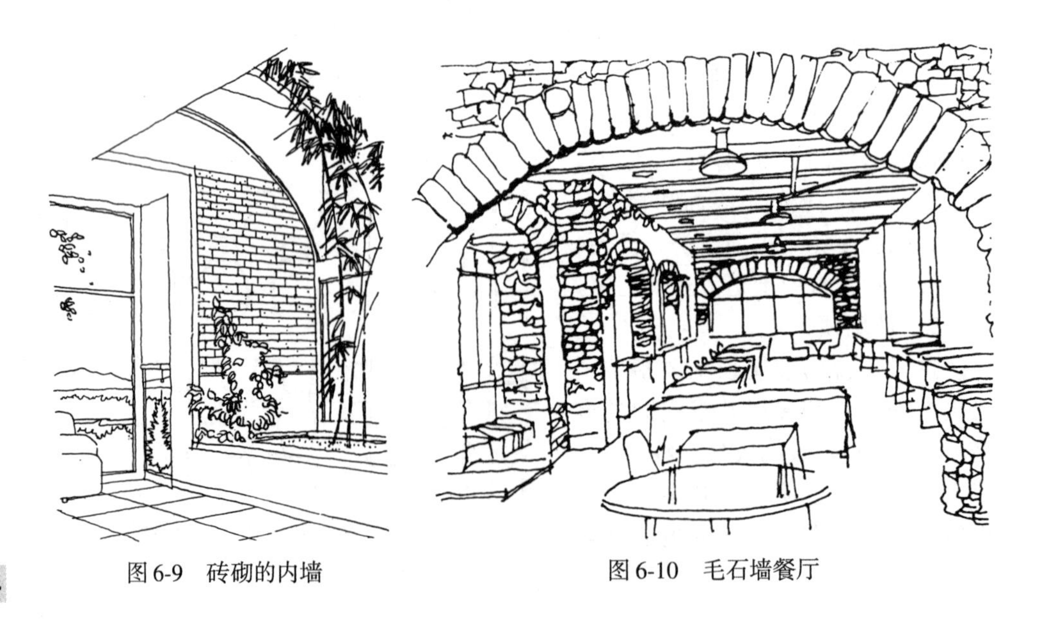

图6-9 砖砌的内墙

图6-10 毛石墙餐厅

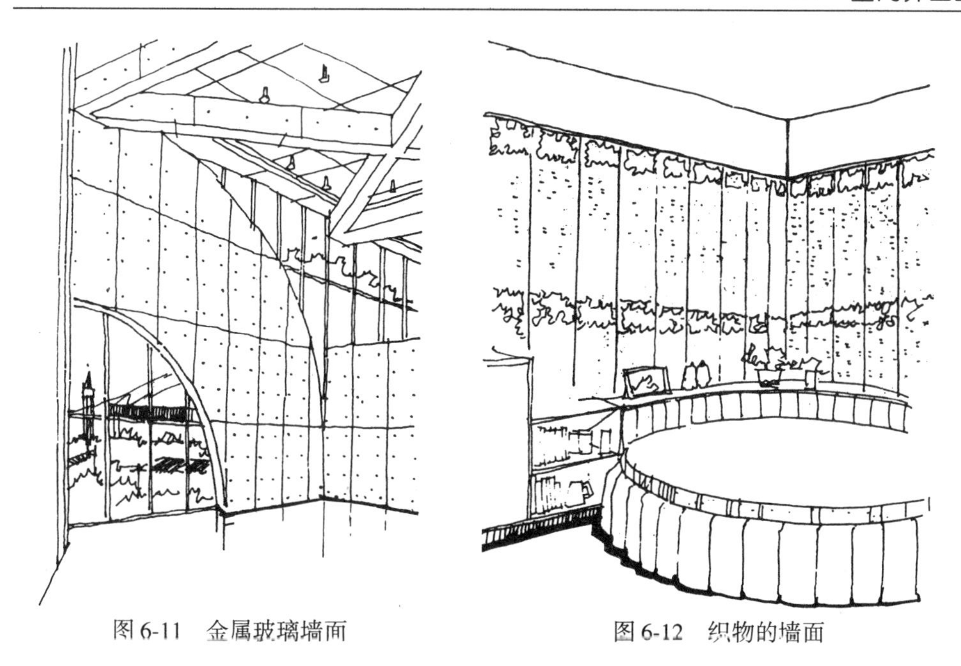

图6-11 金属玻璃墙面　　图6-12 织物的墙面

一起综合反映空间的特色。从总体上看，侧界面的常见风格有三大类：一类是中国传统风格；另一类为西方古典风格；第三类为常见的现代风格。中国传统风格的侧界面，大多借用传统的建筑符号，并多用一些表达吉样的图案（如：如意、龙、凤、福、寿等图案），表达祝福喜庆之意（图6-13）。西方古典风格的侧界面，大都模仿古希腊、古罗马的建筑符号，并喜用雕塑做装饰，其间常常出现一些古典柱式、拱券等形象。有些古典风格的侧界面则着力模仿巴洛克、洛可可的装饰风格（图6-14）。现代风格的侧界面大都简约，它们不刻意追求某个时代的某种样式，更多的是通过色彩、材质、虚实的搭配，表现界面的形式美（图6-15）。当然，在设计实践中，还有所谓美式、日式等风格，拿日式界面来说，偏向于通过小巧的构件、精致的工艺等手法，着力反映日本建筑所蕴藏的清新、精致、严谨的特色。

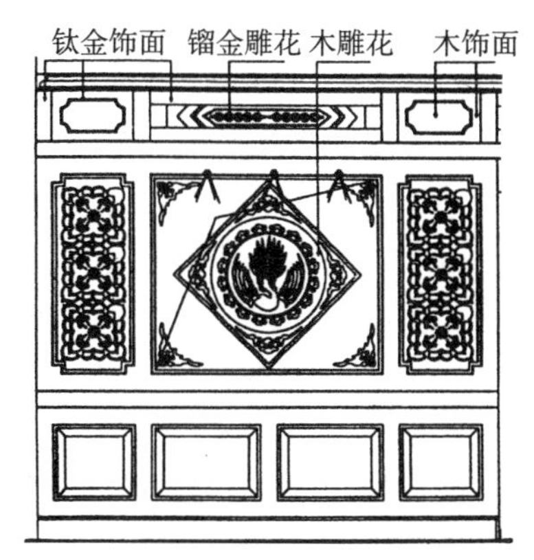

图6-13 具有中国传统韵味的墙面

图6-14 具有西方古典韵味的墙面

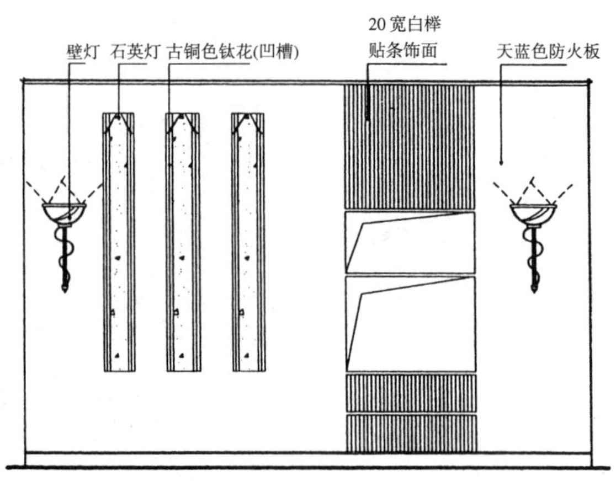

图6-15　较为简练的现代墙面

6.1.2.1　墙面装饰

墙面的装饰方法很多，大体上可以归纳为抹灰类、喷涂类、裱糊类、板材类和贴面类，下面分别予以介绍：

（1）抹灰类墙面

以砂浆为主要材料的墙面，统称抹灰类墙面，按所用砂浆又有普通抹灰和装饰抹灰之分。

普通抹灰由两层或三层构成。底层的作用是使砂浆与基层能够牢固地结合在一起，故要有较好的保水性，以防止砂浆中的水分被基底吸掉而影响粘结力。砖墙上的底层多为石灰砂浆，其内常掺一定数量的纸筋或麻刀，目的是防止开裂，并增强粘结力；混凝土墙上的底层多用水泥、白灰混合砂浆；在容易碰撞和经常受潮的地方，如厨房、浴室等，多使用水泥砂浆底层，配合比为1∶2.5，厚度为5～10mm。中层的主要作用是找平，有时可省略不用，所用材料与底层相同，厚度为5～12mm。面层的主要作用是平整美观，常用材料有纸筋砂浆、水泥砂浆、混合砂浆和聚合砂浆等。

装饰抹灰的底层和中层与普通抹灰相同，面层则由于使用特殊的胶凝材料或工艺，而具备多种颜色或纹理。装饰抹灰的胶凝材料有普通水泥、矿渣水泥、火山灰质水泥、白色水泥和彩色水泥等，有时还在其中掺入一些矿物颜料及石膏。其骨料则有大理石、花岗石碴及玻璃等。从工艺上看，常见的“拉毛”可算是装饰抹灰的一种。其基本作法是用水泥砂浆打底，用水泥石灰砂浆作面层，在面层初凝而未凝之前，用抹刀或其他工具将表面做成凸凹不平的样子。其中，用板刷拍打的，称大拉毛或小拉毛；用小竹扫洒浆扫毛的称洒毛或甩毛；用滚筒压的视套板花纹而定，表面常呈树皮状或条线状。拉毛墙面有利于声音的扩散，多用于影院、剧场等对于声学有较高要求的空间。传统的水磨石，也可视为装饰抹灰，但由于工期长，又属湿作业，现已较少使用。

顺便提一下清水混凝土。混凝土墙在拆模后不再进行处理的，称清水混凝土墙面。但这里所说的混凝土并非普通混凝土，而是对骨料和模板另有技术要求的混凝土。首先，要精心设计模板的纹理和接缝。如果用木模，其木纹要清晰好看；

如果要求显现特殊图案，则要用泡沫塑料或硬塑料压出图案做衬模（图6-16）。其次，要细心选用骨料，做好级配，要确保振捣密实，没有蜂窝、麻面等弊病。清水混凝土墙面，质感粗犷，质朴自然，用于较大空间时，可以给人以气势恢宏的感觉。值得注意的是其表面容易积灰，故不宜用于卫生状况不良的环境。

（2）竹木类墙面

竹子比树木生长快，三、五年即可用于家具或建筑。用竹子装饰墙面，不仅经济实惠，往往还能使空间具有浓郁的乡土气。

用竹装饰墙面，要对其进行必要的处理。为了防霉、防蛀，可用100份水，3.6份硼酸，2.4份硼砂配成溶液，在常温下将竹子浸泡48h。为了防止开裂，可将竹浸在回流中，经数月取出风干，也可用明矾水或石碳酸溶液蒸煮。竹子的表面可以抛光，也可涂漆或喷漆。

用于装饰墙面的竹子应该均匀、挺直，直径小的可用整圆的，直径较大的可用半圆的，直径更大的也可剖成竹片用。竹墙面的基本作法是：先用方木构成框架，在框架上钉一层胶合板，再将整竹或半竹钉在框架上（图6-17）。

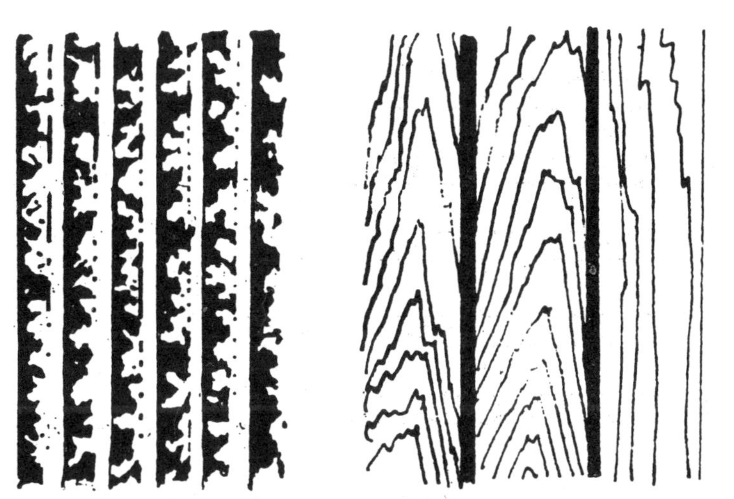

图6-16 清水混凝土墙面外观举例

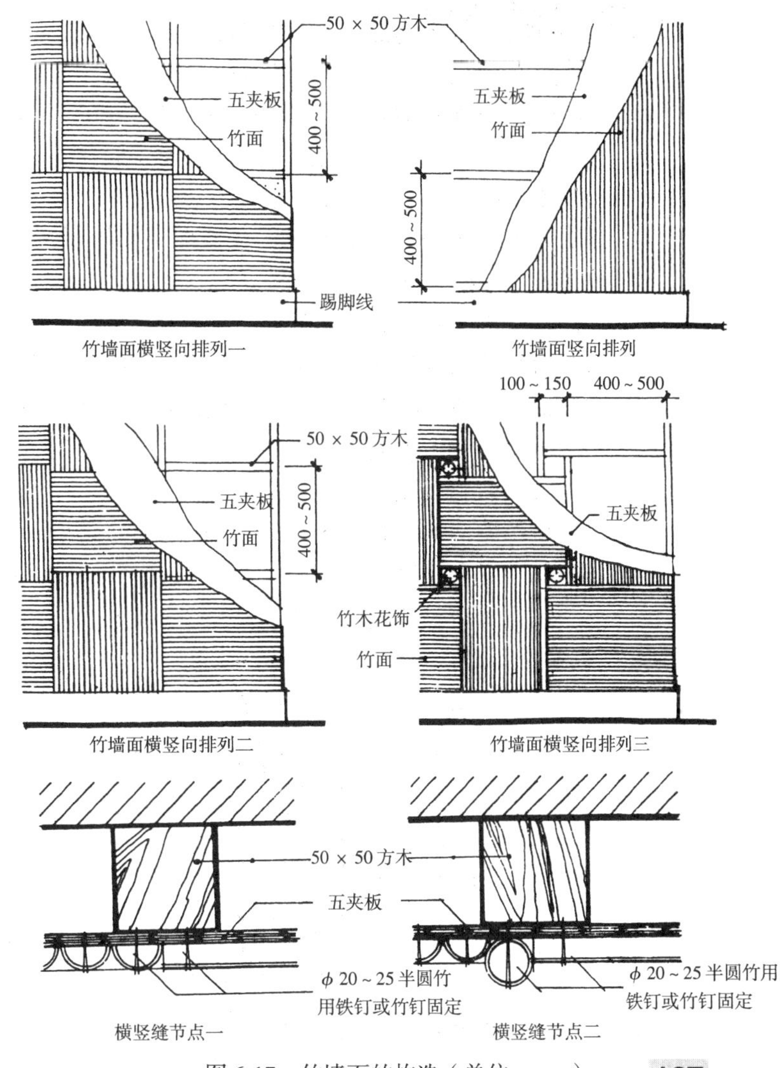

图6-17 竹墙面的构造（单位：mm）

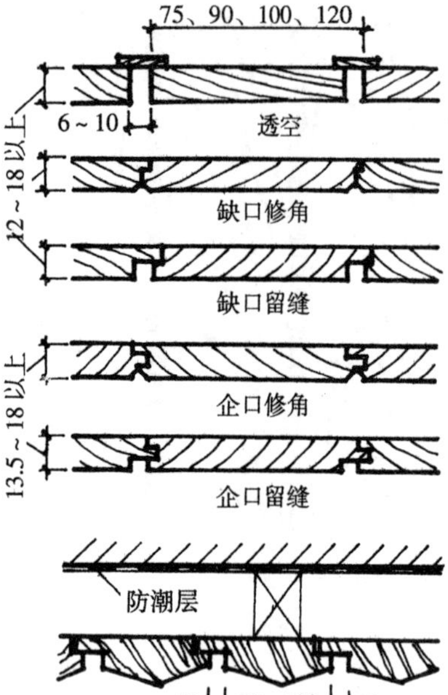

图6-18　硬木条板墙面的构造

木墙面是一种比较高级的界面。常见于客厅、会议室及声学要求较高的场所。有些时候，可以只在墙裙的范围内使用木墙面，这种墙面也称护壁板。

木墙面的基本作法是：在砖墙内预埋木砖，在木砖上面立墙筋，墙筋的断面为（20～45）mm×（40～50）mm，间距为400～600mm，具体尺寸应与面板的规格相协调，横筋间距与立筋间距相同。为防止潮气使面板翘曲或腐烂，应在砖墙上做一层防潮砂浆，待其干燥后，再在其上刷一道冷底子油，铺一层油毛毡。当潮气很重时，还应在面板与墙体之间组织通风，即在墙筋上钻一些通气孔。当空间环境有一定防火要求时，墙筋和面板应涂防火漆。面板厚12～25mm，常选硬木制成。断面有多种形式，拼缝也有透空、企口等许多种。图6-18显示了木墙面的构造作法，其中的面板在必要时也可以水平布置。

除用硬木条板外，实践中也用其他木材制品如胶合板、纤维板、刨花板等作墙面。胶合板有三层、五层、七层等多种，俗称三夹板、五夹板和七夹板，最厚的可达十三层。纤维板是用树皮、刨花、树枝干等废料，经过破碎、浸泡、研磨等工序制成木浆，再经湿压成型、干燥处理而成的。由于成型时的温度与压力不相同，分硬质、中质和软质三种。刨花板以木材加工中产生的刨花、木屑等为原料，经切削、干燥，拌以胶料和硬化剂而压成，其特点是吸声性能较高（图6-19）。普通胶合板墙面的作法与条形板墙面的作法相似，如用于录音室、播音室等声学要求较高的场所，可将墙面做成折线形或波浪形，以增加其扩声的效果。当侧界面采用木墙面或木护墙板时，踢脚板一般也应用木的。

（3）石材类墙面

装饰墙面的石材有天然石材与人造石材两大类。前者指开采后加工成的块石与板材，后者是以天然石碴为骨料制成的块材与板材。

用石材装饰墙面要精心选择色彩、花纹、质地和图案，还要注意拼缝的形式

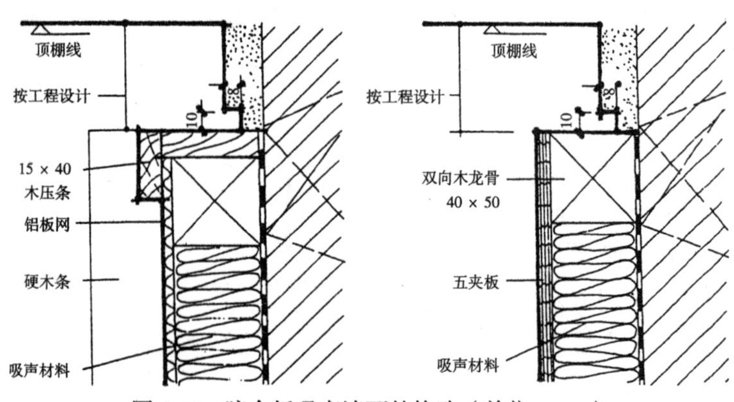

图6-19　胶合板吸声墙面的构造（单位：mm）

以及与其他材料的配合。

1）天然大理石墙面

天然大理石是变质或沉积的碳酸盐类岩石，特点是组织细密，颜色多样，纹理美观。与花岗石相比，大理石的耐风化性能和耐磨、耐腐蚀性能稍差，故很少用于室外和地面。

天然石板的标准厚度为20mm，如今，12～15mm的薄板逐渐增多，最薄的只有7mm。我国常用石板的厚度为20～30mm，每块面积约为0.25～0.5m²。

大理石墙面的一般作法是：在墙中甩出钢筋头，在墙面绑扎钢筋网，所用钢筋的直径为6～9mm，上下间距与石板高度相同，左右间距为500～1000mm。石板上部两端钻小孔，通过小孔用钢丝或铅丝将石板扎在钢筋网上。施工时，先用石膏将石板临时固定在设计位置，绑扎后，再往石板与墙面的空隙灌水泥砂浆（图6-20）。

采用大理石墙面，必须使墙面平整，接缝准确，并要做好阳角与阴角。

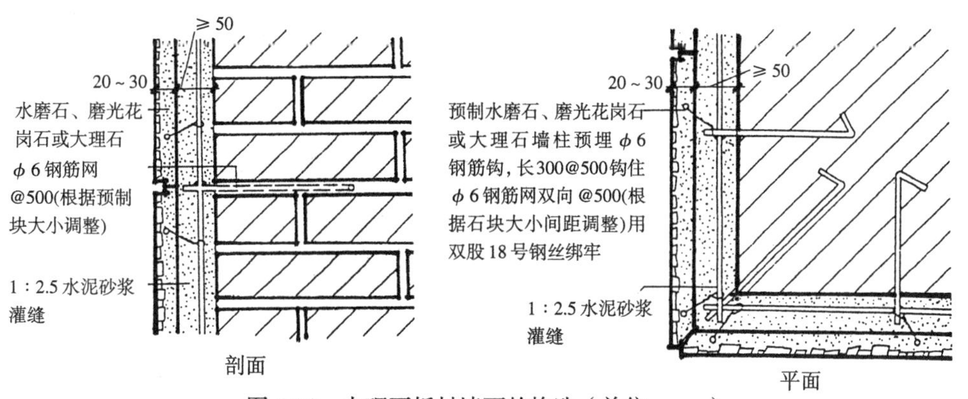

图6-20　大理石板材墙面的构造（单位：mm）

用大理石板材作护墙板，作法相对简单。如果护墙板高度不超过3m，可以采用直接粘贴的方法：基层为混凝土时，刷处理剂以代替凿毛，然后抹一层10mm厚的1∶2.5水泥砂浆并划出纹道，再用建筑胶粘贴石板，最后用白水泥浆擦缝或直接留丝缝；基底为砖墙时，可直接抹18mm厚1∶2.5水泥砂浆，其余作法与上述方法相同。直接粘贴的大理石板材，厚度最好薄些，常用厚度为6～12mm（图6-21）。

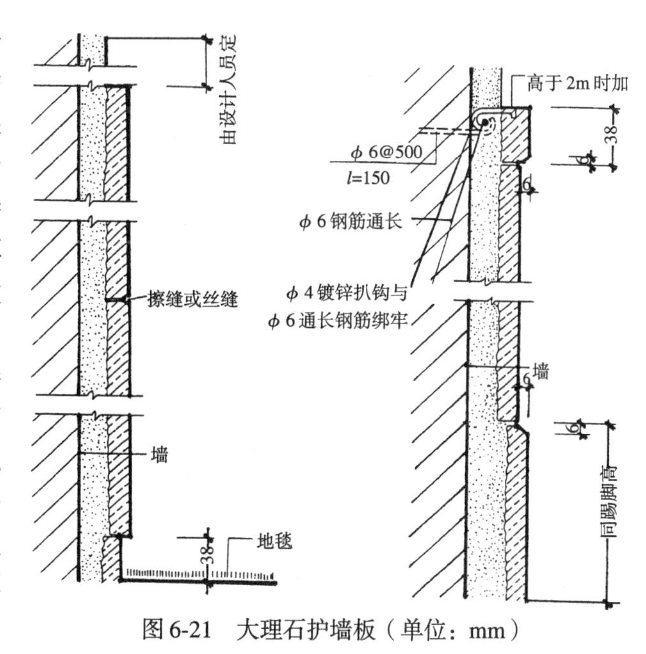

图6-21　大理石护墙板（单位：mm）

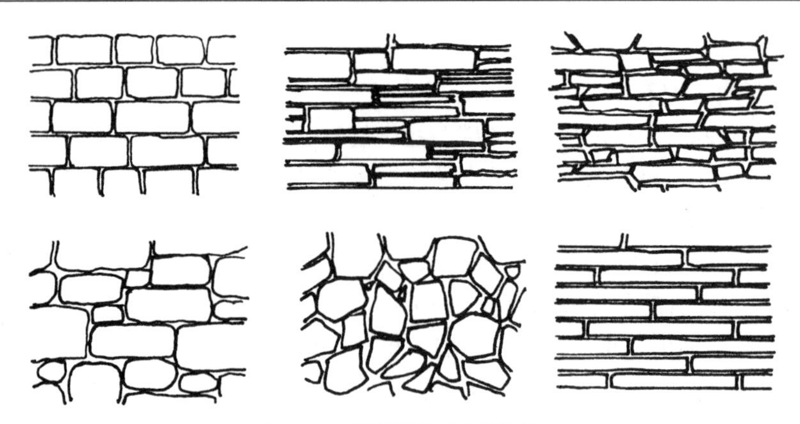

图 6-22 毛石墙的立面形式

如今随着幕墙技术的普及，很多地方也开始在室内采用干挂大理石和花岗石的做法。

2）天然花岗石墙面

天然花岗石属岩浆岩，主要矿物成分是长石、石英及云母，因此，比大理石更硬、更耐磨、耐压、耐侵蚀。花岗石多用于外墙和地面，偶尔也用于墙面和柱面，其构造与大理石墙面相似。花岗石是一种高档的装修材料，花纹呈颗粒状，并有发光的云母微粒，磨光抛光后，宛如镜面，颇能显示豪华富丽的气氛。

3）人造石板墙面

人造石主要指预制水磨石以及人造大理石和人造花岗石。预制水磨石是以水泥（或其他胶结料）和石碴为原料制成的，常用厚度为15～30mm，面积为0.25～$0.5m^2$，最大规格可为 1250mm × 1200mm。

人造大理石和人造花岗石以石粉及粒径为3mm的石碴为骨料，以树脂为胶结剂，经搅拌、注模、真空振捣等工序一次成型，再经锯割、磨光而成材，花色和性能均可达到甚至优于天然石。

4）天然毛石墙面

用天然块石装饰内墙者不多，因为块石体积厚重，施工也较麻烦。常见的毛石墙面，大都是用雕琢加工的石板贴砌的。雕琢加工的石板，厚度多在 30mm 以上，可以加工出各种纹理，通常说的“文化石”即属这一类。毛石墙面质地粗犷、厚重，与其他相对细腻的材料相搭配，可以显示出强烈的对比，因而常能取得令人振奋的视觉效果。使用毛石墙面的关键是选用立面与接缝的形式，图 6-22 为部分毛石墙面的立面。

（4）瓷砖类墙面

用于内墙的瓷砖有多种规格，多种颜色，多种图案。由于它吸水率小、表面光滑、易于清洗、耐酸耐碱，故多用于厨房、浴室、实验室等多水、多酸、多碱的场所。近年来，瓷砖的种类越来越多，有些仿石瓷砖的色彩、纹理接近天然大理石和花石岗，但价格却比天然大理石、花岗石低得多，故常被用于档次一般的厅堂，以便既减少投资，又取得不错的艺术效果。

在有特殊艺术要求的环境中，可用陶瓷制品作壁画。方法之一是用陶瓷锦砖

（又称马赛克）拼贴；方法之二是在白色釉面砖上用颜料画上画稿，再经高温烧制；方法之三是用浮雕陶瓷板及平板组合镶嵌成壁雕（图6-23）。

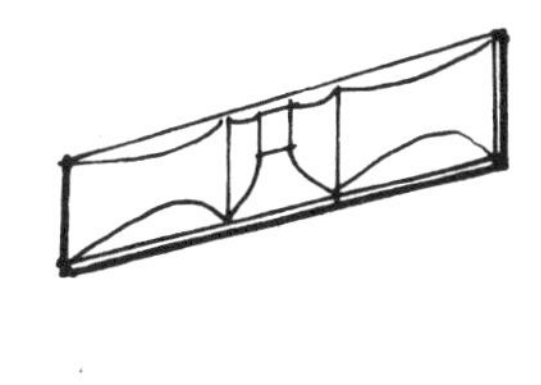
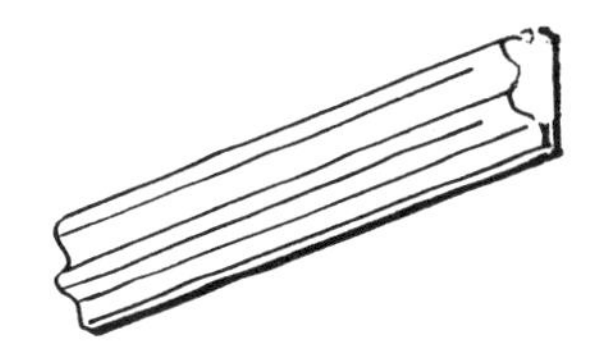
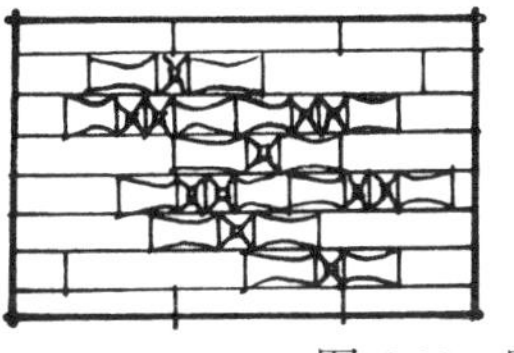
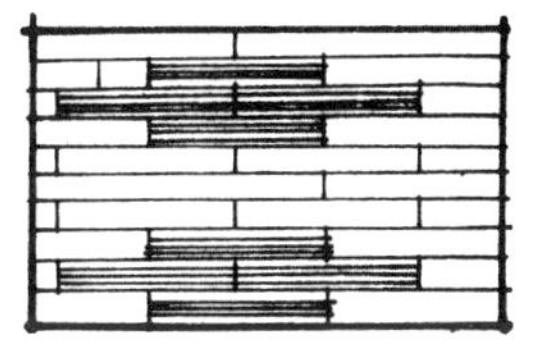

图6-23 陶瓷壁雕举例

（5）裱糊类墙面

裱墙纸图案繁多、色泽丰富，通过印花、压花、发泡等工艺可产生多种质感。用墙纸、锦缎等裱糊墙面可以取得良好的视觉效果，同时具有施工简便等优点。

纸基塑料墙纸是一种应用较早的墙纸。它可以印花、压花，有一定的防潮性，并且比较便宜，缺点是易撕裂，不耐水，清洗也较困难。

普通墙纸用80g/m^{2}的纸作基材。如改用100g/m^{2}的纸，增加涂塑量，并加入发泡剂，即可制成发泡墙纸。其中，低发泡者可以印花或压花，高发泡者表面具有更加凸凹不平的花纹，装饰性和吸声性均为普通墙纸所不及。

除普通墙纸和发泡壁墙纸外，还有许多特种壁纸。

一是仿真墙纸，它们可以模仿木、竹、砖、石等天然材料，给人以质朴、自然的印象。

二是风景墙纸，即通过特殊的工艺将油画、摄影等印在纸上。采用这种墙纸，能扩大空间感，增加空间的自然情趣。

三是金属墙纸，这是一种在基层上涂金属膜的墙纸，它可以像金属面那样光闪闪、金灿灿，故常用于舞厅、酒吧等气氛热烈的场所。

此外，还有荧光、防水、防火、防霉、防结露墙纸等，装饰设计中，可根据需要加以选用。

墙布是以布或玻璃纤维布为基材制成的，外观与墙纸相似，但耐久性、阻然性更好。

锦缎的色彩和图案十分丰富，用锦缎裱糊墙面，可以使空间环境由于特定的色彩和图案而显得典雅、豪华或古色古香。锦缎墙面的构造有两类：墙面较小时，可以满铺；墙面较大时，可以分块拼装。满铺者，先用40mm × 40mm的木龙骨按450mm的间距构成方格网，在其上钉上五夹板衬板，再将锦缎用乳胶裱在衬板上。不论满铺还是拼装，都要在基底上作防潮处理，常用作法是用1∶3水泥砂浆找平，涂一道冷底子油，再铺一毡二油防潮层。

（6）软包类墙面

以织物、皮革等材料为面层，下衬海棉等软质材料的墙面称软包墙面，它们质地柔软、吸声性能良好，常被用于幼儿园活动室、会议室、歌舞厅等空间。

用于软包墙面的织物面层，质地宜稍厚重，色彩、图案应与环境性质相契合。作为衬料的海棉厚40mm左右。

皮革面层高雅、亲切，可用于档次较高的空间，如会议室和贵宾室等。

人造皮革是以毛毡或麻织物作底板，浸泡后加入颜色和填料，再经烘干、压花、压纹等工艺制成的。用皮革和人造皮革覆面时，可采用平贴、打折、车线、钉扣等形式。无论采用哪种覆面材料，软包墙面的基底均应做防潮处理。

（7）板材类墙面

用来装饰墙面的板材有石膏板、石棉水泥板、金属板、塑铝板、防火板、玻璃板、塑料板和有机玻璃板等。

1）石膏板墙面

石膏板是用石膏、废纸浆纤维、聚乙烯醇胶粘剂和泡沫剂制成的。具有可锯、可钻、可钉、防火、隔声、质轻、防虫蛀等优点，表面可以油漆、喷涂或贴墙纸。常用的石膏板有纸面石膏板、装饰石膏板和纤维石膏板。石膏板规格较多，长约300～500mm，宽约450～1200mm，厚为9.5mm和12mm。石膏板可以直接粘贴在承重墙上，但更多的是钉在非承重墙的木龙骨或轻钢龙骨上。板间缝隙要填腻子，在其上粘贴纸带，纸带之上再补腻子，待完全干燥后，打磨光滑，再进一步进行涂刷等处理。石膏板耐水性差，不可用于多水潮湿处。

2）石棉水泥板墙面

波形石棉水泥瓦本是用于屋面的，但在某些情况下，也可局部用于墙面，取得特殊的声学效果和视觉效果。用于墙面的石棉水泥瓦多为小波的，表面可按设计涂上所需的颜色。石棉水泥平板多用于多水潮湿的房间。

3）金属板墙面

用铝合金、不锈钢等金属薄板装饰墙面不但坚固耐用、新颖美观，还有强烈的时代感。值得注意的是金属板质感硬冷，大面积使用时（尤其是镜面不锈钢板）容易暴露表面不平等缺陷。铝合金板有平板、波型、凸凹型等多种，表面可以喷漆、烤漆、镀锌和涂塑。不锈钢板耐腐性强，可以做成镜面板、雾面板、丝面板、凸凹板、腐蚀雕刻板、穿孔板或弧形板，其中的镜面板常与其他材料组合使用，以取得粗细、明暗对比的效果。金属板可用螺钉钉在墙体上，也可用特制的紧固件挂在龙骨上。

4）玻璃板墙面

玻璃的种类极多，用于建筑的有平板玻璃、磨砂玻璃、夹丝玻璃、花纹玻璃（压花、喷花、刻花）、彩色玻璃、中空玻璃、彩绘玻璃、钢化玻璃、吸热玻璃及玻璃砖等。这些玻璃中的大多数，已不再是单纯的透光材料，还常常具有控制光线、调节能源及改善环境的作用。

用于墙面的玻璃大体有两类：一是平板玻璃或磨砂玻璃；二是镜面玻璃。在下列情况下使用镜面玻璃墙面是适宜的：一是空间较小，用镜面玻璃墙扩大空间感；二是构件体量大（如柱子过粗），通过镜面玻璃“弱化”或“消解”构件；三是故意制造华丽乃至戏剧性的气氛，如用于舞厅或夜总会；四是着力反映室内陈设，如用于商店，借以显示商品的丰富；五是用于健身房、练功房，让训练者能够看到自己的身姿。

镜面玻璃墙可以是通高的，也可以是半截的。采用通高墙面时，要注意保护下半截，如设置栏杆、水池、花台等，以防被人碰破。玻璃墙面的基本做法是：在墙上架龙骨，在龙骨上钉胶合板或纤维板，在板上固定玻璃。方法有三：一是在玻璃上钻孔，用镀铬螺钉或铜钉把玻璃拧在龙骨上；二是用螺钉固定压条，通过压条把玻璃固定在龙骨上；三是用玻璃胶直接把玻璃粘在衬板上。

5）塑铝板墙面

塑铝板厚3~4mm，表面有多种颜色和图案，可以十分逼真地模仿各种木材和石材。它施工简便，外表美观，故常常用于外观要求较高的墙面。

6.1.2.2　隔断的装饰

隔断与实墙都是空间中的侧界面，隔断与实墙的区别主要表现在分隔空间的程度和特征上。一般说来，实墙（包括承重墙和隔墙）是到顶的，因此，它不仅能够限定空间的范围，还能在较大程度上阻隔声音和视线。与实墙相比较，隔断限定空间的程度比较小，形式也更加多样与灵活。有些隔断不到顶，因此，只能限定空间的范围，难于阻隔声音和视线；有些隔断可能到顶，但全部或大部分使用玻璃或花格，阻隔声音和视线的能力同样比较差；有些隔断是推拉的、折叠的或拆装的，关闭时类似隔墙，可以限制通行，也能在一定程度上阻隔声音或视线，但可以根据需要随时拉开或撤掉，使本来被隔的空间再连起来。诸如此类的情况均表明，隔断限定空间的程度远比实墙小，但形式远比实墙多。

中国古建筑多用木构架，有“墙倒屋不塌”的说法，它为灵活划分内部空间提供了可能，也使中国有了隔扇、罩、屏风、博古架、幔帐等多种极具特色的空间分隔物。这是中国古代建筑的一大特点，也是一大优点，值得今天的室内设计工作者发扬借鉴（图6-24）。

常用隔断的装修设计简要介绍如下：

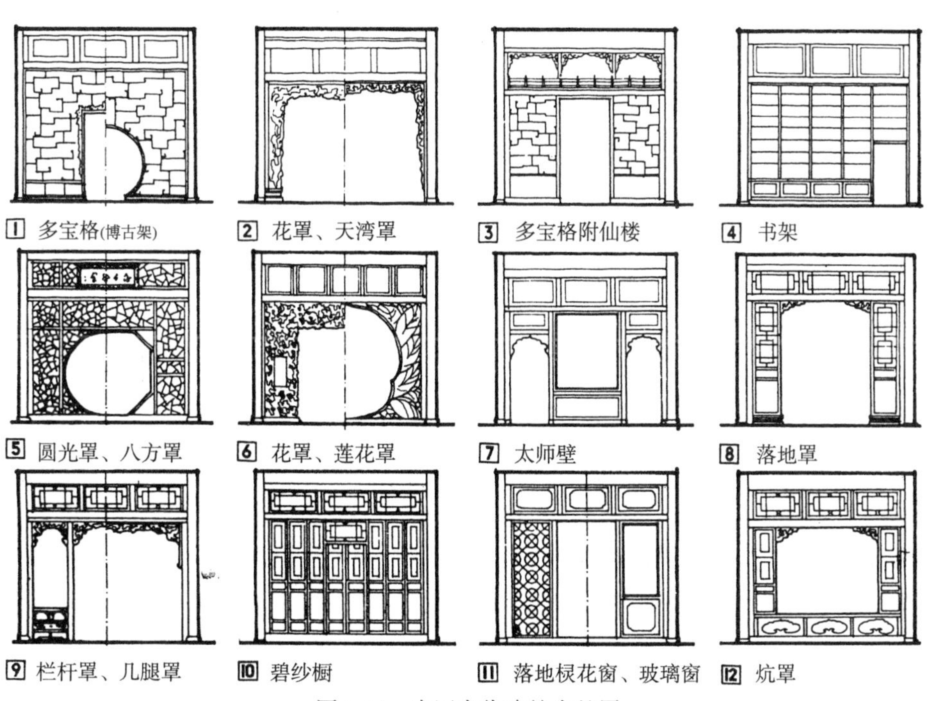

图6-24　中国古代建筑中的罩

(1)隔扇类

1)隔扇

传统隔扇多用硬木精工制作。上部称格心，可做成各种花格，用来裱纸、裱纱或镶玻璃。下部称裙板，多雕刻吉祥如意的纹样，有的还镶嵌玉石或贝壳。传统隔扇开启方便，极具装饰性，不仅用于宫廷，也广泛用于祠堂、庙宇和民居(图6-25)。在现代室内设计中，特别是设计中式环境时，可以借鉴传统隔扇的形式，使用一些现代材料和手法，让它们既有传统特征，又有时代气息。

图 6-25 传统隔扇举例

2)拆装式隔断

拆装式隔断是由多扇隔扇组成的，它们拼装在一起，可以组成一个成片的隔断，把大空间分隔成小空间；如有另一种需要，又可一扇一扇地拆下去，把小空间打通成大空间。隔扇不须左右移动，故上下均无轨道和滑轮，只要在上槛处留出便于拆装的空隙即可。隔扇宽约800~1200mm，多用夹板覆面，表面平整，很少有多余的装饰(图6-26)。

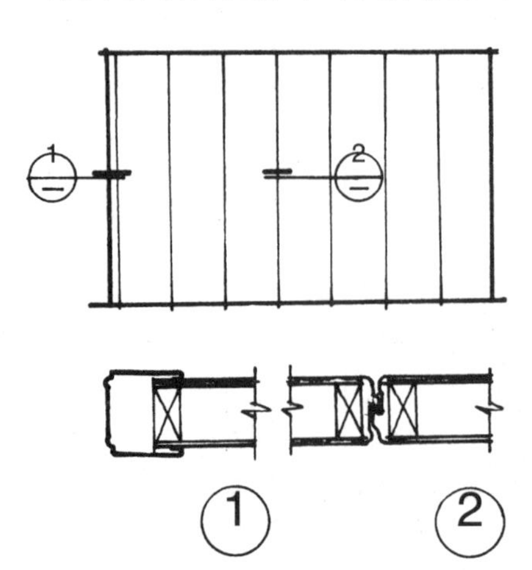

图 6-26 拆装式隔断的构造

3)折叠式隔断

折叠式隔断大多是以木材制作的，隔扇的宽度比拆装式小，一般为500~1000mm。隔扇顶部的滑轮可以放在扇的正中，也可放在扇的一端。前者由于支承点与扇的重心重合在一条直线上，地面上设不设轨道都可以；后者由于支承点与扇的重心不在一条直线上，故一般在顶部和地面同时设轨道，这种方式适用于较窄的隔扇。隔扇之间须用铰链连接，折叠式隔断收拢时，可收向一侧或两侧。如装修要求较高，则在一侧或两侧作

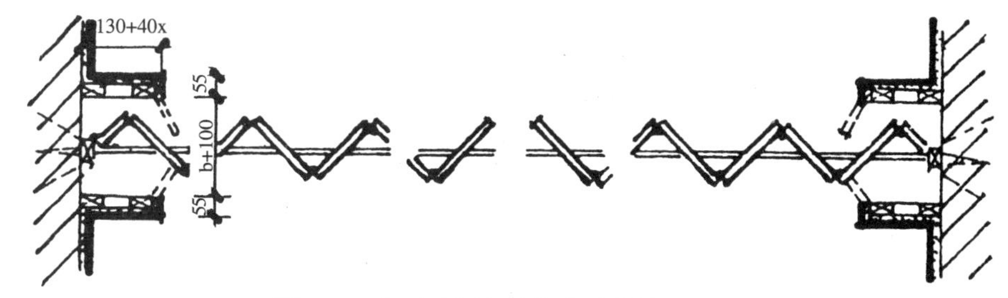

图 6-27　折叠式隔断的掩藏（单位：mm）

“小室”，把收拢的隔断掩藏在“小室”内（图 6-27）。

上述折叠式隔断的隔扇多用木骨架，并用夹板和防火板等作面板，故称为硬质类折叠式隔断。还有一类折叠式隔断，用木材或金属做成可以伸缩的框架，用帆布或皮革作面料，可以像手风琴的琴箱那样伸缩，被称为软质折叠式隔断。它们多用于开口不大的地方，如住宅的客厅或居室等。

（2）罩

罩起源于中国传统建筑，是一种附着于梁和墙柱的空间分隔物。两侧沿墙柱下延并且落地者，称为落地罩，具体名称往往依据中间开口的形状而定，如“圆光罩”（开口为圆形）、“八角罩”（开口为八角形）、“花瓶罩”（开口为花瓶形）、“蕉叶罩”（开口为蕉叶形）等。两侧沿墙柱下延一段而不落地者称“飞罩”，其形式更显轻巧。罩的形式颇多，图 6-28 为飞罩的一种。它们往往用硬木精制，名贵者多做雕饰，有的还镶嵌玉石或贝壳。罩类隔断透空、灵活，可以形成似分非分、似隔不隔的空间层次，不仅在传统建筑中多见，也为今天的设计装饰所惯用。

（3）博古架

博古架是一种既有实用功能，又有装饰价值的空间分隔物。实用功能表现为能够陈设书籍、古玩和器皿，装饰价值表现为分格形式美观和工艺精致。古代的博古架常用硬木制作，多用于书房和客厅（图 6-29）。现今的博古架往往使用玻璃隔板、金属立柱或可以拉紧的钢丝，外形更加简洁而富现代气息。

博古架可以看成家具，但也可以作为空间分隔物，因而也具有隔断的性质。

图 6-28　飞罩的形式

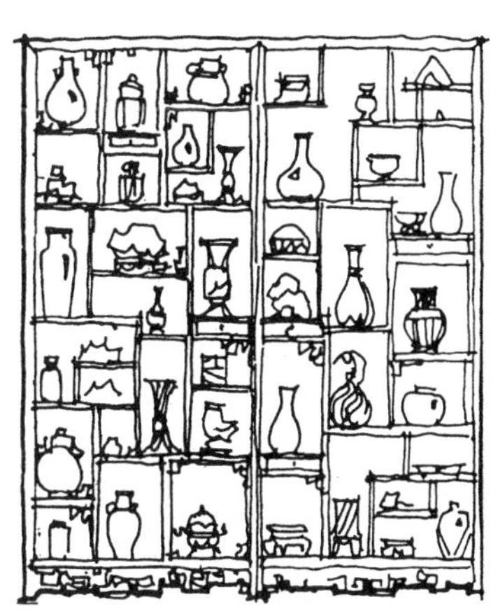

图 6-29　传统博古架的形式

图 6-30 传统屏风的形式

（4）屏风

屏风有独立式、联立式和拆装式三个类别。独立的靠支架支撑而自立，经常作为人物和主要家具的背景。联立的由多扇组成，可由支座支撑，也可铰接在一起，折成锯齿形状而直立。这两种屏风在传统建筑中屡见不鲜，常用木材作骨架，在中间镶嵌木板或裱糊丝绢，并用雕刻、书法或绘画作装饰（图 6-30）。

现代建筑中使用的屏风，多数是工业化生产、商品化供应的装配式屏风，它们可以分隔空间，但高不到顶，能解决部分视线干扰问题，但不隔声。这种屏风多用于写字楼，其最大优点是可以按需组合，灵活拆装，最大限度地提高空间的灵活性和通用性（图 6-31）。装配式隔断的高度由 1050mm 到 1700mm 不等。其屏板往往以木材作骨架（少数也以金属作骨架），以夹板、防火板、塑料板等作面板，或在夹板外另覆织物、皮革等面料，并通过特别的连接件按需要将若干扇连接到一起。

（5）花格

这里所说的花格是一种以杆件、玻璃和花饰等要素构成的空透式隔断。它们可以限定空间范围，具有很强的装饰性，但大都不能阻隔声音和视线。

木花格是常见花格之一。它们以硬杂木做成，杆件可用榫接，或用钉接和胶接，还常用金属、有机玻璃、木块作花饰（图 6-32 ）。木花格中也有使用各式玻璃的，不论夹花、印花或刻花，均能给人以新颖、活泼的感受。

竹花格是用竹竿架构的，竹的直径约为 10 ~ 50mm。竹花格清新、自然，富有野趣，可用于餐厅、茶室、花店等场所（图 6-33 ）。

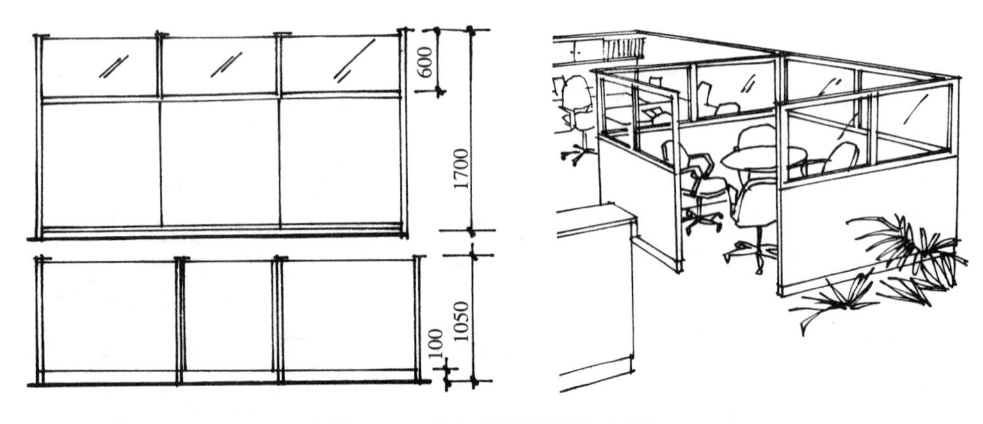

图 6-31 装配式屏风举例（单位：mm）

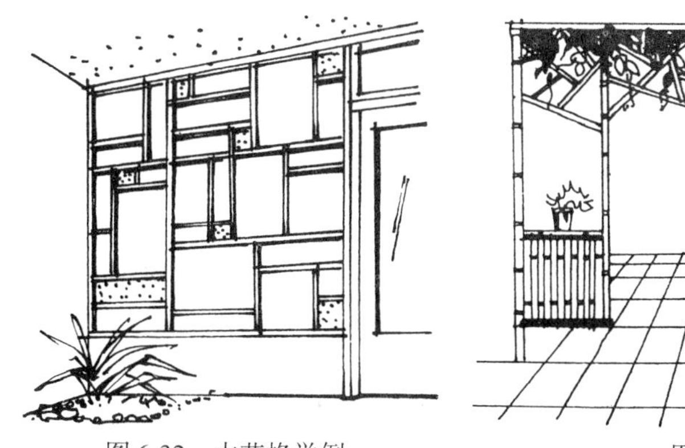

图 6-32　木花格举例

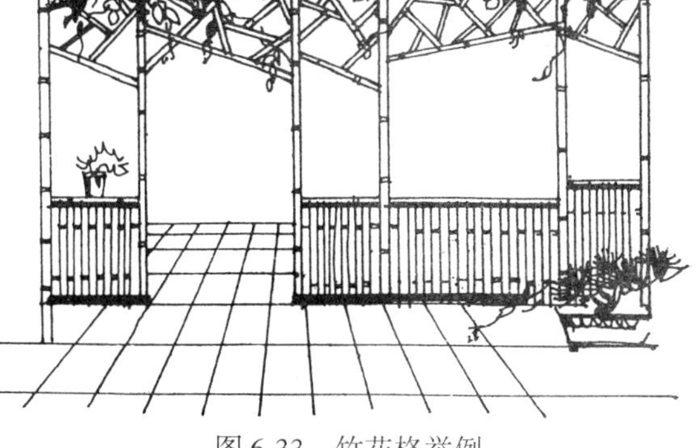

图 6-33　竹花格举例

金属花格的成型方法有两种：一是浇铸成型，即借模型浇铸出铜、铁、铝等花饰；另一种是弯曲成型，即用扁钢、钢管、钢筋等弯成花饰，花饰之间、花饰与边框之间用点焊、铆钉或螺栓连接。金属花格成型方法多，图案较丰富，尤其是容易形成圆润、流畅的曲线，可使花格更显活泼和有动感。图 6-34 是金属花格之一例，其主要材料是方钢与扁铁。

除上述花格外，还可以用水泥制品、琉璃等构成花格。这里所说的水泥制品包括细石混凝土制品，也包括预制水磨石制品。图 6-35 就是一个用预制水磨水石条板和花饰构成的花格。

（6）玻璃隔断

这里所说的玻璃隔断有三类：第一类是以木材和金属作框，中间大量镶嵌玻璃的隔断；第二类是没有框料，完全由玻璃构成的隔断；第三类是玻璃砖隔断。前者可用普通玻璃，也可用压花玻璃、刻花玻璃、夹花玻璃、彩色玻璃和磨砂玻璃。以木材为框料时，可用木压条或金属压条将玻璃镶在框架内。以金属材料作框料时，压条也用金属的，金属表面可以电镀抛光，还可以处理成银白、咖啡等颜色。

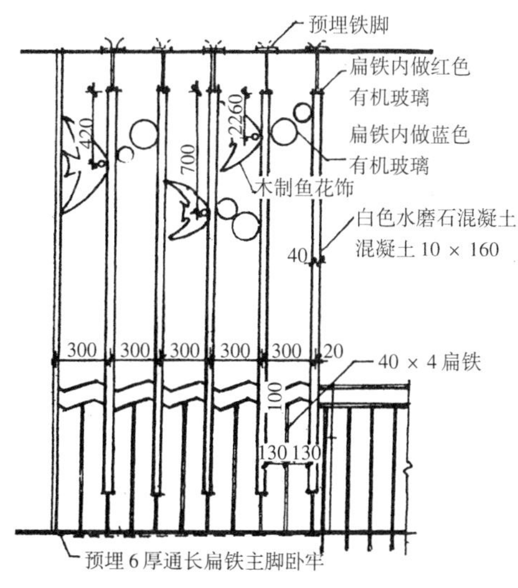

图 6-34　金属花格举例（单位：mm）

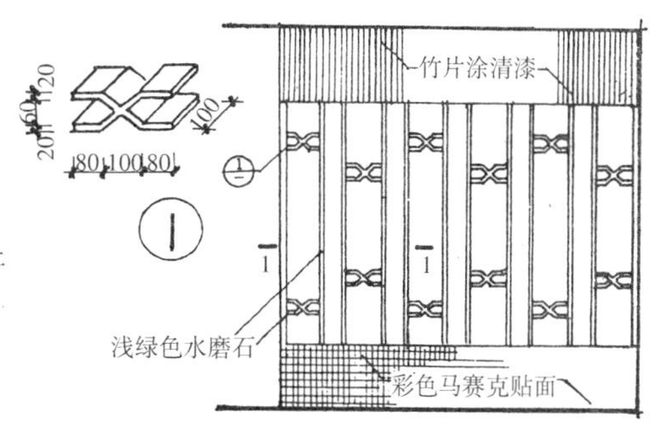

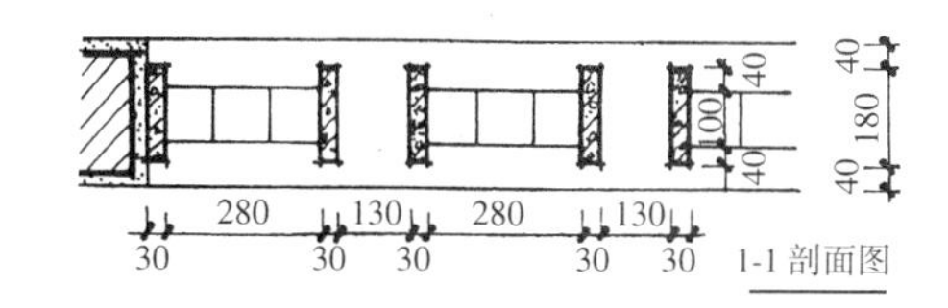

图 6-35　预制水磨石花格举例（单位：mm）

全部使用玻璃的隔断，主要用于商场和写字楼。它清澈、明亮，不仅可以让人们看到整个场景，还有一种鲜明的时代感。这种玻璃厚约12～15mm，玻璃之间用胶接。

玻璃砖有凹形和空心两种。凹型空心砖的规格是148 mm×148 mm×42mm、203 mm×203 mm×50mm和220 mm×220 mm×50mm。空心玻璃砖的常用规格是200 mm×200 mm×90mm和220 mm×220 mm×90mm。玻璃砖隔断的基本作法是：在底座、边柱（墙）和顶梁中甩出钢筋，在玻璃砖中间架纵横钢筋网，让网与甩出的钢筋相连，再在纵横钢筋的两侧用白水泥勾缝，使其成为美观的分格线。玻璃砖隔断透光，但能够遮蔽景物，是一种新颖美观的界面。玻璃砖隔断一般面积不宜太大，根据经验，最好不要超过13m^2，否则就要在中间增加横梁和立柱。

6.1.3 底界面的装饰设计

内部空间底界面装饰设计一般就是指楼地面的装饰设计。

楼地面的装饰设计要考虑使用上的要求：普通楼地面应有足够的耐磨性和耐水性，并要便于清扫和维护；浴室、厨房、实验室的楼地面应有更高的防水、防火、耐酸、耐碱等能力；经常有人停留的空间如办公室和居室等，楼地面应有一定的弹性和较小的传热性；对某些楼地面来说，也许还会有较高的声学要求，为减少空气传声，要严堵孔洞和缝隙，为减少固体传声，要加做隔声层等。

楼地面面积较大，其图案、质地、色彩可能给人留下深刻的印象，甚至影响整个空间的氛围。为此，必须慎重选择和调配。

选择楼地面的图案要充分考虑空间的功能与性质：在没有多少家具或家具只布置在周边的大厅、过厅中，可选用中心比较突出的团花图案，并与顶棚造型和灯具相对应，以显示空间的华贵和庄重。在一些家具覆盖率较大或采用非对称布局的居室、客厅、会议室等空间中，宜优先选用一些网格形的图案，给人以平和稳定的印象（图6-36），如果仍然采用中心突出的团花图案，其图案很可能被家具覆盖而不完整。有些空间可能需要一定的导向性，不妨用斜向图案，让它们发挥诱导、提示的作用（图6-37）。在现代室内设计中，设计师为追求一种朴实、自然的情调，常常故意在内部空间设计一些类似街道、广场、庭园的地面，其材料往往为大理石碎片、卵石、广场砖及琢毛的石板。图6-38是两个利用大理石碎片铺砌的地面，其中之一，外形呈三角形或多边形，粗犷有力而不失趣味性；其中之二，外形圆润，总体效果更加自由和圆滑。诸如此类的地面，常用于茶室或四季厅，如能与绿化、水、石等配合，空间气氛会更显活跃与轻松。图6-39是一种利用粗细程度不等的石板铺砌的地面，可以使人联想到街道与广场，体现出内部空间外部化的意图。图6-40所示的地面，类似一幅抽象画，新颖醒目，富有动感，更容易与现代化的建筑技术相匹配。

楼地面的种类很多，有水泥地面、水磨石地面、磁砖地面、陶瓷锦砖地面、石地面、木地面、橡胶地面、玻璃地面和地毯，下面着重介绍一些常用的地面：

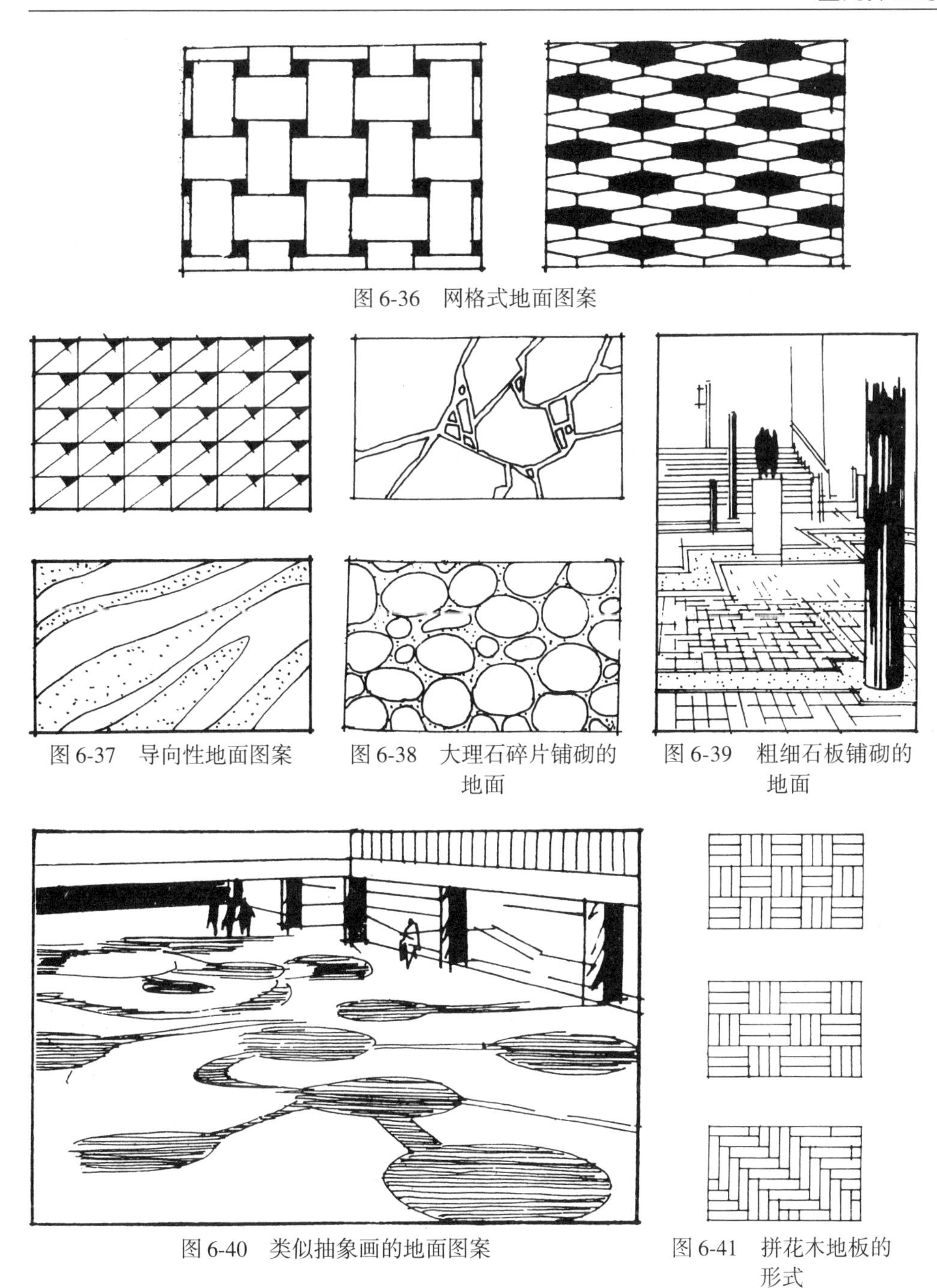

图 6-36　网格式地面图案

图 6-37　导向性地面图案

图 6-38　大理石碎片铺砌的地面

图 6-39　粗细石板铺砌的地面

图 6-40　类似抽象画的地面图案

图 6-41　拼花木地板的形式

（1）磁砖地面

磁砖极多，从表面状况说有普通的、抛光的、仿古的和防滑的，至于颜色、质地和规格那就更多了。抛光砖大多模仿石材，外观宛如大理石和花岗石，规格有 400mm × 400mm、500mm × 500mm 和 600mm × 600mm 等多种，最大的可以到 $1m^2$ 或更大，厚度为 8 ~ 10mm。仿古砖表面粗糙，颜色素雅，有古拙自然之感。防滑砖表面不平，有凸有凹，多用于厨房等地。铺磁砖时，应作 20mm 厚的

1∶4干硬性水泥砂浆结合层，并在上面撒一层素水泥，边洒清水边铺砖。磁砖间可留窄缝或宽缝，窄缝宽约3mm，须用干水泥擦严，宽缝宽约10mm，须用水泥砂浆勾上。有些时候，特别是在使用抛光砖的时候，常常用紧缝，即将砖尽量挤紧，目的是取得更加平整光滑的效果。

（2）陶瓷锦砖地面

陶瓷锦砖也叫马赛克，是一种尺寸很小的磁砖，由于可以拼成多种图案，现一般统一称为锦砖。陶瓷锦砖的形式很多，有方形、矩形、六角形、八角形等多种。方形的尺寸常为39mm × 39mm、23.6mm × 23.6mm和18.05mm × 18.05mm，厚度均为4.5mm或5mm。为便于施工，小块锦砖在出厂时就已拼成300mm × 300mm（也有600mm × 600mm）的一大块，并粘贴在牛皮纸上。施工时，先在基层上作20mm厚的水泥砂浆结合层，并在其上撒水泥，之后即可把大块锦砖铺在结合层上。初凝之后，用清水洗掉牛皮纸，锦砖便显露出来。陶瓷锦砖具有一般瓷砖的优点，适用于面积不大的厕所、厨房及实验室等。

（3）石地面

室内地面所用石材一般多为磨光花岗石，因为花岗石比大理石更耐磨，也更具耐碱、耐酸的性能。有些地面有较多的拼花，为使色彩丰富、纹理多样，也掺杂使用大理石。石地面光滑、平整、美观、华丽，多用于公共建筑的大厅、过厅、电梯厅等处。

（4）木地面

普通木地板的面料多为红松、华山松和杉木，由于材质一般，施工也较复杂，已经很少采用。

硬木条木地板的面料多为柞木、榆木和核桃木，质地密实，装饰效果好，故常用于较为重要的厅堂。近年来，市场上大都供应免刨、免漆地板，其断面宽度为50、60、80或100mm，厚度为20mm上下，四周有企口拼缝。这种板制作精细，省去了现场刨光、油漆等工序，颇受人们欢迎，故广泛用于宾馆和家庭。

条木拼花地板是一种等级较高的木地板，材种多为柞木、水曲柳和榆木等硬木，常见形式为席纹和人字纹（图6-41）。用来拼花的板条长250、300、400mm，宽30、37、42、50mm，厚18 ~ 23mm。免刨、免漆的拼花地板，板条长宽，比上述尺寸略大。单层拼花木地板均取粘贴法，即在混凝土基层上作20mm的水泥砂浆找平层，用胶粘剂将板条直接粘上去。双层拼花木地板是先在基层之上作一层毛地板，再将拼花木地板钉在它的上面。

复合木地板是一种工业化生产的产品。装饰面层和纤维板通过特种工艺压在一起，饰面层可为枫木、榉木、桦木、橡木、胡桃木……，有很大的选择性和装饰性。复合木地板的宽度为195mm，长度为2000或2010mm，厚度为8mm，周围有拼缝，拼装后不需刨光和油漆，既美观又方便，是家庭和商店的理想选择。复合木地板的主要缺点是板子太薄，弹性、舒适感、保暖性和耐久性不如上述条形木地板和拼花木地板。铺设复合木地板的方法是，将基层整平，在其上铺一层波形防潮衬垫，面板四周涂胶，拼装在衬垫上，门口等处用金属压条收口。

（5）橡胶地面

橡胶有普通型和难燃型之分，它们有弹性、不滑、不易在磨擦时发出火花，故常用于实验室、美术馆或博物馆。橡胶板有多种颜色，表面还可以做出凸凹起伏的花纹。铺设橡胶地板时应将基层找平，然后同时在找平层和橡胶板背面涂胶，继而将橡胶板牢牢地粘结在找平层上。

（6）玻璃地面

玻璃地面往往用在地面的局部，如舞厅的舞池等。使用玻璃地面的主要目的是增加空间的动感和现代感，因为玻璃板往往被架空布置，其下可能有流水、白砂、贝壳等景物，如加灯光照射，会更加引人注目。用作地面的玻璃多为钢化玻璃和镭射玻璃，厚度往往为10~15mm。

（7）地毯

地毯有吸声、柔软、色彩图案丰富等优点，用地毯覆盖地面不仅舒适、美观、还能通过特有的图案体现环境的特点。

市场上出售的地毯有纯毛、混纺、化纤、草编等多种。

纯毛地毯大多以羊毛为原料，有手工和机织两大类。它弹性好，质地厚重，但价格较贵。在现代建筑中常常做成工艺地毯，铺在贵宾厅或客厅中。

混纺地毯是毛与合成纤维或麻等混纺的，如在纯毛中加入20%的尼龙纤维等。混纺地毯价格较低，还可以克服纯毛地毯不耐虫蛀等缺点。

化纤地毯是以绦纶、腈纶等纤维织成的，以麻布为底层，它着色容易，花色较多，且比纯毛地毯便宜，故大量用于民用建筑中。

选用地毯除选择质地外，重要的是选择颜色和图案，选择的主要根据是空间的用途和应有的气氛。空间比较宽敞而中间又无多少家具的过厅、会客厅等，可以选用色彩稍稍艳丽的中央带有团花图案的地毯；大型宴会厅、会议室等，可以选用色彩鲜明带有散花图案的地毯；办公室、宾馆客房和住宅中的卧室等，可选用单色地毯，最好是中灰、淡咖啡等比较稳重的颜色，以显示环境应有的素雅和安静。住宅的客厅往往都有一个沙发组，可在其间（即茶几之下）铺一块工艺地毯，一方面让使用者感到舒适，一方面借以增加环境的装饰性。

大部分地毯是整张、整卷的，也有一些小块拼装的，这些拼装块多为500mm×500mm，用它们铺盖大型办公空间等，简便易行，还利于日后的维修和更换。

6.2 常见结构构件的装饰设计

在室内，常见结构构件为梁和柱。它们暴露在人们视野之内，装饰设计不仅事关构件的使用功能，而且还影响整个空间的形象、氛围与风格。

6.2.1 柱的装饰设计

（1）柱的造形设计

要与整个空间的功能性质相一致。舞厅、歌厅等娱乐场所的柱子装修可以华丽新颖活跃些；办公场所的柱子装修要简洁、明快些；候机楼、候车厅、地铁等

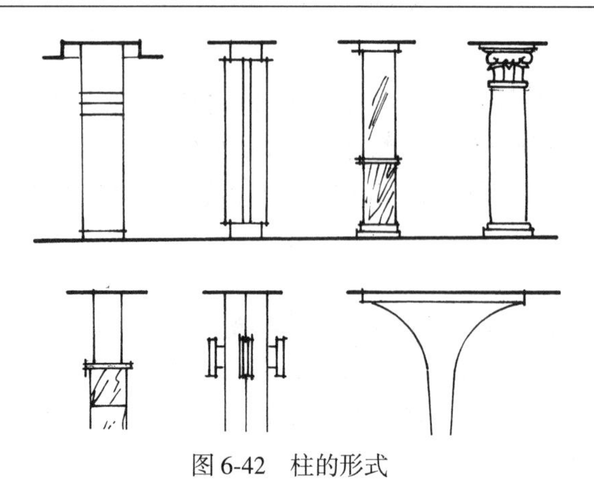

图 6-42 柱的形式

场所的柱子装修应坚固耐用，有一定的时代感；商店里的柱子装修则可与展示用的柜架和试衣间等相结合。

（2）柱的尺度和比例

要考虑柱子自身的尺度和比例。柱子过高、过细时，可将其分为两段或三段；柱子过矮、过粗时，应采用竖向划分，以减弱短粗的感觉；柱子粗大而且很密时，可用光洁的材料如不锈钢、镜面玻璃作柱面，以弱化它的存在，或让它反射周围的景物，溶于整个环境中。

（3）柱与灯具设计相结合

即利用顶棚上的灯具、柱头上的灯具及柱身上的壁灯等共同表现柱子的装饰性。

用作柱面的材料有多种多样，除墙面常用的磁砖、大理石、花岗石、木材外，还常用防火板、不锈钢、塑铝板和镜面玻璃，有时也局部使用块石、铜、铁等。图6-42 选取了一些较为典型的柱子外观，图6-43则是一个较为完整的柱子构造图。

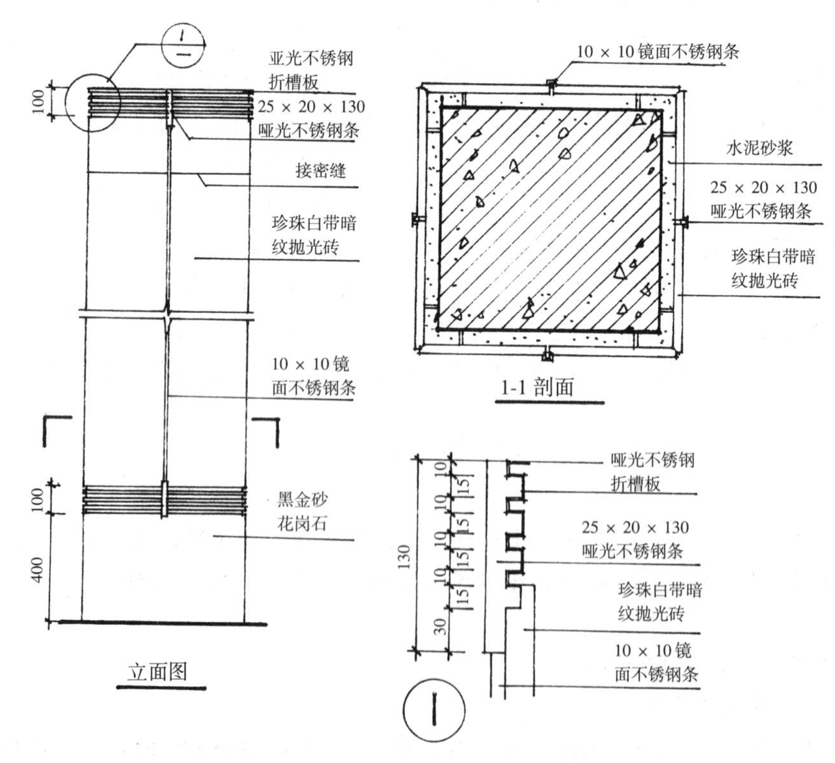

图 6-43 柱的构造图（单位：mm）

6.2.2　梁的装饰设计

楼板的主梁、次梁直接暴露在板下时，应做或繁或简的处理。简单的处理方法是梁面与顶棚使用相同的涂料或壁纸。复杂一些的做法是在梁的局部作花饰或将梁身用木板等包起来。

在实际工程中，可能有以下情况：

6.2.2.1　露明的梁

在传统建筑中和摹仿传统木结构的建筑中，大梁大都是露明的，它们与檩条、椽条、屋面板一起，暴露在人们的视野内，被称为“彻上露明造”。现代建筑中，木梁较少，但一些特殊的亭、阁、廊和一些常见的“中式”建筑，仍然会有些露明的木梁或钢筋混凝土梁。采取上述装饰方法，会使它们具有传统建筑的特色（图6-44）。

6.2.2.2　带彩画的木梁或钢筋混凝土梁

在中式厅堂或亭、阁、廊等建筑中，为突出显示空间的民族特色，常以彩画装饰梁身。彩画是中国传统建筑中常用的装饰手法，明清时发展至顶峰，并形成了相对稳定的形制。清代彩画有三大类，即和玺彩画、旋子彩画和苏式彩画。和玺彩画等级最高，以龙为主要图案，用于宫殿和宫室；旋子彩画等级低于前者，因箍头用旋子花饰而得名；苏式彩画，以中间有一个“包袱”形的图案为特点，形式相对自由，多用于民居或园林建筑（图6-45）。现今建筑中的梁身彩画，不严格拘泥传统彩画的形制，多数是传统彩画的翻新和提炼。

6.2.2.3　带石膏花的钢筋混凝土梁

彩画梁身过于繁缛，也过于传统。因此，在既有现代气息又希望有较好装饰效果的空间内，人们便常用石膏花来装饰梁身。石膏花是用模子翻制出来再粘到梁上的，往往与梁身同色，既有凸凹变化，又极为素雅。

图6-44　露明斜梁的餐厅

和玺彩画

旋子彩画

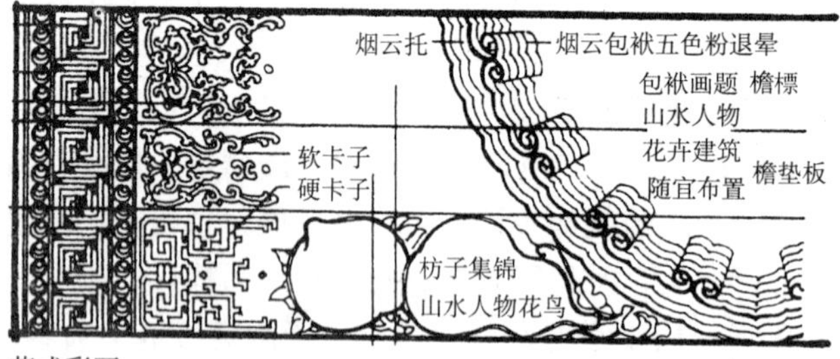

苏式彩画

图 6-45 三种清式彩画

6.3 常用部件的装饰设计

门、窗、楼梯、栏杆等部件的装饰设计，可以在建筑设计过程中完成，也可以在室内设计过程中完成。

6.3.1 门的装饰设计

门的种类极多，按主要材料分，有木质门、钢门、铝合金门和玻璃门等；按用途分，有普通门、隔声门、保温门和防火门等；按开启方式分有平开门、弹簧门、推拉门、转门和自动门等。门的装饰设计包括外形设计和构造设计，不同材料和不同开启方式的门的构造是很不相同的。

门的外形设计主要指门扇、门套（筒子板）和门头的设计，它们的形式不仅关系门的功能，也关系整个环境的风格。在上述三个组成部分中，门扇的面积最大，也最能影响门的效果。

在民用建筑中，常用门扇约有以下几大类：第一类是中国传统风格的，它们由传统隔扇发展而来，但在现代建筑中，大都适度简化，有的还用了现代材料如玻璃与金属等（图 6-46）。第二类是欧美传统风格的，它们大都显现于西方古典建筑和近现代欧美建筑，总体造型较厚重。第三类是常见于居住建筑的普通门，它们讲实用、较简单，多用于居室、厨房和厕所等。第四类是一些讲究装饰艺术的现代门，它们或用于公共建筑，或用于居住建筑，大都具有良好的装饰效果和现代感。这种门造型不拘一格，追求的是色彩、质地、材料的合理搭配，往往同时使用木材、玻璃、扁铁等材料（图 6-47）。

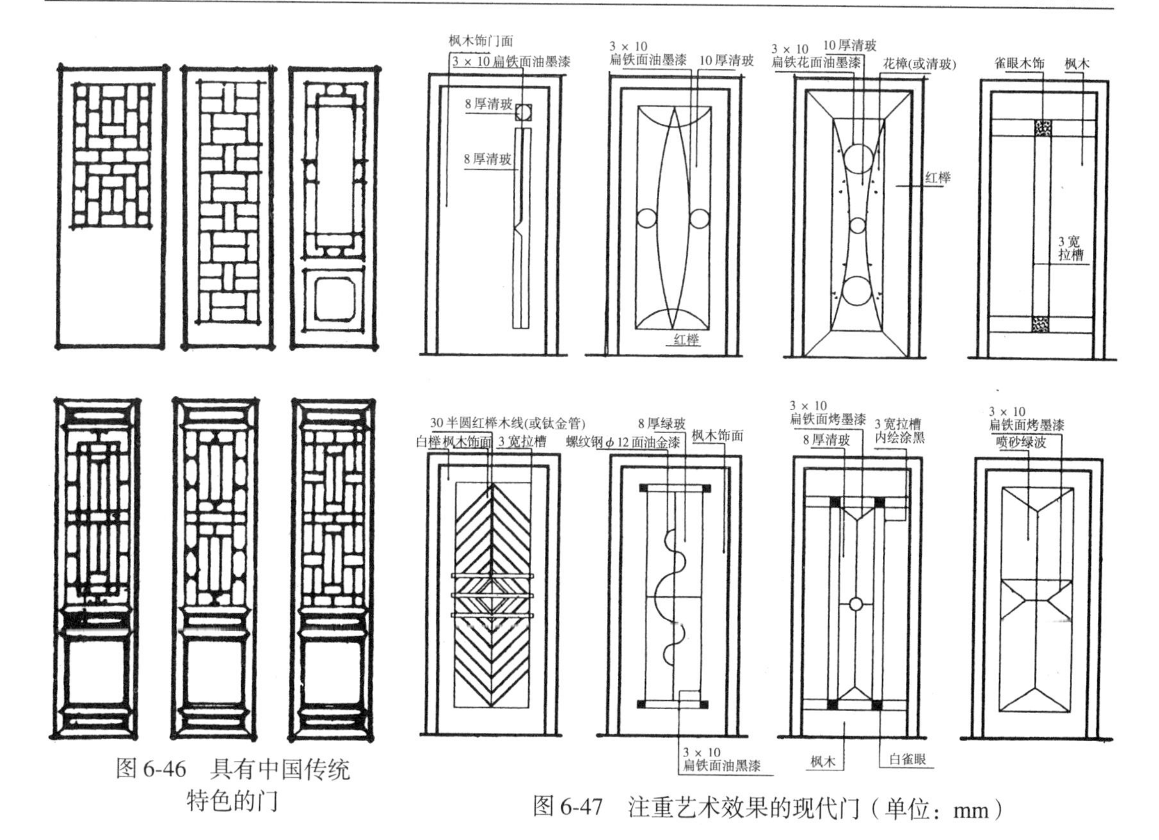

图6-46 具有中国传统特色的门

图6-47 注重艺术效果的现代门（单位：mm）

门的构造因材料和开启方式的不同而不同。常用的木门由框、扇两部分组成。门扇可以用胶合板、饰面板、皮革、织物覆盖，可以大面积镶嵌玻璃，也可在局部用铝合金、钛合金、不锈钢等作装饰。下面具体介绍几种常用门的构造：

（1）木质门

木质门从构造角度说有夹板和镶板两大类。夹板门由骨架和面板组成，面板以胶合板为主，也局部使用玻璃及金属。镶板门的门扇以冒头和边梃构成框架，芯板均镶在框料中。这种门结实耐用，外观厚重，但施工较复杂。

有些木门以扁铁作花饰，并与玻璃相结合，扁铁常常漆成黑色，可以使门的外观更具表现力。

有一种雕花门，即在门的表面上饰以硬木浮雕花，再配以木线作装饰。雕花的内容可为花、草、鱼、虫等，图6-48为两个典型的实例。

图6-48 雕花木门

（2）玻璃门

这里所说的玻璃门大概有两类：一类以木材或金属作框料，中间镶嵌清玻璃、砂磨玻璃、刻花玻璃、喷花玻璃或中空玻璃，玻璃在整个门扇中所占比例很大（图6-49）；另一类完全用玻璃作门扇，扇中没有边梃、冒头等框料。

图6-50所示的玻璃门，纯用玻璃制作，它们用特殊的铰链与顶部的过梁和地面相接，形成可以转动的轴，铰链则用不锈钢门夹固定在门扇上。

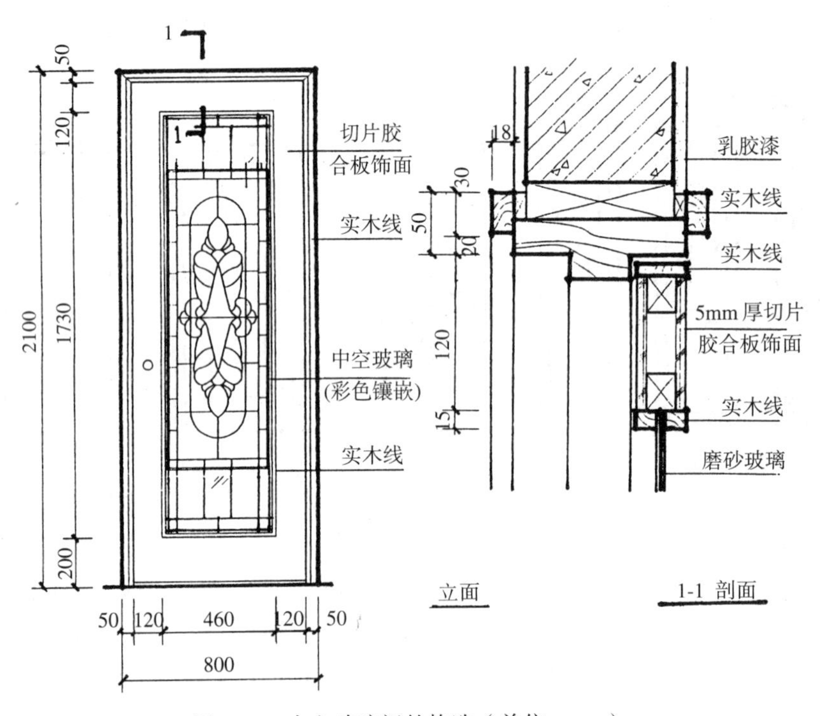

图6-49 中空玻璃门的构造（单位：mm）

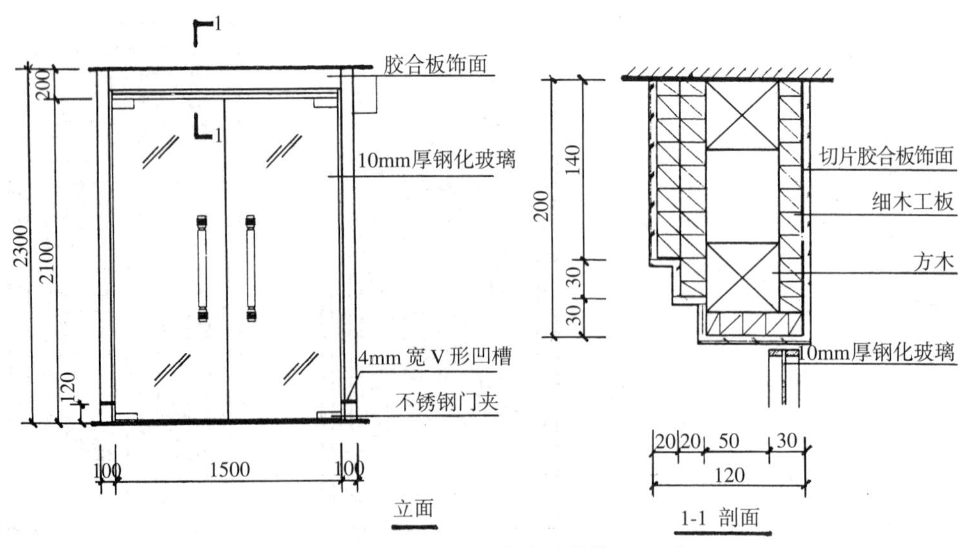

图6-50 全玻璃门的构造（单位：mm）

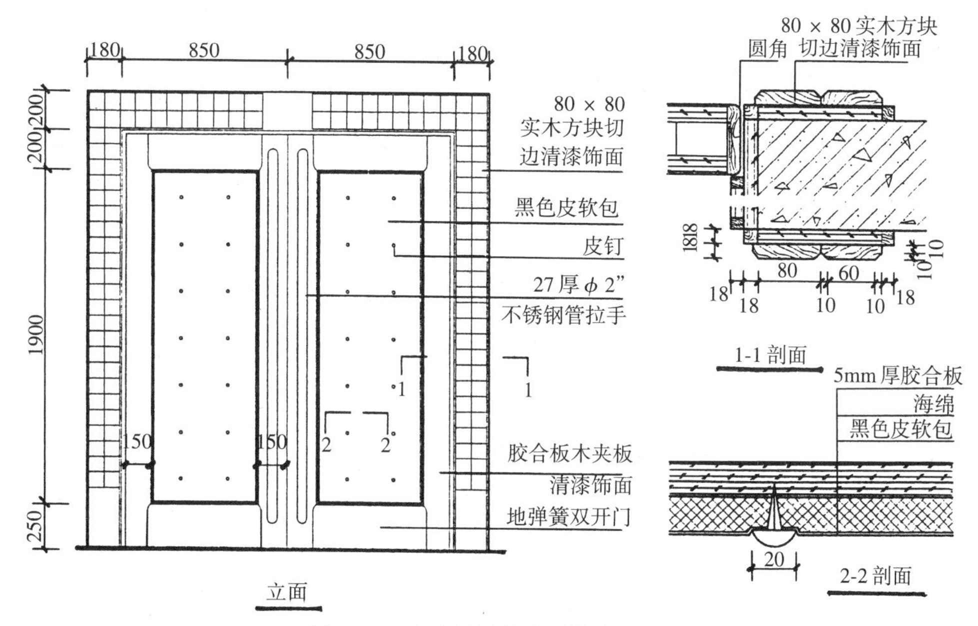

图6-51 皮革门的构造（单位：mm）

（3）皮革门

皮革门质软、隔声，具有亲切感，多用于会议室或接见厅。常用作法是：在门扇的木板上铺海绵，再在其上覆盖真皮或人造革。为使海绵与皮革贴紧木板，也为了使表面更加美观，可用木压条或钢钉等将皮革固定在木板上（图6-51）。

（4）中式门

中式门是木门的一种，但式样特殊，作法也与常见的木门不同，即门扇常常采用镶板法。所谓镶板法，就是将实木板嵌在边梃和冒头的凹槽内，凹槽宽依嵌板厚度而定，凹槽深须保证嵌板与槽底有2mm左右的间隙。镶板门扇坚固、耐用，但费工、费料，故在普通门中已很少用。图6-52表示了一种中式门的作法，其裙板部分采用的就是镶板法。

为使门洞整洁美观，在装饰要求较高的场所，常把门洞的周围及门洞的内侧用石材或木板等覆盖起来，这就是人们常说的门套或筒子板。

“门头”是门的上部，它常常占据“亮子”的位置，兼有采光、通风、装饰的功能。也有一些门头纯属装饰，惟一的功能就是突

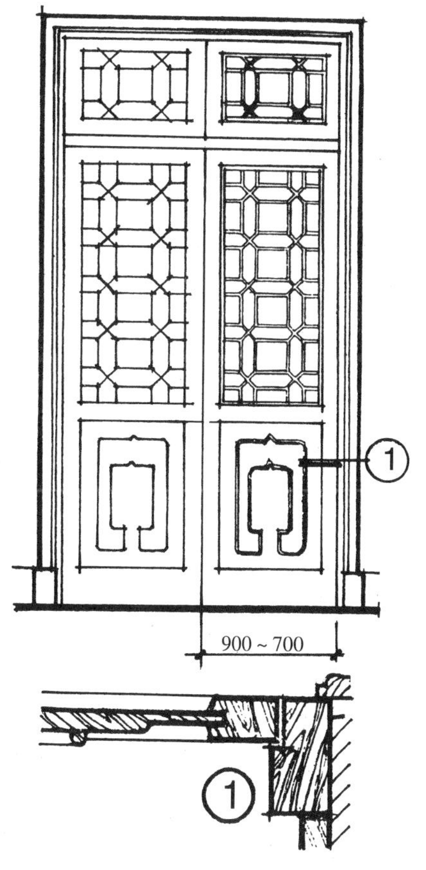

图6-52 中式木门的构造（单位：mm）

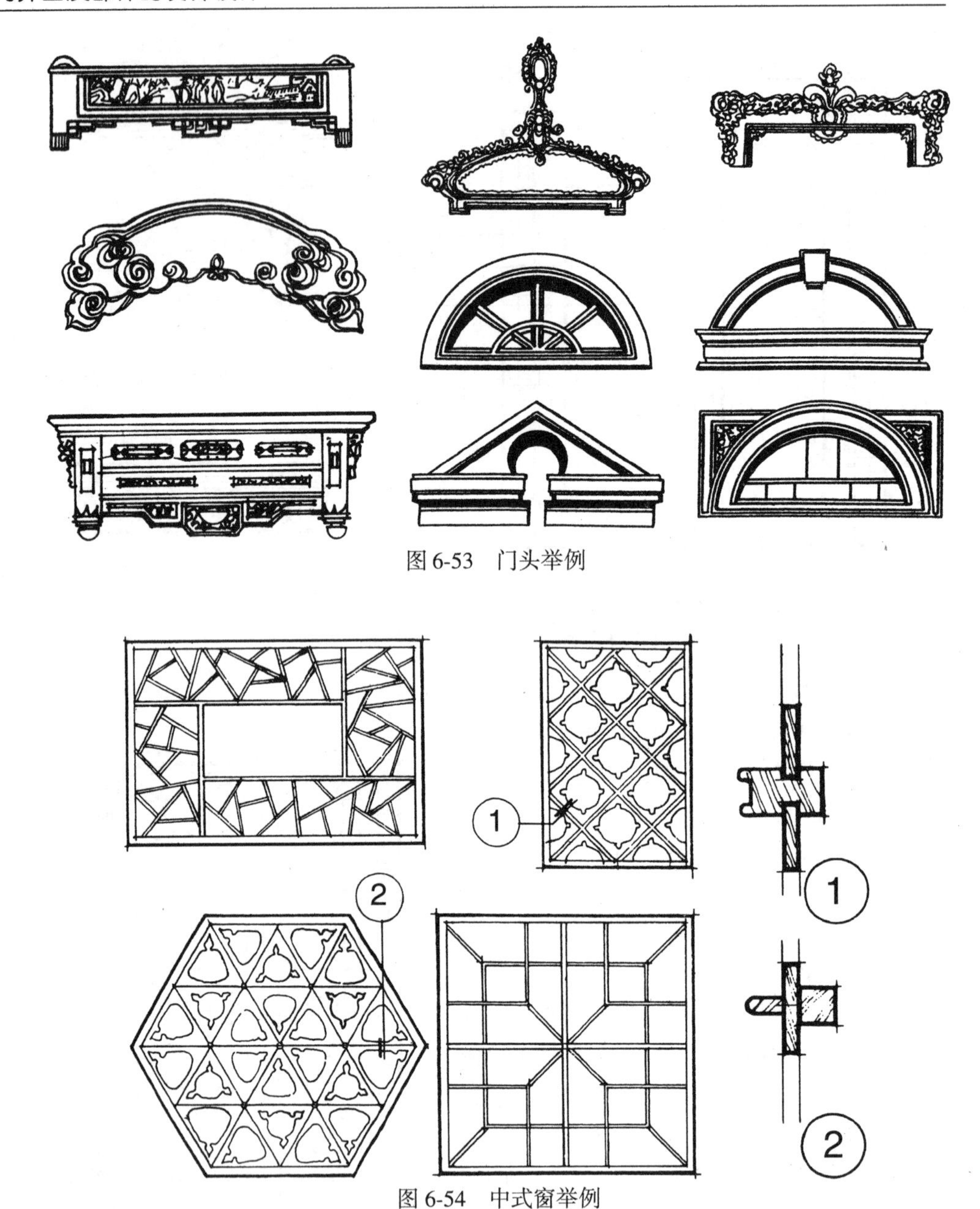

图 6-53　门头举例

图 6-54　中式窗举例

出门的地位并赋予门更加鲜明的性格（图 6-53）。门头的风格应与门扇相一致，故也有中式、西式之分。

6.3.2　窗的装饰设计

建筑中的窗特别是外墙上的窗大多已在建筑设计中设计完毕，只有少数有特殊要求以及在室内设计中增加的内窗才需要重新设计。

6.3.2.1　窗的式样

有普通的，也有中式（图 6-54）和西式的（图 6-55），其构造方法与门相似。

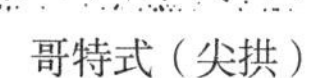

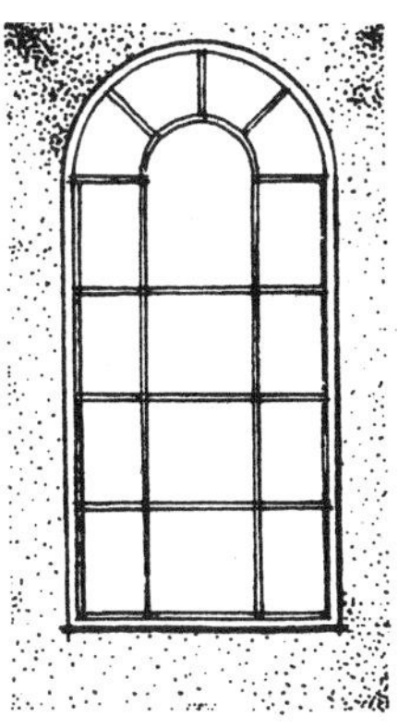

图 6-55　西式窗举例

6.3.2.2　景门与景窗的装饰设计

在提及门窗的装饰设计时，不能不提及景门与景窗的设计。景门实际上是一个可以过人的门洞，因洞口形状富有装饰性而被称为景门。景窗可以采光和通风，但更重要的作用是供人观赏：带花饰的，本身就是一幅画；不带花饰的，也因外形美观且能成为“取景框”而能使人欣赏到它本身和它取到的景色。景窗内的花饰可以用木、砖、瓦、琉璃、扁铁等多种材料制作，图6-56和图6-57分别为景门和景窗的形式。

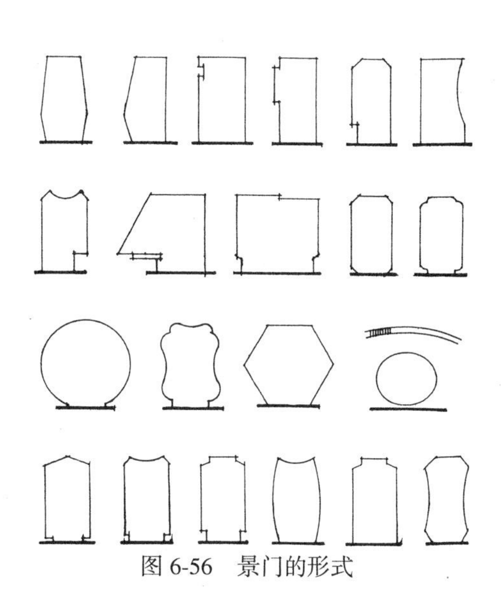

图 6-56　景门的形式

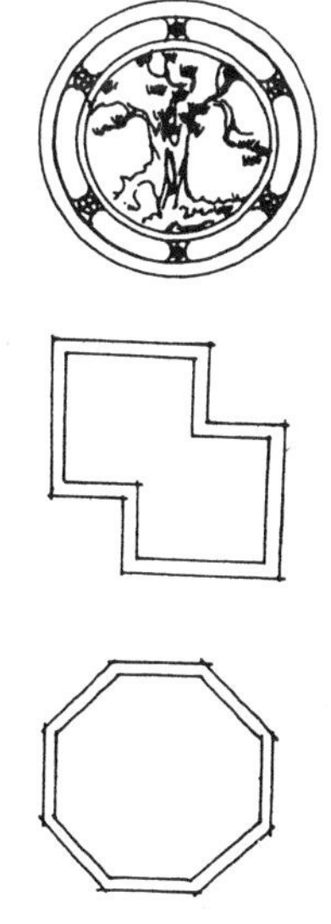
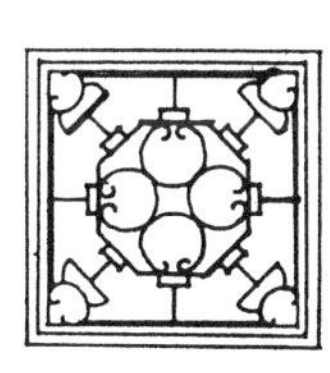

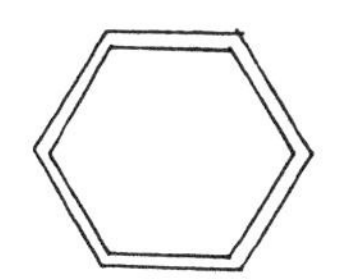

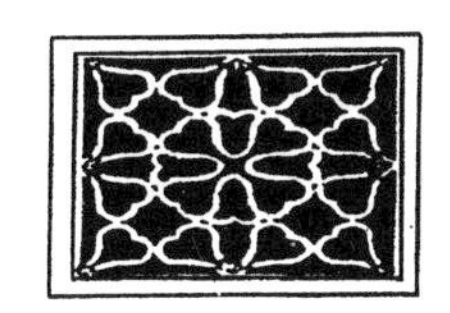

图 6-57　景窗的形式

6.3.3　楼梯的装饰设计

在建筑设计中，楼梯的位置、形式和尺寸已经基本确定。所谓楼梯的装饰设计主要是进一步设计踏步、栏杆和扶手，这种情况大多出现在重要的公共建筑和改建建筑中。

6.3.3.1　踏步

踏步的面层材料大多采用石材、磁（缸）砖、地毯以及玻璃和木材。前三种面层大多覆盖于混凝土踏步上，后两种面层大都固定在木梁或钢梁上。玻璃踏步由一层或两层钢化玻璃构成，一般情况下，只有踏面（水平面）而无踢面（垂直面），可用螺栓通过玻璃上的孔固定到钢梁上。玻璃踏步轻盈、剔透、具有很强的感染力，如果下面还有水池、白砂、绿化等景观，则更能增加楼梯的观赏性与趣味性。但是玻璃踏步防滑性能差，不够安全，故多用于强调观赏价值，行人不多的楼梯。木踏步质地柔软、富有弹性，行走舒适，外形美观，但防火性差，故常用于通过人数很少的场所，如复式住宅中。

无论使用哪种踏步面层，都要做好防滑处理，并注意保护踏面与踢面形成的交角。防滑条的种类很多，常用的有陶瓷（成品）、钢、铁、橡胶及水泥金钢砂等（图 6-58）。

6.3.3.2　栏杆与扶手

通常说的楼梯栏杆乃是栏杆与栏板的通称。具体地说，由杆件和花饰构成，外观空透的称栏杆；由混凝土、木板或玻璃板等构成，外观平实的称栏板。栏杆与栏板作用相同，都是为使用楼梯者提供安全保证和方便。确定栏杆或栏板的形式除考虑安全要求外，还应充分考虑视觉和总体风格方面的要求，如封闭、厚重还是轻巧、剔透，古朴凝重还是简洁现代等。常常有以下两种情况：一是追求西方古典风格，使用车木柱、铁制花饰或在欧美建筑中常见的栏板；二是强调现代气息，使用简洁明快的玻璃栏板或杆件较少的栏杆。

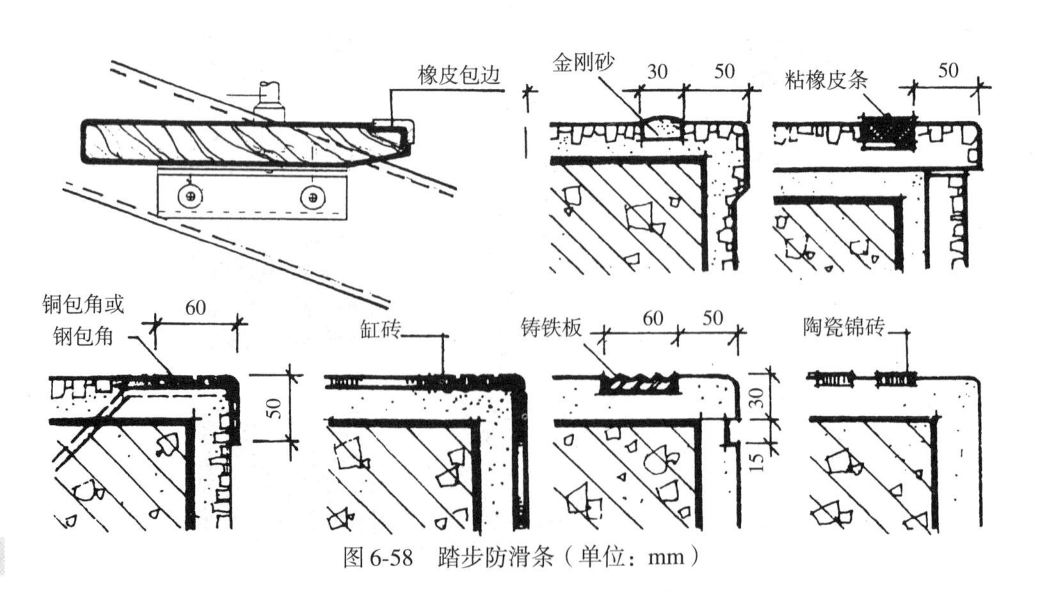

图 6-58　踏步防滑条（单位：mm）

（1）木栏杆

由立柱或另加横杆组成。立柱可以是方形断面的，也可以是各式车木的，其上下端多以方形中榫分别与扶手和梯帮连接。

（2）金属栏杆

有两类：一类以方钢、圆钢、扁铁为主要材料，形成立柱和横杆；另一类是由铸铁件构成的花饰。前者风格简约，后者更具装饰性。用作立柱的钢管直径为10～25mm，钢筋直径为10～18mm，方钢管截面为16mm×16mm至35mm×35mm，方钢截面约16mm×16mm。近年来，用不锈钢、铝合金、铜等制作的栏杆渐多，其形式与用钢铁等制作的栏杆相似，图6-59为金属栏杆的形式，图6-60为一个金属栏杆的构造图。

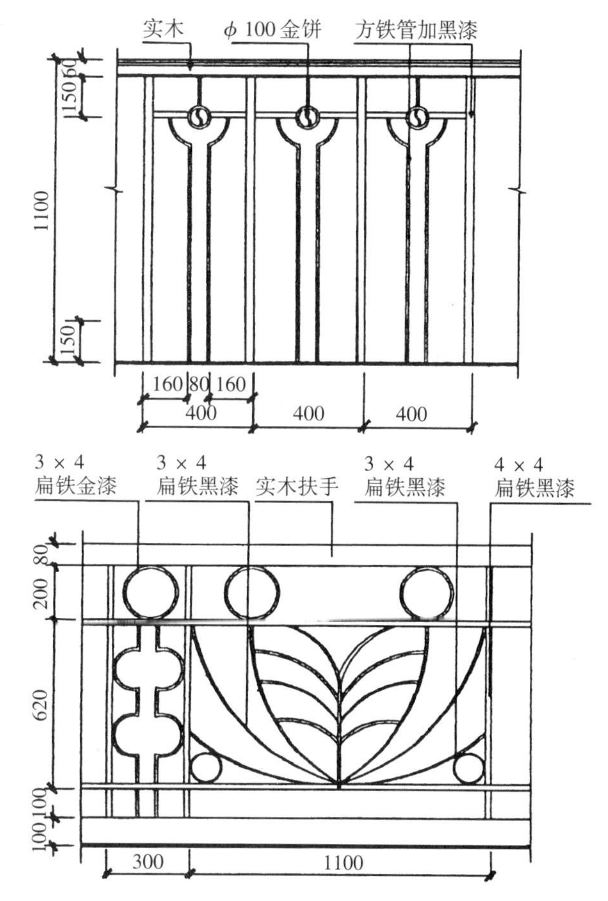

图6-59 金属栏杆的形式（单位：mm）

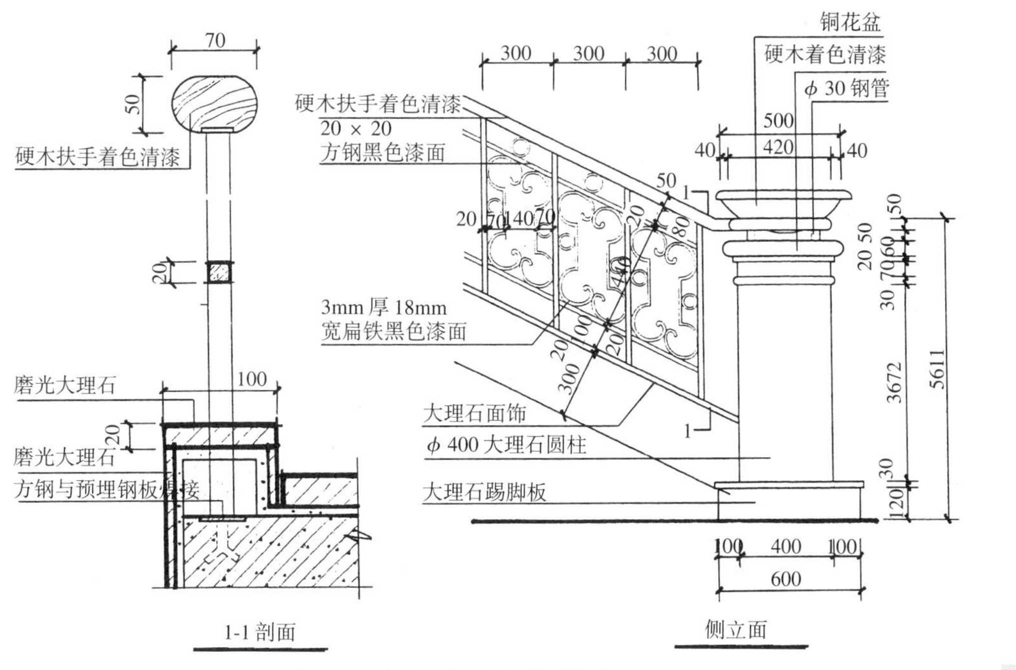

图6-60 金属栏杆的构造（单位：mm）

（3）玻璃栏板

用于栏板的玻璃是厚度大于10mm的平板玻璃、钢化玻璃或夹丝玻璃。有全玻璃的，也有与不锈钢立柱结合的。玻璃与金属件之间常用螺钉和胶相连接。

（4）混凝土栏板

这是一种比较厚重的栏板，在现场浇灌，板底与楼梯踏步浇灌在一起。栏板两侧可用磁砖、大理石、花岗石或水磨石等装修，形态稳定庄重，常用于商场、会堂等场所。有些混凝土栏板带局部花饰，花饰由金属或木材制作，具有更强的装饰性。

（5）扶手

扶手是供上下行人抓扶的，故材料、断面形状和尺寸应充分考虑使用者的舒适度。与此同时，也要使断面形状、色彩、质地具有良好的形式美，与栏杆（栏板）一起，构成美观耐看的部件。常用扶手有木的、橡胶的、不锈钢的、铜的、塑料的和石板的，现场水磨石扶手因施工不便已经很少使用。成人用扶手高度一般为900～1100mm，儿童用扶手高度为500～600mm。常用扶手的种类及其与栏杆（栏板）的连接如图6-61所示。

在商场、博物馆等场所的大型楼梯中，为了行人使用方便，同时也为了创造一种特殊的艺术效果，可在扶手的下面作一个与扶手等长的灯槽。灯光向下，形成一个鲜明而又不刺眼的光带。

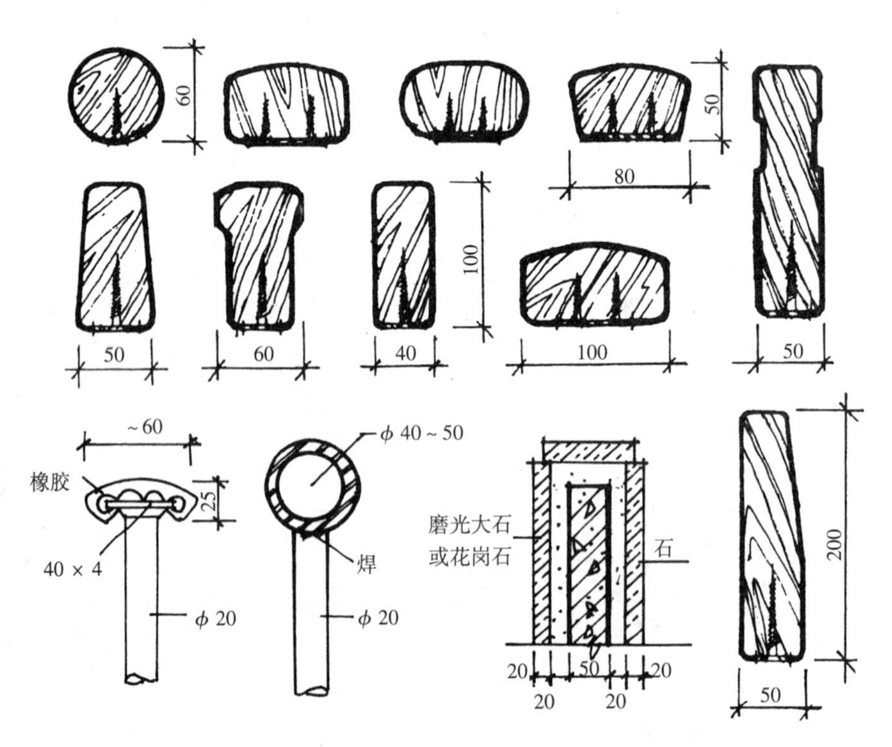

图6-61　常用的楼梯扶手（单位：mm）

6.3.4 电梯厅的装饰设计

电梯是高层建筑乃至某些多层建筑不可缺少的垂直交通工具。它与楼梯一起组成建筑物的交通枢纽，既是人流集散的必经之地，也是人们感受建筑风格、特色、等级、品位的一个重要场所。

电梯厅的装饰设计包括顶棚、地面、墙面的设计，也包括一些必要的陈设。为了说清问题，先在这里简单地介绍一下电梯的组成和配置。建筑中的电梯包括两部分：一部分属于建筑设计的内容，含机房、井道和地坑；另一部分属于设备处理的内容，含轿厢（电梯厢及外面的轿架）、平衡重和起重设施（动力、传动和控制部分）。

电梯厅的顶棚常取比较简洁的造形和灯具，有时还采用镜面玻璃顶。这是因为，电梯厅的净高大都不高，不宜采用过于复杂的造形和高大的吊灯。电梯厅的地面大部采用磨光花岗石或大理石。墙面也多用石材、不锈钢等坚固耐用、美观光洁的材料。室内设计中要按照电梯样本的要求，预留好按钮和运行状况显示器的洞口。在厅的适当位置还应布置盆花、花桌、壁饰、果皮箱等陈设和设施，图6-62是一个电梯厅墙身和门套的设计图。

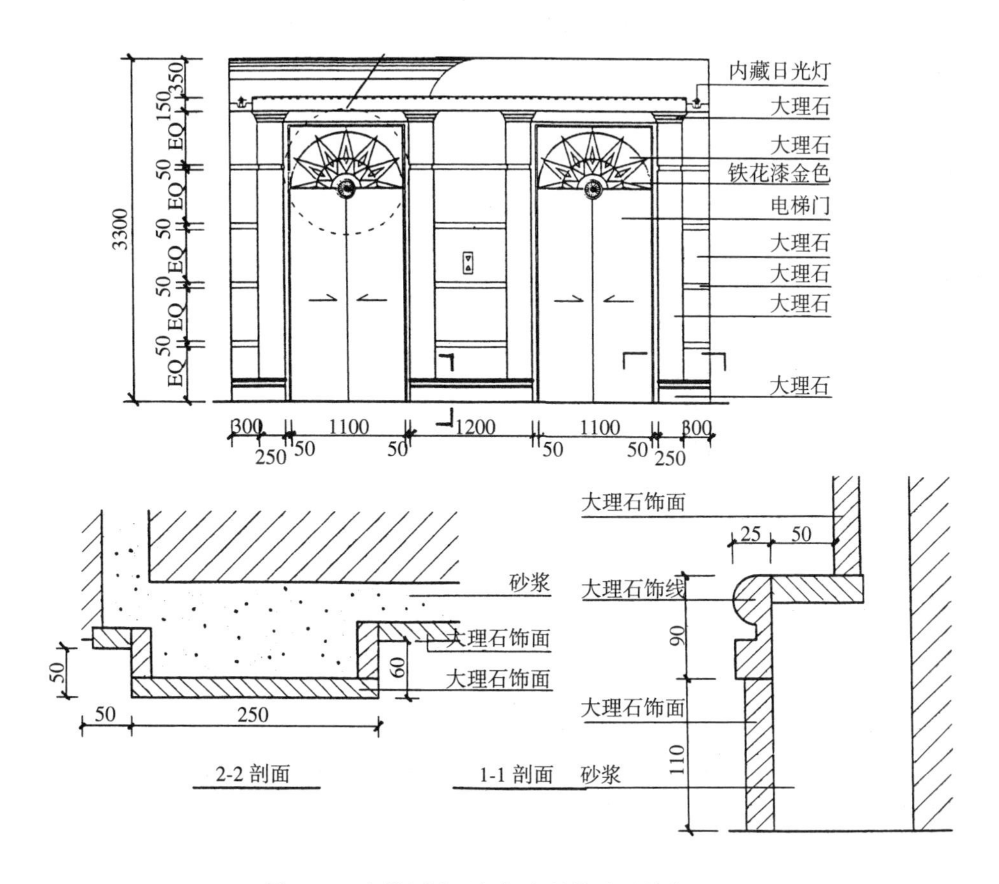

图6-62 电梯厅墙面与门套的构造（单位：mm）

6.3.5 回廊栏杆的装饰设计

用于回廊的栏杆和用来分隔空间的栏杆，往往具有很强的装饰意义。

回廊栏杆的类型和构造与楼梯栏杆基本相同，但出于安全需要，高度常为1100～1200mm（图6-63）。用于划分大空间的栏杆（如酒吧中用来分隔餐桌的栏杆），可能厚于楼梯栏杆，并常常与绿化、灯具、雕饰相结合，如在栏杆柱的顶端设置灯具或花盆等（图6-64）。

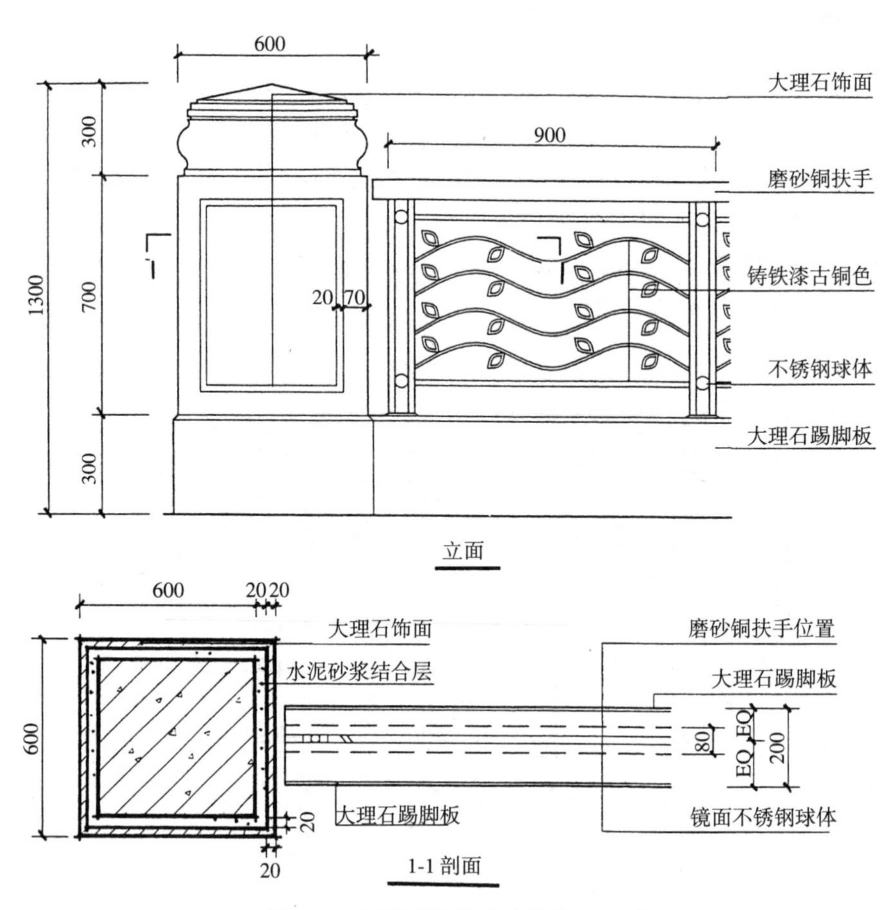

图6-63 回廊栏杆构造（单位：mm）

图6-64 与绿化、灯具结合的栏杆

本章小结

界面、结构构件和常用部件是室内空间中的重要组成元素。界面分为顶界面、底界面和侧界面，结构构件主要指梁、柱等，常用部件往往指门窗、楼梯、围栏等相对独立的部分。界面、结构构件和常用部件的装饰设计是室内设计中的重要内容，一般情况下可以从造型设计和构造设计两方面进行思考。

界面和部件的造型设计涉及形状、尺度、色彩、图案与质地，基本要求是符合空间的功能与性质，符合并体现总体设计思路。构造设计涉及材料、连接方式和施工工艺等内容，需要做到：安全可靠、坚固适用；造型美观、具有特色；选材合理、造价适宜；反复比较、便于施工。

7 室内环境中的内含物

室内空间环境有各类内含物，包括：家具、陈设、绿化、标志等，它们除了实用功能外，还有组织空间、丰富空间、营造宜人环境的作用。因此，布置室内内含物时，必须根据环境特点、功能需求、审美要求、工艺特点等因素，精心设计出具有高艺术境界、高舒适度、高品位的内部空间，创造出有特色、有变化、有艺术感染力的室内环境。

7.1 室内家具

家具，是人们维持正常的工作、学习、生活、休息和开展社会活动所不可缺少的生活器具，具有坐卧、凭倚、贮藏、间隔等功能。大致包括坐具、卧具、承具、皮具、架具、凭具和屏具等类型。家具主要陈放在室内，有时也陈放在室外。家具是人们日常工作生活中不可缺少的器具，它是室内环境中体积最大的内含物。家具的功能具有两重性，它既是物质产品，又是精神产品，既有使用功能，又有精神功能，因此家具的设计和布置必须达到使用功能、技术条件和设计造型的完美统一。

7.1.1 家具的演变与发展

家具起源于生活，又促进生活的变化。随着人类文明的进步，家具的类型、功能、形式和数量及材质也随之不断发展，从简单的石凳、陶桌到复杂雕琢的硬木家具；从硬板坐椅到软包沙发；从单纯的自然材料到多元的复合材料；从手工单件制作到机械化成批生产；从古典精美的豪华家具到简洁舒适的现代家具……，无不反映着历史发展的印记。同时，家具的发展与建筑的发展有着一脉相承的血缘关系，有什么风格的建筑就会有什么风格的家具。这里我们对其不同时期的家具特点作一简要叙述。

7.1.1.1 中国传统家具的演变

中国传统家具的发展演变历史可以追溯到原始社会，那时的先民们只能使用石块、树桩、茅草、树叶和兽皮等自然物作为坐具和卧具，只有编席可以勉强算作人工制作的卧具。从西安半坡村遗址中发现距今约六七千年的半坡人在地穴居室里开始使用土坑，离地面仅有10cm高的土台也许可以作为原始人类的家具——床的雏形。

（1）夏商周

从夏商周开始，家具的各种类型，诸如：坐具、卧具、承具、皮具、架具、凭具和屏具等都已出现（承具是指可陈放用具的家具；凭具是指席地而坐时扶凭或倚靠的低型家具；庋具是指储存衣物的贮藏家具；屏具是指起摒挡风寒或遮蔽视线作用的家具；架具是指搭挂衣物或支架灯、镜的家具），以供奴隶主贵族享用。从公元前1700年以前的甲骨文和有关青铜器上可以看出，商代人的起居习惯和所使用的家具情况，仍是保持着原始人席地而坐的生活方式，只不过地上铺了席子。“席地而坐”这个词就出自于这一时期。室内家具则有床、案、俎和置酒器的“禁”。我们祖先席地而坐的习惯，对我国古代家具的发展，尤其是坐具的发展影响很大。

（2）春秋战国、秦

这个时期人们的起居习惯虽仍是席地而坐，但席下开始垫筵(竹席)。这时的家具出现了凭几、凭扆和衣架等家具形式，“凭几”顾名思义是作倚靠用的，另据记载“几”又是计算室内面积的基本单位，可见这时的室内用器已出现多功能的意向；扆是一种类似后来屏风一样的倚靠。春秋时期还出现了中国木工的祖师鲁班，相传他发明了钻刨、曲尺和墨斗等，使当时的家具制作工艺技术水平达到很高的水准。

此时也是中国低型家具发展的高峰时期，家具造型粗犷、墩厚，突出实用性能，结构简单明确，外形质朴且庄重。家具装饰以漆为主，颜色一般多采用褐黑色作底色，以深红色作衬色，朱色与黄色作画，也偶有见到赭黑色作底色或灰黑色作画的。色彩搭配非常鲜明调和，颇具富丽堂皇之感(图 7-1)。

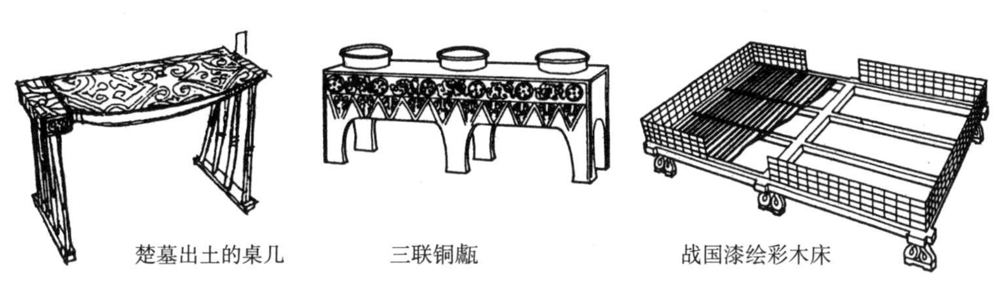

图 7-1 春秋战国时期的家具造型

（3）两汉、三国

西汉建立了比秦更大疆域的封建帝国，随着经济的繁荣，此时家具中的坐具除席、筵外，已创造出榻和独坐式小榻，并出现了一种可供垂足而坐的胡床，即现在所称之“马扎”，据《后汉书·五行志》“(汉)灵帝好胡服、胡帐、胡床、胡坐……京师贵戚，皆竞为之”，可知在东汉晚期颇为流行。“胡坐”即垂足而坐，应是当时北方民族的坐式，已创日后流行高型家具的先声。而北方延续至今的炕就出现于汉代，凭几在沿用已有的直形凭几外，又出现了一种曲形凭几，即在三足之上置一半圆形曲木为凭；除木制外，还有陶制。庋具仍以箱为主，除木箱外，还出现木柜、木橱和竹材编织的笥。架具则有衣架与镜架两种。

而家具漆髹的装饰方法有彩绘、针刻、沥粉、镶嵌和平脱等数种，汉代在漆器上的镶嵌得到更大的发展，所嵌品种有玉、骨、玛瑙、料器、水晶、云母、螺钿、玳瑁、金银、宝石等，其装饰效果丰富多彩(图 7-2)。

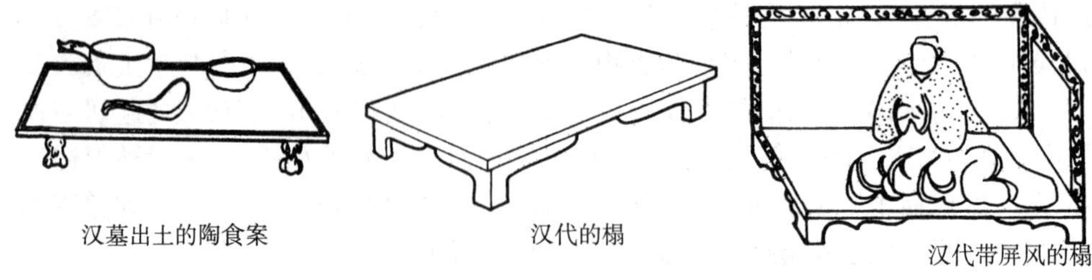

图 7-2　汉代家具的造形

（4）两晋、南北朝

两晋、南北朝时期由于西北少数民族进入中原，导致长期以来跪坐形式的转变，并逐渐从汉以前席地跪坐改为西域“胡俗”的垂足而坐，高足式家具开始兴起，出现了高型坐具，如凳、筌蹄、胡床、架子床和椅子等，以适应垂足而坐的生活，室内空间也随之增高。佛教在这时也对家具产生影响，如“壶门”的出现和莲花纹等装饰纹样的使用。所谓“壶门”，是指一种轮廓线略如扁桃的装饰纹，其纹样底线平直，上线由多个尖角向内的曲段组成，两侧曲线内收，并集中用在作为佛座、塔座和大型殿堂基座的须弥座上。此时的凭几除大量为直形外，又发展了有较大改进的弧形凭几，与凭几异曲同工。这时同时还出现了在床榻上倚靠的软质隐囊(袋形大软垫供人坐于榻上时倚靠)，装饰纹样出现了火焰纹、莲花纹、卷草纹、缨络、飞天、狮子、金翅鸟等图案。

（5）隋、唐、五代

隋、唐是中国高型家具得到极大发展的时期，也是席地坐与垂足坐并存的时代。这个时期的坐具十分丰富，主要是为了适应垂足坐的需要，出现了如凳类、筌蹄、胡床、榻以及椅类等。椅子是在唐代中晚期流行的，圈椅则出现于中晚唐，其造型古拙，今天我们仍可从唐画《纨扇仕女图》、《宫中图》中见到；卧具仍以床和炕为主，四腿床是一般的床式，壶门床为高级床，是隋唐家具的典型代表；此时的承具也处于高、低型交替并存时期，低型承具继承了两汉南北朝已臻成熟的案、几造型。而高型如高桌、高案还处于产生和完善的过程中，数量尚见不多。壶门大案在唐代已发展成熟，带有壶门的家具在唐代使用很广；隋唐的凭具有直形凭几、弧形凭几和隐囊；皮具在南方多用竹材制作，如笥、橱、箱、笼，在北方则多用木材，如箱、柜、匣、椟。因选材不同，加工工艺也不一样，造形也有差异；隋唐的屏具有座屏、折屏两种，不仅挡风，还能分隔空间；隋唐的架具有衣架和书架，书架大多四腿落地，中连数层搁板，上存书籍、书卷。

唐代家具的漆饰具有开朗、豪迈、富丽的风格，其手法有彩绘、螺嵌、平脱、密陀僧绘等；雕漆工艺是唐代新创的装饰技法。隋唐五代时的家具用材也非常广泛，有紫檀、黄杨木、沉香木、花梨木、樟木、桑木、桐木、柿木等，此外还应用了竹藤等材料。由此可见唐代的家具造型已达到简明、朴素大方的境地，工艺技术有了极大的发展和提高。

（6）两宋、元

两宋的高型家具已经普及并出现更多形制，如高桌、高案、高几、抽屉桌、折叠桌、高灯台、交椅、太师椅、折背样椅等，大大丰富了传统家具的类型。低型家具这时已退出历史舞台。宋代家具由矮型转向高型，从床上转至地下，使得宋代家具无论在结构还是榫卯方面，都作出较大的调整和创新。两宋时期的坐具，如条凳较为普及，由于战事频繁，为方便搬运，能折叠、重量轻的交椅也得到了较大的发展；宋代的卧具出现了更灵活、更轻便、更实用的床，简朴的竹榻凉床也有了发展；承具如方桌已经普及到普通人家，壶门式大桌由繁向简演变；庋具中的箱、柜、橱等在结构上比唐代更加简洁适用，并增加了抽屉；屏具承袭唐风，但屏上多绘海水，形成宋代的新时尚(图 7-3)。

元代家具在宋、辽的基础上缓慢发展，并成为宋明之间一条不很明显的纽带。首先元代家具的形制在宋代的基础上有了修改，其结构更趋合理，诸如：罗涡椅就是非常适合人体“功能”的尺度、坐靠舒适的坐具；其次是追求家具表面的华贵装饰，尤其是宫廷家具和豪门贵族的用具更是花饰繁复；此外家具的制作工艺注重构件接口间的严密均齐，讲究木质表面纹理的装饰选择，以体现木质家具的“本色”感。

（7）明代

明代家具富有民族特色，家具的古典式样已定型成熟，史称“明式家具”。伴随着明代大量兴建宫殿、居民房屋、园林建筑等，家具的需求也相应大增。郑和下西洋以后，我国和东南亚各国的联系更加密切，大量热带优质木材不断输入中国。当时的木工工具也得到了很大的改进，且种类繁多，木工技术已发展到很高的水平，出现了诸如《鲁班经》、《髹饰录》、《遵生八笺》、《三才图绘》等有关木

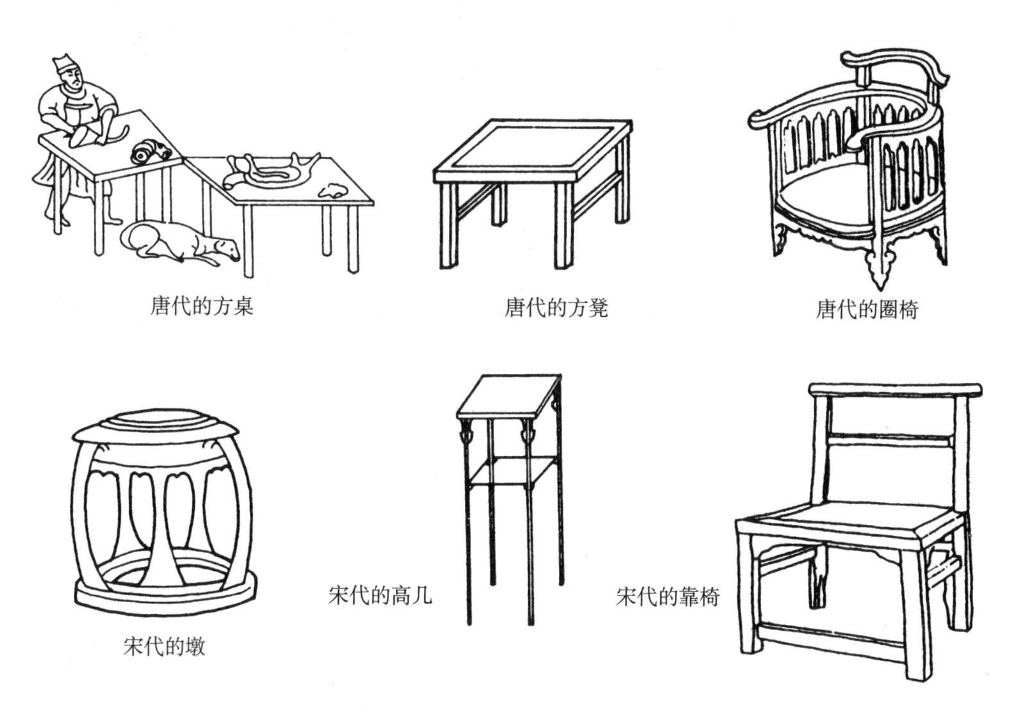

图 7-3　唐宋时期的家具造形

作工程技术的著作，这些因素都推动了明代家具的不断发展并达到历史的顶峰。

1）明代家具的种类

• 坐具类：官帽椅、灯挂椅、扶手椅、圈椅、条凳、杌子、绣墩等十多种；

• 卧具类：木榻、凉床、踏板架子床等；

• 台架类：灯台、花台、镜台、衣架、书架、百宝架、面盆架、承足等；

• 承具类：分方足式、圆足式等，有炕几、茶几、香几、书案、平头案、翘头案、架几案、琴桌、供桌、方桌、八仙桌、月牙桌等；

• 庋具类：门户橱、书橱、书柜、衣柜、立柜、连二柜、四件柜、书箱、衣箱、百宝箱等；

• 屏具类：插屏、围屏、炉座、瓶座等，细分有十余类到百余种；

• 架具类：面盆架、镜架、衣架、灯架、火盆架五种。

除上述家具类型外，还有名目繁多的各色小家具，其品种之丰富可说是前所未有，并且随着建筑类型的发展，室内家具也出现了与庭堂、居室、书房、祠庙、亭阁等配套的形式与类型(图 7-4)。

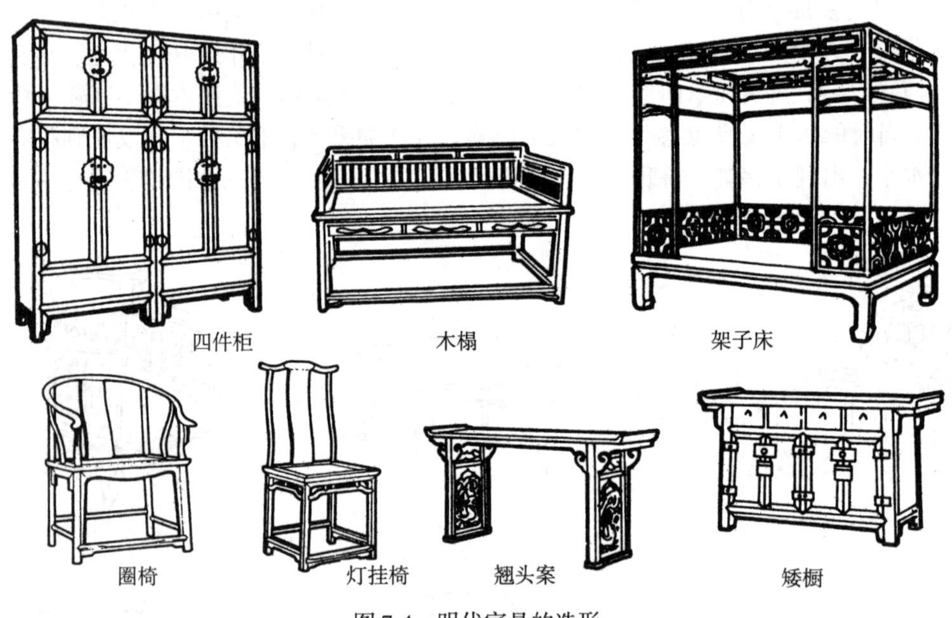

图 7-4　明代家具的造形

2）明代家具的成就

明代家具体现出“简、厚、精、雅”的艺术特色，其主要成就表现在以下几个方面：一是注重造形美，明式家具造形浑厚洗练、稳重大方、比例适度、线条流利，具有浓郁的中国气派；二是注重结构美，明式家具具有合理的家具构造，其结构科学、榫卯精绝；三是注重材质美，明式家具用材讲究、木纹优美、色泽雅致、质感坚致细腻，且不加遮饰，充分表现出材料本身的色泽和纹理美感；四是注重装饰美，明式家具装饰简洁、做工精巧、线脚细致、朴实无华，并且制作

图 7-5　清代的家具造形

非常精致。上述几个方面使明式家具显得隽永古雅、优美舒适、纯朴大方，实现了形式与功能的完美统一，是我国民族家具的典范和代表之作，具有极高的文化品位和泱泱大国的气度。

（8）清代

清代家具在结构和造形上继承了明式家具的传统，体量显得更加庞大厚重，出现了组合柜、可折叠与拆装桌椅等新式家具。此时在家具品种上对原有品种进行了改进，创造出不少新的家具品种，如架几案、多宝格、博古架、扇面形坐屉官帽椅、海棠花凳、梅花凳、套双凳、清式圈椅、两层顶箱柜、鹿角椅、清式太师椅、行军桌等；而在装饰上，宫廷与达官显贵使用的家具为了追求富丽堂皇、华贵气派的效果，滥用雕镂、镶嵌、彩绘、剔犀、堆漆等多种手法，以及象牙、玉石、陶瓷、螺钮等多种材料，对家具进行不厌其烦的装饰，直至出现只重技巧，忽视功能，繁琐堆砌，破坏家具整体美感的趋向。清式家具以苏作、广作和京作为代表，被称为清代家具三大名作，其造形与装饰各具地方特色，并保持至今。此外各地都有漆木家具，乌黑光亮和朱红绚丽的漆木家具多见于北方民用。而藤、竹家具宜夏季使用，故在南方流行(图 7-5) 。

盛清以后，随着欧洲文化的融合，在家具上出现了中西合璧的趋势。然而此时输入的外来艺术，大多带有浓厚的洛可可风格，与清式家具的发展趋势相符，使琐屑作风日趋严重。

7.1.1.2　外国传统家具的演变

（1）古代

主要涉及约公元前16世纪到公元5世纪，包括古埃及、古希腊、古罗马时期的家具。

埃及是世界上最早的文明古国之一，早在公元前2650年就建造出宏伟的宫殿、庙宇和堪称世界奇迹的“金字塔”。由于埃及气候干燥，又盛行厚葬之风，这就使许多古埃及的家具得以保留至今。古埃及家具的种类很多，常见的家具种类有床、椅、柜、桌、凳等。其中有不少是折叠式或可卸式的。矮凳和矮椅是最通常的坐具，而正规坐椅的四腿大多采用动物腿形，显得粗壮有力；脚部为狮爪或牛蹄状。埃及的家具几乎都带有兽腿，而且前后腿的方向都是一致的，由此形成了古埃及家具艺术造型的一大特征。

古希腊家具与同时期的埃及家具一样，都是采用长方形结构，同样具有狮爪或牛蹄的椅腿，平直的椅背、椅坐等。公元5世纪，希腊家具开始呈现出新的造形趋向，这时的坐椅形式已变得更加自由活泼，椅背不再僵直，而是由优美的曲线构成，椅腿也变成带有曲线的镟木风格，方便自由的活动坐垫使人坐得更加舒服。在装饰上，忍冬花饰作为一种特定的艺术语言广泛地出现在古希腊家具上，这些细巧的装饰图案与椅子上轻快爽朗的曲线一起，构成了古希腊家具简洁流畅、比例适宜、典雅优美的艺术风格。

古罗马家具的基本造形和结构表明它是从希腊家具直接发展而来，但它也具有自己的特点，即青铜家具的大量涌现。罗马家具带有奢华的风貌，家具上雕刻精细，特别是出现模铸的人物和植物图饰，如带翼的人面狮身怪兽、方形石像柱以及莨菪叶饰等，显得特别华美。此外，古罗马的家具在装饰手法上，还将战马、胜利花环、希腊神话等题材作为装饰雕塑刻画在家具上，以象征统治者的身份、地位和权威，使罗马帝国严峻的英雄气概和统治者的权威体现在家具上(图7-6)。

古希腊著名的Klismos椅

古罗马石桌

古罗马石椅

图7-6　古希腊与古罗马时期的家具造形

（2）中世纪

中世纪时期是指从西罗马帝国衰亡到欧洲文艺复兴兴起前的这一段时间，约在公元5世纪至14世纪。这个时期的家具主要是仿希腊、罗马时期的家具，同时兴起了哥特式家具。

拜占庭家具以仿希腊的家具为其主流，家具形式趋向于更多的装饰，坐椅和长塌多采用雕木支架，华贵的坐椅上镶嵌有象牙雕刻的装饰。拜占庭家具的艺术风格在装饰上常用象征基督教的十字架符号，或在花冠藤蔓之间夹杂着天使、圣徒以及各种鸟兽、果实和叶饰图案。公元6世纪，从东方传入欧洲的丝绸作为家具衬垫外套装饰成为最受喜爱的材料。此外这时北欧的家具却显出呆板和简陋的样式，缺少华丽的装饰，仅有一些直线条的几何图形，然而却带有某些原始的朴素美感。

仿罗马式家具起源于罗马人发明的圆顶拱券式建筑风格，从11世纪开始到12世纪的哥特式家具为止。在床榻表现上多以横托面采用长串连续拱券的装饰，椅子多为小扶手椅，喜欢运用旋制的木柱作脚部支撑，靠背与扶手以连续的拱券造形作装饰，以形成节奏感。另外在椅脚上部还有制成动物的头或鸟爪的形状，其造形给人以坚定、安静、沉重和朴实的感觉。柜在当时也是一个重要的家具种类，罗马风格的柜类家具亦多将顶端制成山尖形式。边角及柜门均结合有青铜饰件和圆帽钉，以使整体的框架结构得以加固，同时还起到了较好的装饰作用。仿罗马式家具基本上没有油漆，这在家具史上是一大退步。

哥特式家具由哥特式建筑风格演变而来。其家具比例瘦长，高耸的椅背带有烛柱式的尖顶，椅背中部或顶盖的眉沿均用细密的拱券透雕或浮雕予以装饰。15世纪后期，在家具中出现了以平面刻饰典型的哥特式焰形窗饰，如柜顶常装饰着城堡形的檐板以及窗格形的花饰。哥特式家具的油漆色彩一般都较深，通常图案用绿色，底板漆红色。哥特式家具的装饰大多取材于基督教的圣经内容，由于雕刻技术的发展，使哥特式家具在精致的木雕装饰艺术上得以充分展露，同时也显示出了这个时期家具精湛的艺术成就(图7-7)。

图7-7 哥特式风格的家具造形

（3）文艺复兴时期

文艺复兴是指公元14～16世纪以意大利各城市为中心开始的对古希腊、古罗马文化的复兴运动。15世纪以后，意大利在家具艺术方面吸收古代造形的精华，以新的表现手法将古典建筑上的檐板、半柱、拱券以及其他细部形式移植到家具上作为家具的装饰艺术。如以贮藏家具的箱柜为例，它是由装饰檐板、半柱和台座密切结合而成的完整结构体，尽管这是由建筑和雕刻转化到家具上的造形装饰，但绝不是生硬、勉强的搬迁，而是将家具制作艺术的要素和装饰艺术完美的结合。意大利文艺复兴盛期时的家具，造型讲究线条粗犷、造形沉稳厚重，还喜欢镶嵌木制的马赛克，使家具的色彩显得十分丰富。意大利文艺复兴后期的家具装饰以威尼斯的作品最为成功。它的最大特点是灰泥模塑浮雕装饰，做工精细，常在模塑图案的表面加以贴金和彩绘处理，这些制作工艺被广泛用于柜子和珍宝箱的装饰上(图7-8)。

图7-8 文艺复兴时期的家具造形

文艺复兴运动在欧洲风靡了几个世纪，它击碎了中世纪的刻板僵直与教会的宗教幻梦，开创了自由生动的形式，使家具生产走上了以“人”为中心的道路，因此可以说这时的家具是家具史上的一块里程碑。

（4）浪漫时期

1）巴洛克风格

“巴洛克”一词源于葡萄牙文，意为珠宝商人用来表述珍珠表面那种光滑、圆润、凹凸不平的特征用语，并含有不整齐、扭曲、怪诞之意。16世纪末，文艺复兴运动已被逐渐兴起的巴洛克风格所代替。其中早期巴洛克家具最主要的特征是用扭曲形的腿部来代替方木或镟木的腿，这种形式打破了历史上家具的稳定感，使人产生家具各个部分都处于运动之中的错觉。这种带有夸张效果的运动感，很符合宫廷显贵们的口味，因此很快影响了意大利和欧洲各国，成为风靡一时的潮流。

巴洛克家具的最大特色是将富于表现力的细部相对集中，简化不必要的部分而着重于整体结构，因而它舍弃了文艺复兴时期将家具表面分割成许多小框架的方法以及那些复杂、华丽的表面装饰，而改成重点区分，加强整体装饰的和谐效果。由于这些改变，巴洛克风格的座椅不再采用圆形镟木与方木相间的椅腿，而代之以整体式的迎栏状柱腿；椅坐、扶手和椅背改用织物或皮革包衬来替代原来的雕刻装饰。这种改革不仅使家具形式在视觉上产生更为华贵而统一的效果，同时在功能上更具舒适的效果。

2）洛可可风格

“洛可可”一词来源于法语，原意是岩石和贝壳的意思，现常指盛行于18世纪路易十五时代的一种艺术风格，因此也叫做“路易十五式”。

洛可可家具的最大成就是在巴洛克家具的基础上进一步将优美的艺术造形与舒适的功能巧妙地结合在一起，形成完美的工艺作品。路易十五式的靠椅和安乐椅就是洛可可风格家具的典型代表。它的优美椅身由线条柔婉而雕饰精巧的靠背、坐位和弯腿共同构成，配合色彩淡雅秀丽的织锦缎或刺绣包衬，不仅在视觉艺术上形成极端奢华高贵的感觉，而且在实用与装饰效果的配合上也达到空前完美的

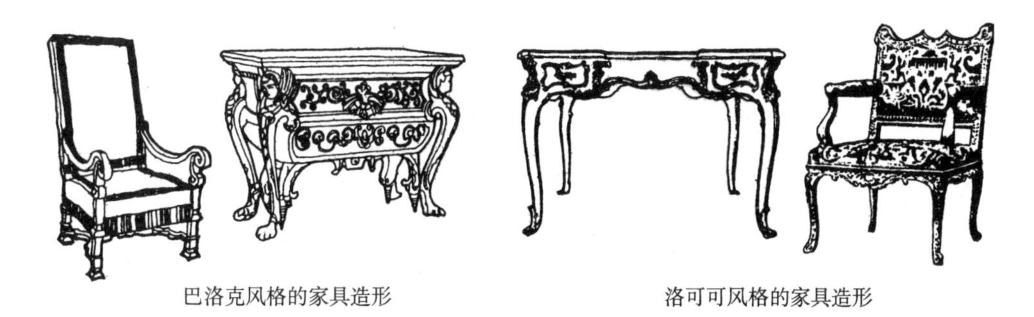

巴洛克风格的家具造形　　洛可可风格的家具造形

图 7-9　巴洛克与洛可可风格的家具造形

程度。同样，写字台、梳妆台和抽屉橱等家具也遵循同一设计原则，具有完整的艺术造形，它们不仅采用弯腿以增加纤秀的感觉，同时台面板处理成柔和的曲面，并将精雕细刻的花叶饰带和圆润的线条完全融为一体，以取得更加瑰丽、流畅与优雅的艺术效果(图 7-9)。

洛可可风格发展到后期，其形式特征走向极端，因其曲线的过度扭曲及比例失调的纹样装饰而趋向没落。

（5）过渡时期

1）新古典主义

新古典主义风格的家具可分为 18 世纪末的“庞贝式”和 19 世纪初的“帝政式”两个阶段，它们各自代表的是路易十六时期的家具和拿破仑称帝时期的家具。

庞贝式风格盛行于18世纪后期，其家具的主要特点是完全抛弃了路易十五式的曲线结构和虚假装饰，以直线造形成为其家具的特色，追求家具结构的合理性和简洁的形式。因此在功能上更加强调家具结构的力量，无论是圆腿或是方腿，都是上粗下细，并且带有类似罗马石柱的槽形装饰线，这样不仅减少了家具的用料而且提高了腿部的强度，同时获得了一种明晰、挺拨、轻巧的美感。在家具的装饰上注重使用具有规整美的古代植物纹样图案，色彩上则大量使用粉红、蓝、黄、绿、淡紫、灰等自然优雅而明亮的颜色。相对路易十五时代的洛可可家具而言，庞贝式风格的家具无论是在造形上还是在适用性上都有显著的进步。但由于这种变革只不过是形式上的进步，实际上是重复古代文化的旧辙，所以只能在很短的时间内昙花一现。随着路易十六被推上法国大革命的断头台，庞贝式风格家具也结束了自己的生命。

帝政式风格流行于 19 世纪前期，是法国大革命后拿破仑执政时期的家具风格，其特点是把古希腊、古罗马时代的建筑造形赋予家具装饰上，如圆柱、方柱、檐口、饰带、神像、狮身人像、狮爪形等装饰构件，以其粗重刻板的造形及线条来显示宏伟庄严，表现军人的气质及炫耀战功，并充分体现王权的力量。帝政式风格可以说是一种彻底的复古运动，它不考虑功能与结构之间的关系，一味盲目效仿，将柱头、半柱、檐板、螺纹架和饰带等古典建筑细部硬加于家具上，甚至还将狮身人面像、半狮半鸟的怪兽像等组合于家具支架上，显得臃肿、笨重和虚假(图 7-10)。由于帝政式家具是特定政治条件下的产物，其本身并无生命力，当拿破仑帝国灭亡之后也随之消亡，西欧的家具风格又重新陷入了一个混乱的局面。

图 7-10 帝政式风格的家具造形

2）19 世纪后期和莫里斯运动

这一时期的家具发展存在两条平行的路线：一条是以英国威廉·莫里斯为代表的一批艺术家和建筑家，他们竭力主张艺术家和工程师相结合的路线，倡导和推动了一系列的现代设计运动。其中有著名的"工艺美术运动"，这个运动是以装饰为重点的个人浪漫主义艺术，它以表现自然形态的美作为自己的装饰风格，从而使家具设计像生物一样富有活力。另一条是德国的米夏尔·托奈特(Michael Thonet)创造的。他以他的实干精神解决了机械生产与工艺设计之间的矛盾，第一个实现了工业化生产。托奈特的主要成就是研究弯曲木家具，采用蒸木模压成型技术，并于1840年获得成功，继此又于1859年推出了最著名的第14号椅，成为传世的经典之作。

1907年，德国建筑师赫尔曼·马蒂修斯(Hermann Muthesius，1861 ~ 1927年)在慕尼黑创建了德国制造联盟，主张用机器来生产他们的作品，创造性地将艺术、工业和工业化融合在一起，同年在德累斯顿工艺美术展览会上展出了从家具到炉子和火车车厢等机制产品。1910年和1913年，奥地利制造联盟与瑞士制造联盟相继成立，1915年在英国成立了设计与工业协会。其目标与德国制造联盟的目标相一致，均对后来的现代主义设计及包豪斯的设计师产生了重要的影响。

7.1.1.3 现代家具的发展与未来展望

（1）形成和发展时期 (1914 ~ 1945 年)

这个时期出现了众多的家具设计流派，其中具有影响力的流派有风格派、包豪斯学派与国际风格等。

"风格派"(De Stijl) 是在 1917 年前后，在荷兰莱顿城由一批画家、作家和建筑师聚集成立的一个组织。风格派的作品总是以方块为基础，色彩只用红、黄、蓝，在确实需要时才以白、黑和灰作为对比。风格派最具代表性的作品是格里特·雷特维尔德(Gerrit Thomas Rietv Eld，1888 ~ 1964 年)于 1917 年设计的"红蓝椅"，这是他为了更进一步阐明风格派理论原则而设计的。另外，由他设计的"Z"形椅，造型和结构都极其简洁，而且便于工业化大量生产，这一式样流传了很多年。

包豪斯学派与包豪斯学院有着紧密的联系，简称 "包豪斯"。它的宗旨是以探求工业技术与艺术的结合为理想目标，决心打破19世纪以前存在于艺术与工艺技术之间的屏障，主张无论任何艺术都是属于人类的。包豪斯运动不仅在理论上为现代设计思想奠定了基础，同时在实践运动中生产制作了大量现代产品；也培养了大量具有现代设计思想的著名设计师，为推动现代家具及现代设计作出了巨大贡献。其代表性的家具作品有马赛·布劳埃尔设计的瓦西里椅和赛丝卡椅，这两件家具对包豪斯家具产生了深远的影响，也堪称现代家具的典范。

国际风格出现于20世纪20～30年代，是由风格派和包豪斯付诸实践而形成的。其观念认为：建筑物应是一种容积，而不再是一种体量；设计需要规律性，并应禁止随意使用装饰；功能作为形式设计的最高准则，具有世界性的共同需要，这就形成了国际风格作品的特征。其代表性作品有密斯·凡·德·罗1929年为巴塞罗那世界博览会德国馆设计的“巴塞罗那椅”与勒·柯布西耶设计的可以转动的靠背扶手椅。另一种大安罗椅，则是带厚实方块造形的皮面椅子，给人以简洁、稳重之感，也是最接近柯布西耶建筑设计思想的家具造形(图7-11)。

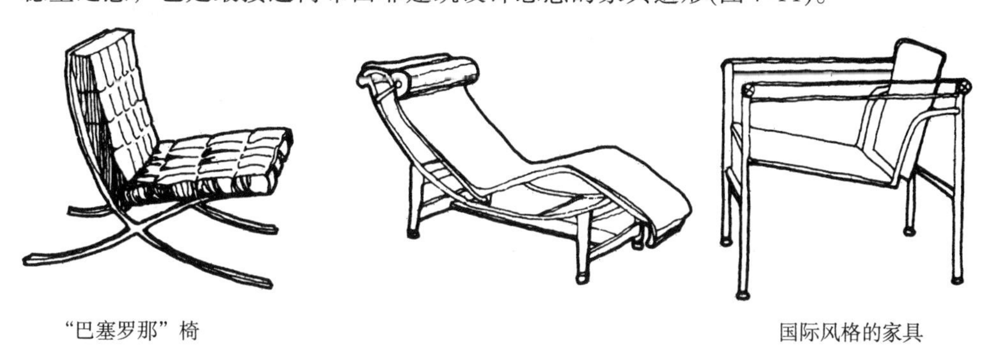

“巴塞罗那”椅　　国际风格的家具

图7-11　形成与发展时期的现代家具

（2）高度发展时期 (1945～1970年)

欧洲在战后急需恢复经济、重建城市，一时还没有力量进行家具研发和开发新材料，而在战时一大批优秀的建筑师和家具设计师又被迫迁至美国，加上美国拥有的财力及在战争中飞快发展的工业技术，自然而然地使美国成为战后家具设计和家具工业发展的先进国家。

随着新材料的不断产生和新工艺的研制，胶合板、层压板、玻璃钢、塑料等新材料和相应的新工艺不断涌现，人们生产出大量全新概念的各式家具，现代家具走上了高度发展时期(图7-12)。

20世纪60年代初，欧洲工业已经恢复了元气，进入高速增长的阶段，这种在美国完善及高度发展了的现代家具之风，反过来对欧洲产生了巨大影响，同时也推动了欧洲家具工业的发展，北欧、德国、意大利都相继登上欧洲家具制造业的先导地位。

（3）面向未来的多元时代 (1970～　)

20世纪50年代之后，世界工业生产发展很快，各种科技新成果对家具设计产生很大的影响，因此各种新形式的家具层出不穷。当代家具领域中，德国科隆市定期举行的“国际家具大展”代表着当今世界家具设计的最新潮流。法国设计

图 7-12 高度发展时期的现代家具

家库沙 (Quasar)设计的“塑料吹气家具”、德国设计师设计的“纸板家具”与一种“压克力”(丙烯塑料) 家具均成为现代家具发展的潮流之一。

20 世纪 70 年代，人类揭开了向宇宙进军的序幕。科技的高度发展，为人类社会的物质文明展示出一个崭新的时代，由于受现代西方艺术流派的影响，“波普家具”、“硬边家具”与“仿生家具”都有所发展。但是由于这些家具本身表现了一种玩世不恭的消极情调，所以难以被广大群众所接受。后来的“后现代主义”一针见血地批判了现代主义，其家具设计给人的印象是通俗、怀旧、装饰、表现、隐喻、公众参与、多元论和折衷主义。

值得特别注意的是西方家具中的复古倾向，由于当今世界充满着机械和噪声，人们的生活节奏异常紧张，所以人们不喜欢自己的家庭布置得与工厂车间一样，希望恢复古代悠闲的田园式风格，从而又开始关注传统家具形式。另外机器生产的高度发达产生了用机器模仿手工生产的可能性，手工生产的装饰形式不再是机器生产的障碍，为此，许多西方家具生产厂家已经生产了大量传统样式的家具。目前一些家具厂还用化学处理的方法将低质木材变为高档材料，生产镟木和其他式样的西方传统式家具，颇受国际市场的欢迎。显然随着科学技术的发展和工业生产的进步，家具的式样也不会永远停留在一个水平之上，也许家具设计正面临着一个新的飞跃。

7.1.2 家具的类型与作用

家具是室内空间中的重要的组成部分，从王宫贵族到平民百姓、从生活宅第到社会活动场所，都借助家具来演绎生活和展开活动。据有关资料表示：人们在家具上消磨的时间约占全天的2/3以上；家具在起居室、办公室等场所的占地面积约为室内面积的35%～40%，而在各种餐厅、影剧院等公共场所，家具的占地面积更大，所以家具的造形、色彩和质地对内部空间具有决定性的影响。作为室内设计师，一定要充分了解家具的类型和作用，利用家具营造良好的室内环境。

7.1.2.1 家具的作用

家具的作用主要表现在物质功能和精神功能两方面（图7-13）。

家具在室内环境物质功能方面的作用

家具在室内环境精神功能方面的作用

图7-13 家具在室内环境中的功能作用

（1）家具在物质功能方面的作用

实用是家具最主要的物质功能，然而从室内空间组织上来看，家具还有分隔空间、组织空间与填补空间等作用。

1）分隔空间

为了提高内部空间的灵活性，常常利用家具对空间进行二次分隔。例如在住宅室内环境中，常常利用组合柜与板、架家具来分隔空间；而在厨房与餐室之间，也常利用厨房家具，如吧台、操作台、餐桌等家具来划分空间，从而达到空间既流通又分隔的目的，不仅有利于就餐物品的传送，同时也节省了空间，增加了情趣。

2）组织空间

家具还可以把室内空间划分成为若干个相对独立的部分，形成一个个功能相对独立的区域，从而满足人们在室内环境中进行多种活动或享受多种生活方式的需要。诸如在住宅的起居室中，常用沙发和茶几组成休息、待客、家庭聚谈的区域；在商业空间中，则通过商品展示柜橱的巧妙布置来组织人流通行路线，以形成不同商品的营销区域。

3）填补空间

家具的数量、款式和配置方式对内部空间效果具有很大的影响。在室内空间中，如果家具布置不当，就会出现轻重不均的现象。反之，如果室内空间出现构图不平衡时，也可在一些空缺的位置布置柜、几、架等辅助家具，以使室内空间构图达到均衡与稳定的效果。如在一些写字楼、饭店大厅的过廊、过厅及电梯间等处，就常利用这种手法进行处理，从而达到平衡室内空间构图的作用。

（2）家具在精神功能方面的作用

家具与人的关系很密切，家具的精神功能往往在不知不觉中表现出来，主要体现在以下三个方面：

1）陶冶人们的审美情趣

家具艺术与其他艺术既有共同点又有不同点，其中很大的不同点就表现为家具与人们的生活关系十分密切。在现代室内环境中，人们能在接触家具的过程中自觉或不自觉地受到其艺术的感染和熏陶，同时随着家具的演变，人们的审美情趣还会随之逐渐改变，所以家具与人们的审美情趣存在着互动的关系。

当然，家具也能体现主人或设计师的审美情趣，因为家具的设计、选择和配置，能在很大程度上反映主人或设计师的文化修养、性格特征、职业特点和审美趣味。

2）反映民族的文化传统

在室内设计中，一般不可能将内部空间的各个界面作多样的装饰处理，所以体现室内环境地方性及民族性的任务就往往依靠家具与陈设来承担。家具可以体现民族风格，英国巴洛克风格、古代埃及风格、印度古代风格、中国传统风格、日本古典风格等，在很大程度上就是指通过家具与陈设而表现出来的风格；此外，不同地区由于地理气候条件不同、生产生活方式不同、风俗习惯不同，家具的材料、做法和款式也不同，因此家具还可以体现地方风格。

3）营造特定的环境气氛

室内空间的气氛和意境是由多种因素形成的，在这些因素中，家具有着不可忽视的作用。有些家具体形轻巧、外形圆滑，能给人以轻松、自由、活泼的感觉，可以形成一种悠闲自得的气氛。有些家具是用珍贵的木材和高级的面料制做的，带有雕花图案或艳丽花色，能给人以高贵、典雅、华丽、富有新意的印象。还有一些家具是用具有地方特色的材料和工艺制做的，能反映地方特色和民族风格。例如，竹子家具能给室内空间创造一种乡土气息和地方特色，使室内气氛质朴、自然、清新、秀雅；红木家具则给人以苍劲、古朴的感觉，使室内气氛高雅、华贵。

7.1.2.2 家具的类型

家具的种类很多，依据不同的归类方法可以大体分成以下几类：

（1）根据基本功能

1）人体家具——指与人体发生密切关系的家具。它既包括直接支承人体的凳、椅、沙发、床等，又包括与人的活动直接相关的家具，如：桌子、柜台、茶几、床头柜等。

2）准人体家具——指不全部支承人体，但人要在其上工作的家具，如：桌子、柜台、茶几和床头柜等。

3）贮物家具——指贮存衣服、被褥、书刊、器皿等物品的柜、橱、架、箱等家具，如：衣橱、壁柜、书橱（架）、酒（器皿）柜、货架等。

4）装饰家具——指以美化空间、装饰空间为主的家具，如：博古架、装饰柜、屏风、茶几等。

（2）根据使用材料

1）木质家具——指用木材及其制品，如胶合板、纤维板、刨花板等制作的家具。木质家具是家具中的主流，它具有质轻、高强、纯朴、自然等特点，而且取材方便，易于制作，质感柔和，纹理自然清晰，造形丰富。木质家具具有很高的观赏价值和良好手感，是人们喜欢的理想家具。

2）竹藤家具——指以竹、藤为材料制作的家具。它和木制家具一样具有质轻、高强、纯朴、自然等特点，而且更富有弹性和韧性，易于编织，又是理想的夏季消暑使用家具。竹藤家具具有浓厚的乡土气息和地方特色，而且线条流畅、造形丰富，在室内环境中具有极强的表现力。

3）金属家具——指以金属材料为骨架，与其他材料，如木材、玻璃、塑料、石材、帆布等组合而成的家具。金属家具充分利用不同材料的特性，合理运用于家具的不同部位，给人以简洁大方、轻盈灵巧之感，并且通过金属材料表面的不同色彩和质感处理，使其极具时代气息，特别适合运用于现代气息浓郁的室内环境。

4）塑料家具——指以塑料为主要材料制成的家具。塑料具有质轻、高强、耐水、表面光洁、易成形等特点，而且有多种颜色，因而常做成椅、桌、床等。塑料家具分模压和硬质材两种类型。模压塑料家具可制成随意曲面，以适合人体体型的变化，使用起来非常舒适；硬质材塑料可与其他材料如帆布、皮革等组合制成轻便家具。塑料家具的缺点是耐老化和耐磨性稍差。

5)软垫家具——指由软体材料和面层材料组合而成的家具。常用的软体材料有弹簧、海绵、植物花叶等，有时也用空气、水等做成软垫。面层材料有布料、皮革、塑胶等。软垫家具的造形与效果主要取决于其款式、比例以及蒙面材料的质地、图案和色彩等因素，许多软垫家具能给人以温馨、高贵、典雅、华丽的印象。软垫家具能增加与人体的接触面，避免或减轻人体某些部分由于压力过于集中而产生的酸疼感；软垫家具有助于人们在坐、卧时调整姿势，以使人们得到较好的休息。

（3）根据结构形式

1）框架家具——指家具的承重部分是一个框架，在框架中间镶板或在框架的外面附面板的家具结构形式，传统家具大多属于框架式家具。框架家具具有坚固耐用的特性，常用于柜、箱、桌、床等家具。但这种家具用料多，又难适应于大工业的生产，故在现代家具制作中正逐步被其他结构形式的家具所代替。

2）板式家具——指用不同规格的板材，通过胶粘结或五金构件连接而成的家具。这里的板材多为细木板和人造板，其板材具有结构承重和围护分隔的作用。板式家具的特点是结构简单、节约材料、组合灵活、外观简洁、造形新颖、富有时代感，而且节约木材，便于自动化、机械化的生产。

3）拆装家具——指从结构设计上提供了更简便的拆装机会，并按照便于运输的原则可拆卸后放在箱内携带的家具。拆装家具摒弃了传统做法，部件之间靠金属连接器、塑料连接器、螺栓式木螺钉连接，必要的地方还有木质圆梢定位，部件间可以多次拆开和安装，而且家具表面油漆也可用机械化喷制，所有这些均为生产、运输、装配、携带、贮藏提供了极大的方便。缺点是坚固程度略低，并需要制造连接器件。

4）折叠家具——指一种具有灵活性的家具，这种家具可在使用时打开，不用时收拢。其特点是轻巧、灵活、体积小、占地少，便于存放、运输。折叠式家具主要用于面积较小或具有多种使用功能的场所。

5）支架家具——指由承力的支架部分以及置物的柜橱或搁板构成的家具。支架通常由金属或木料、塑料等制作，其特点是结构简洁、制作简便、重量轻巧、灵活多变，且不占或少占地面面积。多用于客厅、卧室、书房、厨房等地，用于贮存酒具、茶具、文具、书籍和小摆设。

6）充气家具——指以密封性能好的材料灌充气体，并按一定的使用要求制作而成的家具。其特点是重量轻、用材少、给人以透明、新颖的印象，目前还只限于床、椅、沙发等几种。与传统家具相比，充气家具的主体是一个不漏气的胶囊，需要进一步研究解决如何防止火烧、针刺和快速修补等问题。

7）浇铸家具——指主要用各种硬质塑料与发泡塑料，通过特制的模具浇铸出来的家具。其中硬质塑料家具多以聚乙烯和玻璃纤维增强塑料为原料，其特点是质轻、光洁、色彩丰富、成型自由、加工方便，最适于制作小型桌椅。

（4）根据使用特点

1）配套家具——指为满足某种使用要求而专门设计制作的成套家具。配套家具的内容和数量不定，但能满足不同场所的基本使用要求。配套家具的风格统一，色彩及细部装饰配件相同或相近，能给人以整体、和谐的美感。

2）组合家具——指由若干个标准的家具单元或部件拼装组合而成的家具。其特点是具有拼装的灵活性、多变性。同样单元的不同组合，可以构成不同的形式，适合不同的需求。通常组合家具的总体关系统一协调，能适应不同室内空间的需要，目前多以柜、橱、沙发等为主，其适用范围还需进一步开发。

3）多用家具——指具备两种或两种以上使用功能的同种家具。它能充分发挥同种家具的使用功效，减少室内家具的品种和数量，节约空间。多用家具有两类：一类是不改变家具的形态便可多用的家具，如带柜的床、可睡沙发等；另一类是指改变使用目的时必须改变原来形态的家具，如沙发床展开是床，收叠后便是沙发。

4）固定家具——指与建筑物构成一体的家具，它不能随意移放。常用于居住建筑室内环境中，如壁柜、吊柜、搁板等，部分固定家具还兼有分隔空间的功能。固定家具既能满足功能要求，又能充分利用空间，增加环境的整体感，更重要的是可以实现家具与建筑的同步设计与施工。

7.1.3 室内设计中的家具配置

在室内环境中选择和布置家具，首先应满足人们的使用要求；其次要使家具美观耐看，即需按照形式美的法则来选择家具，同时根据室内环境的总体要求与使用者的性格、习俗、爱好来考虑款式与风格；再者还需了解家具的制作与安装工艺，以便在使用中能自由进行摆放与调整。其具体工作包括：

7.1.3.1 确定家具的种类和数量

满足室内空间的使用要求是家具配置最根本的目标。在确定家具的种类和数量之前，首先必须了解室内空间场所的使用功能，包括使用对象、用途、使用人数以及其他要求。例如教室是作为授课的场所，必须要有讲台、课桌、座椅（凳）等基本家具，而课桌、座椅的数量则取决于该教室的学生人数，同时应满足桌椅之间的行距、排距等基本要求。另外在一般房间，如卧室、客房、门厅，则应适当控制家具的类型和数量，在满足基本功能要求的前提下，家具的布置宁少勿多、宁简勿繁，应尽量减少家具的种类和数量，留出较多的空地，以免给人留下拥挤不堪和杂乱无章的印象。

7.1.3.2 选择合适的款式

在选用家具款式时应讲实效、求方便、重效益。讲实效就是要把适用放在第一位，使家具合用、耐用甚至多用，在住宅、旅馆、办公楼中已表现出配套家具、组合家具、多用家具愈来愈多的倾向；求方便就是要省时省力，旅馆客房就常把控制照明、音响、温度、窗帘的开关集中设在床头柜上或床头屏板上，现代化的办公室也常常选用带有电子设备和卡片记录系统的办公桌。

选择家具时，还必须考虑空间的性格。例如为重要公共建筑的休息厅选择沙发等家具时，就应该考虑一定的气度，并使家具款式与环境气氛相适应；而交通建筑内的家具，如机场、车站的候机、候车大厅内的家具，则应考虑简洁大方、实用耐久，并便于清洁。

7.1.3.3 选择合适的风格

这里所说的风格主要指家具的基本特征，它是由造形、色彩、质地、装饰等多种因素决定的。由于家具的风格选择关系到整个室内空间的效果，因此必须仔细斟酌。家具的风格有多种，主要有中国风格、古典风格、欧陆风格、乡土风格、东方风格、现代风格等等。从设计来看，家具的风格、造形应有利于加强环境气氛的塑造，例如西餐厅内的家具，其风格与造形就应选择与西式风格相适应的家具；若是乡土风格的室内空间，则可选择竹藤或木质家具，否则就会显得与环境格格不入。

7.1.3.4 确定合适的格局

家具布置的格局是指家具在室内空间配置时的构图问题，家具的布置格局要符合形式美的法则，注意有主有次、有聚有散。空间较小时，宜聚不宜散；空间较大时，宜散不宜聚。在实践中，常常采用下列做法：

其一，以室内空间中的设备或主要家具为中心，其他家具分散布置在其的周围。例如在起居室内就可以壁炉或组合装饰柜为中心布置家具。

其二，以部分家具为中心来布置其他的家具。

其三，根据功能和构图要求把主要家具分为若干组，使各组间的关系符合分聚得当、主次分明的原则。

在日常生活中，家具的格局可分为规则和不规则两类。规则式多表现为对称式，有明显的轴线，特点是严肃和庄重，因此常用于会议厅、接待厅和宴会厅，主要家具成圆形、方形、矩形或马蹄形(图 7-14)。不规则式的特点是不对称，没有明显的轴线，气氛自由、活泼、富于变化，因此常用于休息室、起居室、活动室等处，在现代建筑中比较常见 (图 7-15)。

图 7-14 规则式的家具布置格局

图 7-15 不规则式的家具布置格局

7.2 室内陈设

所谓陈设，若从“陈设”二字的字面解释来看，作为动词有排列、布置、安排、展示的含义；作为名词又有摆放、设置之意。现代意义上的“陈设”与传统的“摆设”有相通之处，但前者的领域更为广泛。建筑室内环境中的陈设是指在建筑室内空间中除固定于墙、地、顶及建筑构件、设备外的一切实用与可供观赏的陈设物品，它们是室内设计中的重要构成内容。人的活动离不开陈设物品，室内环境必然或多或少地存在着不同品种的陈设物品，其空间的功能和价值也往往通过陈设物品来进一步展现。

7.2.1 室内陈设的作用

陈设是室内环境中的一个重要内容，其形式多种多样，内容丰富广泛，主要包括灯具、织物、装饰品、日用品、植物绿化与室内景园等等。室内环境中的陈设布置不仅直接影响人们的生活和生产，还与组织空间、创造宜人环境有关，起着美化环境、增添室内情趣、渲染环境气氛、陶冶人们情操的作用。

7.2.1.1 陈设与室内环境的关系

陈设与室内环境的关系主要表现在以下几个方面：

其一是不同类型的空间对室内陈设有不同的要求。例如娱乐建筑室内空间对纺织品的选择，一般偏爱选用图案由曲线构成的织物来陈列，以形成一种活泼、跳动的气势与流动感。在旅游建筑中则常选用图案花样繁多、形式多样的织物，尤其是具有民族风格、地方特点与乡土气息的图案，以使室内陈设的风格与空间主题保持协调。所以，陈设的题材、构思、色彩、图案、质地等方面应该服从空间的功能要求，以使建筑空间与陈设互相协调。

其二是不同类型的房间对室内陈设物品具有不同的要求，这是由于房间功能的不同，对陈设物品的要求也有变化，而不同风格的陈设物品，对于形成这些房间的个性也有着重要的作用。例如住宅的客厅和起居室，往往是一家人的生活中心，既是家庭成员休息活动的地方，也是友人、宾客来访时的待客之处。因此室内陈设的布置就需要表达出家庭的个性与趣味，给来宾以轻松随和的印象。又如儿童房间的陈设品处理，就应考虑儿童的生理、心理特点，依照孩子的成长需要来布置。所以，陈设物品的选择只有根据房间的具体要求来确定，才能准确地表达出房间的风格、气氛及内涵。

其三是不同形式的家具对室内陈设品有不同的要求，这是因为室内环境中陈设品的陈列一般常常与家具发生关系，有陈列在家具上的，有与家具形成一个整体的，还有与家具共同起到平衡室内空间构图的。比如客厅中的陈设品就包括家用电器、灯具、靠垫、茶具、花瓶、工艺品、观赏植物等，它们都有各自的造形和色彩，需要协调。但同时它们更应该注意与客厅中家具的相互关系，并与其构成室内环境中和谐的空间构图。

7.2.1.2 室内陈设的作用

室内陈设是室内环境中不可分割的一个部分，对室内设计的成功与否有着重要的意义，其作用主要体现在如下 6 个方面：

（1）增强空间内涵

室内陈设的介入，有助于使空间充满生机和人情味，并创造一定的空间内涵和意境，如纪念性建筑、传统建筑、一些重要的旅游建筑常常借助室内陈设创造特殊的氛围。如：北京芦沟桥中国人民抗日战争纪念馆入口序厅，大厅正面墙上镶嵌着一幅名为《铜墙铁壁》的巨大铜塑，序厅两侧设置有“义勇军进行曲”和“八路军进行曲”壁饰。整个入口序厅的室内环境色彩由红、黑、白与铜色组成，追求的是纯净、简洁、粗壮与厚朴的效果，每个细部的陈设处理都渗透出中国人民战胜外敌的力量和悲壮的激情，使参观者在这里得到心灵的震撼。特别是序厅顶棚悬挂的吊钟，更是为人们提出了“警钟长鸣”的警示(图 7-16)。

（2）烘托环境气氛

不同的陈设品可以烘托出不同的室内环境气氛，欢快热烈的喜庆气氛、亲切随和的轻松气氛、深沉凝重的庄严气氛、高雅清新的文化艺术气氛……都可通过不同的陈设品来营造。例如中国传统室内风格的特点是庄重与优雅相融合，我们在中式餐厅中就可选用一些书法、字画、古玩来创造高雅的文化气氛，显示出中国传统文化的环境气氛特点。而在现代室内空间中，就可采用色调自然素静和具有时代特色的陈设品来创造富有现代气氛的室内环境。

（3）强化室内风格

室内陈设品本身的造型、色彩、图案及质感等都带有一定的风格特点，因此室内陈设品有助于强化室内风格的形成。比如北京新东安市场地下层的“老北京”购物商业一条街，不仅将每个店面做成大栅栏的样式，还在店铺门面挂上一些“老北京”的店招和幌子，如“盛锡福”、“内连升”、“同仁堂”、“荣宝斋”、“六必居”等等。在购物商业街中心还布置了一个门楼，并设置 2 个黄包车夫在门楼外等候

图 7-16　北京芦沟桥中国人民抗日战争纪念馆入口序厅的室内陈设

图 7-17　北京新东安市场地下层“老北京”商业购物一条街的室内陈设

顾客的场景。所有这些陈设品都强化了传统北京的风貌特点，增加了来此购物的顾客对“老北京”一条街的兴趣(图 7-17)。

（4）调节柔化空间

今天的室内环境常常充斥着钢筋混凝土、玻璃幕墙、不锈钢等硬质材料，使人感到沉闷、呆板、与自然隔离；而陈设品的介入，能弥补这方面的不足，调节和柔化室内空间环境。例如：织物的柔软质地，使人有温暖亲切之感；室内陈列的日用器皿，使人颇觉温馨；室内的花卉植物，则使空间增添了几分色彩和灵气。

（5）反映个性特点

一般情况下，人们总是根据自己的爱好选择相应的陈设品，因此室内陈设也成为主人反映个性的途径。一些嗜好珍藏物品的人家，常常就在自己的家中挂满珍藏的嗜好物品，使室内空间反映出主人的爱好和个性。

（6）陶冶品性情操

在室内环境中，格调高雅、造型优美、具有一定文化内涵的陈设品能使人们产生怡情遣性、陶冶情操的感受，这时陈设品已经超越其本身的美学价值而表现出较高的精神境界。书房中的文房四宝、书法绘画、文学书籍、梅兰竹菊等，都可营造出这种氛围，使人获得精神的陶冶。

7.2.2 室内陈设的类型

从室内陈设的类型来看，主要包括：织物、日用陈设品、装饰陈设品与绿化植物等内容，这里就按种类作一简要介绍：

7.2.2.1 织物

由于织物具有柔软的特性，因此它成为室内软环境创造中必不可少的重要元素，是现代室内环境中使用面积最广的陈设品之一。在现代室内空间设计中，织物正以其多彩多姿、充满生机的面貌，体现出实用和装饰相统一的特征，发挥着拓展视觉和延伸空间环境的作用。

（1）织物的种类

织物的种类很多，若按材料来分，可分为棉、毛、丝、麻、化纤等织物；若按工艺来分，可分为印、织、绣、补、编结、纯纺、混纺、长丝交织等织物；若按用途来分，可分为窗帘、床罩、靠垫、椅垫、沙发套、桌布、地毯、壁毯、吊毯等织物；若按使用部位来分，可分为墙面贴饰、地面铺设、家具蒙面、帷幔挂饰、床上用品、卫生盥洗、餐厨杂饰及其他织物等等 (图 7-18)。

墙面贴饰织物

地面铺设织物

家具蒙面织物

帷幔挂饰织物

床上用品织物

卫生盥洗织物

餐厨杂饰织物

其他装饰织物

图 7-18 渗透到衣食住行各个层面的室内方面的织物

（2）织物的功能特性与设计应用

织物的特性主要表现为：质地柔软、品种丰富、加工方便、性能多样、随物变形、装饰感强与易于换洗等几个方面。织物在室内环境中的运用，可以弥补现代建筑中大量钢铁、水泥、玻璃等硬性材料带来的人情味淡薄的缺陷，使室内空间重新获得温暖、亲切、柔软、和谐、流动与私密性的感受。织物在室内设计中的应用主要表现在以下几个方面：

首先织物具有诸多实用功能，如：遮阳、吸声、调光、保温、防尘、挡风、避潮、阻挡视线、易于透气及增强弹性等作用，经过特殊处理的织物还能阻燃、防蛀、耐磨与方便清洗。织物在室内可以作为墙布(纸)、地毯、窗帘、帷幕、屏风、门帘、帷幔、蒙面织物、各种物体的活络外套、台布、披巾、靠垫、卫生盥洗用巾与餐厨清洁用巾等，其范围之广，已经渗透到衣、食、住、行、用等各个层面。

其次从空间组织方面来看，织物正以其特有的质感、丰富的色彩、多样的形态起着重要的空间组织作用。诸如利用织物能够围合、组配室内空间，以形成当代室内设计所刻意追求的渗透可变、有实有虚、虚实相间的空间效果；同时还能运用蓬布、彩绸、旗帜、挂饰等织物来沟通空间，使之成为一个整体，增加空间的流动感受；此外还可运用织物作为空间导向，发挥织物的空间引导作用，使空间过渡更加自然。

再者从环境装饰方面来看，由于织物在室内环境中使用面积大，同时具有实用功能和装饰功能，因此可以通过织物突出室内空间的个性，塑造独特的空间气氛，起到其他陈设品无法替代的作用。

7.2.2.2 日用陈设品

主要包括室内环境中的陶瓷器具、玻璃器具、金属器具、文体用品、书籍杂志、家用电器与其他各种贮藏及杂饰用品，它们是人们日常生活离不开的用品(图7-19)。其使用功能主要是实用，但现代日用品的使用频率很高，而且造形日趋美化，所以在室内陈设中占有重要位置。室内日用陈设品的种类繁多，内容极为广泛，大致可分为以下这些类型。

（1）陶瓷器具

陶瓷器具是指陶器与瓷器两类器具，包括有瓦器、缸器、砂器、窑器、琉璃、炻器、瓷器等等，均以黏土为原料加工成型、经窑火的焙烧而制成的器物。其风格多变，有的简洁流畅，有的典雅娴静，有的古朴浑厚，有的艳丽夺目，是在室内日常生活中应用广泛的陈设物品，并有日用陶瓷、陈设陶瓷与陶瓷玩具等类型。我国的陶器以湖南醴陵与江苏宜兴最为著名，瓷器则首推江西景德镇。陶瓷器具不仅用途较广，而且富有艺术感染力，常作为各类室内空间的陈设用品。

（2）玻璃器具

室内环境中的玻璃器具包括有茶具、酒具、灯具、果盘、烟缸、花瓶、花插等等，具有玲珑剔透、晶莹透明、闪烁反光的特点，在室内空间中，往往可以加重华丽、新颖的气氛。目前国内生产的玻璃器具主要可以分为三类：一类为普通的钠钙玻璃器具；二类为高档铝晶质玻璃器具，其特点是折光率高、晶莹透明，能制成各式高档工艺品和日用品；三类为稀土着色玻璃器具，其特点是在不同的

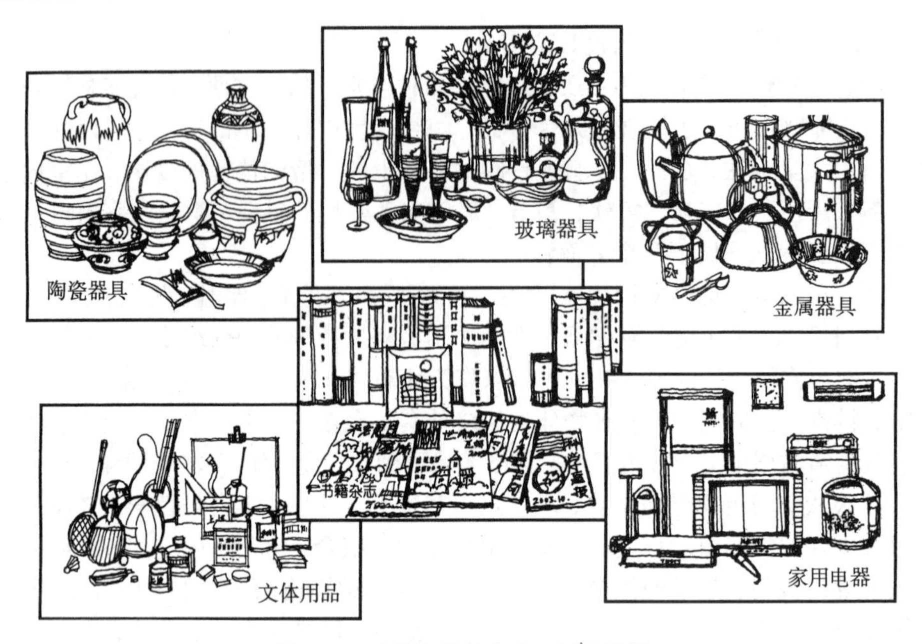

图 7-19　功能多样的室内日用陈设品

光照条件下，能够显示五彩缤纷、瑰丽多姿的色彩效果。

在室内环境中布置玻璃器具，应着重处理好它们与背景的关系，尽量通过背景的烘托反衬出玻璃器具的质感和色彩，同时应该避免过多的玻璃器具堆砌陈列在一起，以免产生杂乱的印象。

（3）金属器具

金属器具主要指以银、铜为代表制成的金属实用器具，一般银器常用于酒具和餐具，其光泽性好，且易于雕琢，可以制作得相当精美。铜器物品包括红铜、青铜、黄铜、白铜制成的器物，品种有铜火锅、铜壶等实用品，钟磬、炉、铃、佛像等宗教用品，炉、熏、卤、瓢、爵、鼎等仿古器皿，各种铜铸动物、壁饰、壁挂，铜铸纪念性雕塑等。这些铜器物品往往端庄沉着、表洁度好、精美华贵，可以在室内空间中显示出良好的陈设效果。

（4）文体用品

文体用品包括文具用品、乐器和体育运动器械。文具用品是室内环境中最常见的陈设物品之一，如：笔筒、笔架、文具盒和笔记本等。乐器除陈列在部分公共建筑中以外，主要陈列在居住空间之中，如：音乐爱好者可将自己喜欢的吉他、电子琴、钢琴等乐器陈列于室内环境，既可怡情遣性、陶冶性情，又可使居住空间透出高雅的艺术气氛。此外随着人们对自身健康的关注，体育运动与健身器材也越来越多地进入人们生活与工作的室内环境，且成为室内空间中新的亮点。特别是造形优美的网球拍、高尔夫球具、刀剑、弓箭、枪枝等运动健身器材，常常可以给室内环境带来勃勃生机和爽朗活泼的生活气息。

（5）书籍杂志

书籍杂志也是不少空间的陈设物品，有助于使室内空间增添文化气息，达到品位高雅的效果。通常书籍都存放在书架上，但也有少数自由散放。为了取得整洁的效果，一般按书籍的高矮和色彩来分组，或把相同包装的书分为一组；有时并非所有的书都立放，部分横放的书也许会增添生动的效果。书架上的小摆设，如：植物、古玩及收藏品都可以间插布置，以增强陈设的趣味性，且与书籍相互烘托产生动人的效果。

（6）家用电器

如今家用电器已经成为室内环境的重要陈设物品，常见的有：电视机、收音机、收录机、音响设备、电冰箱等。家用电器造形简洁、工艺精美、色彩明快，能使空间环境富有现代感，它们与组合柜、沙发椅等现代家具相配合，可以达到和谐的效果。

在室内空间电视机应放在高低合适的位置，电视机屏幕距收看者的距离要合适，以便既能看清画面，又能保护人们的视力。而收音机、收录机，特别是大型台式、落地式收音机、收录机，宜与沙发等结合布置在空间的一侧或一角，使此处成为欣赏音乐、接待客人的场所。另外设置音箱时，其大小和功率要与空间的大小相配合，两个音箱与收听者的位置最好构成三角形，以便取得良好的音响效果。

电冰箱在冷冻时会散发出一定的热量，并有轻微的响动，在厨房面积较小的情况下，最好放在居室与厨房之间的过厅内，洗衣机应放在卫生间或其他空间内。

除了上述六类日用陈设品之外，还有许多日常用品可归入室内日用陈设品的范围，如：化妆品、画笔、食品、时钟等，它们都具有各种不同的实用功能，但又能为室内环境增色不少。

7.2.2.3 装饰陈设品

装饰陈设品指本身没有实用价值而纯粹作为观赏的陈设物品，包括艺术品、工艺品、纪念品、嗜好品、观赏植物等等(图 7-20)，主要包括以下这些类型。

图 7-20 具有观赏价值的室内装饰陈设品

（1）艺术陈设品

艺术品是最珍贵的室内陈设物品，包括绘画、书法、雕塑、摄影作品等等，它们并非室内环境中的必需陈设物品，但却因其优美的色彩与造形美化环境、陶冶人的性情，甚至因其所具有的内涵而为室内环境创造某种文化氛围，提高环境的品味和层次。

艺术陈设品在选择上，应该注意作品的内涵是否符合室内的格调，造形、色彩是否与室内空间的气氛相统一，否则反而可能造成相反的效果。艺术品的陈设应能表现空间的主题或烘托环境气氛，若处于居住空间则应表现主人的情趣，诸如传统的中国书画作品，其格调高雅、清新，常常具有较高的文化内涵和主题，宜布置在一些雅致的空间环境，如书房、办公室、接待室、图书馆等。

（2）工艺陈设品

工艺陈设品包括的内容较多，可分为两类。一类是实用工艺品，另一类是观赏工艺品。前者包括瓷器、陶器、搪瓷制品、竹编和草编等，其基本特征是既有实用价值，又有装饰性。后者包括挂毯、挂盘、牙雕、木雕、石雕、贝雕、彩塑、景泰蓝、唐三彩等，其基本特征是专供人们观赏，没有实用性。我国传统的民间工艺品很多，如泥塑、面人、剪纸、刺绣、布贴、蜡染、织锦、风筝、布老虎、香包与漆器等等，它们都散发着浓郁的乡土气息，构成民族文化的一部分，同时也是室内环境中很好的陈设物品。

在室内环境中配置工艺品，要以空间的用途和性质为依据，挑选能够反映空间意境和特点的工艺品，注意格调统一，切忌杂乱无章；要符合构图法则，注意把握好工艺品的比例和尺度关系，注意统一变化的规律；要注意工艺品的质地对比，既能突出其工艺品的造形，又能反衬工艺品的材质美感；要注意工艺品与整个环境的色彩关系，慎重选择工艺品的色彩。

（3）纪念陈设品、收藏陈设品

纪念陈设品包括世代相传的遗物、亲朋好友赠送的礼品或各种各样的奖状、证书、奖杯、奖品等等，这些陈设物品均具有纪念意义，并对室内环境起着重要的装饰作用。如今，纪念陈设品的观念也发生了变化，如外出旅游带回的特色工艺品、朋友们赠送的生日礼物、新婚拍摄的婚礼照片……都可以作为纪念陈设品，成为人们寄托情感的一种途径。

收藏陈设品的内容则非常广泛，比如邮票、钱币、门票、石头、树根、古玩、灯具、动植物标本、民间工艺品、字画等等。收藏品最能体现一个人的兴趣、修养和爱好。收藏品通常采用集中陈设的效果较好，可用博古架或橱柜陈列。若某件收藏品是一件很有吸引力的东西，则可将其布置在引人注目的地方作重点陈列，给人带来愉悦的感受。

（4）观赏动、植物

能够在室内环境作为陈设品的观赏动物主要有鸟和鱼，观赏植物的种类则非常繁多。一般在室内放置适当的观赏动物往往能取得良好的效果，例如鸟在笼中啼鸣，鱼在水中游动，这些均可给室内空间注入生动活泼的气息。

观赏植物作为室内陈设不仅能使室内充满生机与活力，而且有助于静心养神、缓解人们的心理疲劳，具有其他室内陈设品不可比拟的功效。

7.2.3 室内陈设的选择与布置

室内陈设的选择与布置应该从室内环境的整体性出发，在统一之中求变化。在具体的设计布置中，首先应使陈设与室内空间的功能和室内的整体风格相协调；其次应考虑室内陈设的安全性、观赏距离和构图均衡；同时室内环境中的陈设应该有主有次，以使空间层次更为丰富。

7.2.3.1 陈设品的选择

陈设品选择时应在风格、造形、色彩、质感等各方面精心推敲，以便为室内环境锦上添花。

（1）陈设品的风格

陈设品的风格是多种多样的，它既能代表一个时代的经济技术水平，又能反映一个时期的文化艺术特色。诸如西藏传统的藏毯，其色彩、图案都饱含民族风情；贵州蜡染则表现了西南地区特有的少数民族风格；江苏宜兴的紫砂壶，不仅造型优美、质地朴实，而且还具有浓郁的中国特色。

陈设品的风格选择必须以室内整体风格为依据，具体可以考虑以下两种可能：

一是选择与室内风格协调的陈设品，这样不仅可使室内空间产生统一、纯真的感觉，而且也容易达到整体协调的效果，如室内风格是中国传统式的，则可选择仿宫灯造形的灯具和具有中国传统特色的民间工艺品；一些清新雅致的空间则可选择一些书法、绘画或雕塑等陈设品，灯具也以简洁朴素的造型为宜。

二是选择与室内风格对比的陈设物品，它能在对比中获得生动、活泼的趣味。但在这种情况下陈设品的变化不宜太多，只有少而精的对比才有可能使其成为视觉中心，否则会产生杂乱之感。

（2）陈设品的造型

陈设品的造形千变万化，它能给室内空间带来丰富的视觉效果，如家用电器简洁和极具现代感的造形，各种茶具、玻璃器皿柔和的曲线美，盆景植物婀娜多姿的形态……等，都会加强室内空间的形态美感。所以在现代室内设计中，应该巧妙运用陈设品千变万化的造形，采用或统一、或对比的手法，营造生动丰富的空间效果。

（3）陈设品的色彩

陈设品的色彩在室内环境中所起的作用比较大，通常大部分陈设品的色彩都处于“强调色”的地位，可以采用比较鲜艳的色彩，但是如果选用过多的点缀色彩，亦可能使室内空间显得凌乱。少部分陈设品，如织物中的床单、窗帘、地毯等，其色彩面积较大，常常作为室内环境的背景色来处理，应考虑与空间界面的协调。

（4）陈设品的质感

制作室内陈设品的材质很多，如木质器具的自然纹理、金属器具的光洁坚硬、石材的粗糙、丝绸的细腻等，都会给人带来各方面的美感。陈设品的质感选择，应从室内整体环境出发，不可杂乱无序。原则上对于大面积的室内陈设来说，同一空间宜选用质地相同或类似的陈设以取得统一的效果，但在布置上可使部分陈设与背景形成质地对比，以便在统一之中显示出材料的本色效果。

7.2.3.2 陈设品的布置

室内陈设是室内环境的再创造，因此在布置中应该考虑一定的原则与方式。

（1）布置原则

陈设品的布置应遵循一定的原则，概括地说有以下四点：

1）格调统一，与室内整体环境协调

陈设品的格调应遵从空间环境的主题，与室内整体环境统一，也应与其相邻的陈设、家具协调。

2）构图均衡，与空间关系合理

陈设品在室内空间所处的位置，要符合整体空间的构图关系，并遵循形式美的原则，如统一变化、均衡对称、节奏韵律等等，使陈设品既陈设有序，又富有变化，且具有一定的规律。

3）有主有次，使空间层次丰富

陈设品的布置应主次分明，重点突出。如精彩的陈设品应重点陈列，使其成为室内空间的视觉中心；相对次要的陈设品，则应处于陪衬地位。

4）注意效果，便于人们观赏

在布置时应注意陈设品的视觉观赏效果，如墙上挂画的悬挂高度，最好略高于视平线，以方便人们的观赏。又如鲜花的布置，应使人们能方便地欣赏到它优美的姿态，品味到它芬芳的气息。

（2）陈列方式

陈设品的陈列方式主要有墙面陈列、台面陈列、橱架陈列及其他各类陈列方式。

1）墙面陈列

墙面陈列是指将陈设品张贴、钉挂在墙面上的陈列方式。其陈设物品以书画、编织物、挂盘、木雕、浮雕等艺术品为主，也可悬挂一些工艺品、民俗器物、照片、纪念品、嗜好品、个人收藏品、乐器以及文体娱乐用品等。在一般情况下，书画作品、摄影作品是室内最重要的装饰陈设物品，悬挂这些作品应该选择完整的墙面和适宜的观赏高度。

墙面陈列需注意陈设品的题材要与室内风格一致；还需注意陈设品本身的面积和数量是否与墙面的空间、邻近的家具以及其他装饰品有良好的比例协调关系；悬挂的位置也应与近处的家具、陈设品取得活泼的均衡效果。墙面宽大适宜布置大的陈设品以增加室内空间的气势，墙面窄小适宜布置小的陈设物品以留出适度的空隙，否则再精彩的陈设品也会因为布置不当而逊色(图 7-21)。

作为陈设的位置，如果要取得庄重的效果，可以采用对称平衡的手法；如果希望获得活泼、生动的效果，则可以采用自由对比的手法。

2）台面陈列

台面陈列主要是指将陈设品陈列于水平台面上的陈列方式。其陈列范围包括各种桌面、柜面、台面等，如：书桌、餐桌、梳妆台、茶几、床头柜、写字台、画案、角柜台面、钢琴台面、化妆台面、矮柜台面等等。陈设物品包括床头柜上的台灯、闹钟、电话；梳妆台上的化妆品；书桌上的文具、书籍；餐桌上的餐具、花卉、水果；茶几上的茶具、食品、植物等等。此外，电器用品、工艺品、收藏品等都可陈列于台面之上(图 7-22)。

图 7-21　墙面陈列的室内陈设物品

图 7-22　台面陈列的室内陈设物品

台面陈列需强调的是其陈列必须与人们的生活行为配合，如家中的客人一般习惯在沙发上就坐、谈话、喝茶、吃水果、欣赏台面陈设物，所以茶具、果盘、烟缸等物均应放置在附近的茶几上，供人们随手方便地取用。事实上室内空间中精彩的东西不需要多，只要摆设恰当，就能让人赏心悦目即可。台面陈列一般需要在井然有序中求取适当的变化，并在许多陈设品中寻求和谐与自然的节奏，以让室内环境显得丰富生动，融合而情浓。

3）橱架陈列

橱架陈列是一种兼有贮藏作用的陈列方式，可以将各种陈设品统一集中陈列，使空间显得整齐有序，对于陈设品较多的场所来说，是最为实用有效的陈列方式。适合于橱架展示的陈设品很多，如书籍杂志、陶瓷、古玩、工艺品、奖杯、奖品、纪念品、一些个人收藏品等等。对于珍贵的陈设物品，如收藏品，可用玻璃门将

图 7-23 橱架陈列的室内陈设物品

橱架封闭，使其中的陈设品不受灰尘的污染，同时又不影响观赏效果。橱架还可做成开敞式，分格可采用灵活形式，以便根据陈设品的大小灵活调整(图 7-23)。

橱架陈列有单独陈列和组合陈列两种方式。橱架的造形、风格与色彩等都应视陈列的内容而定，如陈列古玩，则橱架以稳重的造形、古典的风格、深沉的色彩为宜；若陈列的是奖杯、奖品等纪念品，则宜以简洁的造形，较现代感的风格为宜，色彩则深、浅皆宜；除此之外，还要考虑橱架与其他家具以及室内整体环境的协调关系，力求整体上与环境统一，局部则与陈设品协调。

4）其他陈列方式

除了上述几种最普遍的陈列方式外，还有地面陈列、悬挂陈列、窗台陈列等方式。如对于有些尺寸较大的陈设品，可以直接陈列于地面，如灯具、钟、盆栽、雕塑艺术品等；有的电器用品如音响、大屏幕电视机等，也可以采用地面陈列的方式。悬挂陈列的方式在公共室内空间中常常使用，如大厅内的吊灯、吊饰、帘幔、标牌、植物等等。在居住空间中也有不少悬挂陈列的例子，如吊灯、风铃、垂帘、植物等。窗台陈列方式以布置花卉植物为主，当然也可陈列一些其他的陈设品，如书籍、玩具、工艺品等等。窗台陈列应注意窗台的宽度是否足够陈列，否则陈设品易坠落摔坏，同时要注意陈设品的设置不应影响窗户的开关使用。

7.3 室内绿化

室内绿化，有时也可称为室内园艺，是指把自然界中的绿色植物和山石水体经过科学的设计、组织所形成的具有多种功能的内部自然景观，室内绿化能够给人带来一种生机勃发、生气盎然的环境气氛。

绿，代表着和平与宁静。人们在紧张繁忙的环境中生活，需要绿意来调剂精神，需要有新鲜色彩的植物，需要幽静清新的环境，需要自然的美。随着城市化进程的加快，人与自然日趋分离，所以今天人们更加渴望能在室内空间中欣赏到自然的景象，享受到绿色植物带来的清新气息，正因为如此，室内绿化在今天已引起世界各国的普遍重视，日益走进千家万户之中。生机盎然的室内绿化已经超出其他一切室内陈设物品的作用，成为室内环境中具有生命活力的设计元素。

7.3.1 室内绿化的作用

绿色植物引入室内环境已有数千年的历史，是当今室内设计中的重要内容，它通过植物（尤其是活体植物）、山石、水体在室内的巧妙配置，使其与室内诸多要素达到统一，进而产生美学效应，给人以美的享受。室内绿化在室内空间中的作用主要表现为以下几点：

7.3.1.1 改善气候

绿化的生态功能是多方面的，在室内环境中有助于调节室内的温度、湿度，净化室内空气质量，改善室内空间小气候。据分析，在干燥的季节，绿化较好的室内环境的湿度比一般室内的湿度约高20%；到梅雨季节，由于植物具有吸湿性，其室内湿度又可比一般室内的湿度低一些；花草树木还具有良好的吸声作用，有些室内植物能够降低噪声的能量，若靠近门窗布置绿化还能有效地阻隔传入室内的噪声；另外绿色植物还能吸收二氧化碳，放出氧气，净化室内空气。

7.3.1.2 美化环境

室内绿化比一般陈设品更有活力，它不仅具有形态、色彩与质地的变化，并且姿态万千，能以其特有的自然美为建筑内部环境增加动感与魅力。室内绿化对室内环境的美化作用主要表现在两个方面：一是绿色植物、山石、水体本身的自然美，包括其色泽、形态、动感、体量和气味等；二是通过对各种自然元素的不同组合以及与室内空间的有机配置后所产生的环境效果。室内绿化可以消除建筑物内部空间的单调感，增强室内环境的表现力和感染力；其次自然景物的色彩不尽相同，可以反映出丰富的自然色彩风貌，当植物花期来临时形成的缤纷色彩更会使整个空间锦上添花。

7.3.1.3 组织空间

现代建筑中有许多大空间，这些空间往往要求既有联系又有分隔，这时利用绿色植物和水体等进行分隔空间就成为一种理想的手段，绿色植物和水体能在分隔空间的同时保持空间的沟通与渗透；绿色植物和水体在处理室内外空间的渗透方面效果更为理想，不但能使空间过渡自然流畅，而且能扩大室内环境的空间感；在室内空间中还有许多角落难于处理，如沙发、座椅布置时的剩余空间，墙角及楼梯、自动扶梯的底部等，这些角落均可以用植物、山石、水体来填充空间。可见利用室内绿化可使空间更为充实，起到空间组织的作用。

7.3.1.4 陶冶性情

室内绿化引入内部空间后可以获得与大自然异曲同工的效果，室内绿化形成的空间美、时间美、形态美、音响美、韵律美和艺术美都将极大地丰富和加强室内环境的表现力和感染力，从而使室内空间具有自然的气氛和意境，满足人们的精神要求。

以室内绿化中的绿色植物而言，不论其形、色、质、味，或其枝干、花叶、果实，都显示出蓬勃向上、充满生机的力量，引人奋发向上、热爱自然、热爱生活。植物的生长过程，是争取生存及与大自然搏斗的过程，其形态是自然形成的，没有任何掩饰和伪装。它的美是一种自然美，洁净、纯正、朴实无华，即使被人工剪裁，任人截枝斩干，仍然能显示其自强不息、生命不止的顽强生命力。因此人们可以从室内绿色植物中得到启迪，使人更加热爱生命、热爱自然、净化心灵，并与自然更为融洽。

7.3.2　室内植物的生态条件与布置方式

室内环境的生态条件异于室外，通常光照不足、空气湿度较低、空气流通不畅、温度比较恒定，一般情况下不利于植物的生长。为了保证植物在室内环境能有一个良好的生态条件，除需要科学地选择植物和注意养护管理之外，还需要通过现代化的人工设备来改善室内光照、温度、湿度、通风等条件，从而创造出既利于植物生长，又符合人们生活和工作要求的人工环境。

7.3.2.1　室内植物的生态条件

（1）光照

光是绿色植物生长的首要条件，它既是生命之源，也是植物生活的直接能量来源。一般来说，光照充足的植物生长得枝繁叶茂，从相关资料来看，一般认为低于300lx的光照强度，植物就不能维持生长。然而不同的植物对光照的需求是不一样的，生态学上按照植物对光照的需求将其分为三类，其中阳性植物是指有较强的光照，在强光(全日照70%以上的光强)环境中才能生长健壮的植物；阴性植物是指在较弱的光照条件下(为全日照的5%～20%)比强光下生长良好的植物；耐阴植物则是指需要光照在阳性和阴性植物之间，对光的适应幅度较大的植物。显然，用于室内的植物主要应该采用阴性植物，也可使用部分耐荫植物。

（2）温度

温度变化将直接影响植物的光合作用、呼吸作用、蒸腾作用等，所以温度成为绿色植物生长的第二重要条件。相对室外而言，室内环境中温度的变化要温和得多，其温度变化具有三个特点：一是温度相对恒定，温度变幅大致在15～25℃之间；二是温差小，室内温差变化不大；三是没有极端温度，这对某些要求低温刺激的植物来说是不利的。但是由于植物具有变温性，一般的室内温度基本适合于绿色植物的生长。考虑到人的舒适性，室内绿色植物大多选择原产于热带和亚热带的植物品种，一般其室内的有效生长温度以18～24℃为宜，夜晚也要求高于10℃。若夜晚温度过低就需依靠恒温器在夜间温度下降时增添能量，并控制空气的流通与调节室内的温度。

（3）湿度

空气湿度对植物生长也起着很大的作用，室内空气相对湿度过高会让人们感到不舒服，过低又不利植物生长，一般控制在40%～60%对两者比较有利。如降至25%以下对植物生长就会产生不良的影响，因此要预防冬季供暖时空气湿度过低的弊病。在室内造景时，设置水池、叠水、瀑布、喷泉等均有助于提高室内空气的湿度。若没有这些水体，也可采用喷雾的方式来湿润植物周围的地面，或采用套盆栽植来提高空气的湿度。

（4）通风

风是空气流动而形成的，轻微的或3～4级以下的风，对于气体交换、植物的生理活动、开花授粉等都很有益处。在室内环境中由于空气流通性差，常常导致植物生长不良，甚至发生叶枯、叶腐、病虫滋生等现象，因此要通过开启窗户来进行调节。阳台、窗口等处空气比较流通，有利于植物的生长；墙角等地通风性差，这些地方摆放的室内盆栽植物最好隔一段时间就搬到室外去通通气，以利于继续在室内环境中摆放。许多室内绿化植物对室内废气都很敏感，为此室内空间应该尽量勤通风换气，利于室内绿化植物生长的风速一般以0.3m/s以上为佳。

（5）土壤

土壤是绿色植物的生长基础，它为植物提供了生命活动必不可少的水分和养份。由于各种植物适宜生长的土壤类型不同，因此要注意做好土壤的选择。种植室内植物的土壤应以结构疏松、透气、排水性能良好，又富含有机质的土壤为好。土中应含有氮、磷、钾等营养元素，以提供生长、开花所必须的营养。盆栽植物用土，必须选用人工配制的培养土。理想的培养土应富含腐殖质，土质疏松，排水良好，干不裂开，湿不结块，能经常保持土壤的滋润状态，利于根部生长。此外，土壤的酸碱度也影响着花卉植物的生长和发育，应该引起注意。为了消除蕴藏在土壤中的病虫害，在选用盆土时还要做好消毒工作。

7.3.2.2　室内绿化植物的种类

室内植物的种类很多，根据植物的观赏特性及室内造景的需要，可以把室内植物分为室内自然生长植物和仿真植物等两大类。

（1）室内自然生长植物

从观赏角度来看可分为观叶植物、观花植物、观果植物、闻香植物、藤蔓植物、室内树木与水生植物等种类，其品种分别为(图7-24)：

1）观叶植物：指以植物的叶茎为主要观赏特征的植物类群。此类植物叶色或青翠、或红艳、或斑斓，叶形奇异，叶繁枝茂，有的还四季如春，经冬不凋，清新幽雅，极富生气。其代表性的植物品种有文竹、吊兰、竹子、芭蕉、吉祥草、万年青、天门冬、石菖莆、常春藤、橡皮树、难尾仙草、蜘蛛抱蛋等。

2）观花植物：此类植物按照形态特征又分为木本、草本、宿根、球根四大类，它们使人陶然忘情。代表性植物有玫瑰、玉兰、迎春、翠菊、一串红、美女樱、紫茉莉、凤仙花、半枝莲、五采石竹、玉簪、蜀葵、唐菖莆、大丽花等。

3）观果植物：此类植物春华秋实，结果累累，有的如珍珠、有的似玛瑙、有的象火炬，色彩各异，可赏可食。代表性植物有石榴、枸杞、火棘、天竺、金桔、玳玳、文旦、佛手、紫珠、金枣等。

4）藤蔓植物：此类植物包括藤本和蔓生性两类。前者又有攀援型和缠绕型之分，如常春藤类，白粉藤类，龟背竹和绿萝等属攀援型；而文竹、金鱼花、龙吐珠等属缠绕型。后者指有葡萄茎的植物，如吊兰、天门冬。藤蔓植物大多用于室内垂直绿化，多做背景并有吸引人的特征。

5）闻香植物：此类植物花色淡雅，香气幽远，沁人心脾，既是绿化、美化、香化居室的材料，又是提炼天然香精的原料。代表性植物有茉莉、白兰、珠兰、米兰、栀子、桂花等。

6）室内树木：此类植物除了观叶植物的特征外，树形是一个最重要的特征，有棕榈形，如棕榈科植物、龙血树类、苏铁类和桫椤等植物；圆形树冠，如白兰花、桂花、榕树类；塔形，如南洋杉、罗汉松、塔柏等。

7）水生植物：此类植物有漂浮植物、浮叶根生植物、挺水植物等几类，在室内水景中可引入这些植物以创造更自然的水景。漂浮植物如凤眼莲、浮萍植于水面；浮叶根生的睡莲植于深水处；水葱、旱伞草、慈菇等挺水植物植于水际；再高还可植日本玉簪、葛尾等湿生性植物。水生植物大多喜光，随着近年来采光和人工照明技术的发展，水生植物正在走向室内，逐渐成为室内环境美化中的一员。

图 7-24　室内自然生长的植物

（2）室内仿真植物

仿真植物是指用人工材料如塑料、绢布等制成的观赏性植物，也包括经防腐处理的植物体经再组合后形成的仿真植物(图 7-25)。随着制作材料及技术的不断改善，加上一般家庭和单位没有足够的资金提供植物生存所需的环境条件，使得这种非生命植物越来越受到人们的欢迎。虽然仿真植物在健康效益、多样性方面不如具有生命力的室内绿化植物，但在某些场合确实比较适用，特别在光线阴暗处、光线强烈处、温度过低或过高的地方、人难到达的地方、结构不宜种植的地方、特殊环境、养护费用低等地方具有很强的实用价值。

图 7-25 室内仿真植物

7.3.2.3 室内绿化植物的选择

植物世界称得上是一个巨大的王国，由于各种植物自身生长特征的差异，因此对环境有不同的要求，然而每个特定的室内环境又反过来要求有不同品种的植物与之配合，所以室内绿色植物的选择依据包括：

首先需要考虑建筑的朝向，并需注意室内的光照条件，这对于永久性室内植物尤为重要，因为光照是植物生长最重要的条件。同时室内空间的温度、湿度也是选用植物必须考虑的因素。因此，季节性不明显、容易在室内成活、形态优美、富有装饰性的植物是室内绿色植物的必要条件。

其次要考虑植物的形态、质感、色彩是否与建筑的用途和性质相协调。要注意植物大小与空间体量相适应，要考虑不同尺度植物的不同位置和摆法。一般大型盆栽宜摆在地面上或靠近厅堂的墙、柱和角落。这样做的好处是盆栽的主体接近人们的视平线，有利于观赏它们的全貌。中等尺寸的盆栽可放在桌、柜和窗台上，使它们处在人们的视平线之下，显出它们的总轮廓。小型盆栽可选用美观的容器，放在搁板、柜橱的顶部，使植物和容器作为整体供人们观赏。

同时，季节效果也是值得考虑的因素，利用植物季节变化形成典型的春花、夏绿、秋叶、冬枝等景色效果，使室内空间产生不同的情调和气氛，使人们获得四季变化的感觉。

再者，室内植物的选用还应与文化传统及人们的喜好相结合，如我国喻荷花为“出污泥而不染，濯清涟而不妖”，以象征高尚的情操；喻竹为“未曾出土先有节，纵凌云霄也虚心”，以象征高风亮节的品质；称松、竹、梅为“岁寒三友”，梅、兰、竹、菊为“四君子”；喻牡丹为高贵，石榴为多子，萱草为忘忧等；在西方紫罗兰为忠实永恒、百合花为纯洁、郁金香为名誉、勿忘草为勿忘我等。

此外，要避免选用高耗氧、有毒性的植物，特别不应出现在居住空间中，以免造成意外。

常见的室内绿色植物见表 7-1。

室内绿化常用植物 表7–1

观赏特性	植物名称	色泽		花期	温度（℃）	光强	湿度	配置方式
		叶色	花色					
闻香类	瑞香		白红	秋冬季	4 ~ 10	中	中	
	桂花		白黄	秋季	4 ~ 13	中	中	固定栽植
	玉簪		白	夏季	4 ~ 10	中	中	
	虎尾兰		白	春夏季	16 ~ 21	弱	低	
	昙花		白	夏季	16 ~ 21	强	低	
	文殊兰		白	夏季	5 ~ 10	强	中	
	夜香树		白	夏季	10 ~ 16	强	中	攀援
	金粟兰		黄	秋季	10 ~ 16	中	中	
藤蔓类	常春藤类				4 ~ 13	强	中	攀援悬挂
	文竹		白	春夏季	4 ~ 10	中	高	攀援
	绿罗				16 ~ 21	中	高	悬挂攀援
	嘉兰		红黄		5 ~ 10	中	中	攀援
	蟹爪兰		白红黄		20 ~ 30	强	中	攀援
	兜兰				18 ~ 25	中	高.低	攀援
	天门冬				4 ~ 10	中	中	攀援悬挂
	宽叶吊兰				4 ~ 13	中	中	悬挂
树木类	罗汉松				4 ~ 13	强	中	地面盆栽
	龙柏				4 ~ 13	强	中	固定栽植
	棕竹				4 ~ 10	中	中	固定栽植
	南洋杉				4 ~ 13	中	中	固定栽植
	变叶木				18 ~ 21	强	中	固定栽植
	桫椤				18 ~ 21	中	高	固定栽植
	苏铁				4 ~ 13	中	中	固定栽植
	巴西铁树				18 ~ 21	中	中	固定栽植
	茸茸椰子				13 ~ 16	中	高	地面盆栽
	蒲葵				10 ~ 16	中	中	固定栽植
	紫竹				0 ~ 4	中	中	固定栽植
	琴叶榕				18 ~ 21	中	中	地面盆栽
	散尾葵				18 ~ 21	中	高	固定栽植
	月桂		黄	春季	4 ~ 13	强	中	固定栽植
水生类	睡莲		红	夏季	4 ~ 10	强	中	水性盆栽
	水葱				4 ~ 10	强	中	湿性盆栽
	香蒲				4 ~ 10	强	中	湿性盆栽
	日本玉簪		蓝紫	夏季	4 ~ 10	中	中	湿性盆栽
	凤眼莲		蓝紫	夏季	4 ~ 10	强	中	水面栽植
	旱伞草				4 ~ 10	强	中	注水盆栽
观叶类	彩叶红桑	红橙	紫		20 ~ 30	强	中	固定栽植
	菠叶斑马(光尊荷)			夏季	15 ~ 18	强	中	
	斑粉菠萝		枯黄	夏季	15 ~ 18	强	中	

续表

观赏特性	植物名称	色泽		花期	温度（℃）	光强	湿度	配置方式
		叶色	花色					
观叶类	龙舌兰	灰绿	淡黄		15~25	强	低	
	广东万年青				20~25	弱	高	
	海芋				28~30	弱	中	
	芦荟				20~30	强	低	
	火鹤花(花烛)		红	夏季	20~30	中	高	
	斑马爵床		粉	春季	20~25	中	高	
	南洋杉				10~20	中	中	
	假槟榔			夏季	28~32	中	中	
	孔雀木				16~21			固定栽植
	富贵竹				18~21	中	高	
	吊兰	绿黄白	白	春季	24~30	强	高	
	龟背竹				15~20	中	中	
	鸭脚木				16~21	强	中	固定栽植
	春羽				16~21	中	高	
	一叶兰			春季	10~18	弱	低	
观花类	杜鹃		白红	冬春季	4~16	强中	中	
	倒挂金钟		白红蓝	春季	30~60	中	中	
	喜花草		蓝紫	冬春季	30~60	强	中	
	水仙		黄	冬春季	4~10	中	中	
	山茶		白红	秋季	4~16	中	中	固定栽植
	天竺葵		白红	四季	4~10	强	中	
	八仙花		白红蓝	夏季	4~16	中	中	
	悬铃花		红	四季	16~21	强	中	
	扶桑		红	四季	16~21	强	中	
	君子兰		黄	冬季	10~16	中	中	
	含笑		白	夏秋	4~10	中	中	固定栽植
	瓜叶菊		白红蓝	四季	8~10	强	中	
	风兰		白	夏季	10~21	中	中	
	春兰		黄绿	春季	4~10	中	中	
	迎春			春季	4~10	强中	中	
	马蹄莲		白	冬春季	10~21	强中	中	湿性盆栽
	报春花		白红蓝	秋冬季	4~10	中	中	
	四季海棠			四季	10~16	强中	中	
观果类	金桔		白	四季	10~16	强	中	
	万年青		白	夏季	4~10	弱中	中	
	月季石榴		红	四季	10~16	强	中	
	艳凤梨		蓝紫	四季	16~21	强	中	
	南天竹		黄	秋季	4~10	中	中	
	冬珊瑚(吉庆果)		白	夏秋季	15~25	强	中	
	枸杞		紫红	夏秋季	10~20	强	高	
	珊瑚樱		白	夏秋季	4~16	强	中	

7.3.2.4　室内植物的布局方式

室内空间中布置绿色植物，首先要考虑室内空间的性质、用途，然后根据植物的尺度、形状、色泽、质地，充分利用墙面、顶面、地面来布置植物，达到组织空间、改善空间和渲染空间的目的。近年来许多大中型公共建筑常辟有高大宽敞、具有一定自然光照的“共享空间”，这里是布置大型室内景园的绝妙场所，如广州白天鹅宾馆就设置了以“故乡水”为主题的室内景园。宾馆底层大厅贴壁建成一座假山，山顶有亭，山壁瀑布直泻而下，壁上种植各种耐湿的蕨类植物、沿阶草、龟背竹。瀑布下连曲折的水池，池中有鱼、池上架桥，并引导游客欣赏珠江风光。池边种植旱伞草、艳山姜、棕竹等植物，高空悬吊巢蕨。绿色植物与室内空间关系处理得水乳交融，优美的室内园林景观使游客流连忘返（图7-26）。

室内植物布局的方式多种多样、灵活多变(图7-27)。从其形态上可将之归纳为以下四种形式：

（1）点状布局

点状布局指独立或组成单元集中布置的植物布局方式。这种布局常常用于室内空间的重要位置，除了能加强室内的空间层次感以外，还能成为室内的景观中心，因此，在植物选用上更加强调其观赏性。点状绿化可以是大型植物，也可以是小型花木。大型植物通常放置于大型厅堂之中；而小型花木，则可置于较小的房间里，或置于几案上或悬吊布置，点状绿化是室内绿化中运用最普遍、最广泛的一种布置方式。

图7-26　广州白天鹅宾馆中庭

图7-27　多种多样、灵活多变的室内植物布局

（2）线状布局

线状布局指绿化呈线状排列的形式，有直线式或曲线式之分。其中直线式是指用数盆花木排列于窗台、阳台、台阶或厅堂的花槽内，组成带式、折线式，或呈方形、回纹形等，直线式布局能起到区分室内不同功能区域、组织空间、调整光线的作用；而曲线式则是指把花木排成弧线形，如半圆形、圆形、S形等多种形式，且多与家具结合，并借以划定范围，组成较为自由流畅的空间。另外利用高低植物创造有韵律、高低相间的花木排列，形成波浪式绿化也是垂面曲线的一种表现形态。

（3）面状布局

面状布局是指成片布置的室内绿化形式。它通常由若干个点组合而成，多数用作背景的，这种绿化的体、形、色等都应以突出其前面的景物为原则。有些面状绿化可能用于遮挡空间中有碍观瞻的东西，这个时候它就不是背景而是空间内的主要景观点了。植物的面状布局形态有规则式和自由式两种，它常用于大面积空间和内庭之中，其布局一定要有丰富的层次，并达到美观耐看的艺术效果。

（4）综合布局

综合布局是指由点、线、面有机结合构成的绿化形式，是室内绿化布局中采用最多的方式。它既有点、线，又有面，且组织形式多样，层次丰富。布置中应注意高低、大小、聚散的关系，并需在统一中有变化，以传达出室内绿化丰富的内涵和主题。

7.3.3 室内山水的类型与配置

山石与水体是除了绿色植物之外最重要的室内绿化构成要素，山石与水体在设计中又是相辅相成的。水体的形态常常为山石所制约，以池为例，或圆或方，皆因池岸而形成；以溪为例，或曲或直，亦受堤岸的影响；瀑布的动势亦与悬崖峭壁有关；石缝中的泉水正因为有石壁作为背景才显得有情趣，所以在室内绿化中，两者的配置多数结合在一起，所谓“山因水活”、“水得山而媚”。

7.3.3.1 室内山石的类型与配置

山石是重要的造景素材，古有：“园可无山，不可无石”，“石配树而华，树配石而坚”之说，所以室内常用石叠山造景，或供几案陈列观赏。能作石景或观赏的素石称为品石。选择品石的传统标准为“透、瘦、漏、绉”四个字。所谓“透”就是孔眼相通，似有路可行；所谓“瘦”就是劈立当空，孤峙无依；所谓“漏”就是纹眼嵌空，四面玲珑；所谓“绉”就是石面不平，起伏多姿。现代选择品石的标准自然不必拘泥于以上四个字，只要与建筑内部空间的性质、功能及造形相配就可以了。

（1）室内山石的类型

室内山石的类型有太湖石、锦川石、英石、黄石、花岗石与人工塑石等(图7-28)。

1）太湖石

太湖石的特点是质坚表润，嵌空穿眼，纹理纵横，连联起隐，叩击有声响，

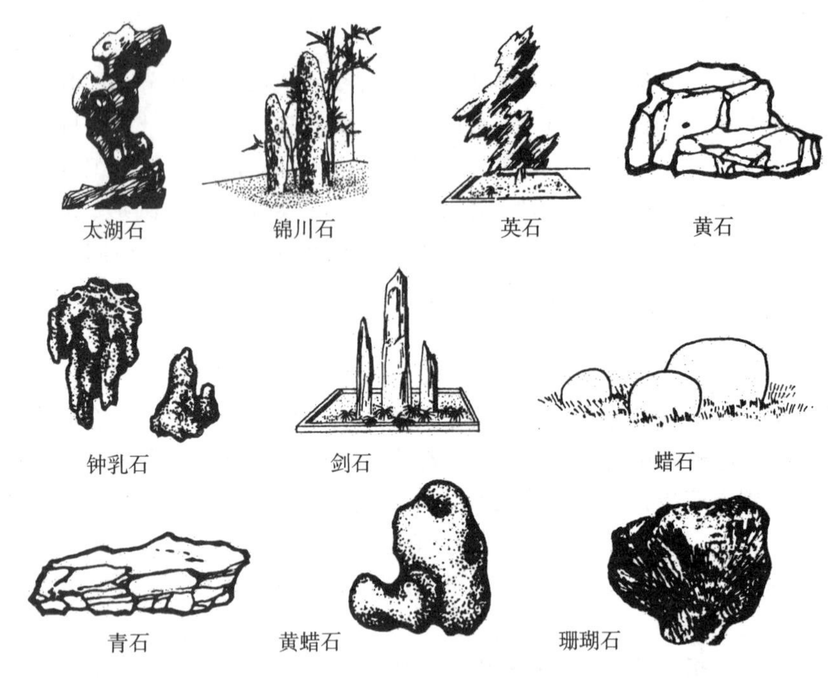

图 7-28 室内山石的类型

外形多峰峦岩室之致。它原产自西洞庭湖，石在水中因波浪激啮而嵌空，经久浸濯而光莹，滑如肪，黝如漆，矗如峰峦，列如屏障，可见真正的太湖石是十分奇特的。

2）锦川石

其表似松皮状如笋，俗称石笋，又叫松皮石。有纯绿色，亦有五色兼备者。新石笋纹眼嵌石子，色亦不佳；旧石笋纹眼嵌空，色质清润。以高文余者为名贵，一般只长三尺许，室内庭园内花丛竹林间散置三两，殊为可观。

3）英石

其石质坚而润，色泽微呈灰黑，节理天然，面有大皱小皱，多棱角，稍莹彻，峭峰如剑，岭南内庭叠山多取英石，构拙峰型和壁型两类假山，另还有小而奇巧的英石多用于室内几案小景陈设。

4）黄石

其质坚色黄，石纹古拙，我国很多地区均有出产。用黄石叠山，粗犷而富有野趣。

5）花岗石

其质坚硬，色灰褐，除作山石景外，常加工成板桥、铺地、石雕及其他室内庭园工程构件和小品。岭南地区内庭常以此石做散石景，给人以旷野纯朴之感。

6）人工塑石

以砖砌体为躯干，饰以彩色水泥砂浆，山形、色质和气势颇清新，能够根据不同的室内庭景进行塑造。例如广州白天鹅宾馆以“故乡水”为题的室内庭景，

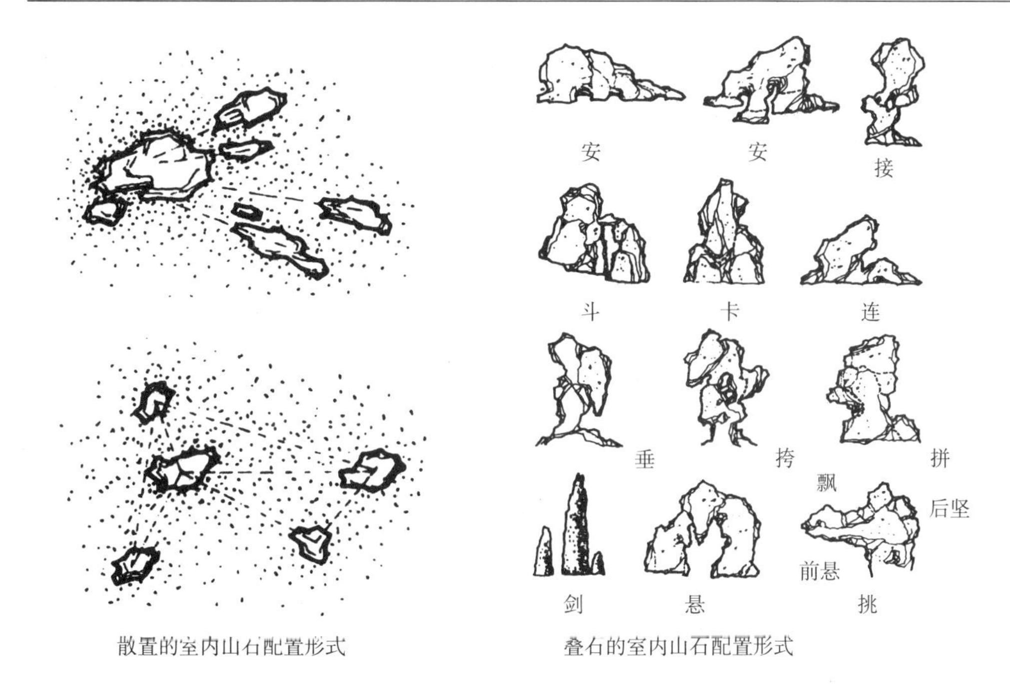

图 7-29 室内山石的配置形式

其室内山石就属人工塑石类型，由于垒砌精致，室内人工塑石也达到了新颖而富野趣的艺术效果。

（2）室内山石的配置形式

构筑室内山石景观的常用手法有散置和叠石两种，其中叠石的手法应用较多，有卧、蹲、挑、飘、洞、眼、窝、担、悬、垂、跨等等形式，见图 7-29。通过散置和叠石处理后形成的山石配置形式主要有：假山、石壁、石洞、峰石与散石等。

1）假山

在室内垒山，必须以空间高大为条件。室内的假山大都作为背景存在。假山一定要与绿化配置相结合才有利于远观近看，并有真实感，否则就会失去自然情趣。石块与石块之间的垒砌必须考虑呼应关系，使人感到错落有致，相互顾盼。

2）石壁

依山的建筑可取石壁为界面，砌筑石壁应使壁势挺直如削，壁面凹凸起伏，如顶部悬挑，就会更具悬崖峭壁的气势。

3）石洞

石洞构成空间的体量根据洞的用途及其与相邻空间的关系决定。洞与相邻空间应保持若断若续，形成浑然一体的效果。石洞如能引来一股水流，则更有情趣。

4）峰石

单独设置的峰石，应选形状和纹理优美的，一般按上大下小的原则竖立，以形成动势。

5）散石

配置散石，在室内庭园中可起到小品的点缀作用。在组织散石时，要注意大小相间、距离相宜、三五聚散、错落有致，力求使观赏价值与使用价值相结合，使人们依石可以观鱼、坐石可以小憩、扶石可以留影。

配置散石要符合形式美的基本法则，在统一之中求变化，在对比之中讲和谐。散石之间、散石与周围环境之间要有整体感，粗纹的要与粗纹的相组合，细纹的要和细纹的搭配，色彩相近的最好成一组。当成组或连续布置散石时，要通过连续不断地、有规律地使用大小不等、色彩各异的散石，形成一种起伏变化秩序，做到有韵律感，有动势感。

7.3.3.2 室内水体的类型与配置

水是最活跃、在建筑内外空间环境设计中运用最频繁的自然要素，它与植物、山石相比，更富于变化，更具有动感，因而就能使室内空间更富有生命力。室内水体景观还可以改善室内气候，烘托环境气氛，形成某种特定的空间意境与效果。

（1）室内水体的类型

所有室内水体景观均有曲折流畅、滴水有声的景观效果，为回归自然的室内环境平添了独具一格的艺术魅力。室内水体的类型主要有喷泉、瀑布、水池、溪流与涌泉等形式。

1）喷泉

喷泉的基本特点是活泼。喷泉有人工与自然之分，自然喷泉是在原天然喷泉处建房构屋，将喷泉保留在室内。人工喷泉形式种类繁多，其喷射形式多为单射流、集射流、散射流、混合射流、球形射流、喇叭形射流等。由机械控制的喷泉，其喷头、水柱、水花、喷洒强度和综合形象都可按设计者的要求进行处理。近年来，又出现了由计算机控制的音乐喷泉、时钟喷泉、变换图案喷泉等。喷泉与水池、雕塑、山石相配，再加上五光十色的灯光照射，常常能取得较好的视觉效果。

2）瀑布

在所有水景中，动感最强的可能要数瀑布了。在室内利用假山叠石，低处挖池作潭，使水自高处泻下，击石喷溅，俨有飞流千尺之势，其落差和水声可使室内空间变得有声有色，静中有动。

3）水池

水池的基本特征是平和，但又不是毫无生气的寂静。室内筑池蓄水，倒影交错，游鱼嬉戏，水生植物飘香，使人浮想联翩，心旷神怡。水池的设计主要是平面变化，或方、或圆、或曲折成自然形。此外，池岸采用不同的材料，也能出现不同的风格意境。池也可因为不同的深浅而形成滩、池、潭等。

4）溪流

溪流属线形水体，水面狭而曲长。水流因势回绕，不受拘束。在室内一般利用大小水池之间，挖沟成涧，或轻流暗渡，或环屋回索，使室内空间变得更加自如。

5）涌泉

涌泉是在现代建筑内部空间环境中最为活跃的室内水体景观，它能模拟自然泉景，做成或喷成水柱、或漫溅泉石、或冒地珠涌、或细流涓滴、或砌成井口栏台做甘泉景观，其景观效果极为生动、极具情趣。

（2）室内水体的配置形式

用于室内设计的水体配置形式主要包括构成主景、作为背景与形成纽带等。

1）构成主景

瀑布、喷泉等水体，在形状、声响、动态等方面具有较强的感染力，能使人们得到精神上的满足，从而能构成环境中的主要景点。

2）作为背景

室内水池多数作为山石、小品、绿化的背景，突出于水面的亭、廊、桥、岛，漂浮于水面的水草、莲花，水中的游鱼等都能在水池的衬托下格外生动醒目。水池一般多置于庭中、楼梯下、道路旁或室内外交界空间处，在室内可起到丰富和扩大空间的作用。

3）形成纽带

在室内空间组织中，水池、小溪等可以沟通空间，成为内部空间之间、内外空间之间的纽带，使内部与外部紧紧地融合成整体，同时还可使室内空间更加丰富、更加富有情趣(图 7-30)。

7.3.4 室内绿化中的环境小品

室内绿化中的环境小品很多，其内容包括室内空间中的亭子、门窗、隔断、栏杆、小桥、雕塑、壁画、路标、种植容器与庭园灯具等等内容。体量虽然不大，作用却很重要，它们往往位于人们的必经之地，处在人们的视野之中，其美丑与否必然影响整个环境。室内空间中良好的环境小品能为环境增光，低劣的小品则会使环境减色，因此室内环境小品也应纳入室内设计的范围，并从总体出发，仔细推敲其体量、形状、色彩与格调，使之成为室内空间中不可分割的有机整体。

图 7-30 室内水体的构景形式

7.4 室内标识

信息社会使人们深感时间的宝贵，今天的人们总是力图尽量迅速、方便地到达目的地和完成自己的预定活动,因而室内公共环境中的标识设计——导向系统就显得极其重要，它是人们在室内公共场所完成各项活动的最佳助手。所谓室内标识系统，是指在室内整体设计理念指导下，对人们进行指示、引导、限制，并极富个性化特征的统一的导向识别系统。就建筑内外空间的标识系统来看，它包括各种场合和各种活动中从小到大的各类识别项目，其最基本的功能是指示、引导、限制。在室内设计中，一定要确保标识系统的明快、醒目与易懂，同时要根据室内公共场所的特征，努力创造一个与室内公共环境相协调的室内标识系统(图 7-31)。

7.4.1 室内标识的作用

室内公共场所的标识是用图形符号和简单文字表示规则的一种方法,它主要通过一目了然的图形符号，以通俗易懂的方式表达、传递有关规则的信息，而不依赖于语言、文字，以克服人们因使用不同语言和文字所产生的障碍。其作用主要表现在以下这些方面：

识别——指标识图形符号有助于人们识别空间环境；

诱导——指标识图形符号能够诱导人们从一个空间依次走向另一个空间；

禁止——指标识图形符号能够起到制止或不准许某种行动发生的作用；

提醒——指标识图形符号能够提醒人们的某种行为；

指示——指标识图形符号能够起到指示空间环境方向的作用；

说明——指标识图形符号能够对某种人们不了解的事物起到说明与解释的作用；

警告——指标识图形符号能够起到预先警告的作用，预防可能发生的危险。

室内标识设计与形成良好的内部环境具有密切的关系。以车站为例，稍大一点的车站就分东、南、西、北区，并且车站上有众多的出入口，各功能区包括售票处、候车处、母婴室、军人室、软座室、行李房、安全检查处、问讯处、服务处，医疗处……，如果没有醒目、良好的室内标识指示系统就必然会出现人流混乱、毫无秩序的局面，所以良好的室内标识设计有助于形成良好的秩序和有效的管理。

良好的室内标识设计也是以人为本思想的体现。以医院为例，病员患疾本已痛苦，可又必须经过挂号、找诊点、候医、透视、化检、划价、付款、取药等一系列环节。如果没有醒目、良好的室内标识指示系统，必然会使病员找不到该去的地方，耗费宝贵的体力，增加交叉感染的机会，所以良好的室内标识设计是为人服务思想的具体表现。

图 7-31　室内公共环境场所常用的标识图形设计

7.4.2　室内标识的类型

室内公共场所的标识，其类型从导向形态来分，有视觉、听觉、空间及特殊导向几种，若从设置形式来分，则有立地式、壁挂式、悬挂式、屋顶式等几种（图7-32）。

7.4.2.1　从导向形态来分

（1）室内视觉导向

视觉占人们获取外界信息总量的87%，因而在室内公共环境中视觉导向具有重要作用，具体形式包括文字导向、图形导向、照片、POP广告、展示陈列、影视、声光广告等内容。

（2）室内听觉导向

利用听觉来完善室内公共场所中的导向系统具有独特的作用，具体形式包括语言、喇叭、警铃等。

（3）室内空间导向

利用室内空间上的变化进行公共环境的空间导向处理往往比较自然、巧妙、含蓄，并能使人们在不经意之中沿着一定的方向从一个空间依次走向另一个空间。其空间导向手法包括：用弯曲的墙面把人流引向某个确定的方向；利用楼梯或特意设置的踏步，暗示出上一层空间的存在；利用顶棚、地面处理，暗示出前进的方向；利用空间的灵活分隔，暗示出另外一些空间的存在等等。

（4）室内特殊导向

室内空间中的特殊导向主要指为特殊人群（如：老年人、儿童、残疾人）所提供的无障碍设计导向，这是“以人为本”的现代文明的象征与表现。

7.4.2.2 从设置形式来分（图7-32）

（1）立地式

指在室内空间中用各种材料与处理手法制作、立于地面的标识设置形式，其造型形态各异、种类丰富。

（2）壁挂式

指在室内空间中利用墙面贴挂的各类标识，它是标识最主要的设置形式之一。

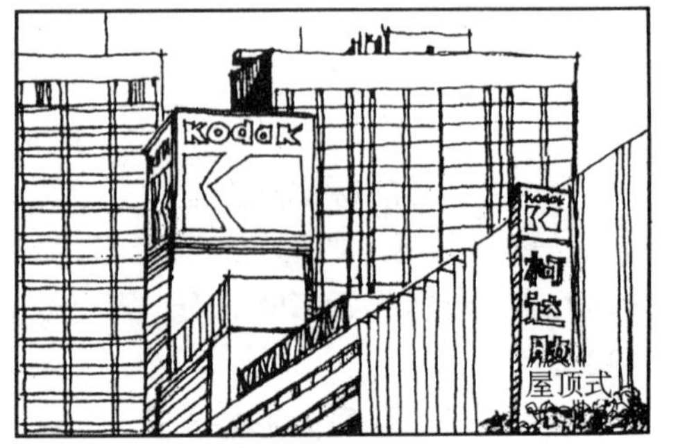

图7-32 形式各异的室内导向标识

（3）悬挂式

指在大中型室内空间中悬挂在顶棚上的各类标识，这种设置形式比较醒目，便于人们识别。

（4）屋顶式

指在建筑室外环境中设置于屋顶的各类标识，其目的在于为室外的人群起到诱导和导向作用，通常这类标识往往形象独特，极具个性特色。

7.4.3 室内标识设计的原则与方法

好的识别图形符号设计是一种有形、无声、规范的现代室内公共场所管理方法，运用和推广这种有效的管理方法有助于达到提高效率、维持秩序、保障安全、改善环境的目的。

7.4.3.1 室内标识的设计原则

为了让所有人都能迅速了解室内标识的含义，室内标识设计必须遵循准确、清晰、规范、独特、美观的原则。

（1）准确性原则

指识别图形、符号、文字、色彩的含义必须精确，不会产生歧义。就图形而言，它要典型化、要抓住事物的特征，如出租汽车与计程汽车，前者是连钥匙与车子一起交给租用者，后者是有人驾驶、按程收费，所以如果能够抓住计程器及其符号，就能把两者区别开来了。拿色彩举例：冷饮处就不能用暖色，热饮处就要用暖色等。

（2）清晰性原则

指标识的图形要简洁、色彩明朗，在视觉环境纷乱的地方更应如此。常用方法是运用对比原则，以繁衬简，以灰衬亮。

（3）规范性原则

指文字要规范，不用错字、不用淘汰字、不用冷僻字；此外标识的图形、位置、色彩必须符合规范标准，即用标准的图形、标准的色彩、标准的排列、标准的文字字型、标准的位置来统一众多的标识图形，从而形成强烈的识别形象。

（4）独特性原则

在标识图形符号设计方面要有个性特点，以便于与他人的区别。独特的形象与设置方式便于给顾客留下深刻的印象，有助于树立室内公共环境的形象特征。

（5）美观性原则

指视觉识别图形符号形象应该亲切、可爱、动人、悦目，只有美的形象才能使来宾与客人由衷地产生轻松自然的情绪，这种情绪无论对工作、购物、办事、旅游等都会带来莫大的好处。同时，美也有利于改善视觉环境的质量，给人以文明、现代的感觉。

（6）系统性原则

室内标识设计应该注重系统性的原则，让内部空间的标识成为一个完整的系统。以商业室内空间为例，在底层各入口处应分别设置商店的平面图，标明各大类商品的位置及商店内的公共机构，包括问询处、收银处、公平称、经理值班室、治安处、广播室、厕所等；每一层按入口处应设立商品陈列详图；在楼道口、转弯处、十字口处设置商品位置指示简图；在每一个柜台处应设立终端售货符号……通过这样一个完整的标识系列，顾客一入店门就知道该往何层何处，能够便捷地找到目的地。

7.4.3.2 室内常用标识

（1）公共信息识别标识

主要指适用于各类公共建筑、公共交通、旅游、园林和出版等部门的各类公共信息识别标识。其基本图形位于正方形边框内，边框一般不属于图形符号的标准内容，仅为制作的依据，制作时应考虑基本图形各元素间的比例及与边框的位置关系。通常背景使用白色，图形使用黑色。必要时也可采用黑色背景与白色图形，或其他的颜色与图形。公共信息识别标识布置的要点主要包括以下内容：

• 识别性标识牌在环境中必须醒目，其正面或邻近不得有妨碍视读识别标识的障碍物(如广告等)。

• 导向性标识牌设在便于选择方向的通道处，并按通向设施的最短路线布置。若通道很长，应按适当间距重复布置。

• 指示性标识牌应设在紧靠所指示的设施单位的上方或侧面、或足以引起人注意的位置。

• 单个使用导向图形标识时，应与方向标志同时显示在同一标牌上。

• 方向标识后面可以安排一个以上的图形标识和适当空位，但一行和一个方向最多允许有四个图形标识和适当空位。

• 并列设置的引导两个不同方向的标识牌之间，至少应有一个空位。

• 图形标志可以辅以文字标志或说明。文字标志必须与图形标志同时显示，但不得在图形标志边框内添加文字。字的高、宽度约为图形高度的5/8，不得使用行书或草书。

• 图形标识可以布置在大字标识的一端，也可在两端。标识牌可横向或纵向使用，长度不限。

• 标识牌上有多项信息和不同方向时，最多可布置五行，并按逆时针顺序排列方向标志(箭头)的方向。一行中表示两个方向的识别标识图形，其间距不少于两个空位。

（2）安全识别标识

主要指由安全色、图形符号组成，用以引起人们对安全因素的注意，预防事故发生的各类安全识别标识。它通常以图形为主，文字辅之，参照国际标准ISO3864 ~ 1084制定，适用于公共建筑及场所、建筑工地、工矿企业、车站、港口、仓库等，而不适用于航空、海运、内河航运及道路交通。

1）安全标志牌的类型

安全识别标识的类型分禁止、命令、警告、提示等（图7-33），它们分别为：

• 警告标志——用于促使人们提防可能发生的危险，其基本形式为三角形。

• 禁止标志——用于制止或不准许某种行动的发生，其基本形式为带斜杠的圆环。

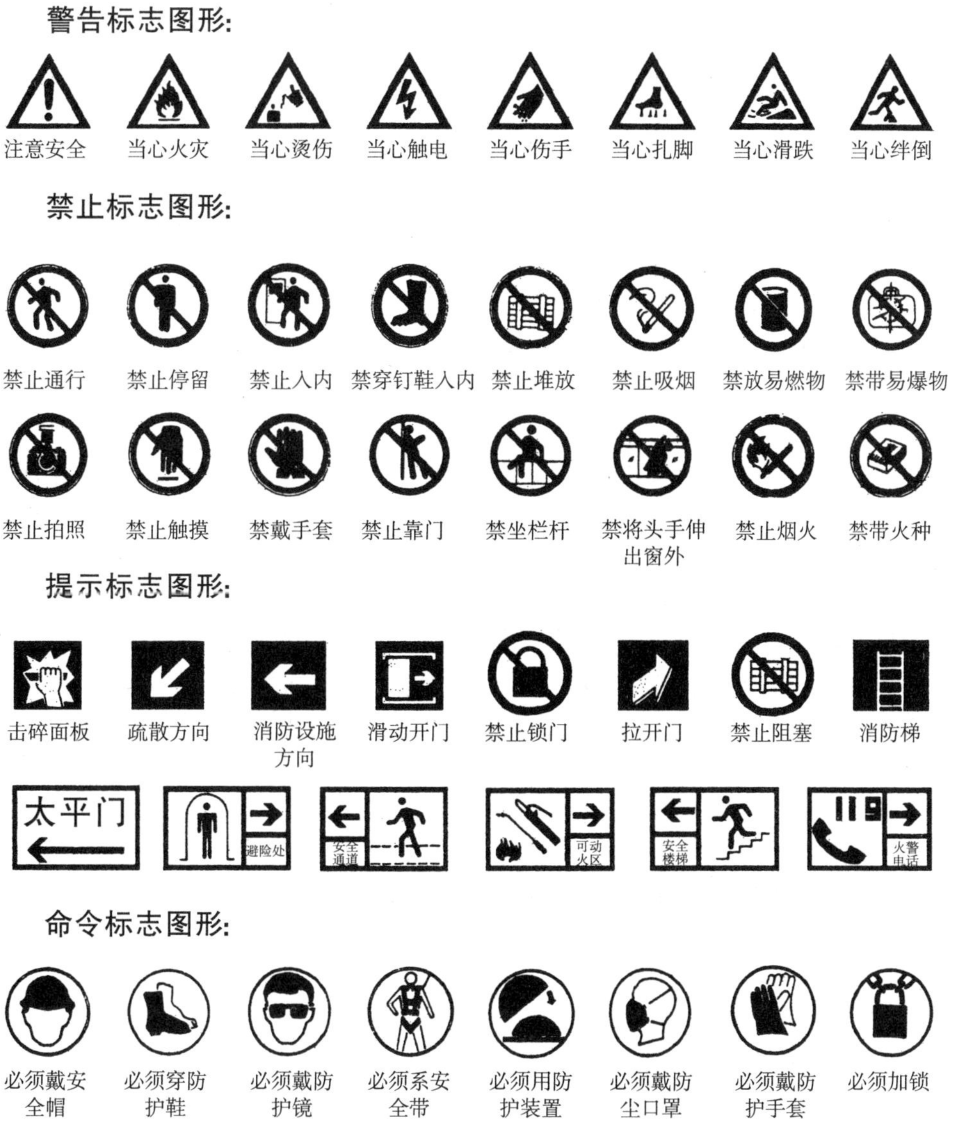

警告标志图形:
注意安全
当心火灾
当心烫伤
当心触电
当心伤手
当心扎脚
当心滑跌
当心绊倒
禁止标志图形:
禁止通行
禁止停留
禁止入内
禁穿钉鞋入内
禁止堆放
禁止吸烟
禁放易燃物
禁带易爆物
禁止拍照
禁止触摸
禁戴手套
禁止靠门
禁坐栏杆
禁将头手伸出窗外
禁止烟火
禁带火种
提示标志图形:
击碎面板
疏散方向
消防设施方向
滑动开门
禁止锁门
拉开门
禁止阻塞
消防梯
太平门
避险处
安全通道
可动火区
安全楼梯
119
火警电话
命令标志图形:
必须戴安全帽
必须穿防护鞋
必须戴防护镜
必须系安全带
必须用防护装置
必须戴防尘口罩
必须戴防护手套
必须加锁

图 7-33 各类安全识别标识图形

• 提示标志——用于提供目标所在位置与方向的信息，其基本形式可按实际情况改变方向符号。

• 命令标志——用于表示必须遵守的规定。

• 补充标志——不含任何图形符号的文字。

2）各类安全识别标识的颜色

• 禁止标志：背景颜色横写为红色，竖写为白色。文字颜色横写为白色，竖写为黑色。字体均为等线体。

• 警告标志：背景颜色横写与竖写均为白色，文字颜色横写与竖写均为黑色，字体为等线体。

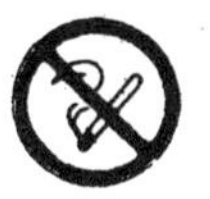

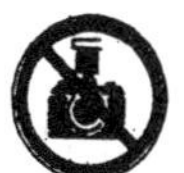

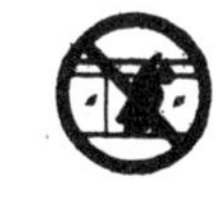

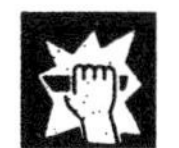

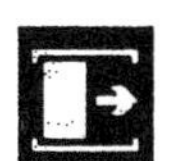

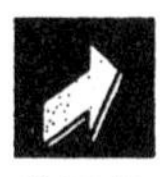

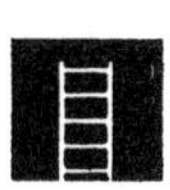

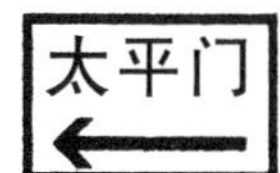

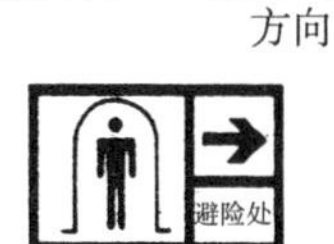

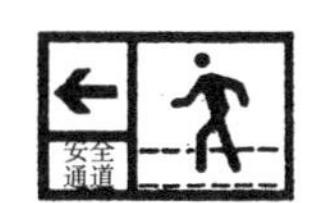

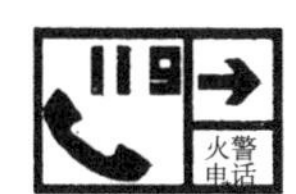

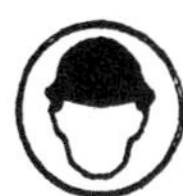

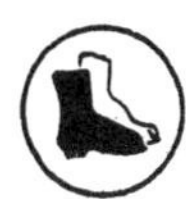

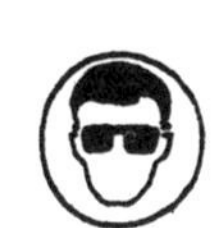

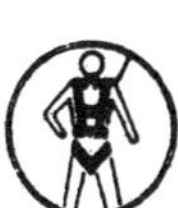

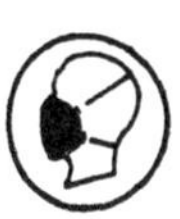

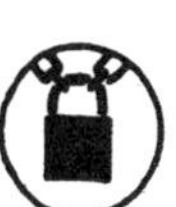

• 命令标志：背景颜色横写为蓝色，竖写为白色。文字颜色横写为白色，竖写为黑色。字体均为等线体。

3）安全识别标识牌的制作

• 安全识别标识的制作：应采用坚固耐用的材料，如金属板、塑料板、木板等,也可直接画在墙壁上。有触电危险的场所的识别标识牌应使用绝缘材料制作。

• 安全识别标识的设置：应设在醒目与安全有关的地方，使人看到后有足够的时间注意其表示的内容，但不宜设在门窗、架等可移动的物体上。

• 安全识别标识牌必须由国家劳动部门指定的有关科研单位检验合格后，方可生产与销售。

本章小结

室内环境中的内含物主要包括：家具、陈设、绿化、标识等。家具是人们日常工作生活中不可缺少的器具,是室内环境中体积最大的内含物。家具形式多样，历史悠久，各国家具均有自身的特点。在内部空间布置家具时，要充分考虑家具的款式、风格、数量和布置方式，以形成完整的空间布局。

陈设的形式多种多样，内容丰富多彩，主要包括：装饰品、日用品、工艺品等等，它们是室内设计中的重要组成内容。可以说，室内环境必然或多或少地存在着不同品种的陈设物品,室内空间的功能和价值也往往通过陈设物品来进一步展现。

室内绿化是指把自然界中的绿色植物、山石、水体经过设计、组织而形成的具有多种功能的内部自然景观，它能给人带来生机盎然的环境气氛，日益受到人们的青睐，成为室内环境中具有生命活力的设计元素。

室内标识系统是指在室内整体设计理念指导下，对人们进行指示、引导、限制，并极富个性化特征的统一的导向识别系统。在室内设计中，一定要确保标识系统的明快、醒目与易懂，同时要根据室内公共场所的特征，努力创造一个与公共环境相协调的室内标识系统。

8 室内设计与其他相关学科

室内设计是一门综合性学科，既有明显的艺术性，又有很强的科学性；既有实践性，又有理论性。作为一名合格的室内设计师，应该掌握大量的信息，不断学习其他学科中的有益知识，以使自己的设计作品具有丰富的科学内涵。人类工效学、心理学、建筑光学、建筑构造等学科与室内设计密切相关，是广大设计师必须学习和了解的内容。考虑到建筑构造、建筑光学等主要内容已在前面几章有了较多介绍，这里主要介绍人类工效学、心理学以及室内装修施工等在室内设计中的运用。

8.1 室内设计与人类工效学

人类工效学是一门独立的学科，其早期偏重于研究如何把装置复杂的机械及快捷的交通工具和人结合起来，如今则开始把研究兴趣转移到环境领域，体现出从人——物体系发展到人——空间体系的趋势。人类工效学对于室内设计、建筑设计和工业产品设计都具有重要的影响，如果室内设计师缺乏必要的人类工效学知识，则难以创造出完美的内部空间，因此，人类工效学是室内设计师必须具备的基础知识之一。

8.1.1 人体尺寸及其应用原则

人体测量及人体尺寸是人类工效学中的基本内容，各国的研究工作者都对自己国家的人体尺寸作了大量调查与研究，发表了可供查阅的相应资料及标准，这里仅就人体尺寸的一些基本概念和基本应用原则以及我国有关的一些资料予以介绍。

8.1.1.1 动态尺寸和静态尺寸

人体尺寸可以分成两类，即结构尺寸和功能尺寸。结构尺寸是取自被试者在固定的标准位置的躯体尺寸，也称之为静态尺寸。功能尺寸是在活动的人体条件下测得的，也称之为动态尺寸。虽然静态尺寸对某些设计目的来讲具有很好的意义，但在大多数情况下，动态尺寸的用途更为广泛。

在运用动态尺寸时，应充分考虑人体活动的各种可能性，考虑人体各部分协调工作的情况。例如，人体手臂能达到的范围决不仅仅取决于手臂的静态尺寸，它必然受到肩的运动和躯体的旋转、可能的弯背等的影响，因此，人体手臂的动态尺寸远大于其静态尺寸，这一动态尺寸对于大部分设计任务来讲也更有意义。

有关中国人体的静态尺寸，按1988年我国标准化与信息分类编码研究所正式公布的资料，我国成年人的平均身高：男子为167cm，体重59kg；女子身高157cm，体重52kg。我国地域辽阔，人体尺寸亦有所差异。表8-1系按较高、较矮及中等三个级别所列尺寸，可供参考。图8-1为我国中等人体地区人体各部分平均尺寸，表8-2为我国中等人体地区人体各部尺度与身高的比例，表8-3则为世界几个国家成年男子平均身高的比较。

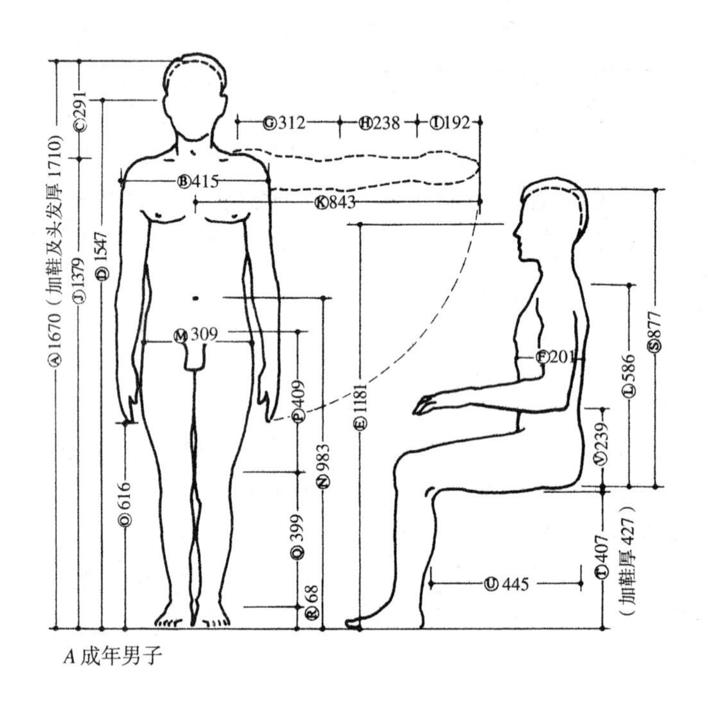

A 成年男子

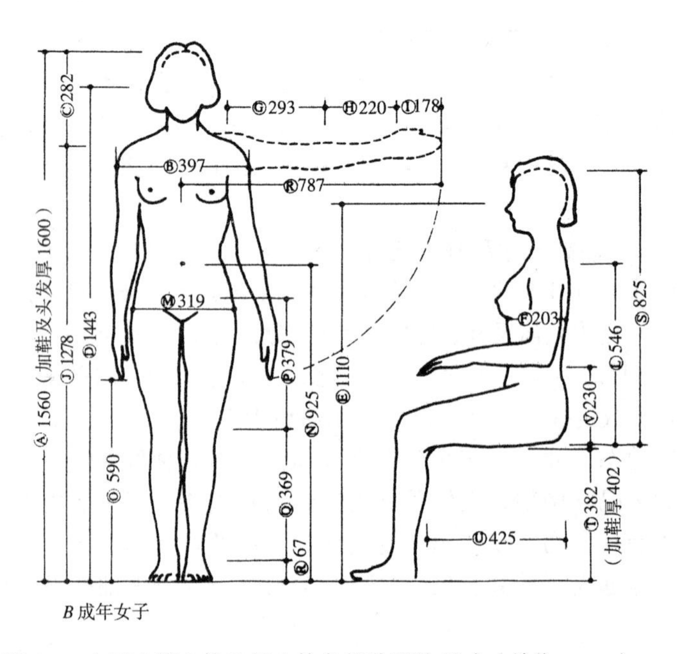

B 成年女子

图 8-1 中国中等人体地区人体各部分平均尺寸（单位：mm）

我国不同地区人体各部平均尺寸[①]　　表 8–1

编号	部　位	较高人体地区（冀、鲁、辽）		中等人体地区（长江三角洲）		较低人体地区（四川）	
		男	女	男	女	男	女
Ⓐ	身高（mm）	1690	1580	1670	1560	1630	1530
Ⓑ	最大肩宽（mm）	420	387	415	397	414	386
Ⓒ	肩峰点至头顶点高（mm）	293	285	291	282	285	269
Ⓓ	正立时眼的高度(mm)	1573	1474	1547	1443	1512	1420
Ⓔ	正坐时眼的高度(mm)	1203	1140	1181	1110	1144	1078
Ⓕ	胸厚(mm)	200	200	201	203	205	220
Ⓖ	上臂长(mm)	308	291	310	293	307	289
Ⓗ	前臂长(mm)	238	220	238	220	245	220
Ⓘ	手长(mm)	196	184	192	178	190	178
Ⓙ	肩高(mm)	1397	1295	1379	1278	1345	1216
Ⓚ	两臂展开宽之半(mm)	867	795	843	787	848	791
Ⓛ	坐姿肩高[②](mm)	600	561	586	546	565	524
Ⓜ	臀宽(mm)	307	307	309	319	311	320
Ⓝ	脐高(mm)	992	948	983	925	980	920
Ⓞ	中指指尖点高(mm)	633	612	616	590	606	575
Ⓟ	大腿长度[③](mm)	415	395	409	379	403	378
Ⓠ	小腿长度[④](mm)	397	373	392	369	391	365
Ⓡ	足背高(mm)	68	63	68	67	67	65
Ⓢ	坐高[⑤](mm)	893	846	877	825	850	793
Ⓣ	腓骨头的高度(mm)	414	390	407	382	402	382
Ⓤ	大腿水平长度[⑥](mm)	450	435	445	425	443	422
Ⓥ	坐姿肘高[⑦](mm)	243	240	239	230	220	216

注：①以上人体高度系参考约 240 万人资料、调查统计 2.5 万人所得的数据。人体各部尺寸是由实际测量 665 个不同高度的标准成年人所求得的平均尺寸；

②坐姿肩高系指坐的椅面至肩峰的垂直距离；

③大腿长度系指大腿抬起时，大腿上端转折处至膝盖中点的距离；

④小腿长度系指膝盖中点至内踝的距离；

⑤坐高系指正坐时椅面至头顶的垂直距离；

⑥大腿水平长度系指坐时膝窝至臀部后端的水平距离；

⑦坐姿肘高系指正坐时肘关节至椅面的垂直距离。

人体各部尺度与身高的比例（按中等人体地区） 表 8–2

部 位	百分比	
	男	女
两臂展开长度与身高之比	102.0	101.0
肩峰至头顶高度与身高之比	17.6	17.9
上肢长度与身高之比	44.2	44.4
下肢长度与身高之比	52.3	52.0
上臂长度与身高之比	18.9	18.8
前臂长度与身高之比	14.3	14.1
大腿长与身高之比	24.6	24.2
小腿长与身高之比	23.5	23.4
坐高与身高之比	52.8	52.8

（身高 =100）

几个国家成年男子平均身高的比较 表 8–3

国 家	中 国	独联体	日 本	美 国
平均身高(mm)	1670	1750	1600	1740

8.1.1.2 人体尺寸的应用

图 8-2 所示为我国成年男子及女子不同人体身高的百分比。图中涂阴影部分系设计时可供考虑的身高尺寸幅度。从图中可以看到，人体尺寸是在一定的幅度范围内变化的。在设计中究竟采用什么范围的尺寸确实是一个值得探讨的问题。学者们经过研究一般认为，对于不同情况可按以下三种人体尺度来考虑：

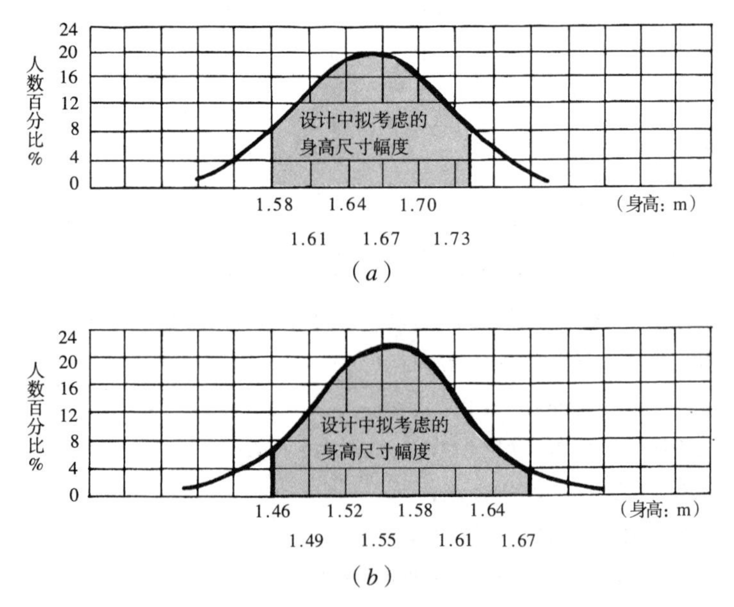

图 8-2 中国成年人不同人体身高的百分比
（a）成年男子；（b）成年女子

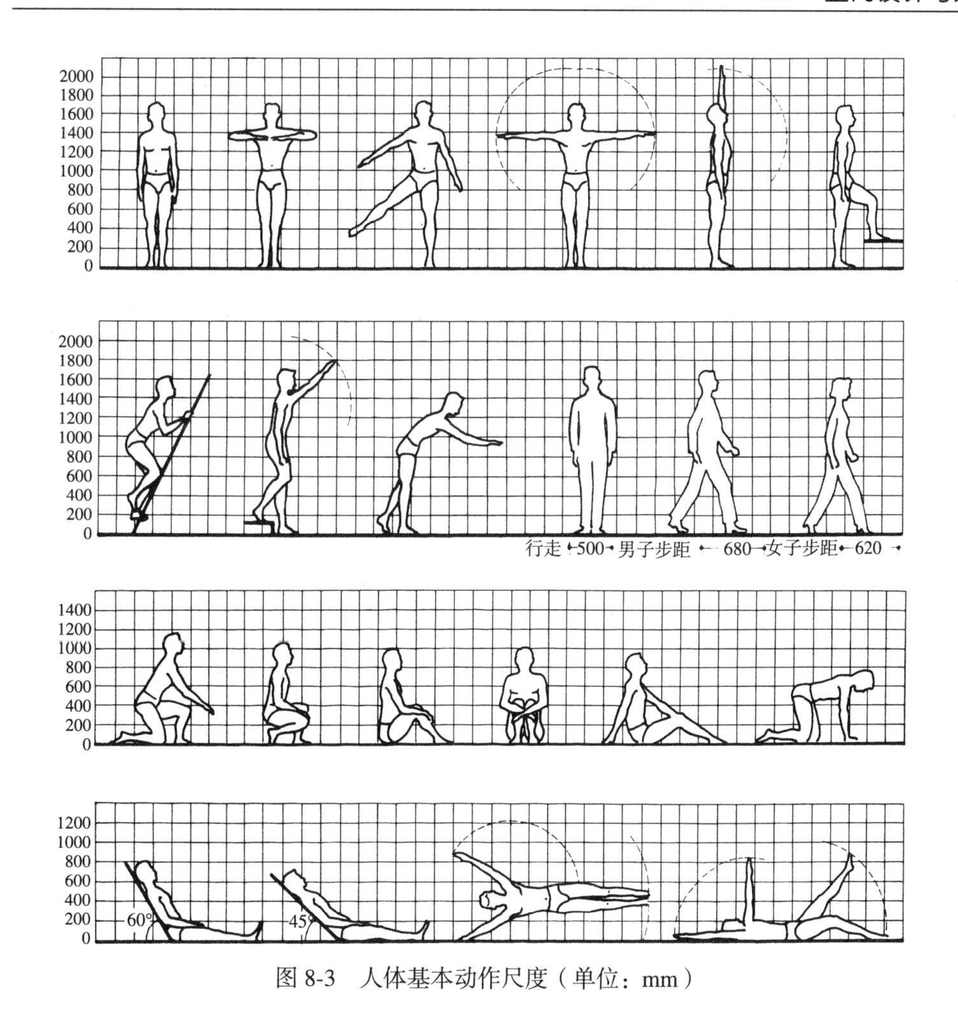

图 8-3　人体基本动作尺度（单位：mm）

• 按较高人体高度考虑的空间尺度。例如：楼梯顶高、栏杆高度、阁楼及地下室净高、个别门洞的高度、通道和淋浴喷头高度、床的长度等，这时可采用男子人体身高幅度的上限 1.74m 再另加鞋厚 20mm。

• 按较低人体高度考虑的空间尺度。例如：楼梯的踏步、碗柜、搁板、挂衣钩及其他空间置物的高度、盥洗台、操作台、案板的高度等，这时可采用女子人体的平均高度 1.56m 再另加鞋厚 20mm。

• 一般建筑内使用空间的尺度可按成年人平均高度1.67 m（男）及1.56m（女）来考虑。例如剧院及展览建筑中考虑人的视线以及普通桌椅的高度等。当然，设计时亦需另加鞋厚 20mm。

8.1.1.3　活动空间的尺寸

活动空间的尺寸也是室内设计中经常涉及的内容，图 8-3 所示为人体基本动作尺度，该尺度可作为各种空间尺度的主要依据。遇特殊情况可按实际需要适当增减。

图 8-4 为人体活动所占空间尺度。图中活动尺度均已包括一般衣服厚度及鞋的高度。这些尺度可供设计时参考。至于涉及一些特定空间的详细尺度，则可查阅有关的设计资料或手册。

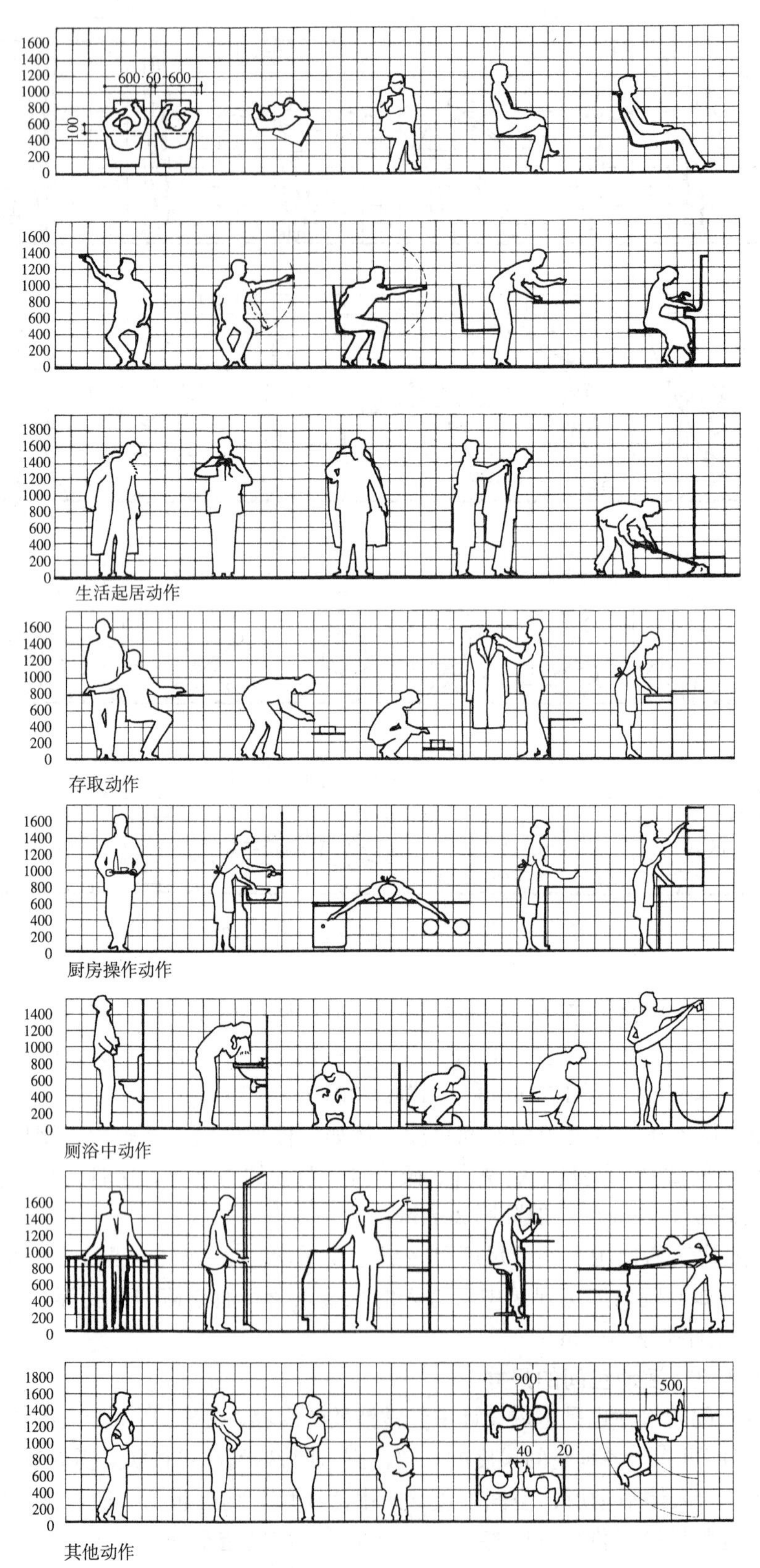

图 8-4 人体活动所占空间尺度（单位：mm）

8.1.2 人类工效学与家具

人类工效学与家具设计存在着十分密切的关系，如何制造出令人感到舒适的家具是人类工效学研究的主要内容之一。由于人的一生中有大量时间是坐着活动的（休息、工作、开会、就餐等），因此这里以座椅为例，介绍人类工效学在家具选择和设计中的运用。

由于人在休息和工作中身体的姿势不同，因此座椅按用途可以分为休息椅、工作椅和多功能椅三类，下面以休息椅和工作椅为例，提出人类工效学的设计原则。

8.1.2.1 休息椅的设计原则

按人类工效学对人在休息椅上各种姿势的分析和研究，可以归纳成以下几点供选择及设计时参考。

（1）休息椅应保证脊柱保持正常形状，椎间盘上的力最小，并且背部肌肉有最大可能的放松。

（2）休息椅最舒适的位置和尺寸随不同活动而改变，且有少量的个人变化。故休息椅应能调节几种尺寸，调节范围参见表 8-4 及图 8-5、图 8-6。

具有多种调节位置的休息椅的调节范围　　表 8–4

名　称	调节范围
坐面坡度 SW	16° ~ 30°
靠背坡度 RW	102° ~ 115°
坐面高度 SH	34 ~ 50cm
坐位深度 ST	41 ~ 55cm
腰垫主要支承面与坐面接触点以上的垂直调节范围	6 ~ 18 cm
椅子靠手的高度 AH	22 ~ 30cm

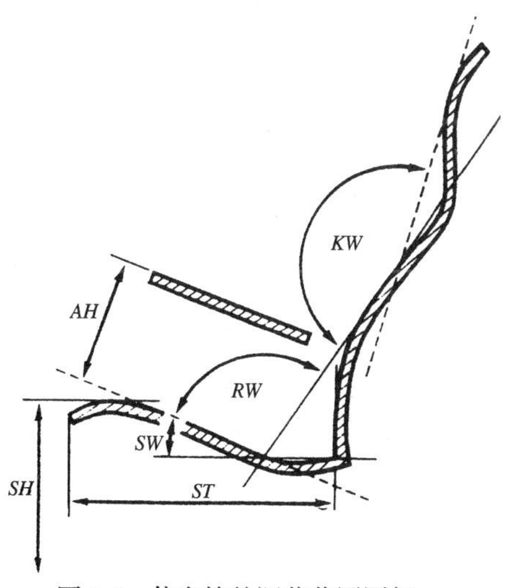

图 8-5　休息椅的调节范围图解

SH—坐面高度；*AH*—靠手高度；*SW*—坐面坡度；*RW*—靠背坡度（坐面与靠背间的夹角）；*KW*—头枕的坡度；*ST*—坐位的深度

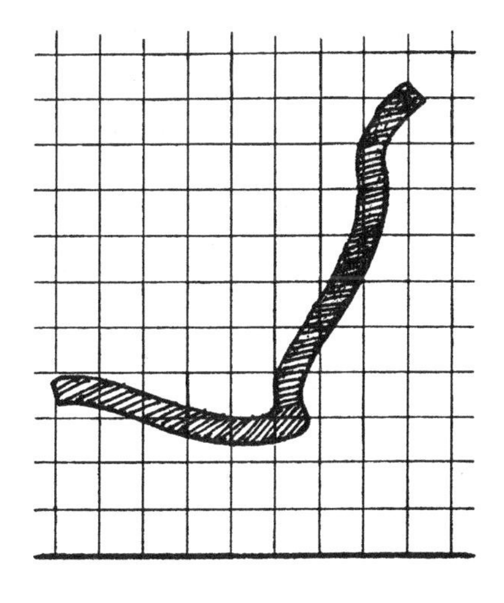

图 8-6　理想休息椅的轮廓线

（方格网为 10 × 10 cm）

（3）休息椅应有一个带有凸出腰垫的靠背，它在胸椎高度处略呈凹状。坐下时腰垫的主要支承点应在坐面以上垂距8～14cm处，于骶骨的上缘和第五个腰椎高度处。

（4）休息椅应有很好的铺垫和饰面，将大部分体重分布在臀部较大的面积上，坐垫应将体重分布在直径6～10cm的圆形面积内较为适宜。

（5）不能调节的休息椅，宜采用下列尺寸：坐面高度SH39～41cm，坐位深度ST47～48cm，坐面坡度SW20°～26°，靠背和坐面间的夹角RW105°～110°。

8.1.2.2　工作椅的设计原则

通过实验研究，有关工作椅的设计原则可归纳为以下几条：

（1）工作椅应有良好的稳定性，四条腿之间的距离至少应与坐位的宽度和深度相同。

（2）工作椅应允许使用者的手臂自由活动。

（3）工作椅必须将其作为工作台的组成部分来统一考虑，因此从坐面至桌面的距离宜为27～30cm，坐面至桌面的下缘至少有19 cm的间距。

（4）坐面应为平的或略呈凹状，前半部分向后倾斜3°～5°，后1/3略向上倾斜，且坐面的前缘应做成圆角。

（5）坐面的宽度和深度建议均为40cm。

（6）坐的靠背，其高度约为自接触点垂直向上55～60cm，带有略呈凸状的腰垫，并于胸高处略呈凹状，这样可以使背部的肌肉放松。

（7）如喜带腰部支托的工作椅，则需较多的调节，并有较软的弹性。腰部支托高20～30cm，宽30～37cm。靠背及腰支托在水平方向略凸出些，半径约80～120cm。

（8）坐面的高度可采用下列数值：不可调节且无踏脚时，为38～40cm；不可调节但有踏脚时，为45～48cm；坐位的调节范围为38～53cm。

（9）坐面和靠背最好有铺垫和饰面，躯体埋在坐垫的深度不大于2～3cm，饰面材料应有良好的透气（包括透汗水）性能。

图8-7中踏脚仅提供高度，其形状应使脚能舒适地踏在上面，其坡度可为23°～27°。

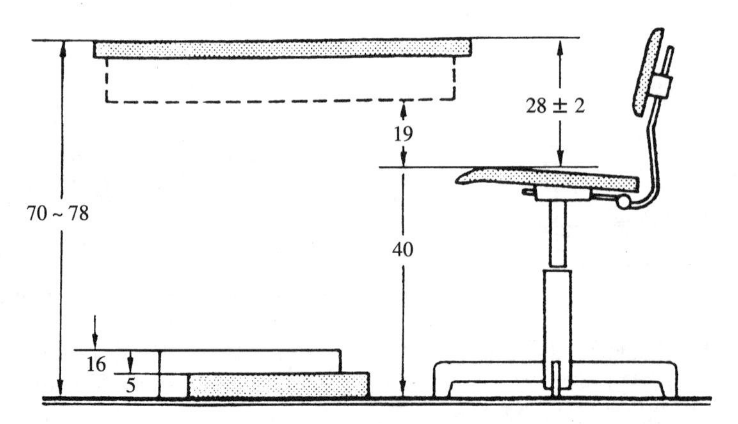

图8-7　工作椅、工作台及踏脚的建议尺寸（单位：cm）

8.1.3 人类工效学与室内物理环境

随着生活水平的提高，人们越来越重视室内物理环境的舒适性。为了创造舒适的室内物理环境，则又必须运用人类工效学的研究成果。室内物理环境包括视觉环境、热环境、声环境、嗅觉环境和触觉环境等。

（1）室内视觉环境

室内视觉环境是室内设计领域中十分重要的内容，其本身是一门很丰富的学问，它涉及环境和视觉信息、知觉过程、照明研究和颜色研究等多方面的内容。本书的不少章节已经应用了很多有关室内视觉环境的资料与研究成果，这里仅介绍一下有关视域的信息，以供设计时考虑。

在视域研究中，人眼在水平方向的视野，当为单眼时称为“单眼视区”，双眼时称为“双眼视区”（或“综合视图”），如图 8-8 所示。该图中，在 30°～60°之间，颜色易于识别；在 5°～30°之间，字母易于识别；在 10°～20°之间，则字体易于识别。

人眼在垂直方向亦有视野（图 8-9）。从图中可以看出：人站立时和坐着时的自然视线均低于 0°的标准视线。观看物体的最佳视区在低于水平线 30°的区域内。

同时，不同的色彩形成的视野也不相同（图 8-10）。从图中可以看出：白色给人的视域最大，其次是黄、蓝、绿色。

（2）室内热环境

室内的冷热感、湿度感对人体亦有着直接的关系。研究人员经过研究，提出了室内热环境舒适值的主要参照指标（表 8-5）。在不使用空调的情况下，当周围的

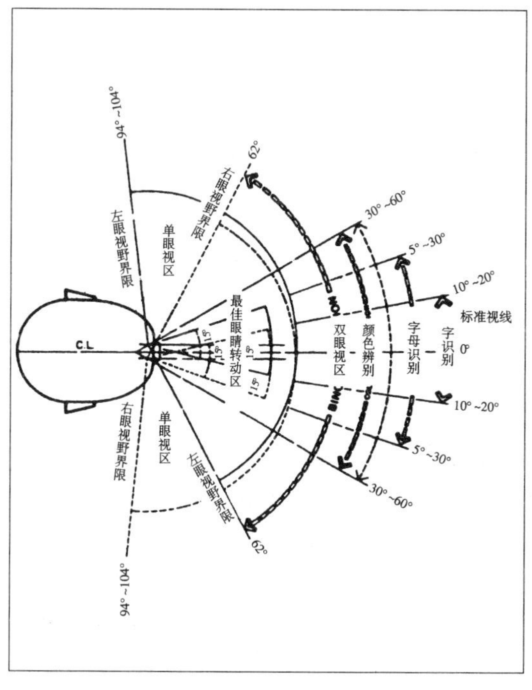

图 8-8 水平面内视野

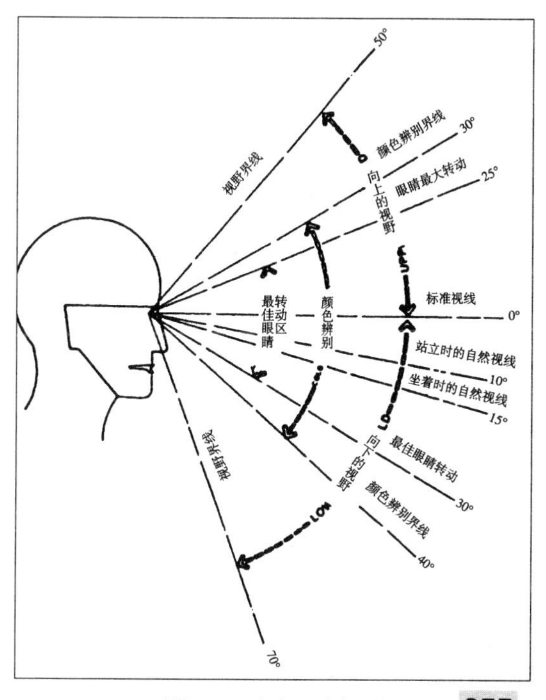

图 8-9 垂直面内视野

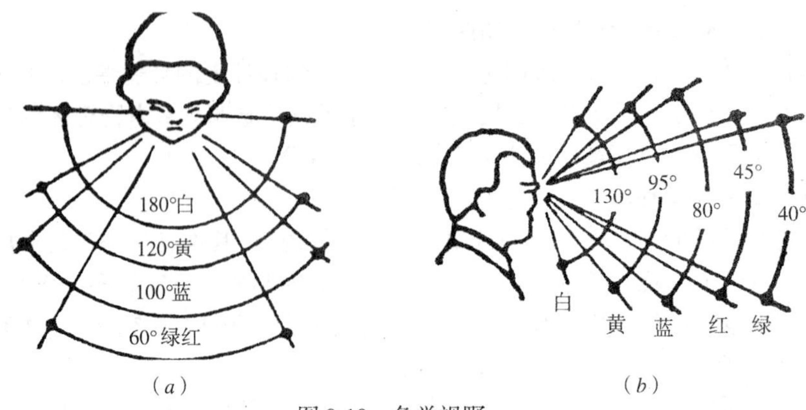

（a）　　　　（b）

图8-10　色觉视野

（a）水平方向色觉视野；（b）垂直方向色觉视野

室内热环境主要参照指标　　表8–5

项　目	允 许 值	最 佳 值
室内温度（℃）	12～32	20～22（冬季）22～25（夏季）
相对湿度（%）	15～80	30～45（冬季）30～60（夏季）
气流速度（m/s）	0.05～0.20（冬季）0.15～0.90(夏季)	0.1
室温与墙面温差（℃）	6～7	< 2.5(冬季)
室温与地面温差（℃）	3～4	< 1.5(冬季)
室温与顶棚温差（℃）	4.5～5.5	< 2.0(冬季)

温度高于或低于这些舒适值时，人体的皮肤就要进行散热或吸热，同时还需要通过添加或减少所穿的衣服来调节。在室内设计时，尤其在使用空调的情况下，表8-5中的数值就常成为热环境设计的重要依据。

（3）室内声环境

室内声环境的处理也是一门相当专业的学问，在影剧院等工程项目中，声学设计起着十分重要的作用。在大量日常的普通室内设计项目中，则主要涉及如何解决噪声的问题。希望通过吸声和隔声的措施，排除噪声的干扰，使人们能有一处安静的场所，表8-6所示为噪声级大小与主观感觉表，表8-7所示为民用建筑一些主要用房的室内允许噪声级。上述资料均可作为设计时的参考资料，以便采取必要的措施，创造良好的声环境。

（4）室内嗅觉环境

室内嗅觉环境是室内设计中不可忽略的内容。为了保持室内良好的嗅觉环境，首先要解决通风问题。清新的空气能使人感到心旷神怡，微微的自然风能使人心情愉快。如果长期呆在没有通风的房间中，则必然影响人的身心健康，产生不良后果。

嗅觉环境还须考虑气味对人们的影响。美国心理学家对各种花卉的香味进行分类研究，发现各种气味会使人产生各种不同的感觉。当驾驶汽车时，若放上一瓶柠檬香的香水，常常能使人精神倍增。

噪声大小与主观感觉 表 8–6

噪声级 A（dB）	主观感觉	实际情况或要求
0		正常的听阈，声压级参考值 2×10^{-5}（N/m²）
5	听不见	
15	勉强能听见	手表的嘀嗒声、平稳的呼吸声
20	极其寂静	录音棚与播音室；理想的本底噪声级
25	寂静	音乐厅、夜间的医院病房；理想的本底噪声级
30	非常安静	夜间医院病房的实际噪声
35	非常安静	夜间的最大允许声级
40	安静	教室、安静区以及其他特殊区域的起居室
45	比较安静	住宅区中的起居室，要求精力高度集中的临界范围。例如，小电冰箱，撕碎小纸的噪声
50	轻度干扰	小电冰箱噪声，保证睡眠的最大值
60	干扰	中等大小的谈话声，保证交谈清晰的最大值
70	较响	普通打字机的打字声，会堂中的演讲声
80	响	盥洗室冲水的噪声，有打字机打字声的办公室，音量开大了的收音机音乐
90	很响	印刷厂噪声，听力保护的最大值；国家《工业企业噪声卫生标准》规定值
100	很响	管弦乐队演奏的最强音；剪板机机械声
110	难以忍受	大型纺织厂、木材加工机械
120	难以忍受	痛阈、喷气式飞机起飞（100m）距离左右
125	难以忍受	螺旋桨驱动的飞机
130	有痛感	距空袭警报器 1m 处
140	有不能恢复的神经损伤的危险	在小型喷气发动机试运转的试验室里

室内允许噪声级（昼间） 表 8–7

建筑类别	房间名称	允许噪声级（A 声级，dB）			
		特级	一级	二级	三级
住宅	卧室、书房	—	≤ 40	≤ 45	≤ 50
	起居室	—	≤ 45	≤ 50	≤ 50
学校	有特殊安静要求的房间	—	≤ 40	—	—
	一般教室	—	—	≤ 50	—
	无特殊安静要求的房间	—	—	—	≤ 55
医院	病房、医务人员休息室	—	≤ 40	≤ 45	≤ 50
	门诊室	—	≤ 55	≤ 55	≤ 60
	手术室	—	≤ 45	≤ 45	≤ 50
	听力实验室	—	≤ 25	≤ 25	≤ 30
旅馆	客房	≤ 35	≤ 40	≤ 45	≤ 55
	会议室	≤ 40	≤ 45	≤ 50	≤ 50
	多用途大厅	≤ 40	≤ 45	≤ 50	—
	办公室	≤ 45	≤ 50	≤ 55	≤ 55
	餐厅、宴会厅	≤ 50	≤ 55	≤ 60	—

注：夜间室内允许噪声级的数值比昼间小 10 dB（A）。

影响室内嗅觉环境的另一个重要因素是室内的各种不良气体，例如厨房内的油烟、客厅内的香烟味、装饰材料的气味，因不完全燃烧而产生的CO、人体呼出的CO_2及自身产生的味道等都不利于人体健康。如果不及时换气，将会污染室内的空气，严重时，甚至还会使人头晕、呕吐乃至产生严重后果。因此，保持良好的室内嗅觉环境是十分必要的，表8-8所示即为居住及公共建筑室内排气次数或换气量参数，可供参考。

居住及公共建筑室内排气次数或换气量 **表8-8**

房间名称	每小时排气次数或换气量
住宅宿舍的居室	1.0
住宅的厕所	25m³/h
住宅宿舍的盥洗室	0.5～1.0
住宅宿舍的浴室	1.0～3.0
住宅的厨房	3.0
食堂的厨房	1.0
厨房的贮藏室（米、面）	0.5
托幼的厕所	5.0
托幼的盥洗室	2.0
托幼的浴室	1.5
公共厕所	每个大便器40m³/h 每个小便器20m³/h
学校礼堂	1.5
电影院剧场的观众厅	每人10～20m³/h
电影院的放映室	每台弧光灯700m³/h

$$\text{每小时排气次数}=\frac{\text{换气量（}m^3/h\text{）}}{\text{房屋容量（}m^3\text{）}}$$

注：①表中排气的换气次数或换气量均为机械通风的换气次数，在有组织的自然通风设计中，可适当减小，但不能少于自然渗透量
②本表适合较高标准的设计和寒冷地区的设计；在不太冷或南方温热地区，靠门窗的无组织的穿堂风足以满足表中要求，所以，设计时须因地制宜地考虑

（5）室内触觉环境

人体的皮肤上有许多感觉神经，它有冷、热、痛等感觉，皮肤还具有一种恒温的功能，热时可以出汗散热，冷时则皮肤收缩（如起鸡皮疙瘩）。因此，在室内设计中，如何处理好触觉环境也是需要考虑的问题。

一般情况下，人们喜欢在室内环境中使用质感柔和的材料，以获得一种温暖感。在家庭室内设计中，木材是一种常用的装饰材料，这固然有木材易于加工、价格适中的优点，但更主要的是木材能给人以一种温暖柔和的触觉感受。在选择室内家具方面，目前，真皮沙发、布艺沙发、木质与软垫结合的沙发等大受顾客欢迎，究其原因，主要是由于它们能给人一种触觉上的舒适感。

8.2 室内设计与心理学

心理学是一门研究人的心理活动及其规律的科学。为了营造安全、舒适、优美的内部环境，就一定要研究人的心理活动，需要借鉴很多心理学的研究成果。其实室内设计师早已在自身的实践中尝试运用心理学的知识，不少学者也进行了这方面的探讨，本书的不少章节也都运用了心理学的知识与研究成果，这里则主要介绍心理需要层次论、气泡理论、造型元素及其心理影响以及好奇心理对室内设计的影响等方面的内容。

8.2.1 心理需要层次论

人的心理需要层次论是美国人本主义心理学家马斯洛(Abraham H.Maslow)提出的，他把人的需要大体上分为几个层次，即生理需要、安全需要、归属和爱的需要、尊重和自我实现的需要、美的需要。他认为人的需要依次发展，当低层次的需求满足以后，便追求高一层次的需求。较低一级的需求高峰过去后，较高一级的需求才能起优势作用。尽管学术界对马斯洛的观点有不同的争议，但其理论的影响力至今仍然十分巨大。

（1）生理需要

生理需要是人的需要中最基本、最强烈、最明显的一种，人们需要食物、饮料、住所、睡眠和氧气。一个缺少食物、自尊和爱的人会首先要求食物，只要这一需求还未得到满足，他就会无视或把所有其他的需求都推到后面去。所以在室内设计中，必须首先考虑并满足人的基本生理需要。

（2）安全需要

一旦生理需要得到了充分的满足，就会出现马斯洛所说的安全需要。就安全而言，首先是遮风挡雨和防盗防火等安全问题，然后是个人独处和个人空间的需要，也就是指：当人们希望与别人相处或希望个人独处时，环境能为他提供选择的自由。因此，在进行室内空间组织与空间限定时，就应该充分考虑这种需要。当人的这种需要得不到满足时，人们就会发现自己处于过度的“拥挤”和“不安”的情境之中，人的心理也会处于一种应激的状态，造成精神上的重负与紧张，严重者可以导致疾病。

（3）归属和爱的需要

当生理和安全的需要得到满足时，对爱和归属的需要就出现了。马斯洛说，“现在这个人会开始追求与他人建立友情，即在自己的团体里求得一席之地。他会为达到这个目标而不遗余力。他会把这个看得高于世界任何别的东西，他甚至会忘了当初他饥肠辘辘时曾把爱当作不切实际或不重要的东西而嗤之以鼻。”马斯洛说：“爱的需要涉及给予爱和接受爱……我们必须懂得爱，我们必须能教会爱、创造爱、预测爱。否则，整个世界就会陷于敌意和猜忌之中。”

对爱和归属的需要往往表现为一种对社交的需要。人是一种社会动物，人追求与他人建立友情，在自己的团体中求得一席之地。因此在室内设计中，如何营造供人交流、供人交往的环境氛围是室内设计师值得认真考虑的问题。

（4）尊重和自我实现的需要

马斯洛发现，人们对尊重的需要可分成两类——自尊和来自他人的尊重。自尊包括：获得信心、能力、本领、成就，独立和自由等的愿望。来自他人的尊重包括：获得威望、承认、接受、关心、地位、名誉和赏识等。

当一个人对爱和尊重的需要得到合理满足之后，自我实现的需要就出现了。自我实现的需要一般是指发现人类有成长、发展、利用潜力的心理需要，这是马斯洛关于人的动机理论中一个很重要的方面。马斯洛还把这种需要描述成“一种想要变得越来越象人的本来样子、实现人的全部潜力的欲望”。在室内设计中，如何体现人的这些层次需求，如今已经成为室内设计中的一项重要内容。室内设计师在与业主的交流中，就应该充分了解和掌握这方面的信息，通过设计语言将其表达出来，实现业主的心理需求。

（5）对美的需要

马斯洛发现，对美的需要至少对有些人来说是很强烈的，他们厌恶丑。实验证明，丑会使人变得迟钝、愚笨。马斯洛发现，从最严格的生物学意义上说，人需要美正如人的饮食需要钙一样，美有助于人变得更健康。马斯洛还发现健康的孩子几乎普遍有着对美的需要。他认为审美需要的冲动在每种文化、每个时代里都会出现，这种现象甚至可以追溯到原始的穴居人时代。

马斯洛认为：人的一生实际上都处在不断追求之中，他是一个不断有所需求的动物，“几乎很少达到完全满足的状态。一个欲望得到了满足之后，另一个欲望就立刻产生了。”在现代文明社会，人的基本生理需求已经基本得到满足，因此我们更要注意满足人的高级需求，通过设计创造理想的环境，实现人的精神追求。

8.2.2 气泡理论

心理学家萨默(R.Sommer)曾提出：每个人的身体周围都存在着一个不可见的空间范围，它随身体移动而移动，任何对这个范围的侵犯与干扰都会引起人的焦虑和不安。

为了度量这一个人空间的范围，心理学家做了许多实验，结果证明这是一个以人体为中心发散的“气泡”（bubble），而且这一“气泡”前部较大，后部次之，两侧最小。个人空间受到侵犯时，被侵犯者会下意识地做出保护性反应，如表情、手势和身姿等。由于“气泡”的存在，人们在相互交往与活动时，就应该保持一定的距离，而且这种距离与人的心理需要、心理感受、行为反应等产生密切的关系。霍尔（E.Hall）对此进行了深入研究，并概括了4种人际距离。

（1）密切距离

在0～15cm时，常称为接近相密切距离，亦就是爱抚、格斗、耳语、安慰、保护的距离。这时嗅觉和放射热的感觉是敏锐的，但其他感觉器官基本上不发挥作用。

在15～45cm时，常称为远方相密切距离，可以是和对方握手或接触对方的距离。

密切距离一般认为是表示爱情的距离或者说仅仅是特定关系的人才能使用的空间。当然在拥挤的公共汽车内，不相识的人也被聚集到这一空间中，但在这种情况下，人们会感到不快和不自在，处于忍受状态之中。

（2）个体距离

在45～75cm时，常称为接近相个体距离，是可以用自己的手足向他人挑衅的距离。

在75～120cm时，常称为远方相个体距离，是可以亲切交谈、清楚地看对方的细小表情的距离。

个体距离常适合于关系亲密的友人或亲友，但有时也可适用于工作场所，如顾客与售货员之间的距离亦常在这一范围内。

（3）社交距离

在1.2～2.1m时，常称为接近相社交距离，在这个距离内，可以不办理个人事情。同事们在一起工作或社会交往时，通常亦是在这个距离内进行的。

在2.1～3.6m时，常称为远方相社交距离，在这一距离内，人们常常相互隔离、遮挡，即使在别人的面前继续工作，也不致感到没有礼貌。

（4）公众距离

在3.6～7.5m时，常称为接近相公众距离。敏捷的人在3.6m左右受到威胁时，就能采取逃跑或防范行动。

在7.5m以上时，常称为远方相公众距离，很多公共活动都在这一距离内进行。如果达到这样的距离而用普通的声音说话时，个别细致的语言差别就难以识别，对面部表情的细致变化也难以识别，所以，人们在讲演或演说时，或扯开嗓子喊，或缓慢而清晰地说，而且还常常运用姿势来表达，这一切都是为了适合公众距离内的听众而采用的方式。

霍尔的研究成果，无论对建筑设计还是室内设计都产生了很大的影响，为室内设计师的空间组织和空间划分提供了心理学上的依据。

8.2.3 造型元素及其心理影响

如何组织造型元素是室内设计中的重要内容。在造型元素的选择及处理过程中，必然涉及到心理学的内容，这里仅就这方面的内容加以简单介绍。

（1）空间形式及其心理感受

室内空间的大小和形状是由诸多因素影响决定的，其中，既涉及使用功能、结构体系等方面的问题，也涉及业主要求和个人喜好等方面的因素，但如何塑造特定的空间气氛和使人获得特定的心理感受，则无疑也是一个重要方面。

室内空间的形状多种多样，千变万化，但较为典型的可归纳为正向空间、斜向空间、曲面空间和自由空间这几类。它们各自能给人以相应的心理感受，室内设计师可以根据特定的要求进行选择，再结合相应的界面处理、色彩设计和材料选择，强化其空间感受（表8-9）。

（2）色彩选择及其心理感受

色彩学的研究表明：色彩具有很强的心理作用。第5章中介绍的色彩的冷暖

室内空间形状及其心理感受　　表 8-9

	正向空间				斜向空间		曲面及自由空间	
室内空间形状								
心理感受	稳定 规整	稳定 有方向感	高耸 神秘	低矮 亲切	超稳定 庄重	动态 变化	和谐 完整	活泼 自由
	略呆板	略呆板	不亲切	压抑感	拘谨	不规整	无方向感	不完整

感、前趋感、后退感、轻重感、软硬感以及色彩的联想作用和象征意义等都是其心理功能的表现，这里不再重复。表 8-10 所示则显示了色相、明度、彩度与人的心理感受的关系。

（3）材料选择及其心理感受

选择材料是室内设计中的一项重要工作。选择材料有很多需要思考的因素，如材料的强度、耐久性、安全性、质感、观赏距离等，但是如何根据人的心理感受选择材料亦是其中的重要内容。

国外有些学者曾进行过有关材料和人类密切程度的专题研究。在大量调查统计的基础上，得出了材料与人类密切程度的次序：棉、木、竹——土、陶器、瓷器——石材——铁、玻璃、水泥——塑料制品、石油产品……

专家们认为：棉、木、竹本身就是生物材料，它们与人体有着相似的生物特征，因而与人的关系最贴近、最密切。人与土亦存在着很大的关系，人的食物来源于土，人的最后归宿亦离不开土，因此，土包括土经火烧之后制成的陶器、瓷器，与人的关系亦很密切。石材也具有奇异的魔力，可以被认为是由地球这个巨大的窑所烧成的瓷器，与人的关系也较密切。而铁、玻璃、水泥等与人肌肤密切相关的东西并不多，至于塑料制品和石油产品则与人肌肤的关系更为疏远，具有一定的生疏感。这种材料对人的心理影响的研究，对于选择材料具有重要的参考意义。

材料的心理作用还表现在它的美学价值上。一般而言，人工材料会给人以冷峻感、理性感和现代感，而天然材料则易于给人以多种多样的心理感受。例如木材，天然形成的花纹如烟云流水、美妙无比，柔和的色彩典雅悦目，细腻的质感又倍感亲切。当人们面对这些奇特的木纹时，能体会到万物生长的旺盛生命力，

色相、明度、彩度与人的心理感受　　表 8-10

色的属性		人的心理感受
色相	暖色系	温暖、活力、喜悦、甜热、热情、积极、活泼、华美
	中性色系	温和、安静、平凡、可爱
	冷色系	寒冷、消极、沉着、深远、理智、休息、幽情、素静
明度	高明度	轻快、明朗、清爽、单薄、软弱、优美、女性化
	中明度	无个性、随和、附属性、保守
	低明度	厚重、阴暗、压抑、硬、退钝、安定、个性、男性化
彩度	高彩度	鲜艳、刺激、新鲜、活泼、积极、热闹、有力量
	中彩度	日常的、中庸的、稳健、文雅
	低彩度	无刺激、陈旧、寂寞、老成、消极、无力量、朴素

能联想到年复一年、光阴如箭，也能联想到人生的经历和奋斗……又如当面对花纹奇特的大理石时，也许浮现在眼前的是风平浪静、水面如镜的湖面，也许是朔风怒号、惊涛骇浪的沧海，也许是绵延不断、万壑争流的群山，也许是鱼儿嬉戏、闲然悠静的田园风光……总之，这里没有文字、没有讲解，也没有说教，只有材料留给人们意味无穷的领悟和想像，真所谓："象外之象、景外之景"，"不着一字，尽得风流"。

8.2.4 好奇心理与室内设计

好奇是人类普遍具有的一种心理状态，在心理学上又可称为好奇动机。好奇心理具有普遍性，能够导致相应的行为，尤其是其中探索新环境的行为，对于室内设计具有很重要的影响。如果室内环境设计能够别出心裁，诱发人们的好奇心，这不但满足了人们的心理需要，而且必然加深了人们对该室内环境的印象，使之回味无穷。对于商业建筑来说，还有利于吸引新老顾客，同时，由于探索新环境的行为可导致人们在室内行进和停留时间的延长，就有利于出现业主所希望发生的诸如选物、购物等行为。著名心理学家柏立纳（Berlyne）通过大量实验及分析指出：不规则性、重复性、多样性、复杂性和新奇性等五个因素比较容易诱发人们的好奇心理（图 8-11）。

（1）不规则性

不规则性主要指布局的不规则。显然，规则的布局能够使人一目了然，不需花很大的力气就能了解它的全局情况，也就难以激起人们的好奇心。于是设计者就试图用不规则的布局来激发人们的好奇心。例如：柯布西耶设计的朗香教堂就是运用了不规则的平面布局和空间处理手法（图 8-12）。教堂屋顶下凹，平面由

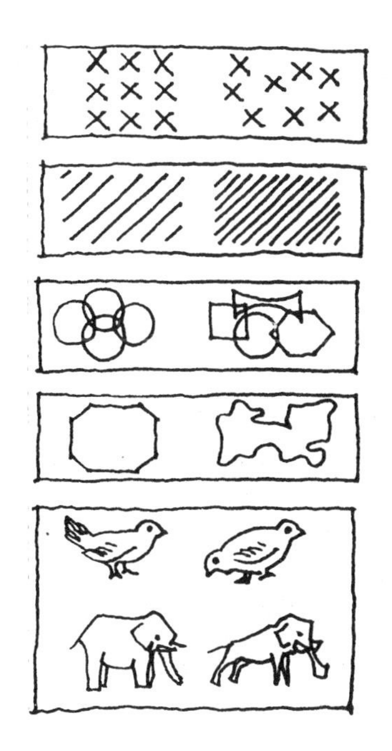

图 8-11 容易诱发人们好奇心理的五个因素

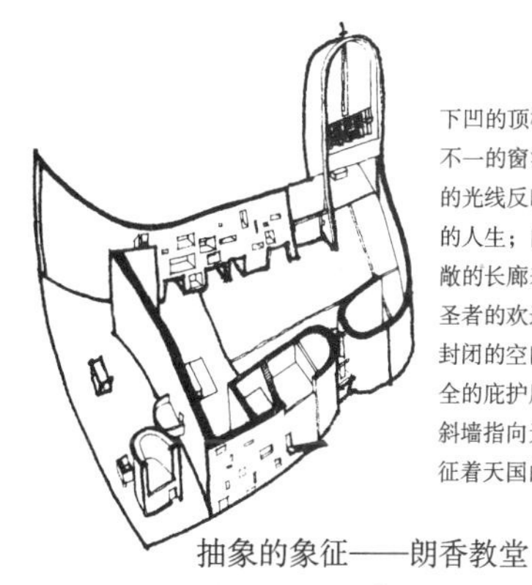

图 8-12 朗香教堂

许多奇形怪状的弧形墙体围合而成，南面的那道墙也不垂直于地面，略作倾斜状，各墙面上“杂乱”地开了许多大小不一、形状各异、“毫无规律”的窗洞，整幢建筑的室内外可以说是极端的不规则。

在绝大多数情况下，室内的承重墙、柱子和天花等都是按结构原则有规则地布置的，不可任意变更。所以，上述这种不规则的布局虽有利于激发人们的好奇心，但毕竟代价太大，有时亦难以适应功能要求。一般情况下，我们只能用对结构没有影响的物体（如柜台、绿化、家具、织物……）来进行不规则的布置，以打破结构构件的规则布局，造成活泼感。如国外某珠宝店，就是在矩形室内空间中，通过悬吊在半空中的“S”形珠宝陈列台和相应的“S”形装饰构件，打破了室内的规则感，使室内空间舒展而有新意，吸引了大量顾客前来观赏和选购，提高了营业额，如果该店也采用普通的矩形柜台布置，恐怕就难以吸引如此多的顾客了（图 8-13）。

（2）重复性

重复性并不仅指建筑材料或装饰材料数目的增多，而且也指事物本身重复出现的次数。当事物的数目不多或出现的次数不多时，往往不会引起人们的注意，容易一晃而过，正如古人所云“高树靡阴，独木不林”。只有事物的数量反复出现，才容易被人注意和引起好奇。室内设计师常常利用大量相同的构件（如柜台、货架、坐椅桌凳、照明灯具、地面铺地……）来加强对人的吸引力。例如图 8-14 所示为服装商店，经营者采用了形式特殊的货架，并多次重复以此唤起顾客的好奇心理，吸引顾客。

图 8-13 “S”形珠宝陈列台和相应“S”形的装饰构件

图 8-14 设有重复货架的服装商店

（3）多样性

多样性指形状或形体的多样性，另外亦指处理的方式多种多样。加拿大多伦多伊顿中心就是利用多样性的佳例（图8-15）。伊顿中心将纵横交错的步廊、透明垂直的升降梯和倾斜的自动扶梯统一布置在巨大的拱形玻璃天棚下，两侧有立面各异的商店和色彩各异的广告，加上在高大中庭空中悬挂的飞鸟雕塑，构成了丰富多彩、多种多样的室内形象，充分诱发了人们的好奇心理和浓厚的观光兴趣。

（4）复杂性

运用事物的复杂性来增加人们的好奇心理是一种屡见不鲜的手法。特别是进入后工业社会以后，人们对于千篇一律、缺乏变化、缺少人情味的大量机器产品日益感到厌倦和不满，人们希望设计师们能创造出变化多端、丰富多彩的空间来满足人们不断变化的需要。复杂性一般具体表现为四种情况：

首先是设计者通过复杂的平面和空间形式来达到复杂性的效果，西班牙巴塞罗那的米拉公寓就是这种情形（图8-16）。公寓由不规则的几何图形所构成，十

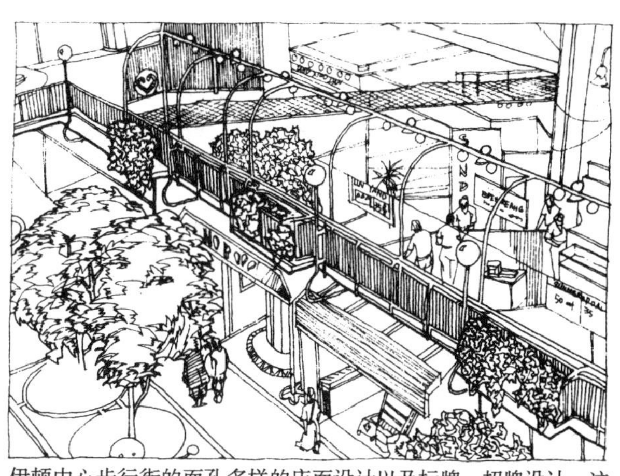

伊顿中心步行街的面孔多样的店面设计以及标牌、招牌设计。这些细部手法丰富和完善了室内形象，在考虑人们购物的同时，也考虑了人在其中的休息交往。

图8-15　加拿大多伦多伊顿中心内景

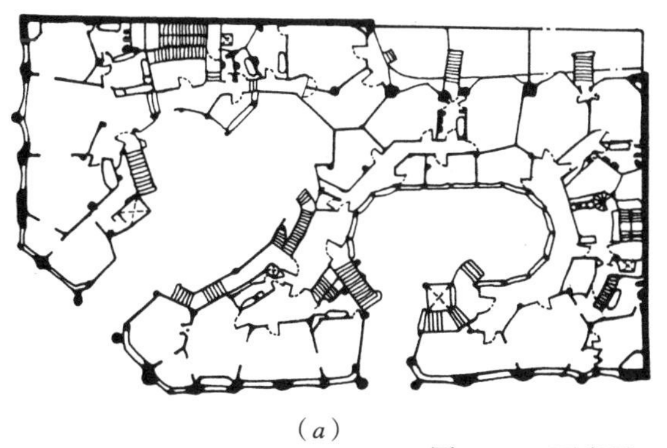

（*a*）

（*b*）

图8-16　西班牙巴塞罗那米拉公寓

（*a*）平面图；（*b*）门厅内景

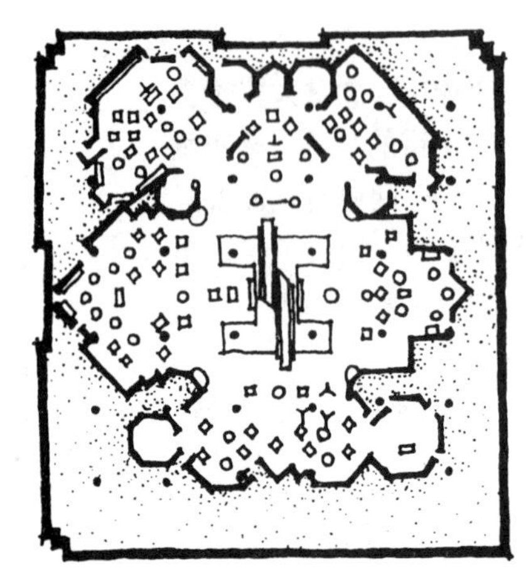

图 8-17 运用隔断和柜台组合的空间

分复杂，加上内部空间的曲折蜿蜒，其室内就如深沉涌动的海洋，而顶棚犹如退潮后的沙滩，令人感到激动好奇。

其次是设计者在一个比较简单的室内空间中，通过运用隔断、家具等对空间进行再次限定，形成一种复杂的空间效果。这种办法对结构和施工都无很大影响，但却可以造成富有变化的空间，而且又便于经常更新，因此常常受到设计师的青睐，使用十分广泛。如某商场的平面本身十分简洁，由简单的正方形柱网所构成。然而设计师运用隔断与柜台的巧妙组合而达到了复杂的效果，使空间既丰富又实用（图 8-17）。

然后是设计者通过某一母题在平面和立体上的巧妙运用，再配以绿化、家具等的布置而产生相当复杂的空间效果。例如赖特的圆形别墅，该别墅以圆形为母题，在设计布局中不断加以重复——弧形墙、半圆形窗、圆形壁炉以及带圆角的家具，连满铺的地毯亦绘有赖特设计的以圆形为组成元素的图案。这些大大小小的圆形和谐地组合在一起，充满幻想和变化，让人好奇，激励人们去领略它的奥妙（图 8-18）。

此外，设计者还可以把不同时期、不同风格的东西罗列在一起，造成视觉上的复杂，以引起人们的好奇。例如在有的室内环境中，一方面保留着大壁炉；另一方面又显露出正在使用的先进的空调设备；一方面采用不锈钢柱子；另一方面又保留着古典柱式……这类设计手法，在激起人们好奇心理和诱发兴趣上都起了积极作用，其中维也纳奥地利旅行社就是著名的实例，设计师的大胆创新和对历史的深刻理解已成为后现代主义室内设计的典范作品（参见图10-13 ~ 图 10-17）。

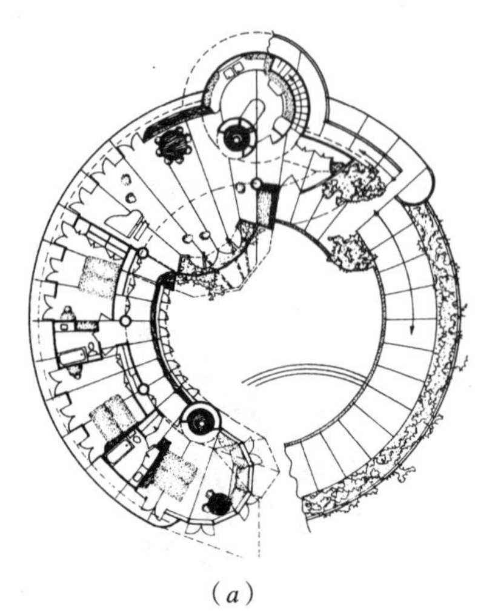

（*a*）

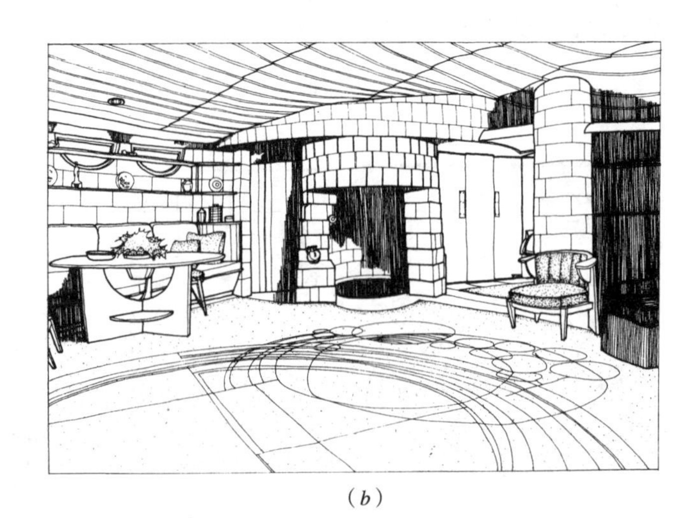

（*b*）

图 8-18 赖特的圆形别墅

（*a*）底层平面图；（*b*）起居室内部透视

（5）新奇性

在室内设计中，为了达到新奇性的效果，常常运用三种表现手法：

第一种手法是使室内环境的整个空间造型或空间效果与众不同，有些设计师常常故意模仿自然界的某种事物，有的餐厅就常常故意布置成山洞和海底世界的模样，以引起我们的好奇和兴趣。如图8-19所示的空间就是一种变幻莫测的曲线和曲面，整个室内环境给人一种充满神秘、幽深、新奇、动荡的气氛。当然，这种手法一般造价太大，施工又不方便，只可偶尔采用。

第二种手法则是把一些平常东西的尺寸放大或缩小，给人一种变形、奇怪的感受，使人觉得新鲜好奇，鼓励人们去探寻究竟。例如某个青少年服饰店，就是运用了一副夸大了的垒球手套，其变形的尺度给人一种刺激，使人觉得好奇，从而增加了吸引力（图8-20）。

图8-19　古怪迷幻新奇的室内空间

图8-20　夸大了尺度的垒球手套

第三种手法是运用一些形状比较奇特新颖的雕塑、装饰品、图像和景物来诱发人们的好奇。如图8-21在墙上挂置了一幅装饰画，画面为一人向外窥视的姿态，很具戏剧性，且能激发起人们的好奇心理，有一种必欲一睹为快的心理。又如日本某商业中心内部就设置了若干个不同步势的黑豹雕塑，顺方向地前后排列，使人颇觉奇怪，想看个究竟，于是便随之进入商业中心内部（图8-22）。

除了这五个方面的因素外，另外诸如光线、照明、镜面、装饰材料，甚至特有的声音和气味等，亦都常常被用来激发人们的好奇。总之，好奇动机既是人类的原始动机之一，又是一种较高层次的精神需求，如果在室内设计中能够充分考虑到好奇心理的作用，就不但能有助于吸引人流，而且也可满足人们的心理需要，使之产生一种满足感，这对于创造一个令人满意的室内环境来讲，有着相当重要和普遍的意义。

图8-21　有趣的装饰画激起人们的好奇心理

图 8-22　日本某商业中心内很具吸引力的黑豹雕塑布置

8.3　室内设计与室内装修施工

室内装修施工是有计划、有目标地达到某种特定效果的工艺过程，它的主要任务是完成室内设计图纸中的各项内容，实现设计师在图纸上反映出来的意图。因此对于学习室内设计的专业人员而言，除了掌握室内设计的专业知识之外，还应该了解室内装修施工的特点，以确保所设计的内容最后能获得理想的效果。

8.3.1　室内装修施工的特点

从某种意义上说，室内装修施工的过程是一个再创作的过程，是一个施工与设计互动的过程，这是室内装修施工的重要特点。对于室内设计人员来说，应该注意以下两点：

其一，设计人员应对室内装修的工艺、构造及实际可选用的材料有充分的了解，只有这样才能创作出优秀的作品。在一些重大工程中，为了检验设计的效果和确保施工质量，往往采用试做样板间或标准间的方法。通过做实物样板间，一来可以检验设计的效果，从中发现设计中的问题，进而对原设计进行补充、修改和完善。二来可以根据材料、工具等具体情况，通过试做来确定各部位的节点大样和具体构造，为大面积施工提供指导和标准。这种设计与施工的互动是室内装修工程的一大特点。

与传统的装修工艺相比，当代室内装修工艺的机械化、装配化程度大大提高。这是因为目前大量使用成品或半成品的装饰材料，导致施工中使用装配或半装配式的安装施工方法；同时由于各种电动或气动装饰机具的普遍使用，导致机械化程度增高。伴随着机械化程度和装配化程度的提高，又使装修施工中的干法作业工作量逐年增高。这些特点，使立体交叉施工和逐层施工、逐层交付使用等成为可能，因此对于设计师而言，有必要了解这种发展趋势，以便在设计中采用正确的构造与施工工艺。

其二，室内设计师应该充分注意与施工人员的沟通和配合。事实上，每一个成功的室内设计作品，不但显示了设计者的才华，同时也凝聚了室内装修施工人员的智慧和劳动。离开了施工人员的积极参与，就难以产生优秀的室内设计作品。例如室内设计中的大理石墙面，图纸上常常标注得比较简单。但是天然大理石板材往往具有无规律的自然纹理和有差异的色彩，如何处理好这个问题，将直接影响到装修效果。因此必须根据进场的板材情况，对大理石墙面进行细化处理。这种细化处理不可能事先做好，需要依靠现场施工人员的智慧和经验，在经过仔细的拼板、选板之后，使镶贴完毕的大理石墙面的色彩和纹理获得自然、和谐的效果，使之充分表现大理石的装饰特征；反之，则会杂乱无章，毫无效果可言。

当然，对于施工人员而言，他们也应对室内设计的一般知识有所了解，并对设计中所要求的材料的性质、来源、施工配方、施工方法等有清楚的认识。只有这样，才有可能使设计师的意图得到完善的反映。室内装修施工的过程是对设计质量的检验、完善过程，它的每一步进程都检验着设计的合理性，因此，室内装修施工人员不应简单地满足于照图施工，遇到问题应该及时与设计人员联系，以期取得理想的效果。

8.3.2 室内装修施工的过程

室内装修工程施工是一个复杂的系统工程，为了保证工程质量，室内装修工程有严格的施工顺序。室内装修工程的施工顺序一般是：先里后外（如先基层处理，后做装饰构造，最后饰面）、先上后下（如先做顶部、再做墙面、最后装修地面）。从工种安排而言：先由瓦工对基层进行处理，清理顶、墙、地面，达到施工技术要求，同时进行电、水线路改造。基层处理达标后，木工进行吊顶作业，吊顶构造完工后，先不做饰面处理，而开始进行细木工作业，如制作木制暖气罩、门窗框套、木护墙等。当细木工装饰构造完成，并已涂刷一遍面漆进行保护后，才进行墙、顶饰面的装修（如墙面、顶面涂刷、裱糊等）。在墙面装饰时，应预留空调等电器安装孔洞及线路。地面装修应在墙面施工完成后进行，如铺装地板、石材、地砖等，并安装踢脚板，铺装后应进行地面装修的养护。地面经养护期后，才开始进行细木工装饰的油漆饰面作业，饰面工程结束后，还要进一步安装、放置配套电器、设施、家具等，这时装修工程才算最后结束。

对于室内装修的这些施工顺序，室内设计时应该予以充分考虑，尽量做到施工与设计的完美结合，确保取得最佳的设计效果。

本章小结

室内设计与人类工效学、心理学、室内装修施工等有着密切的关系。就人类工效学而言，人体尺寸就与空间大小和空间布局有着十分紧密的关系，家具设计、室内物理环境等也与人类工效学具有直接的关系；就心理学而言，心理需要层次论、气泡理论、好奇心理等都对室内设计产生了很大的影响，形状、色彩、质感等造型元素对于人的心理状态也有重要影响。

室内装修施工是与设计互动的过程，是一个再创作的过程，设计师应该对施工工艺、构造和材料有充分的了解，同时要与施工人员充分配合和沟通，只有这样才能创造出优秀的室内设计作品。

9 特殊人群的室内设计

一般情况下，室内设计总是以健全人（身心、能力无缺陷的人）为基准来制定设计原则，对特殊人群（老人、儿童和残障人士）考虑较少。事实上，这部分人群由于其生理、心理和行为方式上的特殊性，使得他们对室内空间往往有着特殊的要求，需要我们在设计中给予格外的关注。只有通过我们细致入微、体贴周到的设计，才能为这些有着特殊需要的人们创造更舒适、更安全、更方便的人性化室内空间，使他们能够和普通人一样享受生活的乐趣。

9.1 残疾人室内设计

如果我们仔细观察一下身边的日常生活，便会发现不少建筑的内部空间都存在这样或那样的问题，例如：窗开关够不着、储藏架太高、楼梯转弯抹角、找不到电器开关、电插座位置不当、门把手握不住、厕位太低……这些问题对于健康人而言可能仅仅带来一些麻烦，但对于残疾人而言就可能是个挫折，有时甚至对他们的安全构成了直接的威胁。因此，消除和减轻室内环境中的种种障碍就成为研究“残疾人室内设计”的主要目的。

这里我们主要以知觉残疾（听力和语言残疾、视力残疾）和肢体残疾，尤其是轮椅使用者为对象来进行探讨。这是因为，这两类人的使用要求是最难以满足的。如果室内空间在使用过程中可以使他们感觉方便，那其他残疾人一般也不会感觉有障碍，这样就能逐步缩小残疾人与正常人的差距，使他们与正常人一起共享社会文明的成果。

9.1.1 各类功能障碍的残疾人对室内环境的要求

由于残疾人存在各种不同的功能障碍，其行为能力及方式也各不相同，因此对于室内空间的使用要求也各有特点。有的设计对某些人有利，却可能给另一些人带来使用困难，能使各类残疾人都感到方便的室内环境是不多的。如对轮椅使用者来说坡道是必不可少的，但对于步行困难者来说，台阶有时可能会更方便一些，坡道使得他们难以控制自己的重心而随时存在摔倒的危险。但是，如果我们能够对残疾人的要求一项一项认真考虑的话，可以逐渐总结出一定的经验，从而设计出方便大多数残疾人使用的室内空间。

一般认为，根据残疾人伤残情况的不同，室内环境对残疾人的生活及活动构成的障碍主要包括以下三大类型：

9.1.1.1 行动障碍

残疾人因为身体器官的一部分或几部分残缺，使得其肢体活动存在不同程度的障碍。因此，室内设计能否确保残疾人在水平方向和垂直方向的行动（包括行走及辅助器具的运用等）都能自由而安全，就成为了残疾人室内设计的主要内容之一。通常，在这方面碰到困难最多的肢体残疾人有：

（1）轮椅使用者

在现有的生活环境中，公共建筑中的服务台、邮局和银行的营业台，以及公用电话等，它们的高度往往不适合乘轮椅者使用；小型电梯、狭窄的出入口或走廊给乘轮椅者的使用和通行带来困难；大多数旅馆没有方便乘轮椅者使用的客房；影剧院和体育场馆没有乘轮椅者观看的席位；很多公共场所的洗手间没有安全抓杆和轮椅专用厕位……，这些都是轮椅使用者会碰到的困难与障碍。此外，台阶、陡坡、长毛地毯、凹凸不平的地面等也都会给轮椅的通行带来麻烦。

（2）步行困难者

步行困难者是指那些行走起来困难或者有危险的人，他们行走时需要依靠拐杖、平衡器、连接装置或其他辅助装置。大多数行动不便的高龄老人、一时的残疾者、带假肢者都属于这一类。他们因为水平推进的能力较差，所以行动缓慢，不适应常规运动的节奏。不平坦的地面、松动的地面、光滑的地面、积水的地面、旋转门、弹簧门、窄小的走道和入口、没有安全抓杆的洗手间等，都会造成步行困难者在通行和使用上的困难。他们的攀登动作也比较僵硬，那些没有扶手的台阶、踏步较高的台阶及坡度较陡的坡道，对步行困难者往往都构成了障碍。此外，他们的弯腰、曲腿动作亦有困难，改变其站立或者坐的位置都很不容易，因此扶手、控制开关、家具、电冰箱、厨房器具等的设置都应该考虑在站立者伸手可及的范围之内。

（3）上肢残疾者

上肢残疾者是指一只手或者两只手以及手臂功能有障碍的人。他们手的活动范围及握力小于普通人，难以承担各种精巧的动作，灵活性和持续力差，完成双手并用的动作十分费力。他们常常会碰到门把手的形状不合适、各种设备的细微调节困难、高处的东西不好取等种种行动障碍。

除了肢体残疾人之外，视力残疾者由于其视觉感知能力的缺失导致在行动上同样面临很多障碍。对于视力残疾者来说，柱子、墙壁上不必要的突出物和地面上急剧的高低变化都很危险，应予以避免。总之，室内空间中不可预见的突然变化，对于残疾人来说，都是危险的障碍。

上述行动不便者一般都需要借助手动轮椅或电动轮椅来完成行走，有些则需要借助手杖、拐杖、助行架行走（图 9-1）。

9.1.1.2 定位障碍

在室内空间中的准确定位将有助于引导人们的行动，而定位不仅要能感知环境信息，还要能对这些信息加以综合分析，从而得出结论并作出判断。视觉残疾、听力残疾以及智力残疾中的弱智或某种辨识障碍都会导致残疾人缺乏或丧失方向感、空间感或辨认房间名称和指示牌的能力。

9.1.1.3 交换信息障碍

这一类障碍主要出现在听觉和语言障碍的人群中。完全丧失听觉的人为数不

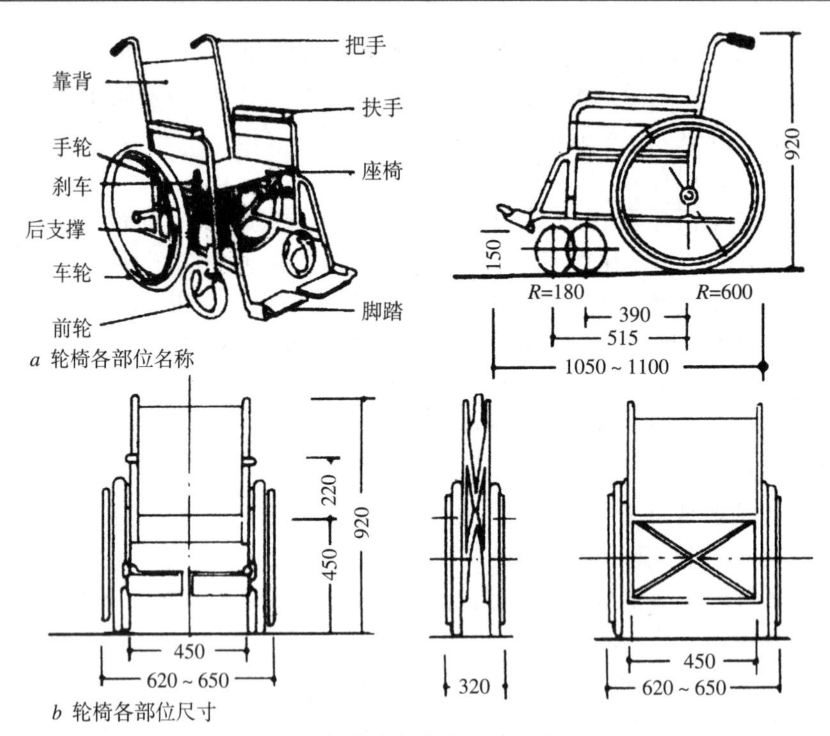

A —轮椅各部分名称及尺寸

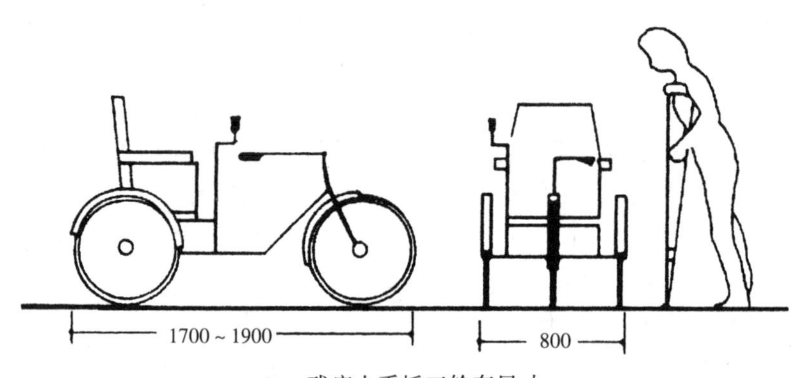

B —残疾人手摇三轮车尺寸

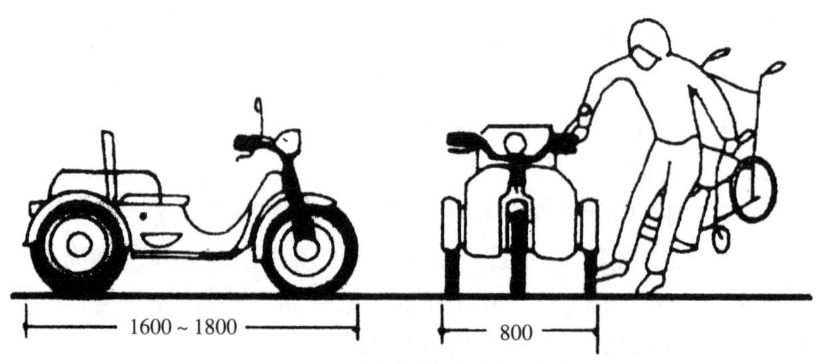

C —残疾人机动三轮车尺寸

图 9-1　助行器的类别及规格（一）（单位：mm）

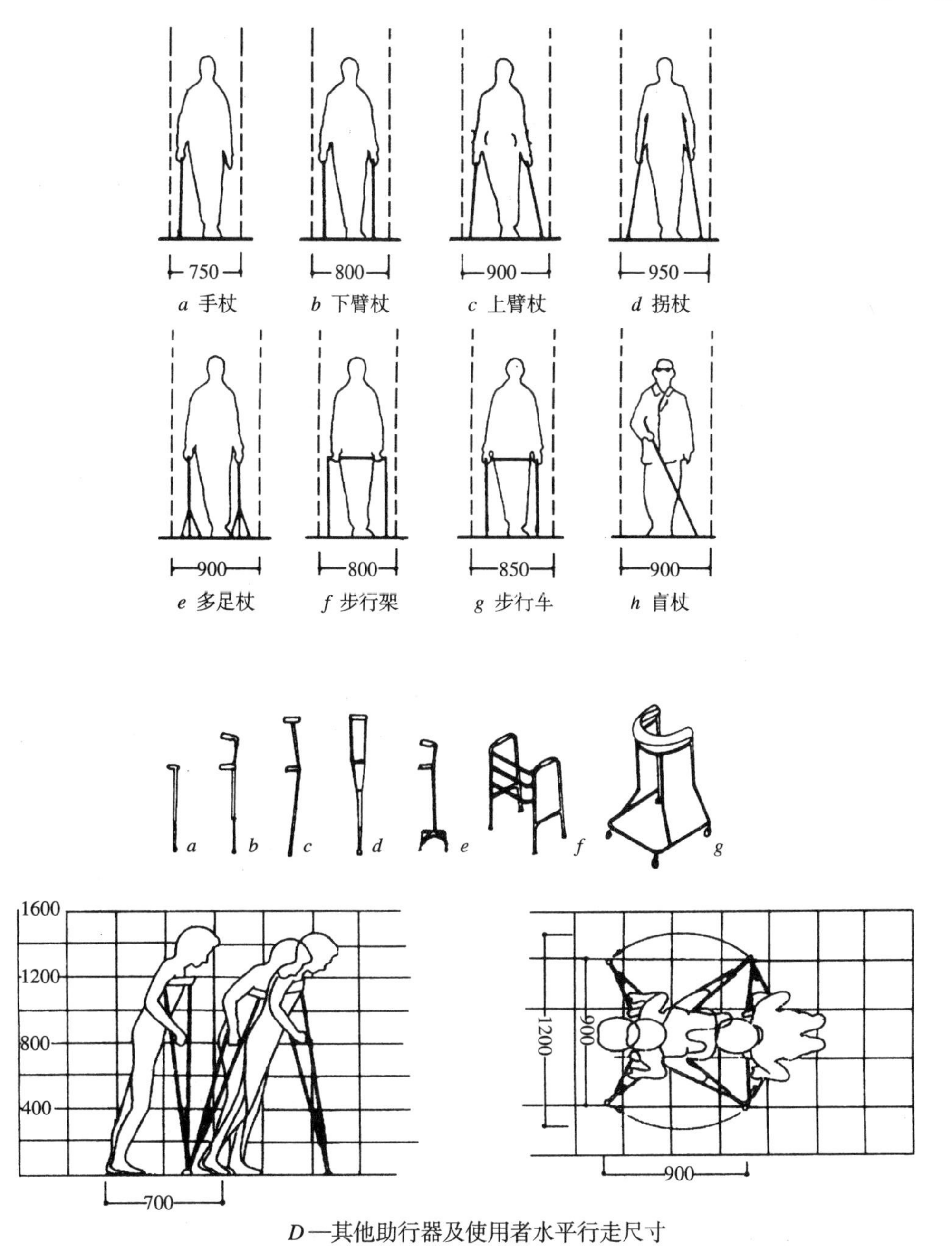

D—其他助行器及使用者水平行走尺寸

图 9-1　助行器的类别及规格（二）（单位：mm）

多，除了在噪声很大的情况下，大多数听觉和语言障碍者利用辅助手段就可以听见声音，此外还可以通过手语或文字等辅助手段进行信息传递。但是，在发生灾害的情况下，信息就难以传达了。在发生紧急情况下，警报器对于听觉障碍者是无效的，点灭式的视觉信号可以传递信息，但在睡眠时则无效，在这时枕头振动装置较为有效。另外，门铃或电话在设置听觉信号的同时还应该有明显的易于识别的视觉信号。

9.1.2 残疾人的尺度

残疾人的人体尺度和活动空间是残疾人室内设计的主要依据。在过去的建筑设计和室内设计中，都是依据健全成年人的使用需要和人体尺度为标准来确定人的活动模式和活动空间，其中许多数据都不适合残疾人使用，所以室内设计师还应该了解残疾人的尺度，全方位考虑不同人的行为特点、人体尺度和活动空间，真正遵循“以人为本”的设计原则。

据不完全统计，全世界约有4亿残疾人，但是可以供室内设计师使用和参考的残疾人人体测量数据却比较缺乏。根据现有的资料，欧美和日本有比较全面的人体测量数据，其中有些包括了残疾人、老年人和儿童。在我国，1989年7月1日开始实施的国家标准《中国成年人人体尺寸》（GB 1000—88）中，没有关于残疾人的人体测量数据。所以目前我们仍需借鉴国外资料，在使用时根据中国人的特征对尺度作适当的调整。由于日本人的人体尺度与我国比较接近，因此这里将主要参考日本的人体测量数据对我国残疾人人体尺度和活动空间提出建议（表9-1，图9-2～图9-4）。

健全人与残疾人尺度比较（男性均值） **表9-1**

类别	身高（mm）	正面宽（mm）	侧面宽（mm）	眼高（mm）	水平移动（m/s）	旋转180°（mm）	垂直移动（台阶踢面高度）（mm）
健全成人	1700	450	300	1600	1	600 × 600	150～200
乘轮椅的人	1200	650～700	1100～1300	1100	1.5～2.0	ϕ 1500	20
拄双拐的人	1600	900～1200	600～700	1500	0.7～1.0	ϕ 1200	100～150
拄盲杖的人	1700	600～1000	700～900	1600	0.7～1.0	ϕ 1500	150～200

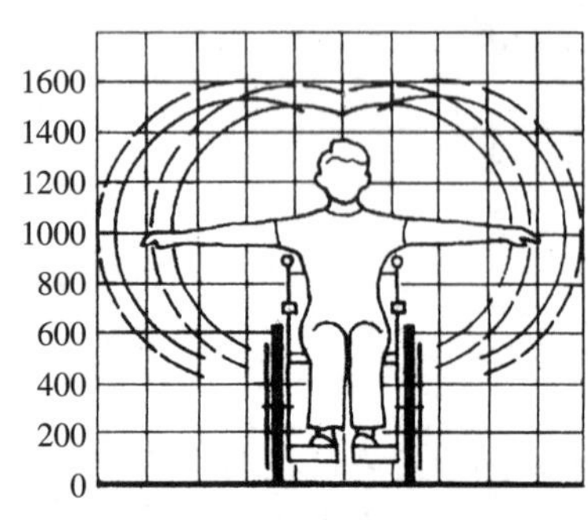

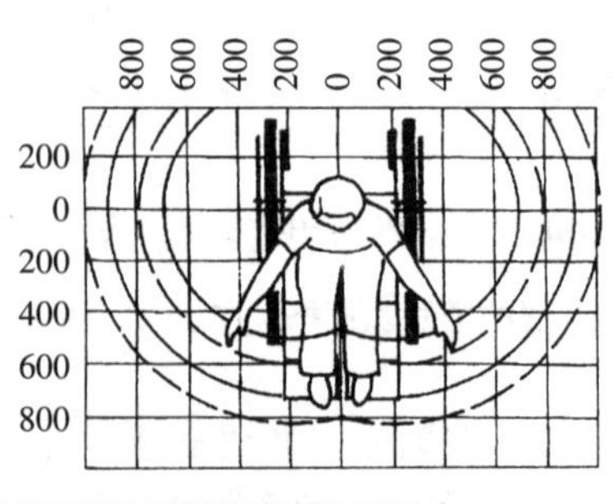

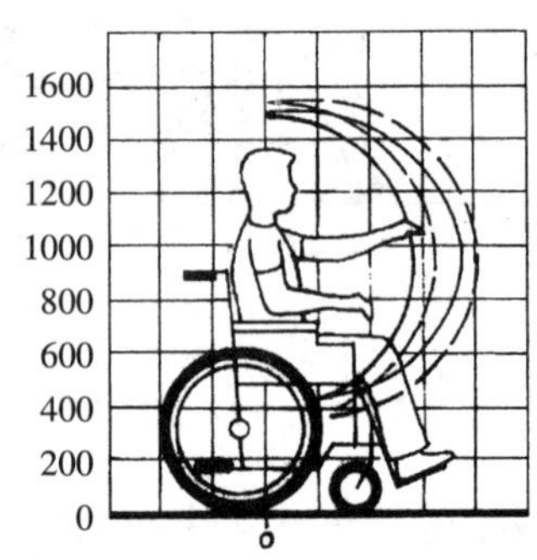

• 实线表示女性手所能达到的范围；虚线表示男性手所能达到的范围；
• 内侧线为端坐时手能达到的范围；外侧线为身体外倾或前倾时手能达到的范围。

图9-2　轮椅使用者上肢可及范围（单位：mm）

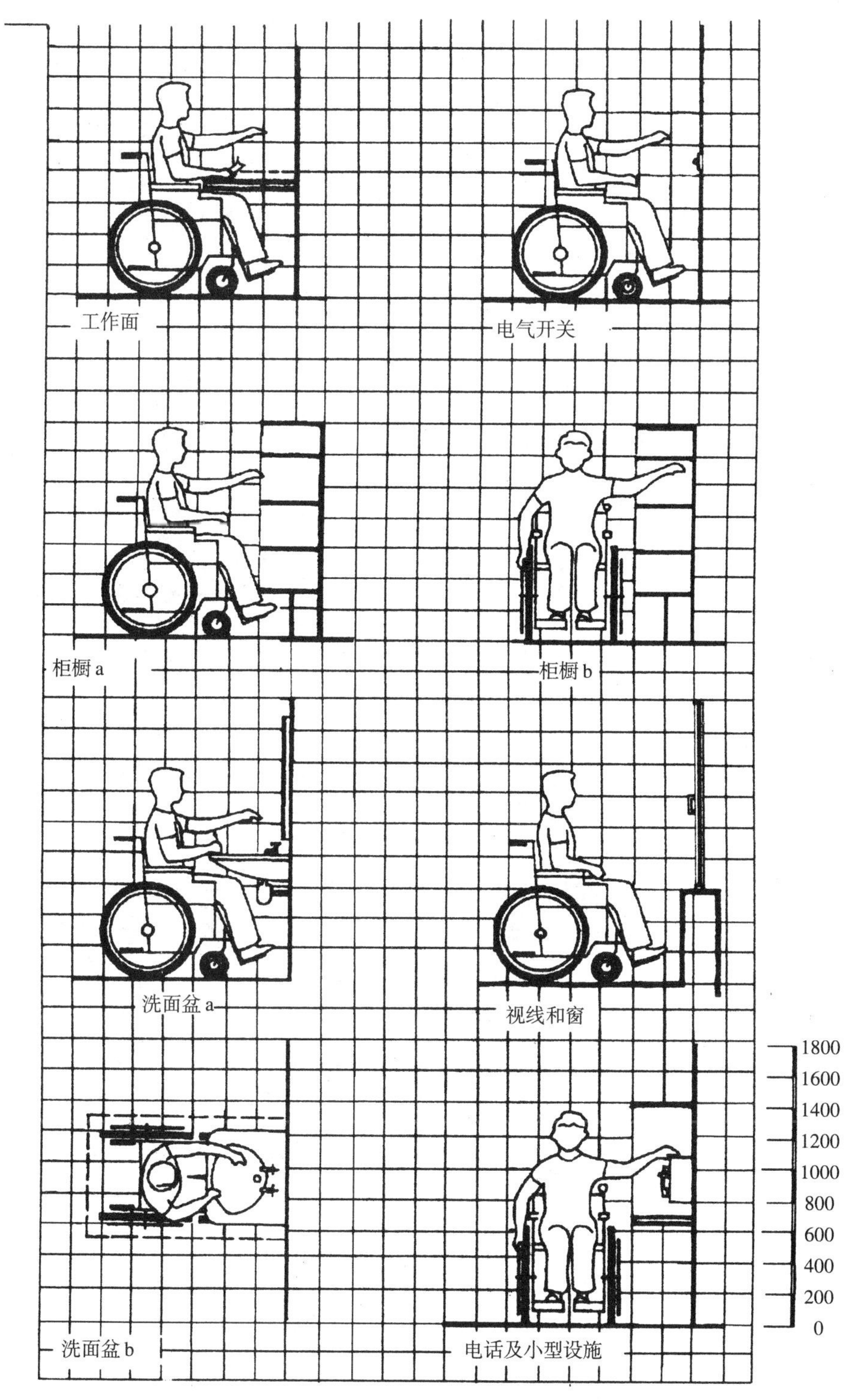

图 9-3 轮椅使用者使用设施尺度参数（mm）

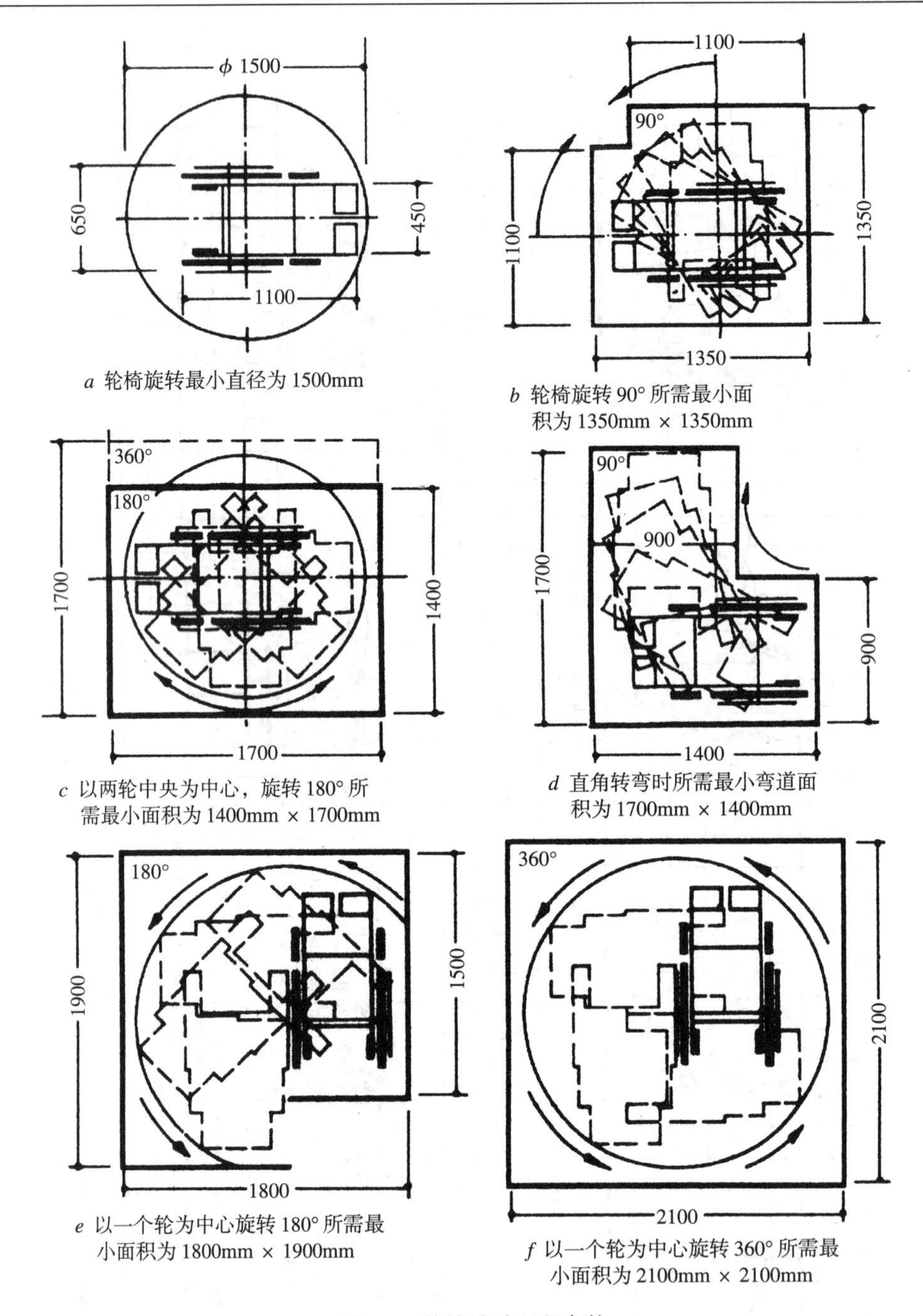

a 轮椅旋转最小直径为 1500mm

b 轮椅旋转 90° 所需最小面积为 1350mm × 1350mm

c 以两轮中央为中心，旋转 180° 所需最小面积为 1400mm × 1700mm

d 直角转弯时所需最小弯道面积为 1700mm × 1400mm

e 以一个轮为中心旋转 180° 所需最小面积为 1800mm × 1900mm

f 以一个轮为中心旋转 360° 所需最小面积为 2100mm × 2100mm

图 9-4 轮椅移动面积参数

9.1.3 无障碍设计

无障碍设计对于残疾人具有十分重要的意义，这里从室内常用空间和室内细部两部分进行介绍。

9.1.3.1 室内常用空间的无障碍设计

建筑中的空间类型变化多端，但是有些功能空间是最基本的，在不同类型的建筑中都会存在，这些室内空间的无障碍设计是室内设计师需要认真考虑的。由于使用轮椅在移动时需要占用更多的空间，因此这里所涉及到的残疾人室内设计的基本尺度参数以轮椅使用者为基准，这个数值对于其他残疾人的使用一般也是有效的。

（1）出入口

1）公共建筑入口大厅

当残疾人由入口进入大厅时，应该保证他们能够看到建筑物内的主要部分及电梯、自动扶梯和楼梯等位置，设计时应充分考虑如何使残疾人更容易地到达垂直交通的联系部分，使他们能够快速地辨认自己所处的位置并对去往目的地的途径进行选择和判断。

• 出入口

供残疾人进出建筑物的出入口应该是主要出入口。对于整个建筑物来说，包括应急出入口在内的所有出入口都应该能让残疾人使用。出入口的有效净宽应该在800mm以上，小于这个尺度的出入口不利于轮椅通过。坐轮椅者开关或通过大门的时候，需要在门的前后左右留有一定的平坦地面。

• 轮椅换乘、停放及清洗

轮椅分室外用和室内用（各部分的尺寸都较小，可以通过狭小的空间）两种。在国外，有些公共建筑需要在进入室内后换车。换车时，需要考虑两辆车的回转空间和扶手等必备设施。如果是不需要换车的话，在进入建筑物以前就需要洗车。为了清洗掉轮椅上的脏物，需要在入口门前的雨篷下设置水洗装置。乘轮椅进来，按开关自动出水，一边移动轮椅一边清洗（图9-5）。

• 入口大厅指示

入口大厅的指示非常重要，因此服务问讯台应设置在明显的位置，并且应该为视觉障碍者提供可以直接到达的盲道等诱导设施。在建筑物内设置明确的指示牌时，要增加标志和指示牌本身自带的照明亮度，使内容更容易读看。此外，指示牌的高度、文字的大小等也应该仔细考虑，精心设计。

• 邮政信箱、公用电话等

公共建筑入口大厅内的邮政信箱、公用电话等设施，应考虑到残疾人的使用，需要设置在无障碍通行的位置。

2）住宅出入口空间

• 户门周围

残疾人居住的住宅入口处要有不小于1500mm × 1500mm的轮椅活动面积。在开启户门把手一侧墙面的宽度要达到500mm，以便乘轮椅者靠近门把手将门打开。门口松散搁放的擦鞋垫可能妨碍残疾人，因此擦鞋垫应与地面固结，不凸出地面，以利于手杖、拐杖和轮椅的通行。

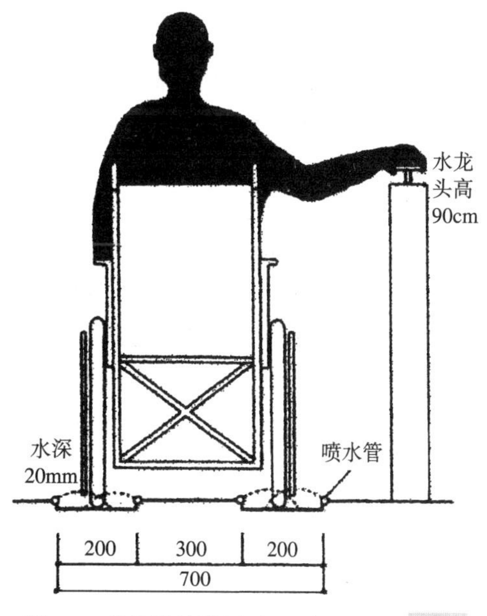

图9-5　轮椅清洗装置（mm）

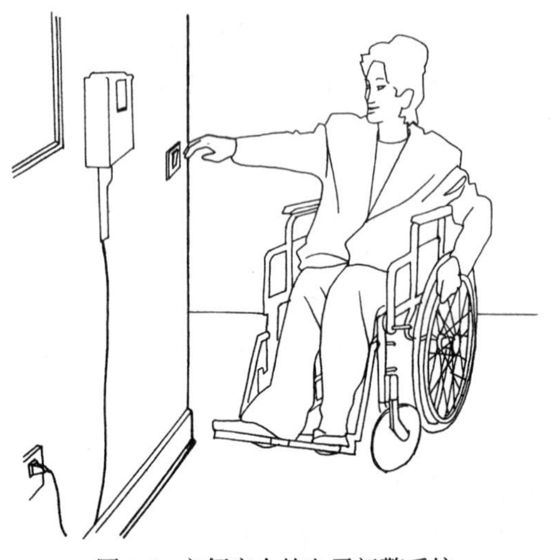

图 9-6 方便安全的电子门警系统

现在，大多数居住建筑中信箱总是集中设置，但是对于残疾人，尤其是轮椅使用者和行动困难者来说，信箱最好能够设在自家门口，以方便他们取阅。门外近旁还可以设置一个搁板，以供残疾人在开门前暂时搁放物品，这对于手部有残障的病人及其他行动不便的人也是很需要的。门内也可以设一搁板，同样能使日常的活动更加方便。

• 门厅

门厅是残疾人在户内活动的枢纽地带，除了需要配备更衣、换鞋、坐凳之外，其净宽要在1500mm 以上，在门厅顶部和地面上方 200 ~ 400mm 处要有充足的照明和夜间照明设施。从门厅通向居室、餐厅、厨房、浴室、厕所的地面要平坦、没有高差，而且不要过于光滑。此外还要考虑电子门警系统，使残疾人能够方便、安全地掌握门外的情况（图 9-6）。

（2）走廊和通道

残疾人居住的室内空间中，走廊和通道应尽可能设计成直交形式。像迷宫一样或者由曲线构成的室内走廊和通道，对于视觉残疾者来说，使用起来将非常困难。同样，在考虑逃生通道的时候，也应尽可能设计成最短、最直接的路线，因为残疾人在发生紧急事件逃生时需要更多外界的帮助。

1）公共建筑中的走廊和通道

• 形状

在较长的走廊中，步行困难者、高龄老人需要在中途休息，所以需要设置不影响通行而且可以进行休息的场所。走廊和通道内的柱子、灭火器、消防箱、陈列橱窗等的设置都应该以不影响通行为前提；作为备用而设在墙上的物品，必须在墙壁上设置凹进去的壁龛来放置。另外，还可以考虑局部加宽走廊的宽度，实在无法避免的障碍物前应设置安全护栏。

当在通道屋顶或者墙壁上安装照明设施和标志牌时，应注意不能妨碍通行；当门扇向走廊内开启时，为了不影响通行和避免发生碰撞，应设置凹室，将门设在凹室内，凹室的深度应不小于 900mm，长度不小于 1300mm。

此外，由于轮椅在走道上行使的速度有时比健全人步行的速度要快，所以为了防止碰撞，需要开阔走廊转弯处的视野，可以将走廊转弯处的阳角墙面作圆弧或者切角处理，这样也便于轮椅车左右转弯，减少对墙面的破坏（图 9-7）。

• 宽度

供残疾人使用的公共建筑内部走廊和通道的宽度是按照人流的通行量和轮椅的宽度来决定的：一辆轮椅通行的净宽为 900mm，一股人流通行的净宽为 550mm。因此，走道的宽度不得小于 1200mm，这是供一辆轮椅和一个人侧身而过的最小宽度。当走道宽度为 1500mm 的时候，就可以满足一辆轮椅和一个人正面相互通过，还可以让轮椅能够进行180° 的回转。如果要能够同时通过两辆轮椅，走廊宽度需要在1800mm以上，这种情况下，还可以满足一辆轮椅和拄双拐者在对行时对走道宽度的最低要求。因此，大型公共建筑物的走道净宽不得小于1800mm，中型公共建筑走道净宽不应小于1500mm，小型公共建筑的走道净宽不应小于1200mm。

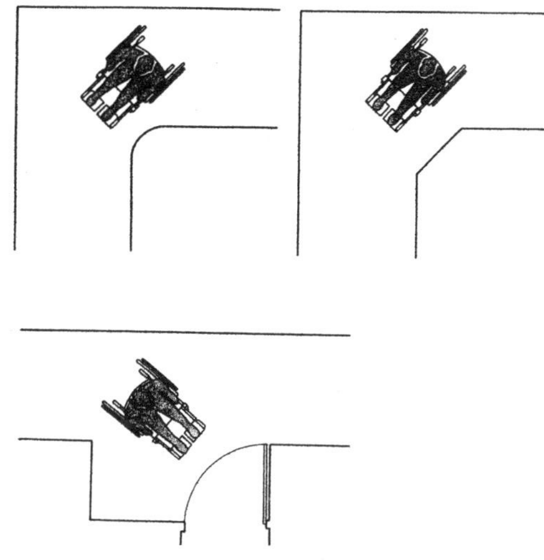

图 9-7 走道的处理

• 高差

走廊或者通道不应有高差变化，这是因为残疾人不容易注意到地面上的高差变化，会发生绊脚、踏空的危险。即便有时高差不可避免，也需要采用经防滑处理的坡道，以方便残疾人使用。

2）住宅中的走廊

在步行困难者生活的住宅里，内走廊或者通道的最小宽度为900mm；在供轮椅使用者生活的住宅里，走廊或通道的宽度则必须不小于1200mm；走廊两侧的墙壁上应该安装高度为850mm的扶手。面对通道的门，在门把手一侧的墙面宽度不宜小于500mm，以便轮椅靠近将门开启；通道转角处建议做成弧形并在自地面向上高350mm的地方安装护墙板（图9-8）。

在考虑门与走廊的关系时，要充分考虑轮椅的活动规律。例如，当轮椅使用者需经常从一个房间穿过走廊到达另一个房间时，走廊两侧的房间门需要直接对开；如果各个房间之间并非经常往来，为避免相互干扰，走廊两侧的门可以交错排列。

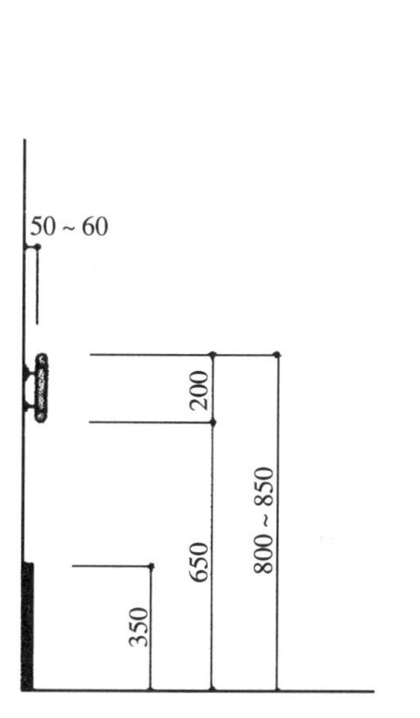

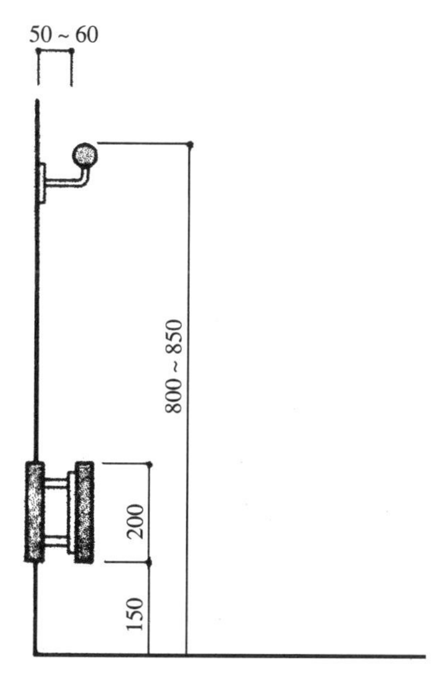

图 9-8 扶手与护墙板的位置

（3）坡道

建筑物一般都会设有台阶，但是对于乘坐轮椅的人来说，哪怕是一级台阶的高差也会给他们的行动造成极大的障碍。为了避免这一问题，很多建筑物设置了坡道。坡道不仅对坐轮椅的人适用，而且对于高龄者以及推着婴儿车的母亲来说也十分方便。当然，坡道有时也会给正常人和步行困难者的行走带来一些困难和不便，因此建筑中往往台阶与坡道并用。

1）坡度

坐轮椅者靠自己的力量沿着坡道上升时需要相当大的腕力。下坡时，变成前倾的姿态，如果不习惯的话，会产生一种恐惧感而无法沿着坡道下降，还会因为速度过快而发生与墙壁的冲撞甚至翻倒的危险。因此，坡道纵断面的坡度最好在1/14（高度和长度之比）以下，一般也应该在1/12以下（图9-9）。坡道的横断面不宜有坡度，如果有坡度的话，轮椅会偏向低处，给直行带来困难。同样的道理，螺旋形、曲线型的坡道均不利于轮椅通过，应在设计中尽量避免。

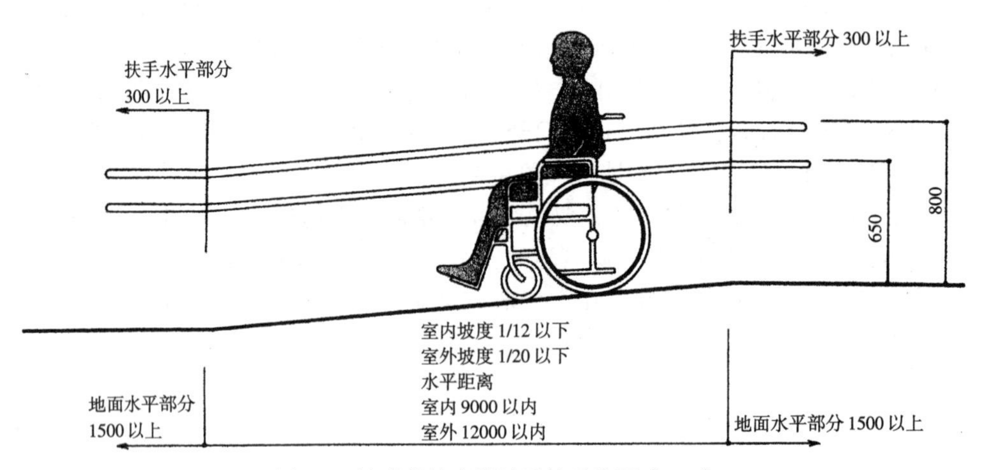

图9-9 坡道的坡度设计及扶手位置（mm）

2）坡道净宽

坡道与走廊净宽的确定方法相同。一般来说，坐轮椅的人与使用拐杖的人交叉行走时的净宽应该确保1500mm；当条件允许或坡道距离较长时，净宽应该达到1800mm，以便两辆轮椅可以交错行驶。

3）停留空间

在较长而且坡度较大的坡道上，下坡时的速度不容易控制，有一定的危险性。一般来说，大多数轮椅使用者不是利用刹车来控制速度，而是利用手来进行调节的，手被磨破的情况时有发生。所以，按照无障碍建筑设计规范中对坡度的控制要求，在较长的坡道上每隔9～10m就应该设置一处休息用的停留空间。轮椅在坡道途中做回转也是非常困难的事情，在转弯处需要设置水平的停留空间。坡道的上下端也需要设置加速、休息、前方的安全确认等功能空间。这些停留空间必须满足轮椅的回转要求，因此最小尺寸为1500mm × 1500mm。当停留空间与房间出入口直接连接时，还需要增加开关门的必要面积。

4）坡道安全挡台

在没有侧墙的情况下，为了防止轮椅的车轮滑出或步行困难者的拐杖滑落，应该在坡道的地面两侧设置高50 mm以上的坡道安全挡台（图9-10）。

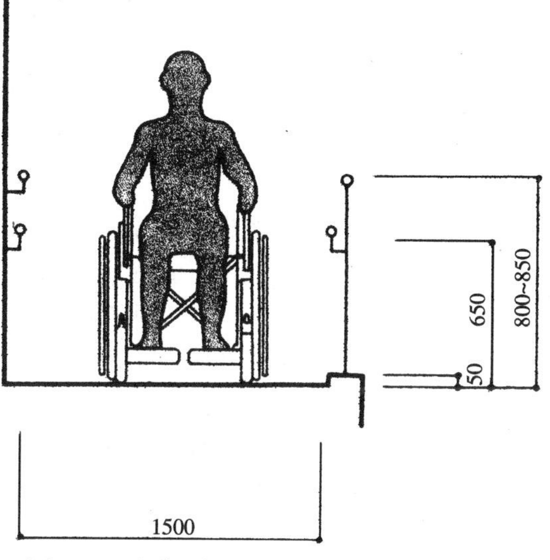

图9-10 坡道两侧扶手和安全挡台的高度要求

（4）楼梯

楼梯是满足垂直交通的重要设施。楼梯的设计不仅要考虑健全人的使用需要，同时更要考虑残疾人和老年人的使用需求。

1）位置

公共建筑中主要楼梯的位置应该易于发现，楼梯间的光线要明亮。由于视觉障碍者不容易发现楼梯的起始和终点，因此在踏步起点和终点300mm处，应设置宽400～600mm的提示盲道，告诉视觉残疾者楼梯所在的位置和踏步的起点及终点。另外，如果楼梯下部能够通行的话，应该保持2200mm的净空高度；高度不够时，应在周围设置安全栏杆，阻止人进入，以免产生撞头事故。

2）形状

楼梯的形式以每层两跑或者三跑直线形梯段最为适宜，应该避免采用单跑式楼梯、弧形楼梯和旋转楼梯。一方面旋转楼梯会使视觉残疾者失去方向感，另一方面，其踏步内侧与外侧的水平宽度都不一样，发生踏空危险的可能性很大，因此从无障碍设计角度而言不宜采用。

3）尺寸

住宅中楼梯的有效幅宽为1200mm，公共建筑中梯段的净宽和休息平台的深度一般不应小于1500mm，以保障拄拐杖的残疾人和健全人对行通过。每步台阶的高度最好在100～160mm之间，宽度在300～350mm之间，连续踏步的宽度和高度必须保持一致。

4）踏步

当残疾人使用拐杖时，接触地面的面积很小，很容易打滑。因此，踏步的面层应采用不易打滑的材料并在前缘设置防滑条。设计中应避免只有踏面而没有踢面的漏空踏步，因为这种形式会给下肢不自由的人们或依靠辅助装置行走的人们带来麻烦，容易造成拐杖向前滑出而摔倒致伤的事故。此外，在楼梯的休息平台中设置踏步也会发生踏空或绊脚的危险，应尽量避免。

5）踏步安全挡台

和坡道一样，楼梯两侧扶手的下方也需设置高50mm的踏步安全挡台，以防止拐杖向侧面滑出而造成摔伤。

（5）电梯、自动扶梯和其他升降设备

1）电梯

电梯是现代生活中使用最为频繁的理想垂直通行设施，对于残疾人、老年人和幼儿来说，通过电梯可以方便地到达每一层楼，十分方便。

• 电梯厅

乘轮椅者到达电梯厅后，一般要进行回旋和等候，因此公共建筑的电梯厅深度不应小于1800mm。正对电梯门的电梯厅为了能使大家容易发现它的位置，最好加强色彩或者材料的对比。在电梯的入口地面，还应设置盲道提示标志，告知视觉障碍者电梯的准确位置和等候地点。电梯厅中显示电梯运行层数的标示应大小适中，以方便弱视者了解电梯的运行情况。而专供乘坐轮椅的人使用的电梯，通常要在电梯厅的显著位置安装国际无障碍通用标志。

当几台电梯同时使用时，运行情况的显示（如哪台电梯来了，准备去哪个方向等），在设计时应予以考虑，并有比较明确的指示。此外，由于轮椅使用者不能使用紧急疏散楼梯，因此在人流密集的公共建筑和高层居住建筑中，需要考虑设置紧急疏散用电梯和电梯厅。

• 电梯的尺寸

为了方便轮椅进入电梯，电梯门开启后的有效净宽不应小于800mm，电梯轿厢的宽度要在1100mm以上，进深要不小于1400mm。但是，在这样的电梯轿厢内轮椅不能进行180° 的回转。为了使轮椅容易向后移动，还需要在电梯间的背面安装镜子，以便乘轮椅者能从镜子里看到电梯的运行情况，为退出轿厢做好准备。如果要使轮椅能在轿厢内作180° 的回转，其尺寸必须满足宽1400mm，深1700mm的要求，这样轮椅正面进入后可以直接旋转180°，再正面驶出电梯。

• 电梯厅和电梯轿厢按钮

电梯厅和电梯轿厢内的按钮应设置在轮椅使用者的手能触及的范围之内。一般在距离地面800～1100mm高的电梯门扇的一侧或者轿厢靠近内部的位置，如果能同时设置两套高度不同的选层按钮，将方便处在不同位置上的人们使用。轮椅使用者专用电梯轿厢的控制按钮最好横向排列。控制按钮的配置或设计最好统一，但是到达一层大厅的按钮应尽量与其他楼层的按钮在形状和色彩上有所区别。按钮的表面上应有凸出的阿拉伯数字或盲文数字标明层数，按钮装上内藏灯，使其容易判别，视觉障碍者也容易使用。此外，在公共建筑中，最好每层都有直接广播。

• 安全装置

残疾人一般动作都比较缓慢，因此电梯门的开闭速度需要适当放慢，开放时间需要适当延长。警报按钮和紧急电话等在设置时也要考虑到轮椅使用者的操作方便，应该设在他们手能够得着的地方。电梯轿厢内三面都应设置高850mm的扶手，扶手要易于抓握，安全坚固。

2）自动扶梯

众所周知，自动扶梯对步行困难者、高龄者和行动不便者是一种有效的移动手段，自动扶梯在当今的商业建筑、交通建筑中已得到广泛使用。但是很少有人知道，如果轮椅使用者接受一定的自动扶梯搭乘训练，他们就能够单独乘坐自动扶梯，如果同时还能得到接受过这方面训练的照看者的帮助，那么轮椅使用者利用自动扶梯的频率会更高。

3）其他升降设备等

除了电梯、自动扶梯之外，考虑供残疾人利用的其他移动设备也在不断开发之中。在进行室内设计时，如何选用这些设备是一个很重要的课题。这方面，国外的很多成功经验值得学习和借鉴：

• 坡道电梯：坡道电梯设置在台地的斜坡上，一般在难以使用垂直电梯的情况下采用。这一设备操作容易，但不能像自动扶梯那样有很大的运送能力，它的大小和装备与垂直电梯几乎相同。

• 升降台：升降台是把水平状态的平台通过机械使它升高或降低的一种平台，适用于高差不大的情形（图 9-11）。

• 楼梯升降机：楼梯升降机是在不能安装电梯的小型建筑物中设置的。升降机的传送轨道固定在楼梯的侧边或者楼梯的表面。升降机则在传送轨道上作上下移动，升降机有座椅型和盒箱型两种。座椅型可以安装在旋转式梯段处，盒箱型的升降机只能安装在直线梯段的地方（图 9-12）。

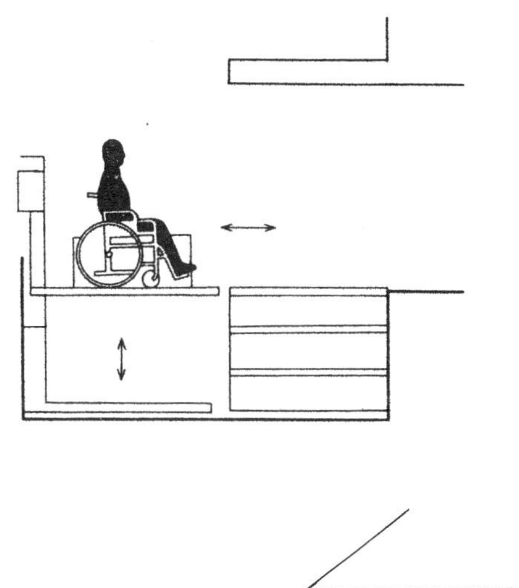

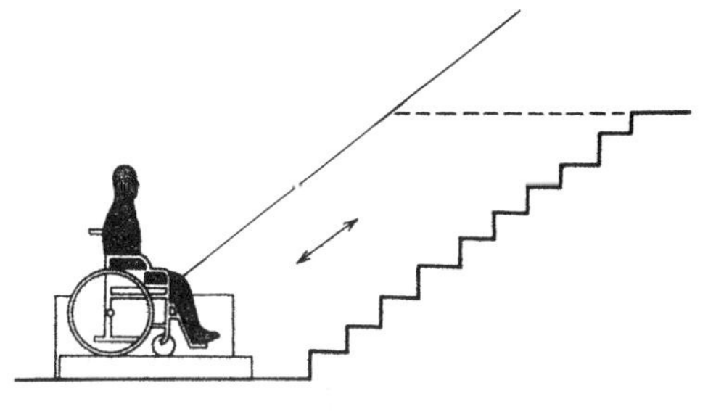

图 9-11　升降台适用于高差不大的情形

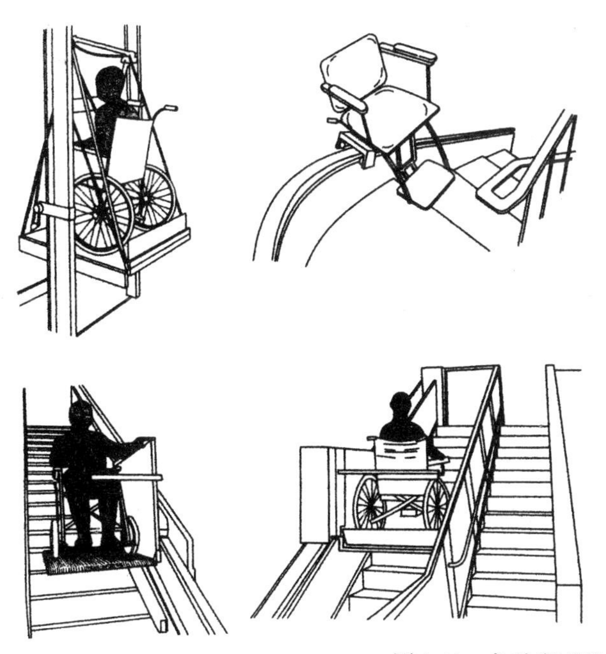

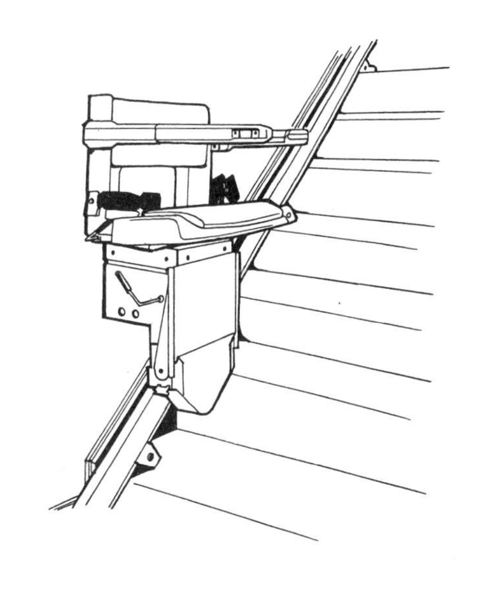

图 9-12　各种类型的楼梯升降机

• 移动步道：移动步道是在水平或只稍微倾斜的坡面轨道上移动的装置。在移动步道上，行人、婴儿车、轮椅、自行车等一般都感到比较舒适。设计时要留意残疾人能够使用的有效幅宽、运行速度、弯曲度、地面材料等。因为在乘降地点容易发生翻倒事故，所以要十分注意固定地面和可动地面的连接。

• 升降椅：较严重的残疾者在升降或移动时，常常需要使用升降椅。升降椅的短距离移动十分有效，上床、入浴、上汽车等经常使用，一般来说，其操作需要有他人协助（图9-13）。但悬挂在屋顶轨道上的升降椅通过遥控操作，残疾人独自也能完成移动（图9-14）。

（6）厕所、洗脸间

残疾人外出时碰到较多的一个困难就是能够使用的厕所太少。在各类建筑物中，至少应该设置一处可供轮椅使用者使用的厕所。根据建筑的种类及使用目的，轮椅使用者能够利用的厕所数量也要相应调整，并考虑其使用上的方便。

可供轮椅使用者利用的厕所，需要在通道、入口、厕位等处加上标志，最好是视觉障碍者也能够理解的盲文或用对比色彩做成的标志。这些标志一般在离地面1400～1600mm处设置。此外，为了避免视觉障碍者判断错误而误入它室，建

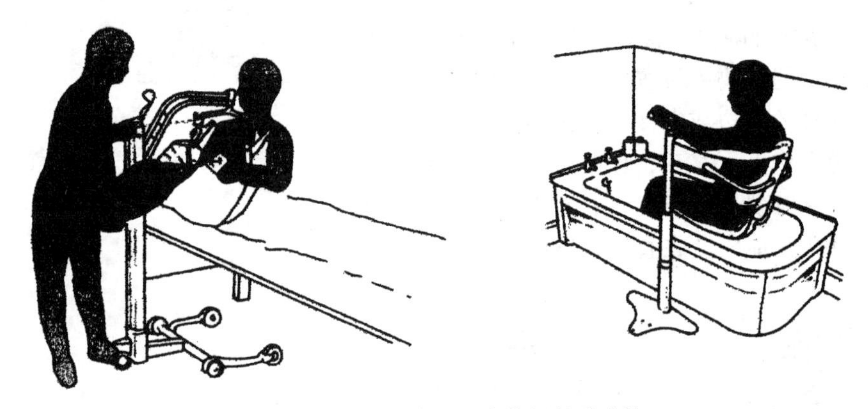

图9-13　严重残疾者短距离使用的升降椅

图9-14　悬挂在屋顶轨道上的升降椅

筑物内各层的厕所最好都在同一位置，而且男女厕所的位置也不要变化。

厕所、洗脸间的出入口处应该有轮椅使用者能够通行的净宽，不应设置有高差的台阶，最好不要设门。遮挡外部视线的遮挡墙也需要考虑轮椅通行的方便。

在厕所中，各种设施都应该便于视觉障碍者容易发现、易于使用，并保证其安全性。地面、墙面及卫生设施等可以采用对比色彩，以易于弱视者区分。一些发光的材料会给弱视者带来不安，尽量不要使用。地面应采用防滑且易清洁的材料。

1）轮椅使用者的厕位

从轮椅移坐到便器座面上，一般是从轮椅的侧面或前方进行的。为了完成这一动作，便器的两侧需要附加扶手，并确保厕位内有足够的轮椅回转空间（直径1500mm左右）。当然这样一来，就需要相当宽敞的空间，如果不能够保证有这么大的空间，就应该考虑在轮椅能够移动的最小净宽900mm的厕位两侧或一侧安装扶手，这样轮椅使用者能够从轮椅的前方移坐到便器座面上。这一措施对于步行困难的人也十分方便。

• 厕位的出入口

厕位的出入口需要保证轮椅使用者能够通行的净宽，不能设置有高差的台阶。厕位的门最好采用轮椅使用者容易操作的形式。横拉门、折叠门、外向开门都可以。如果是开关插销的形式，需要考虑上肢行动不自由的人能够方便地使用，并在关闭时显示“正在使用”的标志。

• 座便器

座便器的高度最好在420~450mm。当轮椅的座高与座便器同高时，较易移动，所以在座便器上加上辅助座板会使利用者更加方便，同时还能起到增加座便器高度的作用。轮椅使用者最好采用座便器靠墙或者底部凹进去的形式，这样可以避免与轮椅脚踏板发生碰撞。

• 冲洗装置和卫生纸

冲水的开关要考虑安装在使用者坐在座便器上也能伸手够到的位置，同时还应采用方便上肢行动困难的使用者使用的形式，有时可以设置脚踏式冲水开关。卫生纸应该放在座便器上可以伸手够到的地方，最好放在座便器的左侧或者右侧。

• 扶手

因为残疾人全身的重量都有可能靠压在扶手上，所以扶手的安装一定要坚固。水平扶手的高度与轮椅扶手同高是最为合理的；竖向扶手是供步行困难者站立时使用的。地面固定式扶手需要考虑不妨碍轮椅脚踏板移动的位置和形式（图9-15）。扶手的直径通常为320~380mm。

• 紧急电铃

紧急电铃应设在人坐在坐便器上手能够到的位置，或者摔倒在地面上也能操作的位置。另外最好可以采用厕位门被关上一定时间后，能自动报告发生事态的系统，以保证残疾人的使用安全。

2）小便器及其周围的无障碍设计

男性轻度残疾者可以使用普通的小便器，但考虑到可能站立不稳，所以仍需安装便于抓握的扶手。

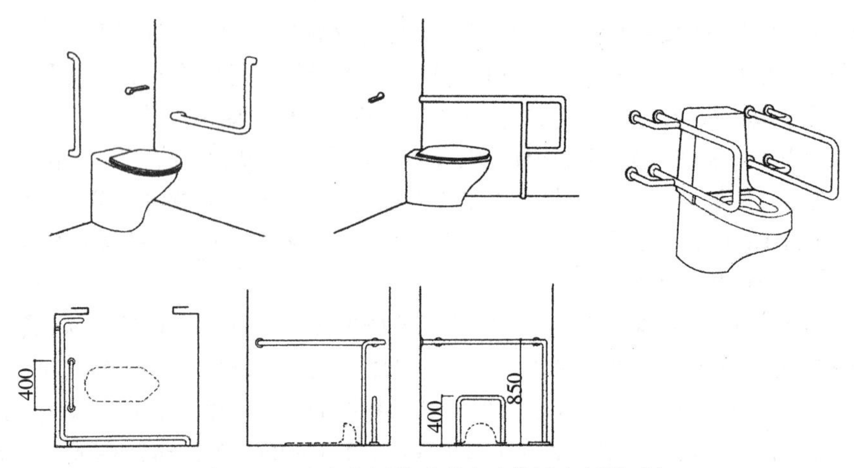

图 9-15　残疾人用扶手形式（使用座便器时）

• 扶手

小便器周围安装上扶手可以方便大多数人使用。小便器前方的扶手是让胸部靠在上面的，高度在1200mm左右较为合适；小便器两侧的扶手是让使用者扶着使用的，最好间隔600mm，高830mm左右。扶手下部的形状要充分考虑轮椅使用者通行的畅通，也应该考虑拄拐杖者使用的方便。当然，扶手还必须安装牢固（图9-16）。

• 冲洗装置与地面材料

为了使上肢行动不便的使用者也容易操作，最好使用按压式、感应式等自动冲洗装置。小便器周围很容易弄脏，地面要可以用水冲洗，要设排水坡度和排水沟等。同时，也要注意材料的防滑。

3）洗脸间

洗脸及洗手池需要考虑轮椅使用者及行动不便的人使用方便。在同一个厕所内设置多个洗脸盆时，应为轮椅及行动不便的人分别设置一个以上的洗脸盆。

• 安装尺寸

轮椅使用者一般要求洗脸盆的上部高度为800mm左右、盆底高度为650mm左右、进深550～600mm左右，这样使用较为方便（图9-17）。另外，也可以采用高度可调的洗脸盆（图9-18）。行动不便的人使用的洗脸盆与一般人使用的高度一样。

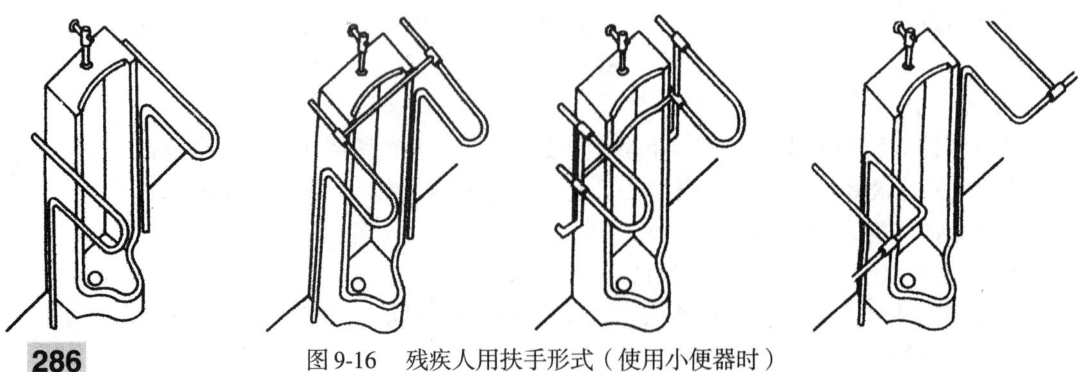

图 9-16　残疾人用扶手形式（使用小便器时）

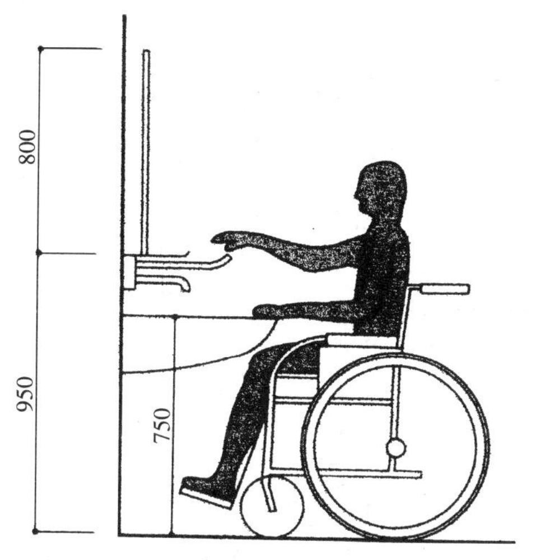

图 9-17 轮椅使用者使用洗脸盆的一些尺寸（mm）

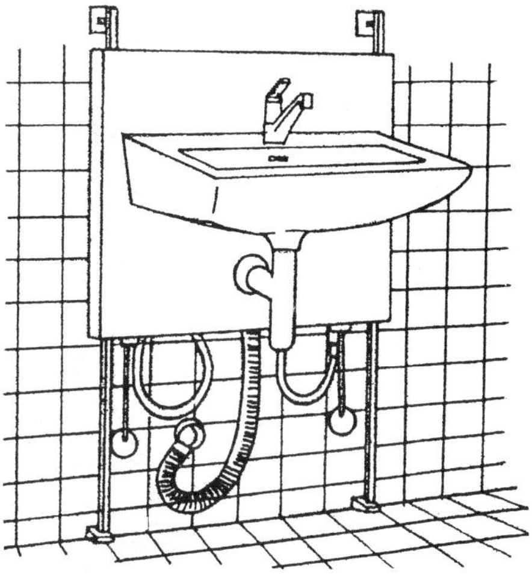

图 9-18 可调节高度的洗脸盆

• 扶手

如果行动不便者使用壁挂式洗脸盆，需要在洗脸盆的周边安装扶手。如果是镶嵌式的最好也要安装上扶手。扶手的高度要求高出洗脸盆上端30mm左右，横向间隔600mm左右。洗脸盆前端与扶手间隔100～150mm左右。扶手的下部形状最好考虑到不妨碍轮椅的通行。另外还需要考虑扶手可以靠放拐杖。扶手要能够承担身体的重量，需要安装牢固。

• 水龙头开关与镜子

上肢行动不便的人不能够使用旋转式开关，因为很难全部关上。最好采用把手式、脚踏式或者自动式开关。如果是热水开关，需要标明水温标志和调节方式，热水管应采用隔热材料进行保护，以免烫伤。轮椅使用者的视点较低，因此镜子的下部应距离地面900mm左右，或者将镜子向前倾斜。

（7）浴室、淋浴间

为了让残疾者能够洗澡，应该在浴室的一端设置轮椅的停放空间，并且留出照料者的操作空间。私人住宅可以根据残疾者的情况设计浴室，多数人使用的公共浴室设施应考虑满足各种不同情况下供残疾人使用的多功能设施。

1）浴池、淋浴

为了便于残疾人使用，浴池应该出入方便，高度要与轮椅座高相同，并设有相同高度的冲洗台。在浴池的周边要装上扶手，这样可以使从轮椅到冲洗台更加容易，同时从冲洗台也可以直接进入浴池。残疾者在淋浴时，最简单的方法就是利用带有车轮的淋浴用椅子直接进入没有门槛的淋浴间（图 9-19、图 9-20）。

2）材料、铺装

浴池内及浴室的地面容易打滑，要在铺装材料上多加注意。擦洗场所应采用防滑材料，同时应该考虑排水沟和排水口的位置，尽量避免肥皂水在地面上漫流。

3）扶手

浴室及淋浴室的扶手起到保持身体平衡、方便站立等重要作用。不同方向的扶

图 9-19　住宅内残疾人使用浴室（浴池）

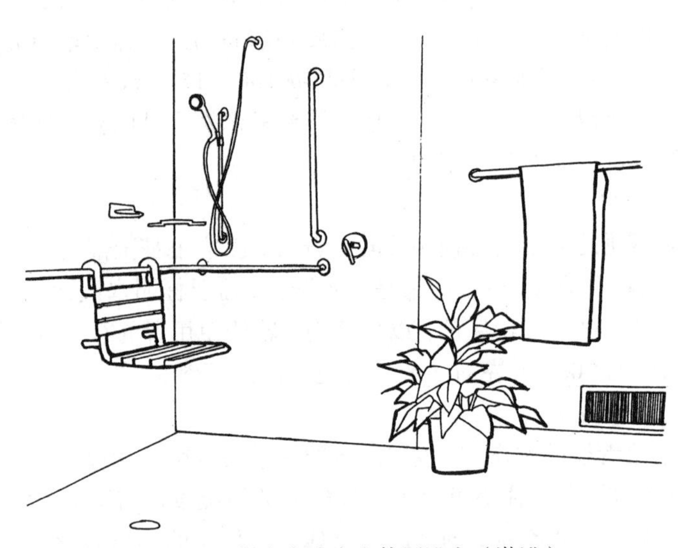

图 9-20　住宅内残疾人使用浴室（淋浴）

手有着不同的功能，一般来说，水平扶手是用来起支撑作用的；而垂直扶手是用来起牵引作用的；弯曲或倾斜的扶手具有支撑及牵引两种功能。在进出浴池时，最好是用水平和垂直两种形式组合的扶手。较大的淋浴室最好在四周墙面上都安装扶手。

4）淋浴器

根据残疾人的不同情况，可以使用可动式或固定式淋浴器。例如，轮椅使用者不能站起来的话，希望在较低处安装可动式淋浴器。如果是腿不能弯曲的半瘫者，安装位置不到一定的高度使用上会不方便。在公用的残疾者使用的大浴室中，最好把半瘫者和轮椅使用者分开，设置多种不同规格的淋浴器。为了方便上肢行动不便的残疾者，宜设置把手式的供水开关。

5）紧急呼救

在浴室里有可能发生身体不适、摔倒等事故，需要设置通知救护者的紧急呼救装置。这种装置最好设置在浴池中用手够得到的位置。

（8）厨房

现在的厨房有越来越向机械化和电子化发展的趋势，由于残疾人不能使用复杂的器具并常常因误用而引发一些事故，因此，厨房最好有大小合适的空间，在设计时尽可能选择安全的、使用方便的设备。另外，厨房的设计既要适合一般人使用，又要能满足行走不便的人或轮椅使用者利用，因为这三种使用者的活动范围和活动方式各不相同。

1）平面形式

由于轮椅不能横向移动，而对于使用拐杖或行走不便的人来说，则最好能利用两侧的操作台支撑身体。因此在配置厨房设施时，最好采用L形或者U形，并在空间上保证轮椅的旋转余地（图9-21）。

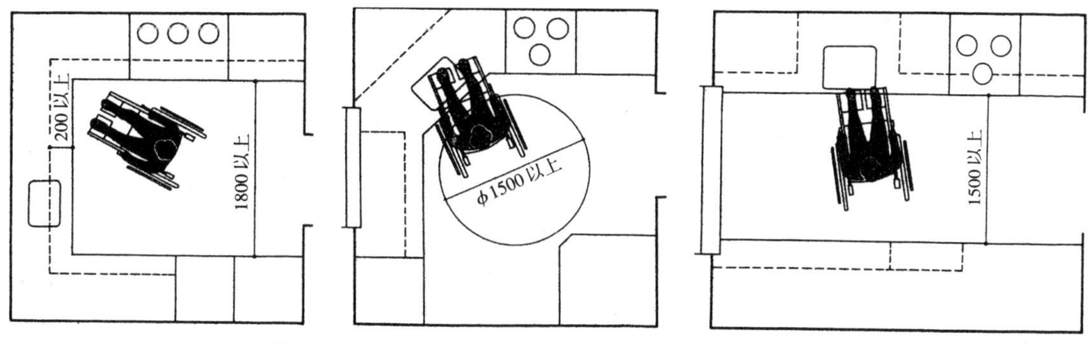

图9-21 供轮椅使用者使用的厨房平面布置形式（U形、L形、一字形）

步行困难者如果离开了拐杖，保持直立就会有一定的困难，因此需要加上扶手或可以安装安全带的设施。

2）操作台高度

为了使轮椅使用者坐在轮椅上也能方便地进行操作，操作台的高度应在750~850mm之间。这个高度对于普通人来讲，就显得低矮了，于是我们还需设置其他操作面、翻板或抽拉式的操作台，这样就可以满足不同人的使用需要了（图9-22）。

图9-22 翻板式操作台

3）水池与灶台

底部可以插入双腿的浅水池能够让轮椅使用者靠近并使用它，而行走困难的人在水池前放上椅子也可以坐着洗涤。温水和排水管应加上保护材料，使那些脚部感觉不很敏感的人碰到发热的管子时也不至于受伤。另外在这个空间不使用时，可以考虑作为可移动式贮藏厢的存放场所。

由于轮椅使用者伸手可及的范围有限，灶台的高度对轮椅使用者来说750mm左右最为合适。灶台的控制开关宜放在前面，各种控制开关按功能分类配置，调节开关应有刻度并能标明强度。对视觉障碍者来说，最好是通过温度鸣响来提示。为避免被溢出来的汤烫伤的危险，在灶台的下方，应避免设置可让轮椅使用者腿部伸入灶台下的空间（图9-23）。

图9-23 灶台下方要避免留有让轮椅使用者腿部伸入的空间

4）储藏空间

平开门的柜子，打开时容易与人体发生碰撞，因此在狭窄的空间里宜采用推拉门。特别是在容易碰到头部的范围，必须安装推拉门。

（9）起居室和用餐空间

1）起居室

起居室是人们居家生活使用时间最多的空间之一，起居室具有学习、用餐、休息、团聚及观景、看电视等多种功能。在残疾人家庭起居室设计时，需要安排好轮椅的通行与回旋。因此，空间规模要略大于一般标准，使用面积达到18m^{2}较为合适。起居室通往阳台的门，在门扇开启后的净宽要达到800mm，门的内外地面高差不应大于15mm。阳台的深度不应小于1500mm，阳台栏板和栏杆的形式和高度要考虑轮椅使用者的观景效果。

2）用餐空间

住宅内的用餐空间最好在厨房或者临近厨房位置，使用空间最小应能容纳4人进餐的餐桌，宽度为900mm。如果要保证轮椅使用者横向驶近餐桌时，地面要有至少1000mm的净宽。座位后如果有人走动，则需要预留1300～1400mm净空；如座位后有轮椅推过，座后需留1600mm的净空。

（10）卧室

残疾人使用的卧室考虑到轮椅的活动，其空间大小在14～16m^{2}较为实用。考虑到在床端要有允许轮椅自由通过的必要空间，矩形卧室的短边净尺寸应不小于3200mm。

为了避免不舒适的眩光，床与窗平行安置为宜，不要垂直于窗的平面。卧室床下的空间要便于轮椅脚踏板的活动，封闭的下部是不利于轮椅靠近的。对于轮椅使用者，床垫的高度需要与轮椅座高平齐，约450～480mm。较高的床垫则有利于步行困难者从床上站起来。

（11）客房

由于残疾人的行动能力和生理反应与健全人有一定差距，因此供残疾人使用的客房一般宜设在客房区的较低楼层，靠近楼层服务台、公共活动区及安全出口的地方，以利于残疾人方便到达客房、参加各种活动及安全疏散。

客房的室内通道是残疾人开门、关门及通行与活动的枢纽，其宽度不应小于1500mm，以方便轮椅使用者从房间内开门，在通道内取衣物和从通道进入卫生间。客房内还要有直径不小于1500mm的轮椅回转空间。客房床面的高度、坐便器的高度应与标准轮椅的座高一致，即450mm，可方便残疾人进行转移。

为节省卫生间的使用面积，卫生间的门宜向外开启，开启后的净宽应达到800mm。在坐便器的一侧或两侧安装安全抓杆，在浴缸的一端宜设宽400mm的洗浴座台，便于残疾人从轮椅上转移到座台上进行洗浴。在座台墙面和浴盆内侧墙面上要安装安全抓杆。洗脸盆如果设计为台式，在洗脸池的下方应方便轮椅的靠近（图9-24）。此外，在卫生间和客房的适当位置，要安装紧急呼叫按钮。

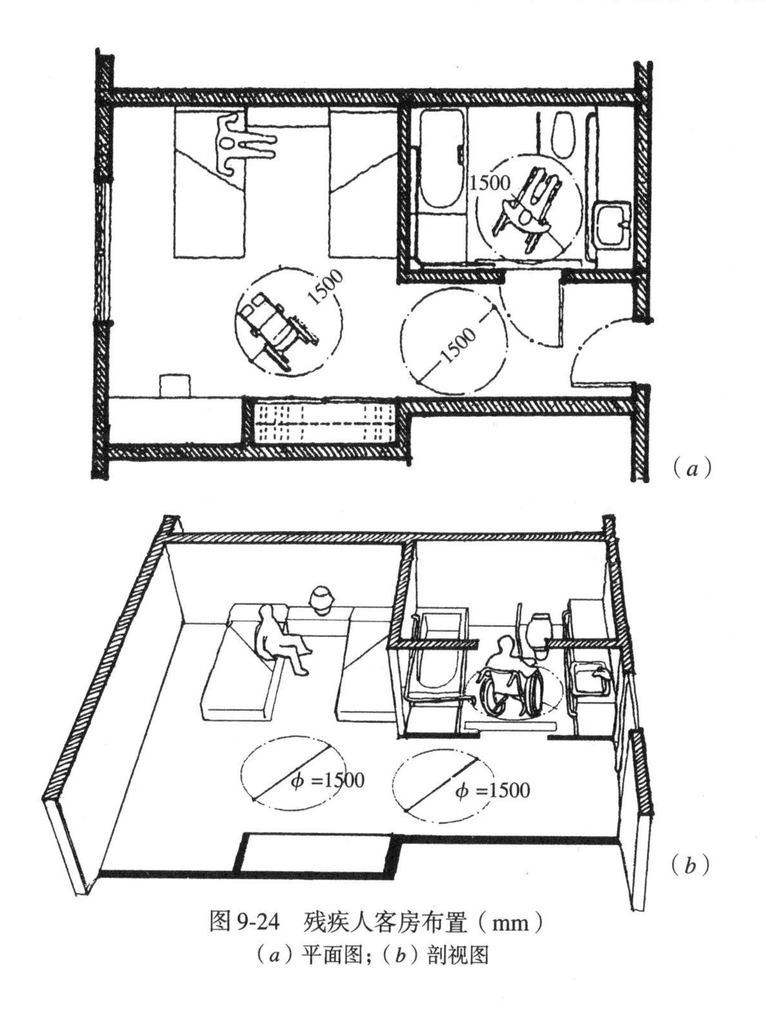

图9-24 残疾人客房布置（mm）
（a）平面图；（b）剖视图

（12）轮椅座席

在大型公共建筑内，如图书馆、影剧院、音乐厅、体育场馆、会议中心的观众厅和阅览室等地，应设置方便残疾人到达和使用的轮椅座席。轮椅座席应该设在这些场所中出入方便的地段，如靠近入口处或者安全出口处，同时轮椅座席也不应影响到其他观众的视线，不应对走道产生妨碍，其通行的线路要便捷，能够方便地到达休息厅和厕所。

轮椅席的深度一般为1100mm，与标准轮椅的长度基本一致。一个轮椅席的宽度为800mm，是轮椅使用者的手臂推动轮椅时所需要的最小宽度。两个轮椅席位的宽度约为三个观众固定座椅的宽度（图9-25）。通常将这些轮椅席位并置，以便残疾人能够结伴和服务人员的集中照顾。当轮椅席空闲时，服务人员可以安排活动座椅供其他观众或工作人员就座，保证空间的利用率。为了防止轮椅使用者和其他观众席座椅的碰撞，在轮椅席的周围宜设高400～800mm的栏杆或栏板。在轮椅席旁和地面上，应设有无障碍通用标志，以指引轮椅使用者方便就位。

9.1.3.2　室内细部的无障碍设计

随着越来越多的人认识到无障碍室内设计的重要作用，室内设计师还需要关注残疾人使用的室内空间中的细部设计和细部处理，从全局观点考虑这些细微之处的人性化设计。

（1）门

供残疾人使用的门，设计时要注意门的宽度，门的形式，开闭时是否费力，门扇的内开或外开，铰链、门锁及手柄的位置等，必须从残疾人，特别是轮椅使用者对门的要求出发进行考虑。

1）门的形式

门的形式多种多样，各有优缺点，需要根据不同情况合理地加以选择。从使用难易程度来看，最受欢迎的是自动推拉门，其次是手动推拉门，最后是手动平开门。折叠门的构造复杂，不容易把门关紧；自动式平开门存在着突然打开门而发生碰撞的危险，通常是沿着行走方向向前开门，需要区分出口和入口的不同；

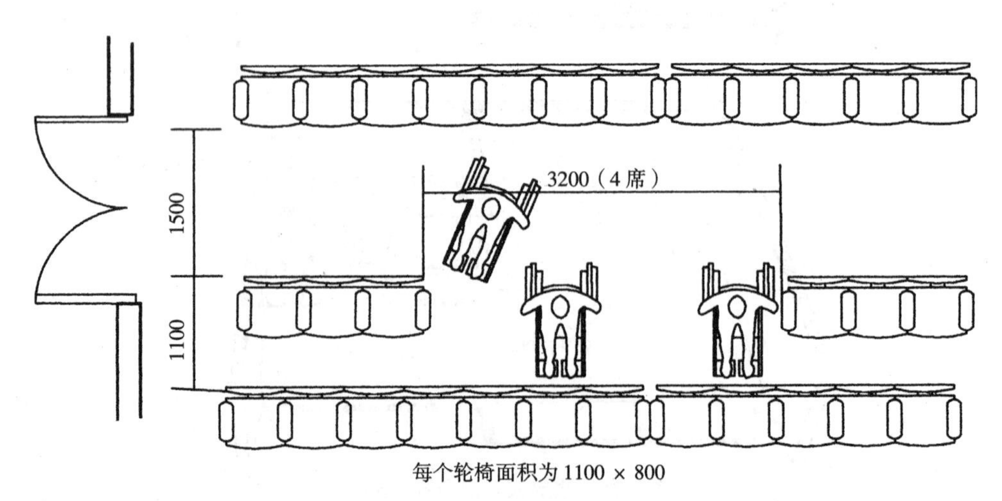

图9-25　轮椅座席（mm）

而旋转门对轮椅不能适用，对视觉障碍者或步行困难者也比较容易造成危险，如必须设置的话，应在其两侧另外再设平开门。

• 自动门

自动门的开关有很多种类，残疾人是否容易使用还需要根据具体的情况来进行判断。对于轮椅使用者来说，手可以接触到的有限范围，以及坐在轮椅上脚比前轮要多出500mm等情况都应充分考虑；对于步行困难者来说，因为行动缓慢，一定要注意避免在还没有完全通过大门时门就关闭起来；而对于视觉障碍者来说，需要明确的是门开关的位置和方向，与此同时也希望能够听到门开关的声音。

• 推拉门

推拉门能够保证安全操作，但门越大重量也就越大，有可能发生靠残疾人自身的力量很难打开的情况。下导轨式的推拉门容易发生故障，下导轨也会给轮椅的进出带来一定的障碍。所以设计时应考虑采用悬吊式的上导轨，但要做好门扇的固定工作，如果由于支点的不稳定使门扇发生摇晃，则会给使用者带来一定的危险。

• 平开门

平开门的开闭方向和开口部分的大小是根据走廊的宽度、墙壁的位置等因素来共同协调决定的。在一般情况下，室内空间中大多数门的开关方向以内开启为好，这样能够避免外开门妨碍走廊、通道或其他交通场所的使用面积。但是在残疾人使用的居室里，对于面积较小的房间，例如浴室和厕所的门则不宜内开。因为如果有人在小房间内跌倒，门便被堵住，这将是很危险的。如果门的内侧与外侧都没有障碍的话，可以采用双向式门，这样出入门时都可以按前进的方向打开门扇，这对坐轮椅的人来说是比较理想的。

公共建筑中使用频繁的走廊和通道中，需经常开启的门扇最好装上自动闭门装置，以此避免视觉障碍者碰上打开着的门。同时，我们也要考虑到步行困难者和视觉障碍者行动缓慢的行为特点，不应使用强力的闭门器，因为那样会使他们在出入时发生危险。

2）门的净宽

残疾人使用的门的净宽最低为800mm以上，但最好能保持在850mm以上。坐轮椅的人开关或者通过大门时，需要在门的前后左右留有一定的平坦地面。根据安装方式的不同，需要的空间大小也不一样（图9-26）。

3）门的防护

通常来说，轮椅的脚踏板最容易撞在门上，为了避免门被轮椅或助行器碰撞受损，残疾人住宅、残疾儿童的特殊学校、老人中心、残疾人活动中心等处的门，要在距离地面350mm以下安装保护板（图9-27）。

4）透明大门

为避免在门打开时不同方向的残疾人发生碰撞，需要安装能看到对面的透明玻璃门。同时考虑到视觉残疾者的使用，一般在距离地面1400～1600mm高的地方粘贴带颜色的色带。对于一些有私密性要求的房间，以及只允许向内打开的单向房门，局部的透明也可以减少发生碰撞事故。

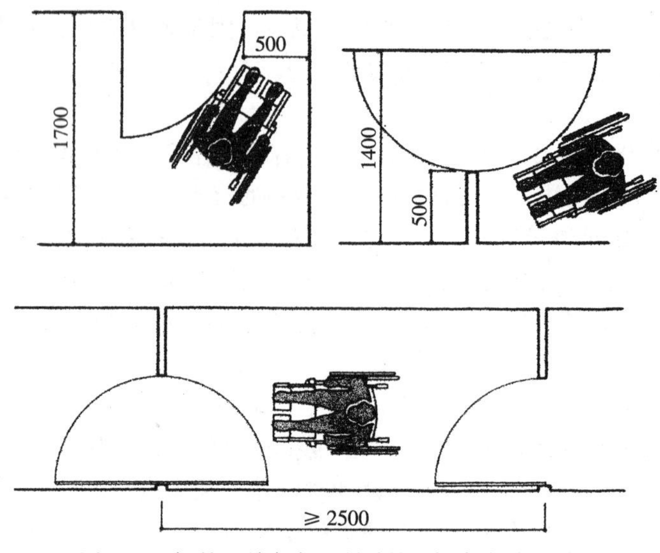

图 9-26 门的开关方向及所需的空间大小（mm）

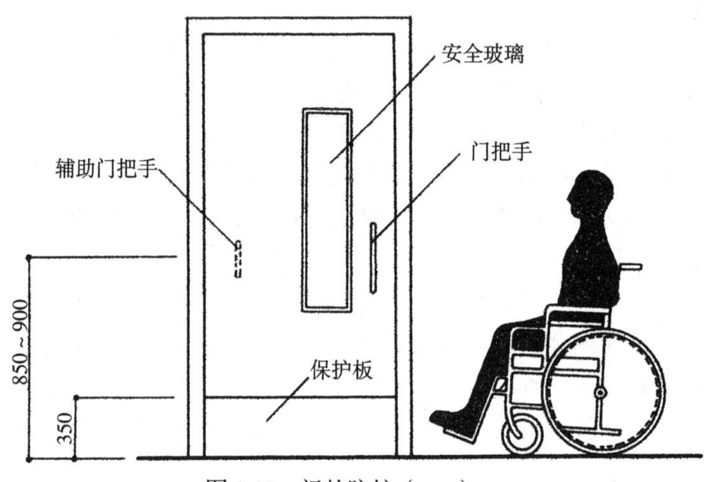

图 9-27 门的防护（mm）

（2）窗

窗户对不能去外面活动的残疾人来说是他们了解外界情况的重要途径。有人认为视觉障碍者不需要窗户，实际上这是错误的。相反，他们对于窗户的要求更为强烈，因为他们可以通过窗外传来的声音和气味等来感受外面的世界。总的说来，窗户应该尽可能容易操作，而且又很安全。

1）窗台高度

窗台的高度是根据坐在椅子上的人的视线高度来决定的，最好在1000mm以下，高层建筑物需要设置防护扶手或栏杆等防止坠落的设施。

2）窗的开关

对于离不开轮椅的人独立使用的住宅中，窗的启闭器不能高出地面1350mm，虽然坐轮椅的人伸手摸高超出此值，但由于窗前可能有盆花或其他阻挡，所以最高为1350mm，最适宜的值为1200mm。窗的启闭器必须让残疾人伸手可以摸到，并且易于操作，必须避免设置爬上桌椅才能开关的高窗。

3）窗帘

为了能够调节室内的环境条件，需要设置遮阳板、百叶窗、窗帘等，这些应尽量选择操作容易、性能安全的装置。在经济条件允许的情况下，可以选择使用方便的遥控窗帘。

（3）扶手

扶手是为步行困难的人提供身体支撑的一种辅助设施，也有避免发生危险的保护作用，连续的扶手还可以起到把人们引导到目的地的作用。

扶手安装的位置、高度和选用的形式是否合适，将直接影响到使用效果。即使在楼梯、坡道、走廊等有侧墙的情况下，原则上也应该在两侧设置扶手。同时尽可能比梯段两端的起始点延长一段，这样可以起到调整步行困难者的步幅和身体重心的作用。在净宽超过3000mm的楼梯或者坡道上，在距一侧1200mm的位置处应加设扶手，使两手都能够有支撑。对下肢行走不便的人来说，一直到可以使身体稳定的场所，一路上都需要扶手。扶手应该是连续的，柱子的周边、楼梯休息平台处、走廊上的停留空间等处也应该设置（图9-28）。此外，视觉障碍者不容易分辨台阶及坡道的起始点，所以也需要将扶手的端部再水平延长300～400mm（图9-29）。扶手的颜色要明快而且显著，让弱视者也能够比较容易识别。

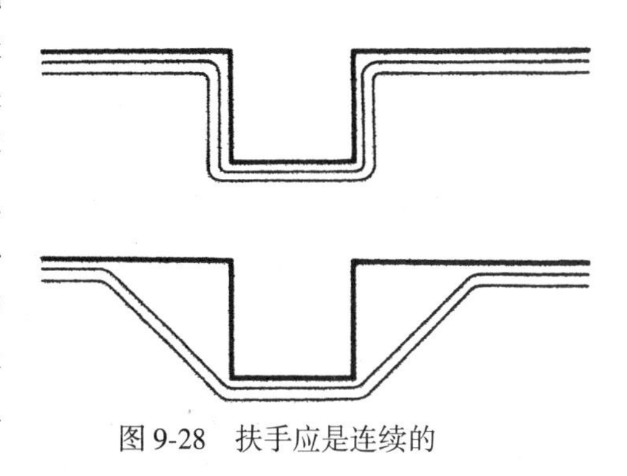

图9-28　扶手应是连续的

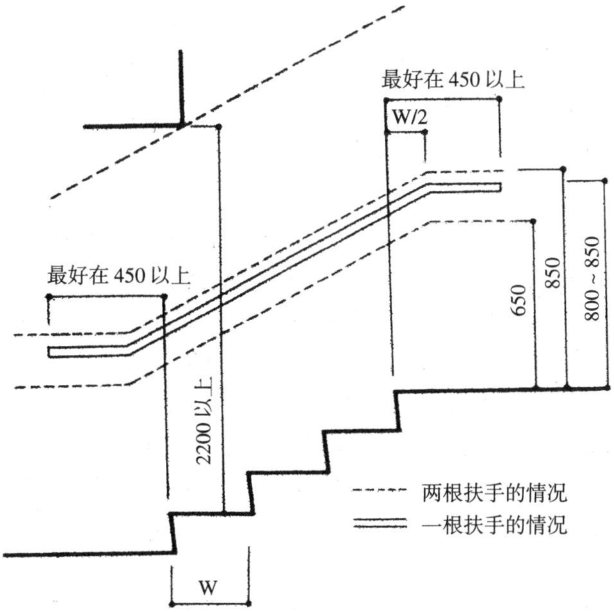

图9-29　扶手的设计要素（单位：mm）

1）形状

扶手要做成既容易扶握又容易握牢的形状，给使用者带来安全和方便，扶手的各种断面形式见图9-30。一般扶手的端部都做成圆滑曲面或者直接插入墙体之中。当沿墙设置扶手时，将扶手凹进墙内也是可以采取的形式。

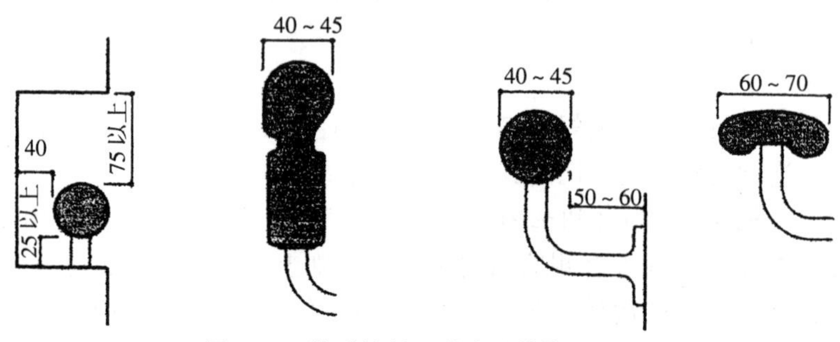

图9-30　扶手的断面形式（单位：mm）

2）尺寸

扶手的尺寸应该以能被残疾人握紧为宜，供抓握的部分应采用圆形或椭圆形的断面。考虑坐轮椅的人能方便地使用扶手，其高度应在800～850mm之间。扶手与墙面要保持40mm的距离，以保证突然失去平衡要摔倒的人们不会因为有扶手而发生夹手现象，同时也能保证很容易地抓住扶手。

3）安全性

由于扶手需要承受一部分的体重，所以要求有一定的坚固性，在任何一个支点都要能承受100kg以上的重量。在栏杆式扶手的下方，应设置50mm高的挡台。

（4）墙面

轮椅通常不易保持直行，轮椅的车轮及脚踏板碰到墙壁上，或者手指被夹在轮椅和墙壁之间的事时有发生。为避免这类事件，应设置保护板或缓冲壁条。这些设施在转弯处容易出现直角，设计时要考虑做成圆弧曲面的形式，或通过诸如金属、木材、复合材料等进行转角保护，避免墙面损伤和人身伤害。

（5）地面

大部分公共建筑和高层住宅的入口大厅地面往往采用磨光材质，这样会造成使用拐杖的残疾人行走困难，下雨天地面被弄湿后就更容易打滑。因此，最好是采用弄湿后也不容易打滑的材料，如塑胶地板、卷材等。在走廊和通道地面材料的选择上，也应该使用不易打滑、行人或轮椅翻倒时不会造成很大冲击的地面材料。当在高档酒店、商业空间等地面使用地毯时，以满铺为好，面层与基层也应固结，防止起翘皱折，还要避免因为地毯边缘的损坏而引起的通行障碍或危险，而且其表面应该与其他材料保持同一水平高度。另外，表层较厚的地毯，对靠步行器、轮椅和拐杖行走的人们来说，会导致行走不便或引起绊脚等危险，应慎重选择。

（6）色彩和照明

巧妙地配置色彩可以让残疾人比较容易在大空间中行走，也可以比较容易的识别对象。在容易发生危险的地方，通过对比强烈的色彩或照明，能提醒人们注意。连续的照明设施配置，还可以起到诱导的作用。此外，贴上普通的标志，把色带贴在与视线高度相近（1400～1600mm）的走廊墙壁上，也可以帮助弱视的人们识别方位。在门口或门框处加上有对比的色彩，则能够明确表示出入口的位置。

为了使近视的人们能够从远处辨别楼梯的位置，在楼梯部分加一些对比的色彩是很理想的。另外，为了使踏步水平向的踏面和垂直面的踢面有明确的区别，也可以在考虑色彩的同时考虑照明的角度。

（7）控制按钮

室内空间中各类控制按钮的设计需要考虑便于残疾者操作。由于轮椅使用者与行动不便者的手能够到的范围要比站立者低，所以主要控制按钮的高度必须设置在轮椅使用者和站立行动不便者都可以够到的范围之内（图9-31）。同一用途的控制开关，在同一建筑物的内部空间中要尽可能保持统一，采用同一种设计。

电灯开关、中央空调调节装置、电动脚踏开关、火灾报警器、紧急呼叫装置、窗口的关闭装置、窗帘开关等所有的控制系统都需要做成容易操作的形状和构造（如大键面板或搬把式开关），并设置在距离地面1200mm的高度以下。电器插座的高度也要适宜，便于使用（图9-32）。随着现代科技的不断发展，我们也可以将遥控装置和声控装置等技术应用和推广到残疾人室内空间设计中去，从而使他们的生活更方便、更安全。

（8）门把手

门把手应该考虑轮椅使用者使用的高度和形状。横向长条状把手高度为800～1100mm之间，其他的把手标准高度为850～900mm。圆形的门把手对于上肢或手有残疾的人来说使用起来有困难，最好用椭圆形的把手。门表面和把手之间的净空以40mm为宜，这样可以方便手指僵硬和畸形的人使用。门框

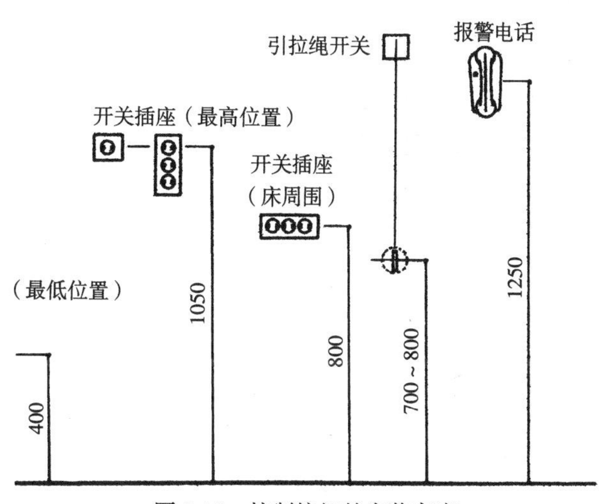

图9-31　控制按钮的安装高度

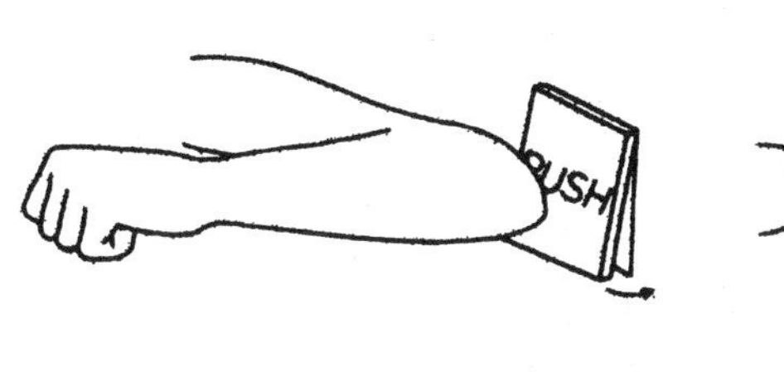

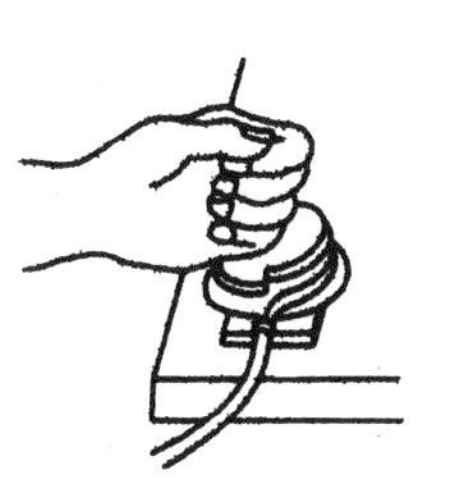

图9-32　方便残疾人使用的按钮类型

到把手的净距离也要在350～400mm之间，避免开门时擦伤手指。轮椅使用者在关闭平开门时，把手上下方建议设安全玻璃的观察窗，在门扇的另一面设关门拉手，这样开关会比较容易。

（9）家具

家具也是无障碍室内设计的重要内容，家具设计应该以残疾人使用方便为前提，避免因家具而引发的对残疾人的伤害或危险。

1）服务台

服务台一般需要满足对话、传递物品、填表登记等要求，其对应的内容不同，形式也不一样。对于轮椅使用者来说，服务台的高度如果不在800mm左右，下部不能插入轮椅脚踏板的话，使用起来会很不方便。对于使用拐杖的人来说，也需要设置座椅及拐杖靠放的场所。

2）桌子

桌子的下部要求留有轮椅使用者脚踏板插入的必要空间。为了使桌子能起到支撑身体的作用，最好做成固定式或不易移动式，以免残疾人不慎碰撞后因桌子的移动而摔倒。

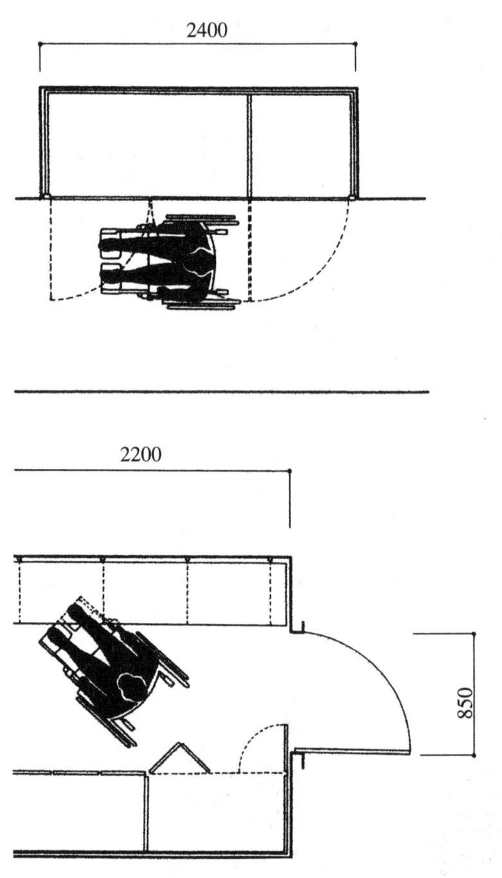

图9-33 轮椅使用者使用的橱柜空间与周边空间（mm）

3）橱柜类家具（图9-33）

残疾人使用的橱柜类家具要做得大一些，要有一定的备用空间，所有东西的存放位置应该相对固定，这样即使是视觉障碍者寻找起来也会方便许多。橱柜的高度、深度需要根据轮椅使用者、步行困难者以及健康人的各种情况来综合考虑，以适应不同人的使用。例如，书架类的进深最好在400mm以下。设计时，轮椅使用者经常使用的部分不要放在橱柜的角落或转角处，同时还要考虑到确保轮椅使用者开关橱柜类家具时需要的空间。碗柜上部的门最好采用横拉门或者上下拉门，这样就不会发生打开的门撞头的危险。为了便于清洁，橱柜表面宜做成硬质，表面以不反光或反光较少的材料为宜。

4）公用电话

公共建筑物内至少应该有一个公用电话可以让轮椅使用者使用。对于轮椅使用者来说，要保证坐在轮椅上可以投币，话筒能够以很舒适的姿势操作，电话机的中心就应设置在距离地面900～1000mm的高度，电话台的前方要有确保轮椅可以接近的空间。对于行动不便的人来说，为了站立时的安全，两侧要设置扶手，并提供拐杖靠放的场所（图9-34）。

5）饮水器

国外的公共场所内，饮水器是常见的室内设施。为了使轮椅使用者喝水更加容易，饮水机的下方要求留出能插入脚踏板的空间。通常在离开主要通行路线的凹壁处设置从墙壁中突出的饮水器。开关统一设置在前方，最好是既可用手又可用脚来操作的，高度通常在700～800mm之间（图9-35）。

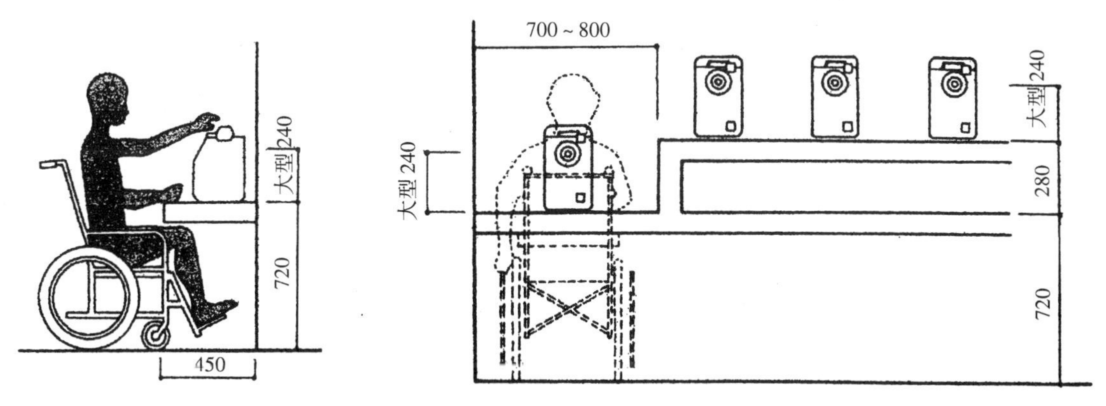

图9-34 残疾人使用的电话台高度（mm）

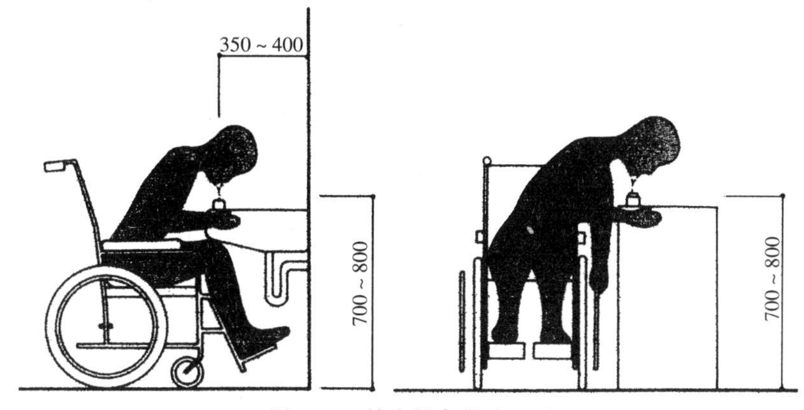

图9-35 饮水器高度（mm）

6）自动售货机

自动售货机常常被作为一种附加的功能性设施在室内设计结束后进行设置。如果有可能，最好是在设计之初就有计划地进行配置。自动售货机的操作按钮高度为1100～1300mm，同时为了确保轮椅使用者能够接近，其前方要留有一定的空间。取物口及找钱口的位置应高于地面400mm以上（图9-36）。

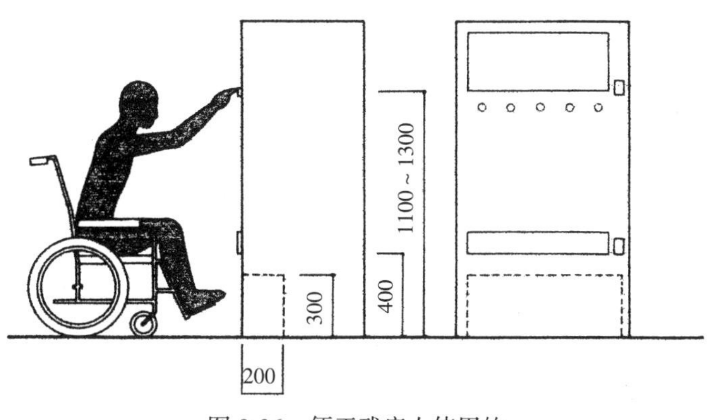

图9-36 便于残疾人使用的自动售货机尺寸要求（mm）

（10）标识设计

残疾人行动能力有限，在一座大的建筑里或者第一次进入的建筑中，会产生好像被困在雾中山林的感觉。此时出现的问题有：自己现在所在的地点是哪儿？自己想要去的目的地在哪儿？要到达目的地所要经过的路线在哪儿？以及为避免出现错误自己应该怎样做？等等，对这些问题不作出交代，他们是无法行动的。因此，这些信息应该用易于理解、尽可能简单的语言表达，如果可能的话，还要用视觉的、听觉的、触觉的手段重复告知来访者。诱导信息应该像锁链一样形成系统，否则人们在途中就会产生一种不能安心的感觉，导致行动上出现错误。

国际上对残疾人的标识设计有统一的规定，详细内容请参考相关资料，在此不再详述。

9.1.4　为视残者考虑的室内设计

9.1.4.1　视残者的感觉补偿

人的感觉方式分为视觉、听觉、触觉、嗅觉和味觉五种，其中，视觉占有很大的比重。视觉有了缺陷，会给人们的生活和工作带来很大的障碍。视觉残疾者为了获得必要的信息，往往要充分利用其他感觉器官，以此补偿视觉障碍，经过各种感觉包括残余视力在内的重新组合，使他们能在不同程度上感知和适应所生活的环境。

视觉残疾者的听力通常很发达，对方向十分敏感。他们通过回声来判断距离；通过脚步声及周围环境对声音的反射来辨别障碍；通过声音的类别来判断所处环境的性质等，以便从熟悉的声音中找到安定的感受，在危险的信号中能够及时保护自己的安全。

视觉残疾者的触觉也很发达。手主要感知精确的空间环境和操作行为，可以感知大小、形状、质感、传热程度、动静状态以及其他细小的变化。脚的触觉则用于对所处环境特性的整体判断，通过感知不同地面的不同质感，来知晓自己所处的大概位置及环境状况，并决定下一步的行动。

从嗅觉获得的信息虽然不如听觉和触觉，但可以弥补触觉的不足，并配合听觉从不能接触到的地方嗅知事物的情状，如花的香味、食物的气味等，这些都可以用来帮助辨别事物和环境。

除了毫无光感的盲人之外，视觉残疾人仍具有不同程度的视觉。对于有残余光感的人，明朗的光线、鲜明的色彩，有助于他们对环境的辨识，并产生愉快的感觉。反之，光线阴暗、色彩昏沉，会使他们感到信息不明确，容易混淆，使人沮丧、止步不前，或因此分辨错误，发生碰撞而产生危险。

视觉残疾者的感觉系统构成虽然不同于正常人，但包括残余视觉在内的感觉仍然可以成为相互补充和相互影响的感知系统，帮助他们来辨别环境。因此，我们在设计时要充分利用人的各种感觉器官，使视觉残疾者最大限度地感知所处环境的空间状况，缩小各种潜在的心理上的不安全因素，环境中也应尽可能提供较多的信息源，以适应不同需要。

9.1.4.2 视残者的活动方式及尺度

视觉残疾者在熟悉环境的过程中，首先利用听觉和触觉等其他健康感官来认识环境，所以需要比正常人更大的活动空间并有其特殊的尺度要求。

（1）触摸尺度

视觉残疾者通常采用手的触觉来获得准确的信息，其触摸范围的上限以成年女子身高为基础，取1600mm；下限以成年男子身高为基础，上臂自然下垂，前臂斜伸向地面成45°角，手指尖距地面高度为700mm。在这个范围内，可以布置所有为视觉残疾者设立的各种信号标识或设施，以便他们能顺利地触摸到。在此范围以外的符号或设施，将不易被利用并容易引起失误。

（2）行走尺度

视觉残疾者在室内的行走方式有三种：徒手行走、手持盲杖行走以及依靠电子仪器行走。

1）徒手行走：在熟悉的环境中，除非出现特殊或临时的障碍，视残者通常能行动自如。在新环境中，他们徒手前进时往往手臂伸展，上臂向前倾约45°，以成年男子计，自人体中心线伸出约650mm。

2）手持盲杖：室内环境中，视残者在盲杖的辅助下往往会沿墙壁或栏杆行走，他们的脚离墙根处约300～350mm。而在宽敞的公共建筑大厅或交通空间中行走时，他们会用盲杖做左右扫描行动，了解地面情况，扫描的幅度约为900mm。

3）靠电子仪器：电子仪器有眼镜式、耳机式、怀表式、探杖式等，或利用红外线感应、光电感应等传感器将外界的障碍物信息转变为声音信号、电脉冲刺激，乃至人造的形象视觉等来指导行动。

9.1.4.3 视残者的环境障碍

通常视残者对障碍物、危险物难以预知，特别是这些东西位置不固定的时候，就更难以预料。他们手持的盲杖往往只能探知地面的状况及腰部以下的距离身边很近的对象物，而墙面、顶棚的突出物却不容易被发现。视残者踩空楼梯的危险很大，特别在楼梯的起始和结束的地方，他们还容易将下楼梯的台阶误看成是一块板。弱视者通常不太容易看清大的透明玻璃面，特别是在逆光的地方如果有透明门时，因为不容易分辨出它的存在，就会发生碰撞事故。而色盲和色弱者对彩色的标志则难于辨认。

9.1.4.4 与视残者有关的室内细部设计

（1）引导视残者的设施

视觉障碍者是靠脚下的触感和反射声音来步行前进的，改变地面材料可以使他们更容易识别方位，发现走廊和通道，或者容易发现要到达的地点。在室内设计中，利用不同特性来达到不同目的的材料被称为触感物或触辨物。我们可以用不同粗细、软硬的材料作为触感物或触辨物，以此来表示不同的区域，例如通道与一般地面，厨房与客厅的划分等；或用粗面材料作为标志，例如楼梯踏步前的粗面材料作为上下楼梯的预告，或大门口的室内室外的分界等等；还可以用粗面材料或花纹表面作为导盲系统的路面标志，构成盲道，沿着这种标志前进可以到达预定的目标。通常，视觉障碍者对斜面的识别有一定的困难，一般采用在坡道的开始和终止处的地面上铺上盲道砖或改变铺装材料来提示视觉障碍者。当然，触感物不仅仅限于地面，它还可以是墙面、门的饰面、扶手、指示牌的表面等。

（2）地面的处理

对于盲人来说，地面的防滑是最为重要的。在浴室、卫生间和厨房里，必须使用防滑地砖；对于客厅、卧室等处，即使是富于弹性的木地板，使用时也要格外小心，有压纹的弹性卷材往往是不错的选择。

由于近视者从台阶上方向下看时不易分清每段台阶，所以需要明确每步台阶的端部。为了防止踏空，踏板与边缘防滑部分应该采用对比的颜色。在有大面积直射阳光存在时，踏步表面会反射很多倒影，并产生强烈反光，给弱视者上下楼梯带来困难。因此，要避免楼梯踏步表面采用一些反光的、光滑的材料。

（3）符号标志和发声标志

视觉残疾者可通过触摸式的标志或符号来获得必要的信息，这些标志可以设置在墙面、地面、栏杆扶手、门边柱杆上或其他可以触及的地方。

1）盲文与图案

利用盲人能够摸清的盲文和图案来区分空间的用途，如房间名称，盥洗室、问询处的指向牌，走廊的方向，房间的出入口所在地等等。文字与图案凸出高度应在5mm左右，设置高度在离地面1200～1600mm之间，使盲人得到一个明确的信息。此外，可以在楼梯、坡道、走廊等处的扶手端部设置盲文，表示所在位置和明确踏步数，让视力残疾者做到心中有数，避免踏空的危险。

2）可见的符号标志

给弱视的人提供信息，可以采用可见的符号标志，如公共建筑中的层数、房间名称、安全出口、危险区域界线等，这些符号标志对于视力正常的人也是需要的。只是要注意到弱视者的限制，对文字、图案的大小、对比度、亮度、色彩予以适当的调整。标志的位置一般在2000mm以上，以免拥挤的时候被人流挡住视线。

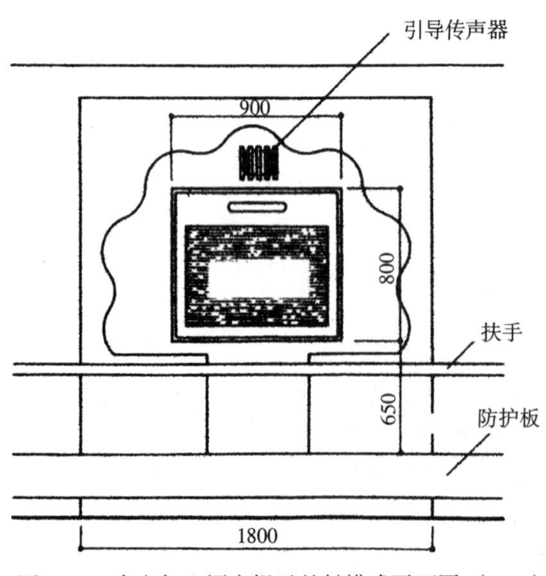

图9-37　盲文加上语音提示的触摸式平面图（mm）

3）发声标志

声音能够帮助视觉残疾者辨别环境特点，确定所在的位置。从直接声、反射声、共鸣声、绕射声等的大小和方向，视觉残疾者能够知道障碍物的距离和大小。所以设计师可以在室内环境中有意识地布置声源来引导视残者。

4）触摸式平面图

建筑物的出入口附近，若能设置表达建筑内部空间划分情况的触摸式平面图（盲文平面图），视觉障碍者就比较容易确定自己的位置，也可以弄清楚要去的地方。如能同时安装发声装置就更好了（图9-37）。

（4）光环境

有残余视觉的人特别喜欢光线，所以应该在室内充分利用自然光。自然采光比人工照明对保护视力更具有积极作用，应尽量充分利用。

9.2 老年人室内设计

老年人随着年龄的增长，身体各部分的机能如视力、听力、体力、智力等都会逐步衰退，心理上也会发生很大的变化。视力、听力的衰退将导致眼花、耳聋、色弱、视力减退甚至失明；体力的衰退会造成手脚不便，步履蹒跚，行走困难；智力的衰退会产生记忆力差，丢三落四，做事犹豫迟疑，运动准确性降低。身体机能的这些变化造成了自身抵抗能力和身体素质的下降，容易发生突然病变；而心理上的变化则使老年人容易产生失落感和孤独感。对于老年人的这些生理、心理特征，应该在室内设计中特别予以关注。随着我国人口结构的逐步老龄化，老年人的室内设计更应引起我们的高度重视。

9.2.1 老年人对室内环境的特殊需求

9.2.1.1 生理方面

生理方面，老人对室内环境的需求应该考虑下述几个特殊问题：

（1）室内空间问题：由于老年人需要使用各种辅助器具或需要别人帮助，所以要求的室内空间比一般的空间大，一般以满足轮椅使用者的活动空间大小为佳。

（2）肢体伸展问题：由于生理老化现象，老人经常有肢体伸直或弯曲身体某些部位的困难，因此必须依据老年人的人体工效学要求进行设计，重新考虑室内的细部尺寸及室内用具的尺寸。

（3）行动上的问题：由于老年人的肌肉强度以及控制能力不断减退，老人的脚力及举腿动作较易疲劳，有时甚至必须依靠辅助用具才能行动，所以对于有关走廊、楼梯等交通系统的设计均需作重新考虑。

（4）感观上的问题：老年人眼角膜的变厚使他们视力模糊，辨色能力尤其是对近似色的区分能力下降。另外，由于判断高差和少量光影变化的能力减弱，室内环境中应适当增强色彩的亮度。70岁以后，眼睛对光线质量的要求增高，从亮处到暗处时，适应过程比青年人长，对眩光敏感。老年人往往对物体表面特征记得较牢，喜食风味食品，对空气中的异味不敏感，触觉减弱。

（5）操作上的问题：由于年龄的增长，老年人的握力变差，对于扭转、握持常有困难，所以各种把手、水龙头、厨房及厕所的器具物品等都必须结合上述特点重新考虑。

9.2.1.2 心理方面

人们的居住心理需求因年龄、职业、文化、爱好等因素的不同而不同，老年人对内部居住环境的心理特殊需求主要为：安全性、方便性、私密性、独立性、环境刺激性和舒适性。

老年人的独立性意味着老人的身体健康和心理健康。但随着年龄的增长，老年人毕竟或多或少会受到生理、心理、社会方面的影响，过分的独立要消耗他们大量的精力和体力，甚至产生危险，因此老人室内居住环境设计要为老人的独立性提供可依托的物质条件，创造一个实现独立与依赖之间平衡的环境。这种独立与依赖之间平衡的环境应该依据老人的生理、心理及社会方面的特征，能弥补老人活动能力退化后的可移动性、可及性、安全性和舒适性等；弥补老人感知能力退化的刺激性；弥补老人对自身安全维护能力差的安全感及私密性；弥补老人容易产生孤独感和寂寞感的社交性，对老人室内居住环境实施“以人为本”的无障碍设计。但是，弥补性又不能太过分，过分的弥补会使老人丧失机体功能。这种环境既要促使老人发挥其最大的独立性，又不能使老人在发挥独立性时感到紧张和焦虑。

9.2.2 中国老年人体尺度

老年人体模型是老年人活动空间尺度的基本设计依据。欧美和日本都制定了自己的标准，从而可以推导出各种活动空间，如老人个人居住空间和家具的合理尺度范围等。我国目前虽然还没有制定相关规范，但根据老年医学的研究资料也可以初步确定其基本尺寸。老年人由于代谢机能的降低，身体各部位产生相对萎缩，最明显的是身高的萎缩。据老年医学研究，人在28～30岁时身高最大，35～40岁之后逐渐出现衰减。一般老年人在70岁时身高会比年轻时降低2.5%～3%，女性的缩减有时最大可达6%。老年人体模型的基本尺寸及可操作空间如下图所示（图9-38、图9-39）。

9.2.3 老年人的室内设计

老年人的室内设计主要包括内部空间设计、细部设计和其他设施设计。

9.2.3.1 室内空间设计

（1）室内门厅设计

门厅是老人生活中公共性最小的区域，门厅空间应宽敞，出入方便，具有很好的可达性，可以方便地直达起居室、卧室、餐厅、厨房和户外。门厅设计中应考虑一定的储物、换衣功能，提供穿衣空间和穿衣镜。为了方便老年人换鞋，可以结合鞋柜的功能设置换鞋用的座椅。此外，门厅设计中还应考虑到老年人居室的安全防盗问题，保证老年人能够与门外来访者进行听觉接触，并可以对其在视觉上加以监视，如通过猫眼和可视电话来查看门外的情况等。

（2）卧室的设计

卧室是老年人的休息场所，由于经济条件有限，目前我国大多数住宅中老人没有单独的卧室、起居室、餐厅及书房，老人惟一的卧室兼备了上述各种房间的基本功能。由于老年人生理机能衰退、免疫力下降，一般都很怕冷，容易感染疾病，因此老人的卧室应具有良好的日照和通风，并在有条件的情况下考虑冬季供暖。老年人身体不适的情况时有发生，因此居室不宜太小，应考虑到腿脚不便的老年人轮椅进出和上下床的方便。床边应考虑护理人员的操作空间和轮椅的回转空间，一般都应至少留宽1500mm。老人卧室的床头应安装应急铃和电话装置，使老人在困难时

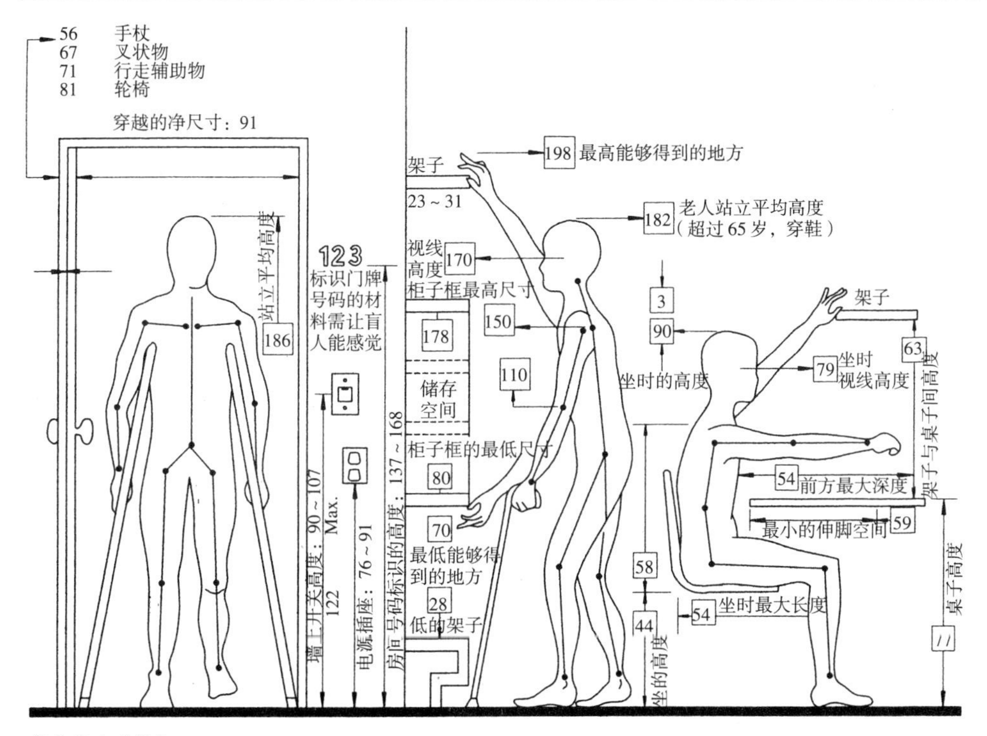

高大老人（男）

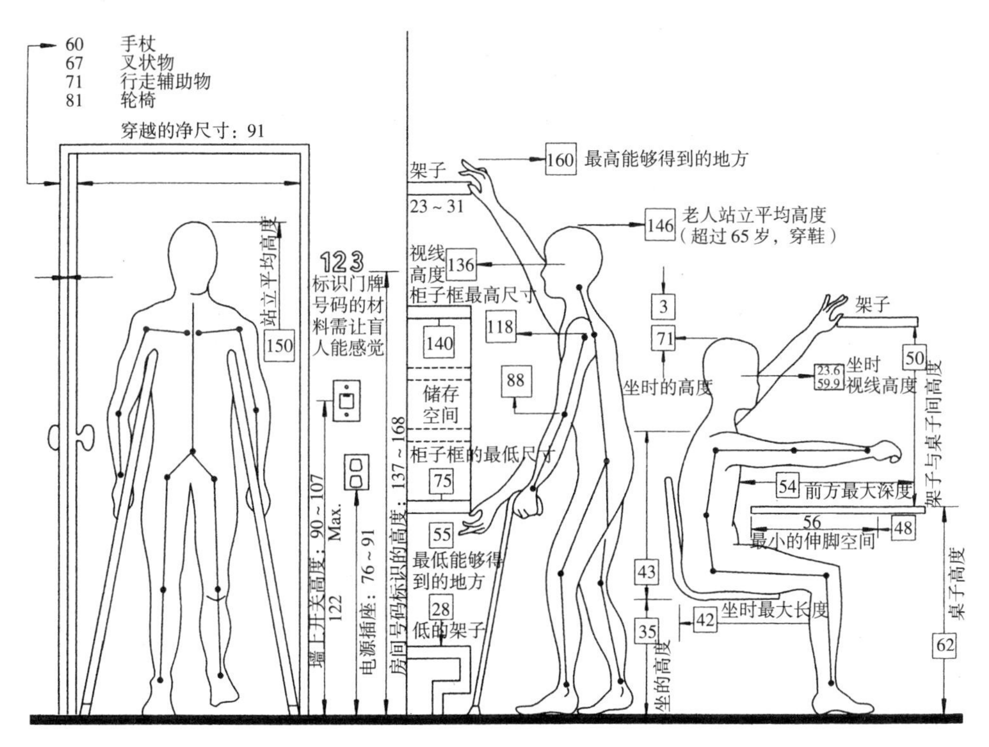

矮小老人（女）

图9-38 老年人人体尺度空间（单位：cm）

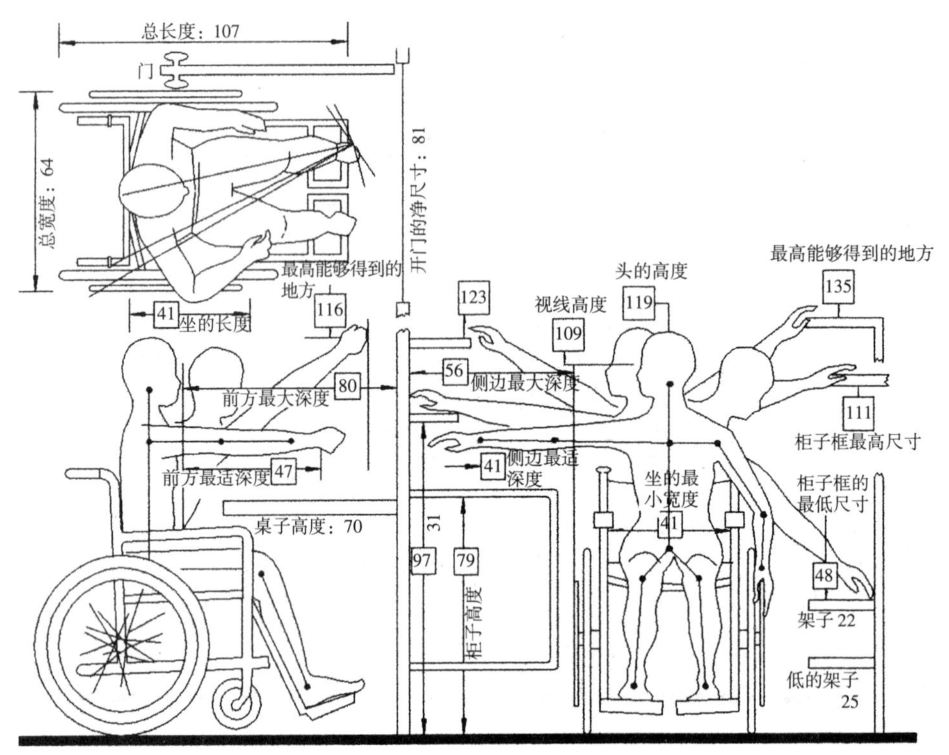

女性坐轮椅老年人

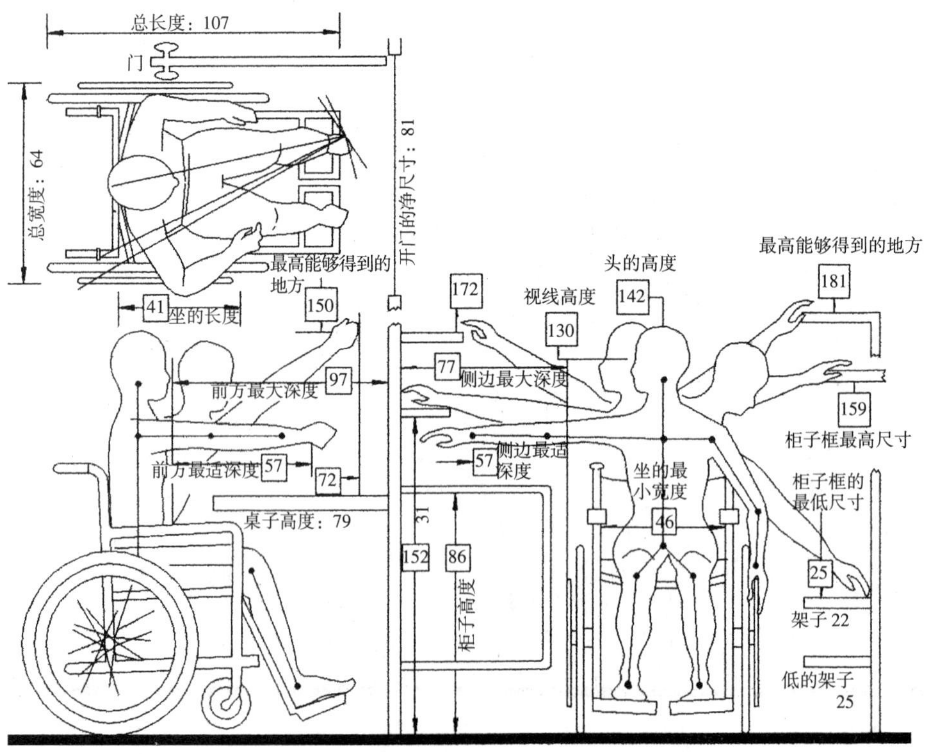

男性坐轮椅老年人

图 9-39　坐轮椅老年人人体尺度（单位：cm）

能够召人前来，床头柜应存放药品、手纸及其他物品。老年人出于怀旧和爱惜的心理，对惯用的老物品不舍得丢弃，卧室应该为其提供一定的储藏空间。

（3）客厅、餐厅的设计

客厅、餐厅是全家团聚的中心场所。老年人一天中的大部分时间是在这里度过的。为了使全家人感觉舒适，应充分考虑客餐厅的空间、家具、照明、冷暖空调等因素。另外，为了方便去往其他房间，还应该注意地面铺设和门的设计等。

（4）厨房的设计

我国老年人每天在厨房所花的时间相当多，一般来说，老人使用的厨房要有足够大的空间供老人回转，对于使用辅助器械的老人更是重要。老人因为生理上的原因导致四肢渐变僵硬，反应迟缓，手向上伸或身体弯向低处都感到吃力，再加上视力减弱等原因，在尺寸上有特殊要求，不仅厨房的操作台、厨具及安全设备需做特别考虑，还应考虑老人坐轮椅通行方便及必要的安全措施。

1）操作台

老人厨房操作台的高度较普通住宅低，以750～850mm为宜，深度最好为500mm。操作面应紧凑，尽量缩短操作流程。灶具顶面高度最好与操作台高度齐平，这样只要将锅等炊具横向移动就可以方便地进行操作了。操作台前宜平整，不应有突出，并采用圆角收边。操作台前需有1200mm的回转空间，如考虑使用轮椅则需1500mm以上。对行动不便的老年人来说，厨房里需要一些扶手，方便老年人的支撑。在洗涤池、灶具等台面工作区应留有足够的容膝空间，高度不小于600mm。若难以留设，还可考虑拉出式的活动工作台面（图9-40）。由于老年人的视觉发生衰退，他们对于光线的照度要求比年轻人高2～3倍，因此操作台面应尽量靠近窗户，在夜间也要有足够的照明，并防止不良的阴影区，以保证老年人操作的安全与方便。

图9-40　厨房内拉出式的活动桌面

2）厨具存放

由于老年人保持平衡比较困难，当伸手取物时，身体重心会改变，所以对老年人来说，低柜比吊柜好用。经常使用的厨具存放空间应尽可能设置在离地面700～1360mm间，最高存放空间的高度不宜超过1500mm。如利用操作台下方的空间时，宜设置在400～600mm之间，并以存放较大物品为宜，400mm以下只能放置不常用的物品，以避免经常弯腰（图9-41）。操作台上方的柜门应注意避免打开时碰到老人头部或影响操作台的使用，所以操作台上方的柜子深度宜在操作台深度的二分之一以内（250～300mm）。

3）安全设施

安全的厨房对于老年人来说应当是第一位的。老年人反应迟钝，嗅觉较差，行动也较为迟缓，对于煤气泄漏和火灾之类的事故不一定能及时处理，无论使用煤气或电子灶具均应设安全装置，煤气灶应安装燃气泄漏自动报警和安全保护装置。另外，厨房应利用自然通风加机械设施排除油烟，还应考虑采用自动火警探测设备或灭火器以防油燃和灶具起火。装修材料也应注意防火和便于老年人打扫，地面避免使用光滑的材料。

此外，设计老年人使用的厨房时，应注意不要将其作为一个封闭的单间来考虑，因为老人并不喜欢把自己封闭在这个工作间里。他们希望尽量看到房间里的其他人，或能够被其他人看到。这样不仅给老年人带来心理上的莫大安慰，消除孤独感，还可以在遇到突发事件时能够得到及时救护。

（5）卫生间的设计

老年人随着年龄的增加，夜间上厕所的次数也随之增加，因此卫生间最好靠近卧室，同时最好也靠近起居空间，方便老人白天使用。供老人使用的卫生间面积通常应比普通的大些。这是由于许多老人沐浴需要别人帮助，因此卫生间浴缸旁不仅应有900mm × 1100mm的活动空间供老人更换衣服，还要有足够的面积，以容纳帮助的人。与厨房一样，卫生间的地面也应避免高差，更不可以有门槛。如果老人使用轮椅，卫生间面积还应考虑轮椅的通行，并且门的宽度应大于900mm。

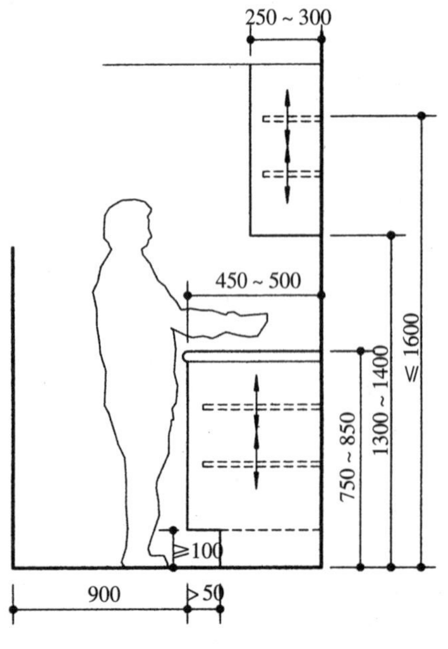

图9-41　厨房操作台及橱柜高度（单位：mm）

老年人对温度变化的适应能力较差，在冬天洗澡时冷暖的变化对身体刺激较大而且有危险，所以必须设置供暖设备并加上保护罩以避免烫伤。老年人在夜间上厕所时，明暗相差过大会引起目眩，所以室内最好采用可调节的灯具或两盏不同亮度的灯，开关的位置不宜太高或太低，要适合老年使用者的需求。

卫生间是老人事故的多发地，为防止老人滑倒，浴室内的地面应采用防滑材料，浴缸外铺设防滑垫。浴缸的长度不小于1500mm，可让老人坐下伸腿。浴缸不得高出卫生间地面380mm，浴缸内深度不得大于420mm，以便老人安全出入。如果采用特殊浴缸，则不受此限制（图9-42、图9-43）。图9-42是专为不能跨入浴缸的老人设计的，把浴缸的侧面门打开，将身体移进浴缸，坐在里面，然后将侧门关上，再放入热水洗澡。图9-43同样是可以打开的浴缸，但可利用旋转椅子将行动不便的人移入浴缸。浴缸内应有平坦防滑槽，浴缸上方应设扶手及支撑，浴缸内还可设辅助设施。对于能够自行行走或借助拐杖的老年人，可以在浴缸较宽一侧加上坐台，供老人坐浴或放置洗涤用品。对于使用轮椅的老年人，应当在入浴一侧加一过渡台，过渡台和轮椅及浴缸的高度应一致，过渡台下应留有空间让轮椅接近。当仅设淋浴不设浴缸时，淋浴间内应设坐板或座椅。

老人使用的卫生间内宜设置坐式便器，并靠近浴盆布置，这样当老人在向浴缸内冲水时，亦可作为休息座位。考虑到老人坐下时双脚比较吃力，座便器高度应不低于430mm，其旁应设支撑。有条件的情况下座便器宜带有加热座圈和热水自动冲洗的功能。乘轮椅的老人使用的座便器坐高应为760mm，其前方必须有900mm × 1350mm的活动空间，以容轮椅回转。

老年人用的洗脸盆一般比正常人低，高度在800mm左右，前面必须有900mm × 1000mm的空间，其上方应设有镜子。坐轮椅的老人使用的洗脸盆，其下方要留有空间让轮椅靠近。洗脸盆应安装牢固，能承受老人无力时靠在上面的压力。毛巾架应与抓手杆考虑同样的强度和质量，以防老人突然用作把手。

卫生间内应设紧急呼叫装置，一般在浴缸旁设置从顶棚至地面的拉铃，拉绳末端距地不超过100mm，以使老人跌倒在地时仍可使用。

（6）储藏间的设计

老人保存的杂物和旧物品较多，需要在居室内设宽敞些的储藏空间。储藏空间多为壁柜式，深度在450～600mm之间，搁板高度应可调整，最高一层搁板应低于1600mm，最低一层搁板应高于600mm（图9-44）。

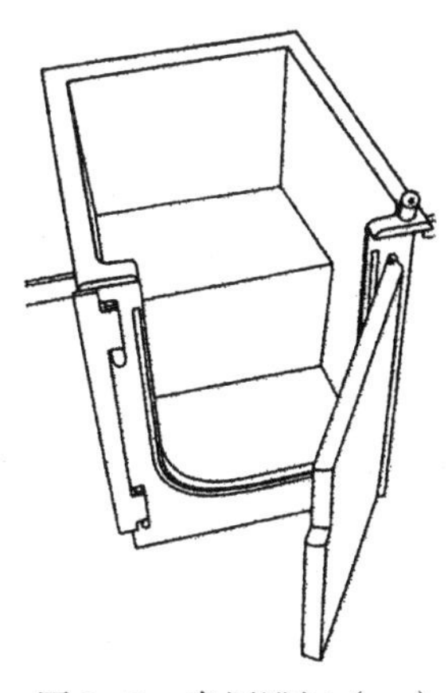
图9-42 专用浴缸（一）

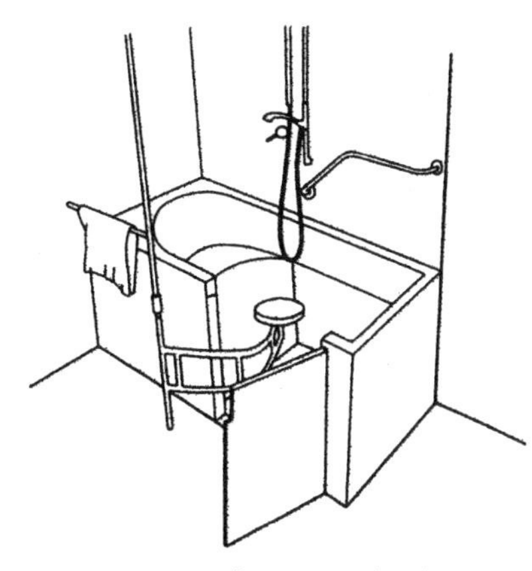
图9-43 专用浴缸（二）

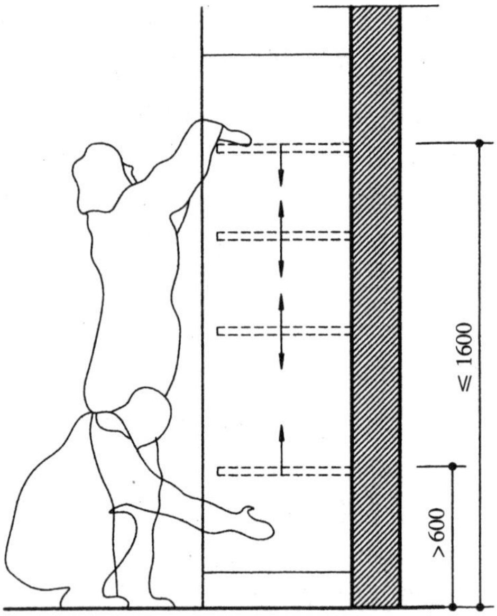

≤1600
>600

图9-44 储藏柜高度（单位：mm）

（7）阳台、庭院与走廊的设计

许多老人由于性格爱好或受身体条件的限制，常年在家闭门不出，如果能为他们提供一个可由自己控制的户外区将非常理想。在那里，可以呼吸新鲜空气、改变生活气氛、种植花木、享受阳光、锻炼身体，居住单元中的私人阳台和庭院就是一个能供活动不便的老年人舒适和安全地观赏室外风景和活动的空间，也是一个可供独处和进行私人交往的空间。在设计上应把它当作室内起居空间的延续来处理，阳台宜有适当的遮盖，庭院也宜有遮阳的地方。地面出入平坦，利于排水，保证轮椅回转的最小净宽1500mm。老人特别关心安全与高度，阳台栏杆应感觉结实、安全，栏板最好用实心的，如不可能时，也应采用结实的栏杆加上较大的实心扶手，高度不小于1000mm。阳台和庭院应考虑照明和插座，并在室内设控制开关。

（8）楼梯、电梯

老人居室中的楼梯不宜采用弧形楼梯，不应使用不等宽的斜踏步或曲线踏步。楼梯坡度应比一般的缓和，每一步踏步的高度不应高于150mm，宽度宜大于280mm，每一梯段的踏步数不宜大于14步。踏步面两侧应设侧板，以防止拐杖滑出。踏面还应设对比色明显的防滑条，可选用橡胶、聚氯乙烯等，金属制品易打滑，不应采用（图9-45）。住宅楼梯间应有自然采光、通风和夜间充足的照明。各楼层数均应利用文字或数字标明，或是用不同的色彩来区别不同的楼层。

对于多层或高层的老年住宅来说，适宜采用速度较慢、稳定性高的电梯，以免引起老年人的不适或突发病症。在轿厢设备的选用上也要注意适合老年人动作迟缓、反应不灵的特点，选择门的开关慢而轻的电梯。考虑到坐轮椅的老人可以使用，电梯的轿厢尺寸应不小于1700mm × 1300mm，电梯门的净宽应大于800mm。轿厢内应设置连续扶手，以保持身体在操作按钮和电梯升降时的平衡。

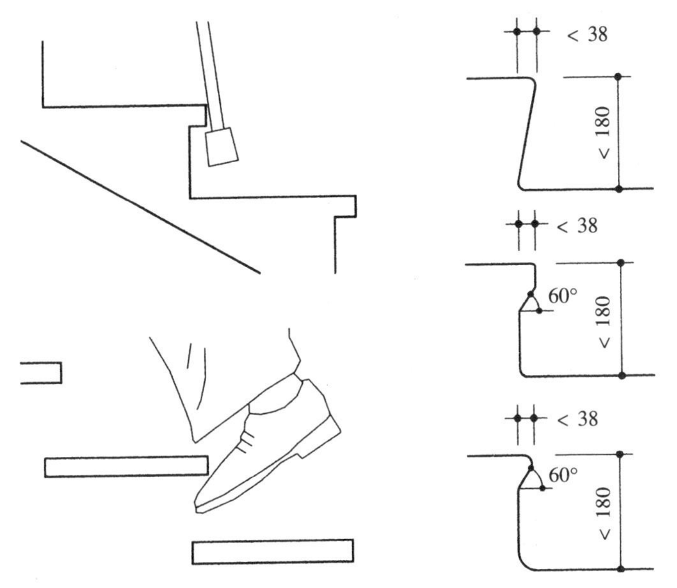

不可用，有直角突缘或无踢面的踏步对上行不利　　　可用，踏步线型应光滑流畅

图 9-45　老年居室楼梯踏步的形式（单位：mm）

电梯控制面板的高度应适合坐轮椅的老人操作，按钮应采用触摸式，轻触即可反应。表明按钮功能的符号、字体均应中文化，并用突起可触摸的字体，有条件时还应配有盲文和语言提示功能。电梯门对面应安装镜面以利于老人通过镜子看到各楼层信号指示灯及后退时了解背后的情况；轿厢内应设置电视监控系统以随时注意电梯升降和老年人的身体变化情况等等。

9.2.3.2　室内细部设计

（1）扶手

由于老年人体力衰退，在行路、登高、坐立等日常生活起居方面都与精力充沛的中青年人不同，需要在室内空间中提供一些支撑依靠的扶手。扶手通常在楼梯、走廊、浴室等处设置，不同使用功能的空间里，扶手的材质和形式还略有区别：如浴室内的扶手及支撑应为不锈钢材质，直径 18 ~ 25mm，安装牢固足以承受约 50kg 的拉力。扶手位置应仔细设计，位置不当将不仅不利于使用，还可能在人滑倒时造成危险。而楼梯和走廊宜设置双重高度的扶手，上层安装高度为 850 ~ 900mm，下层扶手高度为 650 ~ 700mm（图 9-46）。下层扶手是给身材矮小或不能直立的老年人、儿童及轮椅使用者使用的。扶手在平台处应保持连续，结束处应超出楼梯段300mm以上，末端应伸向墙面（图9-47），宽度以 30 ~ 40mm 为宜，断面要易于老年人抓握，宜设计成 L 形。扶手与墙体之间应有 40mm 的空隙（图 9-48），必要时还可增加竖向的扶手，以帮助高龄者、残疾人的自立行走。扶手的材料宜用手感好、不冰手、不打滑的材料，木质扶手最适宜。为方便有视觉障碍的老年人使用，在过道走廊转弯处的扶手或在扶手的端部都应有明显的暗示，以表明扶手结束，当然也可以贴上盲文提示等（图 9-49）。

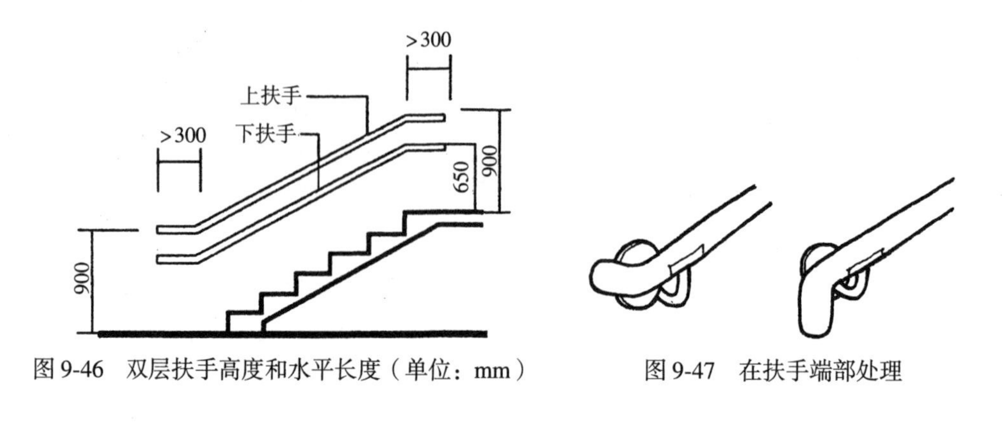

图 9-46 双层扶手高度和水平长度（单位：mm）

图 9-47 在扶手端部处理

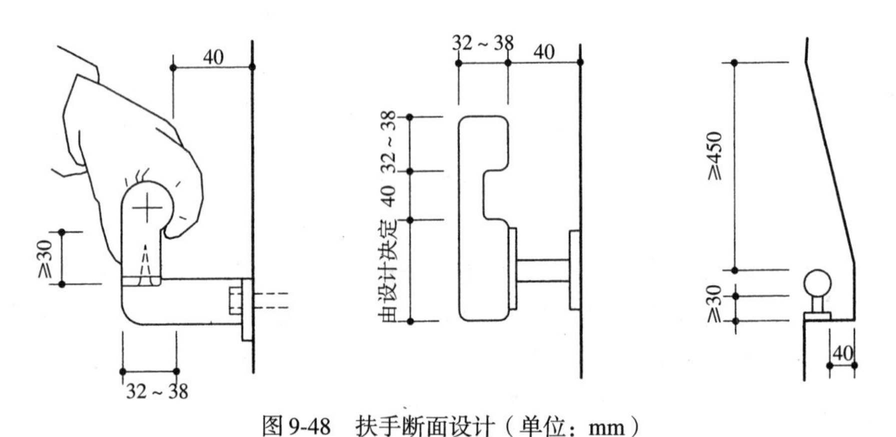

图 9-48 扶手断面设计（单位：mm）

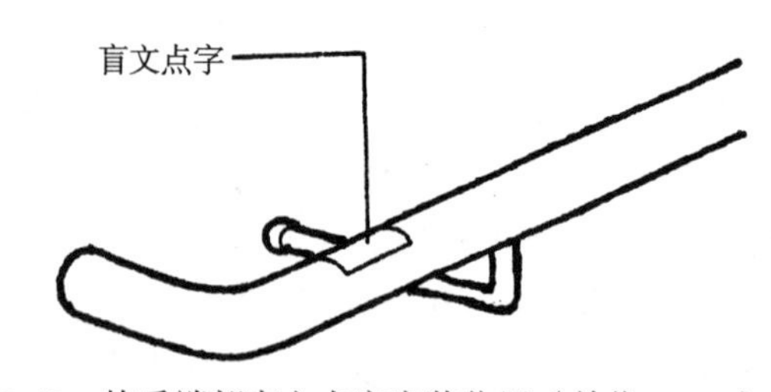

图 9-49 扶手端部盲文点字安装位置（单位：mm）

（2）龙头

水龙头开关的形式应考虑老人用手、腕、肘部或手臂等均能方便地使用，而且不需太大的力气，因此宜采用推或压的方式。若为旋转方式，则需为长度超过100mm的长臂杠杆开关，以保证老人使用的方便。冷热水要用颜色加以区分。龙头开关上方需有足够供手、手臂、肩膀活动的空间。同时还应注意开关位置的安排，万一使用者不慎跌倒，也不至于撞到开关而发生危险。有条件的情况下，还可以采用光电控制的自动水龙头或限流自闭式水龙头。

（3）把手

门的把手的形式有多种多样，为了让老人能用单手握住，不应采用球形把手，宜选用旋转臂长大于100mm的旋转力矩较长的把手。此外，扶手式把手也有横向和纵向两种（图9-50）。把手的高度应在离地850~950mm之间，最佳高度宜在870~920mm之间。

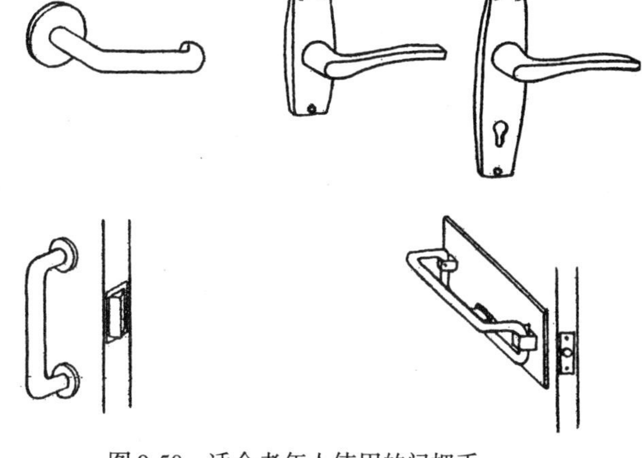
图9-50　适合老年人使用的门把手

（4）电器开关及插座

为了便于老年人使用，灯具开关应选用大键面板，电器插座回路的开关应有漏电保护功能。

（5）门、窗的处理

1）门

老年人居住空间的门必须保证易开易关，并便于使用轮椅或其他助行器械的老年人通过。不应设有门槛，高差不可避免时应采用不超过1/4坡度的斜坡来处理。门的净宽在私人居室中不应小于800mm，在公共空间中门的宽度均不应小于850mm。门扇的重量宜轻并且容易开启，开启力应在老人开门力量的范围之内，一般室内门不大于1.7kg，室外门不大于3.2kg。公共场所的房门不应采用全玻璃门，以免老年人使用器械行走时碰坏玻璃，同时也应避免使用旋转门和弹簧门，宜使用平开门、推拉门。

2）窗

对许多老人来说，坐在卧室的窗前向外观赏是其重要的日常生活，有些老人即便卧床也喜欢向外观望，因此老人卧室的窗口要低，甚至可低到离地面300mm。窗的构造要易于操作并且安全，窗台的宽度宜适当的增加，一般不应小于250~300mm，以便放置花盆等物品或扶靠观景。矮窗台里侧均应设置不妨碍视线的高900~1000mm的安全防护栏杆，使老人有安全感。

（6）地面材质的选择与处理

老人居室的地面应平坦、防滑、尽量避免室内外过渡空间的高差变化，出入口有高差时，宜采用坡道相连。地面材料应选择有弹性、不变形、摩擦力大而且在潮湿的情况下也不打滑的材料。一般说来，不上腊木地板、满铺地毯、防滑面砖等都是可以选择的材料。此外，随着技术的更新，许多新型的地面铺装材料也充分考虑了老年居住环境的需求。如德国的软胶纤维地板，有多层不同性能的胶垫组成，具有弹性、质地柔软坚韧，能承受压力，减小碰伤程度，适合老人的居室使用。而含有碳化硅及氧化铝的安全地板，表面虽比一般地板粗糙，较少用于起居空间，但由于其拥有高度的防滑性能，非常适合于铺设在老人使用的厨房和卫生间。

（7）自然光线与人造光源

应尽可能使用自然光，例如老人的卧室、起居室、活动室都应该有明亮的自然光线，人工光环境设计则应按基础照明与装饰照明相结合的方案来进行设计。

（8）色彩的应用

由于老年人视觉系统的特殊性使得他们不喜欢过强的色彩刺激，房间的配色应以柔和淡雅的同色过渡配置为主，也可采用以凝重沉稳的天然材质为主。比如以柔和的壁纸花色为色彩主题的淡雅型配色体系，或是以全木色为主题的成熟型配色体系。明亮的暖色调给人以热情朝气、生机勃勃的感觉，不但照顾了老年人视力不佳的特点，也从心理上营造出一种温馨、祥和的气氛。而卧室、起居室等主要房间的窗玻璃不宜选用有色玻璃，有色玻璃容易造成老年人的视觉障碍，影响视力。

色彩处理看起来很简单，但事实上却应反复推敲。例如，卫生间的洁具在一般家庭或公共场所（如宾馆）都可以根据设计的需要选择各种色彩，但老年人的卫生洁具却应以白色为宜，不宜选用带红或黄的色彩。因为白色不仅感觉清洁，还便于及时发现老年人的某些病变。

另外，针对一些需要引起注意的安全和交通标志，例如楼梯的起步、台阶、坡道、转弯等标志，安全出入口方向、楼层指示、一些重要房间的名称等都应该在醒目的位置以鲜亮的色彩标示出来，而且应该清晰明确，容易辨认。

（9）声响的控制

耳聋是人到老年后经常会发生的生理现象，因此在老年人室内设计中，一些声控信号装置，如门铃、电话、报警装置等都应调节到比正常使用时更响一些。当然，由于室内声响增大，相互间的干扰影响也会增加，因此卧室、起居室的隔墙应具有良好的隔声性能，不能因为老年人容易耳聋而忽视了这些细节。

（10）室内环境的无障碍设计

老年人由于生理机能的退化和行动能力的降低，设计时亦应考虑轮椅的使用，因而在不同程度上具有与残疾人相似的特点。有条件的情况下，设计时应尽可能考虑无障碍设计的原则，以促进老年人生活的独立（参见本章第一节中有关无障碍室内设计的内容）。

9.2.3.3 老年人室内居住环境的其他要求

（1）陈设

老人经历了几十年漫长的生涯，积累下许多珍贵的纪念品、照片、及其他心爱之物，并希望对别人展示。老人还普遍依恋熟悉的事物，在感情上给予大量的投入。这些事物不仅帮助老人回忆过去，也使老人在回味中得到欢乐、安全感及满足感。因此，在老人的生活空间内应提供摆放这些陈设的地方，如部分墙面可以让老人很容易地张贴或悬挂物品；在集居式老人公寓内不要干涉老人装饰他的居住生活空间，尽可能让老人使用部分自己原有的家具，并在公共空间内采用老人的作品、手工艺品等来做装饰，让老人觉得这些空间是属于他们自己的。

（2）智能化老年住宅

建立“智能化老年住宅”是目前住宅建设的发展趋势之一，以老年人家庭为单位，在住宅内部采用先进的家庭网络布线，将所有的家电（电视、空调、安全系统等）相连，以无线或有线的方式组网，完成对室内诸如盗窃、火情、有毒气体等的检测，同时控制各种电器、门、窗等。室内一旦发生异常情况（紧急病人、入室盗窃、失火、煤气泄漏等），各种报警器可以通过无线方式将警情发送到主机，主机判断警情类型后，自动拨号通知相关的部门或小区报警中心，以便及时采取措施加以解决。

9.3 儿童室内设计

儿童也属于特殊群体，他们的生理特征、心理特征和活动特征都与成人不同，因而儿童的室内空间是一个有别于成人的特殊生活环境。在儿童的成长过程中，生活环境至关重要，不同的生活环境会对儿童个性的形成带来不同影响。随着社会经济的发展，人们对儿童的重视程度正不断提升，对儿童教育环境、生活环境的营造已经升华为儿童成长过程中的必须环节。

9.3.1 儿童的成长阶段

儿童的心理与生理发展是渐进的，这种量与质的变化时刻在进行着。儿童在每个年龄阶段各有其不同于其他年龄阶段的本质的、典型的心理与生理活动特点，至于如何界定儿童期的不同阶段，在医学界、心理学界各有其不同的划分标准和方法。为了便于研究和实际工作的需要，在这里根据儿童身心发展过程，结合室内设计的特点，综合地进行阶段划分，把儿童期划分为：婴儿期（3岁以前）、幼儿期（3～6、7岁）和童年期（6、7～11、12岁），由于12岁以上的青少年其行为方式与人体尺度可以参照成人标准，因此这里不作讨论。当然，这种划分是人为的，在各阶段之间并没有严格的界限，更不是截然分开，应是连续不间断的，且相互之间有着密切联系。进行这样的划分，只是便于设计师了解儿童成长历程中不同阶段的典型心理和行为特征，充分考虑儿童的特殊性，有针对性地进行儿童室内空间的设计创作，设计出匠心独具、多姿多彩的儿童室内空间，给儿童创造一个健康成长的良好生活环境。

9.3.2 儿童的人体尺度

儿童的身体处于迅速生长发育的时期，身体各部分组织器官的发育和成熟都很快。为了创造适合儿童使用的室内空间，首先就必须使设计符合儿童体格发育的特征，适应儿童人类工效学的要求。因此，儿童的人体尺度成为设计中的主要参考依据。我国自1975年起，每隔10年就对九市城郊儿童体格发育进行一次调查、研究，提供了中国儿童的生长参照标准。最近的一次是在1995年，由卫生部组织我国儿童医学科研部门进行了7岁以下儿童身高及体重统计调查，同时还进行了学生体质健康的调查研究。综合现有的儿童人体测量数据与统计资料，我们总结了儿童的基本人体尺度，可作为现阶段儿童室内设计的参考依据（图9-51、图9-52）。

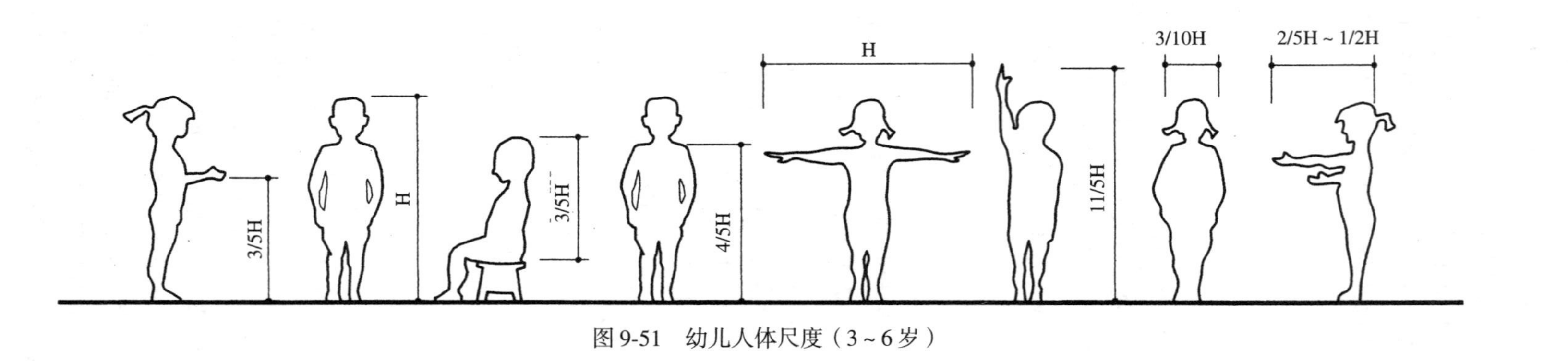

图 9-51 幼儿人体尺度（3 ~ 6 岁）

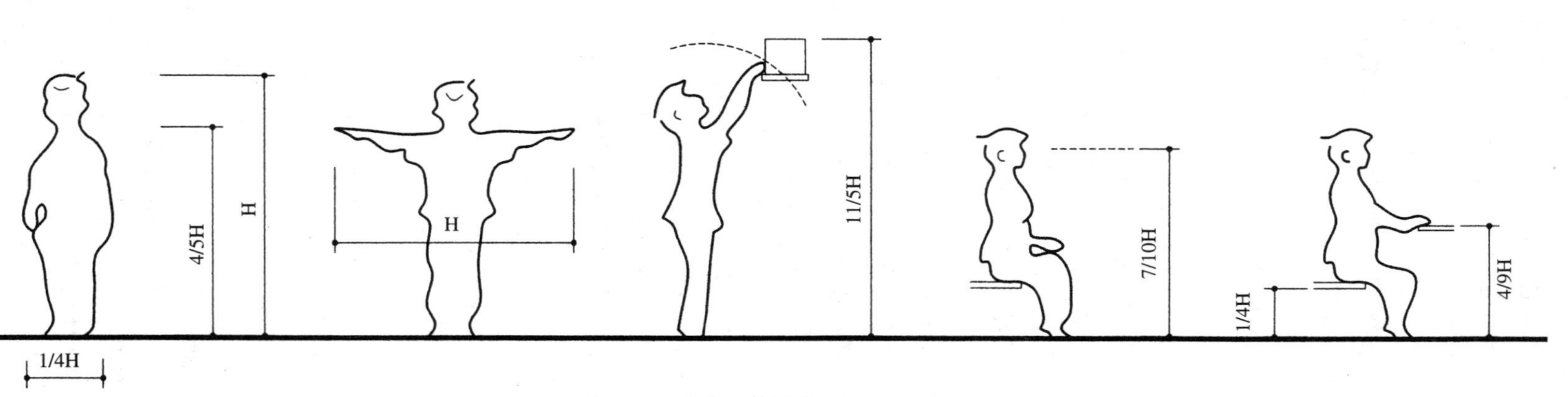

图 9-52 儿童人体尺度（7 ~ 12 岁）

9.3.3 儿童的室内空间设计

儿童的人体尺度、活动模式、行为习惯、空间的使用方式等都反映了儿童室内空间与儿童行为之间的相互关系；而领域性、私密性、人际距离、个人空间、拥挤感等又反映出儿童在使用空间时的心理需要。儿童室内空间是孩子成长的主要生活空间之一，科学合理地设计儿童室内空间，对培养儿童健康成长、养成独立生活能力、启迪儿童的智慧具有十分重要的意义。合理的布局、环保的选材、安全周到的考虑，是每个设计师需要认真思考的内容。

需要说明的是，这里仅从室内设计的角度出发，主要以家居设计中的儿童室内空间及其要素设计为主，提出基本的设计要求和设计原则。本节仅部分涉及了儿童类公共建筑中室内活动空间及附属设施的设计，其余内容请参考相关的托幼建筑和学校建筑设计资料，在此不再详述。

9.3.3.1 婴儿的室内空间设计

（1）婴儿的特点和行为特征

1）生理特点

婴儿期是指从出生到三岁这一段时间。婴儿躯体的特点是头大、身长、四肢短，因此不仅外貌看来不匀称，也给活动带来很多不便。研究显示，刚出生的婴儿在视觉上没有定形，对外界也没有太大的注意力，他们喜欢红、蓝、白等大胆的颜色及醒目的造型，柔和的色彩和模糊的造型不易引起他们的注意，色彩和造型比较夸张的空间更适合婴儿。

2）行为特征

婴儿需要充足的睡眠，尤其是新生儿需要的睡眠时间非常长，要为他们布置一个安全、安静、舒适、少干扰的空间，才能使他们不被周围环境所影响。幼小的婴儿在操作方面的能力还很弱，他们多通过观看、听声音和触摸来体验这个世界。他们喜欢注意靠近的、会动的、有着鲜艳色彩和声响的东西，他们需要一个有适当刺激的环境。例如，把形状有趣的玩具或是音乐风铃悬挂在孩子的摇床上方，可刺激孩子的视觉、听觉感官；大幅的动物图像、令人喜爱的卡通人物造型则可以挂在墙上。

（2）婴儿室的设计

1）位置

由于婴儿的一切活动全依赖父母，设计时要考虑将婴儿室紧邻父母的房间，保证他们便于被照顾。

2）家具

对婴儿来说，一个充满温馨和母爱的围栏小床是必要的，同时配上可供父母哺乳的舒适椅子和一张齐腰、可移动、有抽屉的换装桌，以便存放尿布、擦巾和其他清洁用品（图9-53）。另外，还需要抽屉柜和橱柜放置孩子的衣物，用架子或大箱子来摆玩具（图9-54）。橱柜的门在设计时应安装上自闭装置，以免在未关闭时，婴儿爬入柜内，如果这时有风吹来把门关上，会造成婴儿窒息。

3）安全问题

婴儿大多数时间喜欢在地上爬行，因此在婴儿的视线中，原本大人觉得安全

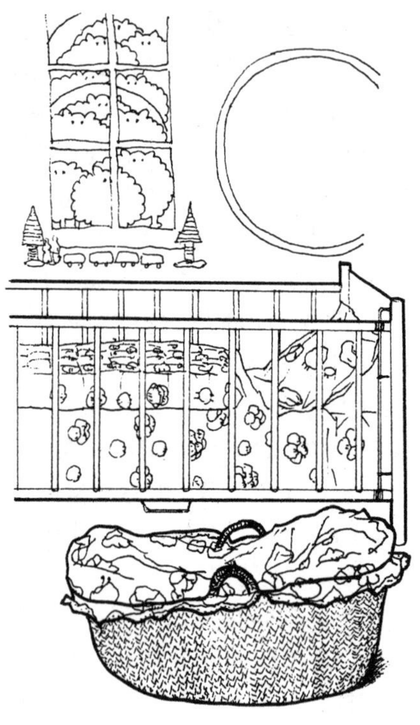

图 9-53 婴儿室的基本家具——婴儿床与换装桌

图 9-54 多用途的婴儿室橱柜

的区域，反而潜藏许多致命危险，必须在设计中重新检查婴儿室及居家摆设的安全性。为避免活蹦乱跳的宝宝碰撞到桌脚、床角等尖锐的地方，应在这些地方加装安全的护套。为安全起见，婴儿室内的所有电源插座，都应该安上防止儿童触摸的罩子，房间内的散热器也要安装防护装置。当婴儿室靠近楼梯、厨房或浴室时，最好在这些空间的出入口置放阻挡婴儿通行的障碍物，以保证他们无法进入这些危险场地。此外，婴儿室窗口要有防护栅栏，以免母亲怀抱婴儿时，婴儿探视窗外不慎跌下。当婴儿会爬时，亦不要将桌椅放在窗下。

4）采光与通风

在设计一个适合婴儿生活的环境时，通风采光良好是婴儿室的必备要件。房间的光线应当柔和，不要让太强烈的灯光或阳光直接刺激婴儿的眼睛，常用的有布帘、卷帘、百叶窗等。另外还须考虑婴儿室内空气的流通以及温湿度的控制，有需要时应安装适当的空气及温度调节设备。尤其对小婴儿来说，其自行调节体温的能力较弱，更应随时注意婴儿室的室温是否符合宝宝的需要，最佳的室温为25～26℃左右，应避免太冷或太热让婴儿感觉不舒服而导致睡不安宁。

5）绿化布置

在婴儿室内放置几株绿色植物，具有绿化、美化的功能，但在摆放之前必须详细了解植物有无毒性，且需勤加换水、照顾，以免滋生寄生虫。

9.3.3.2 幼儿的室内空间设计

（1）幼儿的特点和特征

1）生理特点

三岁以后的孩子就开始进入幼儿期了，他们的身体各部分器官发育非常迅速，肌体代谢旺盛，消耗较多，需要大量的新鲜空气和阳光，这些对幼儿血液循环、呼吸、新陈代谢都是必不可少的。

2）空间感受特点

幼儿对安全的需要是首位的，当他们所处的环境混乱、无秩序时就会感到不安。幼儿的安全感不仅形成于成人给予的温暖、照顾和支持，更形成于明确的空间秩序和空间行为限制。安全的环境对于幼儿来说是一种有序的、有行为界限的环境。幼儿还有着对领域空间的要求，即要求个人不受干扰、不妨碍自己的独处和私密性，他们不喜欢别人动他的东西，喜欢可以轻松、随意活动的空间。

此外，设计实践还表明层高对幼儿的心理有重要影响。对于幼儿来说，真正的亲切感仅有1200mm高。他们更喜欢那些能把成人排斥在外的小空间，钻进成人进不去的角落或洞穴般的空间里玩耍是幼儿共同的癖好。小尺度、多选择和富于变化的空间环境更符合幼儿兴趣转移快的特点，能增强他们的好奇心和游戏的趣味。他们力图为自己和伙伴找到或创造一个特殊的地方，发掘出一个具有儿童尺度的小天地。

3）行为特征

幼儿处在发育的早期，这个阶段是感觉活动与智力形成相关联的时期，周围能接触到的环境对他们的认知和情感开发有重要作用。他们需要较大的空间发挥他们天马行空的奇思妙想，让他们探索周围的小小世界。房间里最好充满各种足以让孩子探索、发挥想象力的设计，比如双层床铺，安一个滑梯；床脚旁加个帐篷，让孩子玩捉迷藏；墙壁上可以布置活动式的几何色块或简单的连续图案，增加孩子认识周围环境的机会。如果条件允许，最好将他们的卧室和游戏室分开，幼儿爱玩的天性，决定了他们很难静下心来学习和休息。告别婴儿期的小孩，既需要有一个安静、舒适的学习环境，更需要有一个自由自在的游戏天地。

（2）幼儿卧室空间的设计

1）位置

为方便照顾并在发生状况时能就近处理，幼儿的房间最好能紧邻主卧室。最好不要位于楼上，以避免刚学会走路的幼儿在楼梯间爬上爬下而发生意外。

2）家具设计

幼儿卧室的家具应考虑使用的安全和方便，家具的高低要适合幼儿的身高，摆放要平稳坚固，并尽量靠墙壁摆放，以扩大活动空间。尺寸按比例缩小的家具、伸手可及的搁物架和茶几能给他们控制一切的感觉，满足他们模仿成人世界的欲望。由于幼儿有各种不同的玩具要经常拿进拿出，他们还喜欢把自己最喜爱的玩具展示出来，所以家具既要有良好的收纳功能又要有一定的展示功能，并可以随意搬动，以适应孩子成长所需（图 9-55）。

总之，幼儿家具应以组合式、多功能、趣味性为特色，讲究功能布局，造型要不拘常规。例如，床的选择，除考虑实用功能外，还应兼顾趣味性，比如做个小滑梯或小爬梯（图 9-56）。设计不要太复杂，应以容易调整、变化为指导思想，为孩子营造一个有利于身心健康的空间。

图 9-55 满足幼儿尺度的家具

图 9-56 幼儿卧室内的趣味性设计

3）安全问题

出于对幼儿安全的考虑，幼儿的床不可以紧邻窗户，以免发生意外。床最好靠墙摆放，既可给孩子心理上的安全感，又能防止幼儿摔下床。当孩子会走后，为避免他到处碰伤，桌角及橱角等尖锐的地方应采用圆角的设计。除此之外，最好所有家具的棱边都贴上安全护套或海绵，以保障幼儿的安全。为防止幼儿使劲地拉出橱柜的抽屉，从而不小心被砸伤，在设计橱柜时要采用可锁定抽屉拉出深度的安全装置。

4）采光与通风

幼儿大部分活动时间都在房里，看图画书、玩玩具或做游戏等，因此孩子的房间一定要选择朝南向阳的房间。新鲜的空气、充足的阳光以及适宜的室温，对孩子的身心健康大有帮助。

5）启迪性设计

孩子都爱幻想、有理想，设计时不妨针对每个孩子的不同特点，给他们创造一个想象的空间、一座满足兴趣的乐园。学钢琴的孩子，钢琴前的布娃娃宛如听众在欣赏，使孩子的兴致更高。粉红色的窗帘就像舞台的前幕，为孩子揭开音乐生命的第一章。爱读书的孩子，天花板模拟宇宙太空的自然形态，光线通过吊顶造型的遮挡呈现放射状散落下来，千丝万缕似阳光普照，整个空间充满了想象的意味，吻合了常常看科幻小说的孩子的性格。想远航的孩子，靠床的整个壁面用蓝底墙纸做成水波纹样，夹板锯成太阳、月亮图案，暗喻在波涛汹涌的海面上，一轮红日与一钩

图 9-57 活泼有趣的幼儿游戏室

弯月交替升起。这一幅蓝天碧海、近帆远影的图画，怎能不让小水手雀跃呢？

（3）幼儿游戏室的设计

爱玩是孩子的天性，对孩子活动的兴趣和爱好要因势利导，尤其对学龄前的幼儿来说，玩要的地方是生活中不能缺少的部分。游戏室的设计主要强调启发性，用以启发幼儿的思维，所以其空间设计必须具有启发性，让他们能在空间中自由活动、游戏、学习，培养其丰富的想象力和创造力，让幼儿充分发展他们的天性（图9-57）。

（4）玩具储藏空间的设计

玩具在幼儿生活中扮演了极重要的角色，玩具储藏空间的设计也颇有讲究。设计一个开放式的位置较低的架子、大筐或在房间的一面墙上制作一个类似书架的大格子，可便于孩子随手拿到；而将属性不同的玩具放入不同的空间，亦便于家长整理。经过精心设计的储藏箱不仅有助于玩具分类，更可让整个房间看起来整齐、干净。一些储藏箱除了可存放东西外，还可以当作小座椅使用，可谓相当实用。为安全起见，储藏箱多采用穿孔的设计，以防孩子在玩要时，躲进里面而造成窒息的危险。

（5）幼儿园室内空间的设计

设计师应该“用孩子的眼光”、用“童心”去设计幼儿园室内空间，创造舒适、有趣，为幼儿所喜爱的内部空间。设计中宜使用幼儿熟悉的形式，采用幼儿适宜的尺度，根据幼儿好奇、兴趣不稳定等心理，对设计元素进行大小、数量、位置的不断变化，加上细部的处理和色彩的变幻，使室内空间生动活泼，使幼儿感到亲切温暖。这里重点介绍活动空间与储藏空间的室内设计。

1）活动空间的设计

游戏是最符合幼儿心理特点、认知水平和活动能力，最能有效地满足幼儿需要，促进幼儿发展的活动。幼儿兴趣变化快，不能安静地坐着，这样的身心特点使他们不可能像小学生那样主要通过课堂书本知识的学习来获得发展，而只能通过积极主动地与人交往、动手操作物体、实际接触环境中的各种事物和现象等等，去体验、观察、发现、思考、积累和整理自己的经验。因此，幼儿园室内空间设计最重要的就是要塑造有趣而富有变化的活动空间，让幼儿在游戏中学习和成长（图9-58）。

幼儿充满了对世界的好奇和对父母的依恋，他们比成人更需要体贴和温暖，需要关怀和尊重。“家”对于幼儿来说，意味着安全感和依恋，家充满了亲切愉快、和谐轻松的气氛。因此，活动空间应力图建成“幼儿之家”，通过室内环境的设计，创造一种轻松的、活泼的、富有生活气息的环境气氛，增加环境的亲和力。从墙壁、天花吊顶到家具设备都成为充满家庭气氛与趣味、色彩丰富的室内空间元素，使空间显得更加亲切、愉快、活泼与自由。

在对自己活动空间的限定上，即使是年幼的孩子，也具有很活跃的想象力。幼儿总是尽力凭想象来布置他们的活动空间，他们会移开家具、重新放置坐垫、用床单把房间隔开，还会把线绳绕在门和家具的把手上隔开空间，会搜索空纸箱

图9-58 寓教育于游戏中的设计

之类的东西作为房间的家具、隔断。他们总是在为想入非非的游戏制作背景，创作他们想象中的形式和尺度（图9-59）。

图9-59 儿童在游戏中的创造性

2）储藏空间的设计

幼儿园内的储藏空间主要包括玩具储藏、衣帽储藏、教具储藏与图书储藏空间。

由于幼儿的游戏自由度、随意性较大，因而需要为幼儿精心设计一些玩具储藏空间，使幼儿可以根据意愿和需要，自由选择玩具，灵活使用玩具，同时根据自己的能力水平、兴趣

爱好选择不同的游戏内容。无论是独立式还是组合式玩具柜，都要便于儿童直接取用，高度不宜大于1200mm，深度不宜超过300mm（幼儿前臂加手长），出于安全考虑，不允许采用玻璃门。

衣帽柜的尺寸应符合幼儿和教师使用要求，并方便存取。可以是独立式的，也可以是组合式的，高度不超过1800mm，其中1200mm以下的部分能满足幼儿的使用要求，1200mm以上的部分则由老师存取。

教具柜是供存放教具和幼儿作业用的，其高度不宜大于1800mm，上部可供教师用，下部则便于幼儿自取。图书储藏空间供放置幼儿书籍，以开敞式为主，图书架的高度为满足幼儿取阅的方便，高度不宜大于1200mm。

9.3.3.3 小学儿童的室内空间设计

（1）小学儿童的特点和行为特征

童年期从6岁到12岁左右，这一段时期包括了儿童的整个小学阶段。与幼儿时期具体形象思维不同，小学儿童的思维同时具有具体形象的成分和抽象概括的成分，整个童年期是从以具体形象性思维为主要形式逐步过渡到以抽象逻辑思维为主要形式的时期。这个时期的儿童喜欢把学校里的作品或和同学们交换来的东西，带回家装饰房间，对房间的布置也有自己的主张、看法。这时候孩子的房间不单是自己活动、做功课的地方，最好还可以用来接待同学共同学习和玩耍。简单、平面的连续图案已无法满足他们的需求，特殊造型的立体家具会受到他们的喜爱。

（2）儿童居室的设计

让儿童拥有自己的房间，将有助于培养他们的独立生活能力。专家认为，儿童一旦拥有自己的房间，他会对家更有归属感，更有自我意识，空间的划分使儿童更自立。

在儿童房的设计中由于每个小孩的个性、喜好有所不同，对房间的摆设要求也会各有差异。因此，在设计时应了解其喜好与需求，并让孩子共同参加设计、布置自己的房间。同时也要根据不同孩子的性格特征加以引导，比如，好动的孩子的房间最好尽量简洁、柔和，性格偏内向的孩子的房间则要活泼一些等（图9-60）。

图9-60 儿童房内景

（3）教室的室内空间设计

教室的室内空间在少年儿童心中是学习生活的一种有形象征，设计要体现活泼轻快但又不轻浮，端庄稳重却又不呆板，丰富多变却又不杂乱的整体效果。这一阶段的儿童思维发展迅速，因此教室不仅要有各种空间供儿童游戏，更需要有一个庄重宁静的空间让儿童安静地思考、探索，发展他们的思维（图9-61）。

图 9-61 空间划分合理的小学教室

9.3.4 儿童室内的细部设计

9.3.4.1 安全性

由于儿童生性活泼好动、富于想象、好奇心强，但缺乏一定的生活常识，自我防范意识和自我保护能力都很弱，因此，安全性便成了儿童室内空间设计的首要问题。在设计时，需处处费心，预防他们受到意外伤害。

（1）门

开门、关门有时会有夹手的情况，所以门的构造应安全并方便开启，设计时要做一些防止夹手的处理。为了便于儿童观察门外的情况，可以在门上设置钢化玻璃的观察窗口，其设置的高度，考虑到儿童与成人共同使用需要，以距离地面750mm，高度为1000mm为宜（图9-62）。此外，门的把手过高、门过重都会给儿童带来使用上的不便。我们知道，95%的2岁儿童，摸高可以达到1150mm左右，所以我们通常把门把手安装在900～1000mm的范围内，以保证儿童和成人都能使用方便。

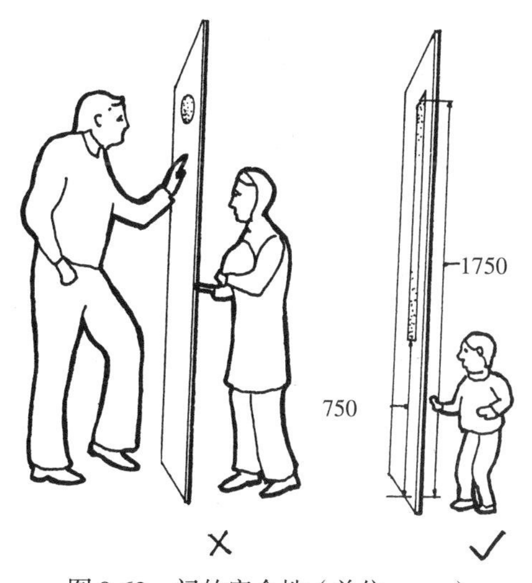

图 9-62 门的安全性（单位：mm）

对于儿童来说，玻璃门的使用要慎重。儿童活泼好动，动作幅度较大，尤其是在游戏中更容易忽略身边存在的危险，常常会发生摔倒、碰撞在玻璃门上的事故，并带来伤害，所以在儿童的生活空间里，应尽量避免使用大面积的易碎玻璃门。

（2）阳台与窗

由于儿童的身体重心偏高，所以很容易从窗台、阳台上翻身掉下去。因此在儿童居室的选择上，应选择不带阳台的居室，或在阳台上设置高度不小于1200mm的栏杆，同时栏杆还应做成儿童不便攀爬的形式。窗的设置首先应满足室内有充足的采光、通风要求，同时，为保证儿童视线不被遮挡，避免产生封闭感，窗台距地面高度不宜大于700mm。高层住宅在窗户上加设高度在600mm以上的栅栏，以防止儿童在玩耍时，把窗帘后面当成躲藏的场所，不慎从窗户跌落。窗下不宜放置家具，卫生间里的浴缸也不要靠窗设置，以免儿童攀援而发生危险（图9-63）。公共建筑内儿童专用空间的窗户1200mm以下宜设固定扇，避免打开时碰伤儿童。

在窗帘的设计上也要特别注意安全。窗帘最好采用儿童够不到的短绳拉帘，长度超过300mm的细绳或延长线，必须卷起绑高，以免婴幼儿不小心绊倒或当作玩具拿来缠绕自己脖子导致窒息。

图9-63　窗的安全性

（3）楼梯

对儿童来说，上下楼梯时需要较低的扶手，一般会尽可能设置高低两层扶手。扶手下面的栏杆柱间隔应保持在80～100mm之间，以防幼儿从栏缝间跌下或头部卡住。

儿童喜欢在楼梯上玩耍，扶手下面的横挡有时会被当作脚蹬，蹬越上去会发生坠楼的危险，故不应采用水平栏杆。儿童使用的公共空间内，不宜有楼梯井，以避免儿童发生坠落事故。此外，楼梯的扶手也不能做成易被儿童当成滑梯的形式（图9-64）。如果楼梯下能够通行的话，儿童在玩耍时通常不容易注意到，会发

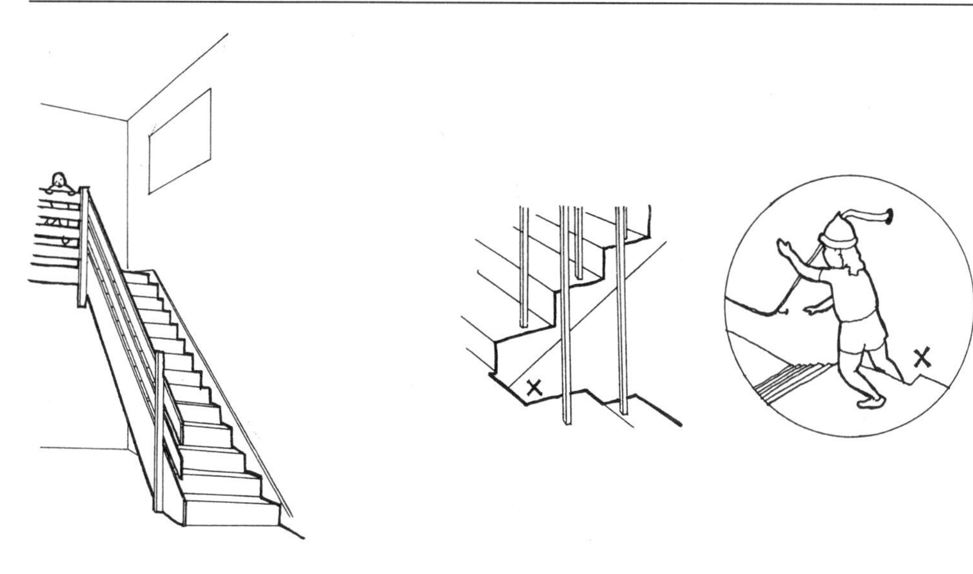

图 9-64 楼梯的安全性

生撞头的事故。为此应在楼梯下附设安全设施，至少也应保持地面到梯段底部之间的高度为 2200mm；在高度不够的梯段下应设置安全栏杆，不让儿童进入。

（4）电器开关和插座

非儿童使用的电源开关、插座以及其他设备要安在儿童不易够到的地方，设置高度宜在 1400mm 以上；近地面的电源插座要隐蔽好，挑选安全插座，即拔下插头，电源孔自动闭合，防止儿童触电；总开关盒中应安装“触电保护器”。

9.3.4.2 色彩的选择

儿童室内空间的环境色彩主要是指对室内墙面、顶面、地面的背景色彩和家具、设施等主体色彩的选择。儿童对色彩特别敏感，环境的颜色对于他们的成长具有深远影响。色彩选择一般以明朗的色彩为主，以明亮、轻松、愉悦为选择方向，创造明快、欢愉、简洁的空间气氛。

儿童的天性活泼天真，对新奇的事物有着强烈的兴趣，对色彩也不例外。儿童喜爱的颜色单纯而鲜明，因为明快、饱和度高的色彩会带给儿童乐观、向上的感觉，让他们能够时常保持一种健康积极的心理。如橙色及黄色能给孩子带来快乐与和谐，有助于培养乐观进取的心理素质，培养坦诚、纯洁、活泼的性格。鲜艳的色彩除了能吸引儿童的目光，还能刺激儿童视觉发育，提高儿童的创造力，训练儿童对色彩的敏锐度。

墙面和家具是儿童室内空间中确定色彩的主要因素，色彩的整体基调应根据儿童的喜好来决定。儿童家具及其他饰物的色彩往往十分丰富，因此墙面的色彩作为整体空间的背景色，不宜太跳跃，应以柔美、雅致的色彩为宜。以免色彩太多产生视觉疲劳，不利于儿童的视力保护。至于大红、橘红等过于艳丽的颜色，最好不要在儿童室内空间中大面积使用，它会让儿童更加兴奋，但可小面积点缀。顶面为增强室内漫射光的反射效果，并使空间不致造成视觉和心理上的压力，宜采用反射系数较高的白色或浅色调。

儿童家具的色彩常作为室内空间的主体色彩，可以根据设计对象的不同个性与喜好进行选择，通过色彩的调节呈现出儿童空间活泼与明快的气息。同时，家具色彩的合理设计，不仅能烘托出空间气氛，创造视觉效果，还能对儿童进行潜移默化的教育，帮助儿童形成良好的生活习惯。如把抽屉漆成红、桔红、粉红、黄、绿等彩色，把物品分类后放入相应的抽屉里，就会给儿童带来便利与兴趣。一方面易于儿童记忆取放，另一方面也锻炼了孩子归纳、整理的能力。

9.3.4.3 界面的处理

由于儿童的活动力强，所以在儿童室内空间的界面处理上，宜采用柔软、自然的材料，如地毯、原木、壁布或塑料等。这些耐用、容易修复、价格适中的材料，既可以为儿童营造舒适的生活环境，也令家长没有安全上的忧虑。

（1）地面

孩子离开摇篮后，地面自然成了他们接触最多的地方。不管为孩子提供什么座椅，他们仍然喜欢在地上爬、躺。地面是他们最自由的空间。在儿童生活的空间里，地面的材质都必须有温暖的触感，并且能够适应孩子从婴幼期到儿童期的成长需要。

儿童室内空间的铺地材料必须能够便于清洁，不能够有凹凸不平的花纹、接缝，因为任何不小心掉入这些凹下去的接缝中的小东西都可能成为孩子潜在的威胁，而这些凹凸花纹及缝隙也容易绊倒蹒跚学步的孩子，所以地面保持光滑平整很重要。大理石、花岗石和水泥地面等由于质地坚硬，易造成婴儿磨伤、撞伤，一般不宜采用；易生尘螨、清洗不便的地毯也不宜作为儿童生活空间的地面装饰材料。对于儿童来说，天然的实木地板是最好的选择（应配以无铅油漆涂饰，并且充分考虑地面的防滑性能），这样的地面易擦洗、透气性好，能极好地调节室内的温度和湿度，而且软硬度适中，能有效地避免儿童因跌倒而摔伤，或在玩耍时摔坏物品。

（2）顶面

根据孩子天真活泼的特点，儿童室内空间内可以考虑做一些造形吊顶，比如创造星星、月亮的吊顶造形等，让孩子拥有一片属于自己的梦幻天空。顶面材料可选用石膏板，因为石膏板有吸潮功能、保暖性好，能起到一定的调节屋内湿度的作用。

（3）墙面

好奇和好动是儿童的天性，为了避免幼儿抠、挖、损坏墙面，所选用的材料应坚固、耐久、无光泽、易擦洗。幼儿喜欢在墙面随意涂鸦，可以在其活动区域的墙面上挂一块白板或软木板，让孩子有一处可随性涂鸦、自由张贴的天地。孩子的照片、美术作品或手工作品，也可利用展示板或在墙角的一隅加个层板架摆设，既满足孩子的成就感，也达到了趣味展示的作用。因此，在设计时应预留墙面的展示空间，充分发掘儿童的想象力和创造力（图9-65）。对于儿童室内空间来说，可清洗的涂料和墙纸是最适合的材料，最好选用一些高档环保涂料，颜色鲜艳，无毒无害，可擦洗，而且容易改装。

9.3.4.4 室内家具

图 9-65 留有展示作品和启发儿童创造力的墙面布置

设计科学合理的家具，有利于儿童身心健康成长，是保证儿童室内空间不断“成长”的最为经济、有效的办法（图 9-65）。

（1）床

1）婴儿床

婴儿床要牢固、稳定，四周要有床栏，其高度应达到孩子身高的 2/3 以上。栏杆之间的空隙不超过 60mm，并在床的两侧放置护垫，以避免婴儿不慎翻落床外或身体卡进床栏中。床栏上应有固定的插销，安置在婴儿手伸不到之处。床架的接缝处应设计为圆角，以免刺伤婴儿。床的涂料必须无铅、无毒且不易脱落，不会使婴儿在啃咬时中毒。

2）儿童床

图 9-66 床铺结合书桌的设计合理利用了空间

儿童床的尺寸应采用大人床的尺寸，即长度要满足 2000mm，宽度则不宜小于 1200mm。儿童使用的床垫宜设计成较硬的结构，或者干脆使用硬板，这对孩子的背骨发育有好处。床的形式根据居室的大小有不同的设计，不同的组合方式占据的空间大小就不一样。如将床做在上面，下面做书桌，或将床下面做成衣柜，既可以节省空间，又能扩大儿童居室的活动区域（图 9-66）。如果两人共享一间，不要采用单纯的双层床铺，可以适当变化，图 9-67 就是几种布置的方案。另外亦可采用 L 形的布置，不但下面的空间可用来收藏，更能带来灵活多变的创作空间，还可避免下铺的压抑感。

（2）书桌和椅子

对于幼儿来说，家具要轻巧，便于他们搬动，尤其是椅子。为适应幼儿的体力，椅子的重量应小于幼儿体重的 1/10，约 1.5 ~ 2kg。

儿童桌椅的设计以简单为好，高度与大小应根据儿童的人体尺度、使用特点及不同年龄儿童的正确坐姿等确定所需尺寸。除了根据实际的使用情况度身定制外，

图 9-67 两个孩子共用卧室时的解决方案

使用高度可调节的桌椅也是一个经济实用且有利于儿童健康的选择。使用时将椅子调整到脚刚好可以踩到地上的高度，书桌则配合手肘的高度来调整，这样可以让儿童保持端正健康的姿态，有益健康。另一方面因为儿童成长的速度较快，使用可调节式的家具可以配合儿童急速变化的高度，延长家具的使用时间，节约费用。

（3）储物柜

储物柜的高度应适合孩子身高。沉重的大抽屉不适合孩子使用，最好选用轻巧便捷的浅抽屉柜（参阅储藏空间设计的有关内容）。

（4）挂衣钩

儿童居室内利用空间一隅设置挂衣钩，上部还可以设隔板，不仅可存放帽子、手套和挂衣物，还可以帮助儿童从小养成良好的生活习惯。挂衣钩的高度在1000～1200mm之间为宜，形式多样，可以结合儿童喜爱的卡通形式，配以鲜明的色彩，既实用又美观（图 9-68）。

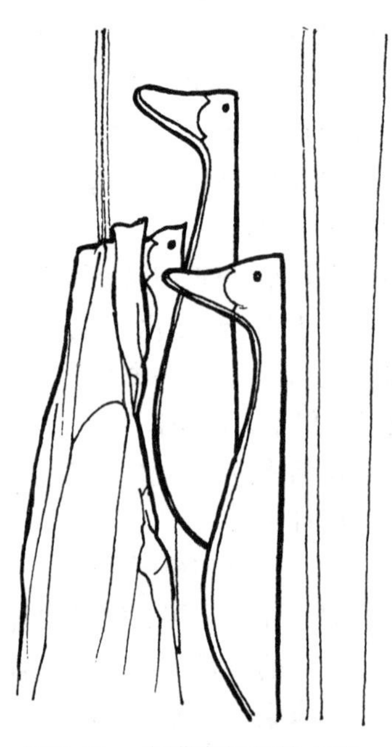

图 9-68 充满童趣的挂衣钩

（5）家具的安全性

家具作为儿童居室中不可缺少的硬件，必须充分考虑其安全性。为了保证儿童的安全，家具的外形应无尖棱、锐角，边角最好修成触感较好的圆角，以免儿童在活动中碰撞受伤。

家具材料以实木、塑料为好，玻璃、镜面不宜用在儿童家具上。尽量不要选用有尖锐棱角的金属家具和胶合板类家具，以免锋利的角划伤儿童细嫩的皮肤，而且胶合板所散发的气味对孩子的呼吸道和眼睛有伤害，应该多选用实木家具。

儿童家具的结构要力求简单、牢固、稳定。儿童好奇、好动，家具很可能成为儿童玩耍的对象，组装式家具中的螺栓、螺钉要接合牢靠，以防止儿童自己动手拆装。折叠桌、椅或运动器械上应设置保护装置，以避免儿童在搬动、碰撞时出现夹伤。有些发达国家就要求折叠桌、椅必须有保险绳或锁紧开关以资保护。

9.3.4.5 室内软装饰

为了使儿童居室与家具更好地适应儿童成长的需要，可以通过变换居室内织物与装饰品的方法，使居室和家具变得历久常新。织物的色泽要鲜明、亮丽，装饰图案应以儿童喜爱的动物图案、卡通形象、动感曲线图案等为主，以适应儿童活泼的天性，创造具有儿童特色的个性空间。形形色色的鲜艳色彩和生动活泼的布艺，会使儿童居室充满特色。由于儿童的想象力丰富，各种不同的颜色正可以刺激儿童的视觉神经，而千变万化的图案，则可满足儿童对整个世界的想象，这些可以说是儿童成长中不可缺少的重要环节（图 9-69）。

图 9-69　色彩斑斓的软装饰

儿童使用的床单、被褥以天然材料棉织品、毛织品为宜，这类织物对儿童的健康较为有益，而化纤产品，尤其是毛多、易掉毛的产品，会使儿童因吸入较多的化纤、细毛而导致咳嗽或过敏性鼻炎。

9.3.4.6 灯光的处理

（1）婴儿室的特殊照明

设计婴儿室时要格外注意夜间照明的问题。由于婴儿容易在夜间哭闹，家长们常需在两间房间中奔波，所以照明设计相当重要。房间内最好具备直接式与间接式光源，父母可依其需要打开适合的灯光，婴儿也不会因灯光太强或太弱而感到不舒服。例如：为避免婴幼儿在夜间醒来时，因处于漆黑的房间中而惊吓，可以在夜间睡觉时打开光线微弱的间接式光源；帮宝宝换尿布时则可打开直接式光源。

（2）儿童房的照明

儿童房内应有充足的照明。合适且充足的照明，能让房间温暖、有安全感，有助于消除儿童独处时的恐惧感。除整体照明之外，床头须置一盏亮度足够的灯，以满足大一点的孩子在入睡前翻阅读物的需求；同时备一盏低照度、夜间长明的灯，防止孩子起夜时撞倒；在书桌前则必需有一个足够亮的光源，这样会有益于孩子游戏、阅读、画画或其他劳作。此外，正确地选用灯具及光源，对儿童的视力健康十分重要。如接近自然光的白炽灯、黄色日光灯比银色日光灯好，可调节光亮度、角度、高低的灯具也大大方便了使用，可根据不同的需要加以调节。一些象

图 9-70 精心的照明设计

形的壁灯、台灯，还能巧妙地表现孩子的性格特点，同时激发他们的想象力（图 9-70）。

（3）学习区域的照明

学习区域的照明尤其要注意整体照明与局部照明的合理设计。人的眼睛不只注视桌上，也会看四周，所以明暗的差别不能太大。虽然眼睛和相机的镜头一样可以适应明暗，但若明暗差异太大，眼睛容易疲劳，无法正常运作。通常学习区域的整体照明强度在 100lx 以上，最理想则在 200lx 以上。桌面台灯的亮度小学到中学需要300lx以上，高中到大学因为文字较小，故需要500lx以上。用室内整体的照明来取得这种亮度是很不经济的，所以应采用局部重点照明来进行补充。如果台灯的亮度有 300lx，整体照明有 100lx，那么桌上的亮度就有 400lx，可以为学习提供一个良好的照明环境。学习用的台灯最好灯罩内层为白色，外层是绿色，这样可以较好地解决照明与视力之间的矛盾。

9.3.4.7 儿童室内生活环境的绿色设计

室内装饰中的许多物品会产生化学污染，这将严重危害身体尚未发育成熟、各组织器官十分娇嫩的儿童的健康。由于孩子有将东西放入嘴里的习惯，有些儿童还可能舔墙壁或地面，所以建材无毒是非常重要的。无论是墙面、顶面还是地面，都应采用无毒、无味的材料，减少有机溶剂中有害物质对儿童的危害，减少儿童受建材污染危害的可能性。这些是室内设计师在设计伊始就必须加以重视并严格遵循的基本准则。

提倡儿童室内生活环境的绿色设计，正是为了能给儿童提供一个环保、节能、安全、健康、方便、舒适的室内生活空间，从室内布局、空间尺度、装饰材料、照明条件、色彩搭配等都以满足儿童居住者生理、心理、卫生等方面的要求为目标，并且能充分利用能源、极大减少污染。绿色设计涉及的内容很多，与儿童的生活息息相关，因此必须引起足够的重视，更需要室内设计师进行不断的探索与追求，为儿童创造优质的、可持续发展的绿色生活环境。

本章小结

室内设计的“以人为本”就是要满足真实、具体的使用者的切身需要，对老人、儿童、残疾人这样的特殊人群更应如此。应该努力做到自设计伊始，便着眼于整体，做好充分的预期与规划，并在设计过程中认真考虑每一个细部，将对他们的关心体现在每个细节之中。

应该充分认识“无障碍设计”在现代社会生活中的重要意义，将“无障碍设计”的理念深入、细致地贯彻下去，使其成为日常生活中不可或缺的环境要素。过去，许多人总是对“无障碍设计”存有偏见，认为其服务对象仅仅是某一部分特殊人群，而与大多数人的实际生活相去甚远，因此“无障碍设计”长期以来始终没有得到应有的重视。其实，这样的理解是完全片面和错误的。每个人一生中都将经历不同的生命阶段，无论是处于婴儿期的人们、还是因为一时的原因出现暂时行动障碍的人们、抑或是步入老年的人们，都需要环境能给予充分的支持，以保证在任何时候、任何人都能生活在一个安全与舒适的环境之中，得到环境与社会的尊重，并享有各自在生存权上的平等。只有这样，才能保证社会的和谐与可持续发展。

10 当代室内设计的发展趋势

当代室内设计的发展可谓流派众多、百花齐放、百家争鸣，但从总体来看，大体上表现出以下几种主要倾向。这些倾向不但反映出室内设计的发展趋势，而且对于当今的室内设计具有指导借鉴作用。

10.1 可持续发展的趋势

“可持续发展”（sustainable development）的概念形成于20世纪80年代后期，1987年在名为《我们共同的未来》(Our Common Future)的联合国文件中被正式提出。尽管关于“可持续发展”概念有诸多不同的解释，但大部分学者都承认《我们共同的未来》一书中的解释，即：“可持续发展是指应该在不牺牲未来几代人需要的情况下，满足我们这代人的需要的发展。这种发展模式是不同于传统发展战略的新模式。”文件进一步指出：“当今世界存在的能源危机、环境危机等都不是孤立发生的，而是由以往的发展模式造成的。要想解决人类面临的各种危机，只有实施可持续发展的战略。”

具体来说，“可持续发展”首先强调发展，强调把社会、经济、环境等各项指标综合起来评价发展的质量，而不是仅仅把经济发展作为衡量指标。同时亦强调建立和推行一种新型的生产和消费方式。无论在生活上还是消费上，都应当尽可能有效地利用可再生资源，少排放废气、废水、废渣，尽量改变那种靠高消耗、高投入来刺激经济增长的模式。

图10-1 人类应该与大自然和睦共处

其次，可持续发展强调经济发展必须与环境保护相结合，做到对不可再生资源的合理开发与节约使用，做到可再生资源的持续利用，实现眼前利益与长远利益的统一，为子孙后代留下发展的空间。

此外，可持续发展还提倡人类应当学会尊重自然、爱护自然，把自己作为自然中的一员，与自然界和谐相处。彻底改变那种认为自然界是可以任意剥夺和利用的对象的错误观点，应该把自然作为人类发展的基础和生命的源泉（图10-1）。

实现可持续发展，涉及人类文明的各个方面。建筑是人类文明的重要组成部分，建筑物及其内部环境不但与人类的日常生活有着十分密切的关系，而且又是耗能大户，消耗着全球总能耗的50%以及大量的钢材、木材和金属。因此如何在建筑及其内部环境设计中贯彻可持续发展的原则就成为十分迫切的任务。1993年6月的第18次世界建筑师大会就号召全世界的建筑师要“把环境与社会的持久性列为我们职业实践及责任的核心”。由此可见，维护世界的可持续发展正是当代设计师义不容辞的责任。

在建筑设计和室内设计中体现可持续发展原则是崭新的思想，国内外都处在不断探索之中。简要说来，主要表现为“双健康原则”和“3R 原则”。

所谓“双健康原则”就是指：既要重视人的健康，又要重视保持自然的健康。设计师在设计中，应该广泛采用绿色材料，保障人体健康；同时要注意与自然的和谐，减少对自然的破坏，保持自然的健康。

所谓“3R 原则”，就是指：减小各种不良影响的原则、再利用的原则和循环利用的原则（Reduce，Reuse，Recycle）。希望通过这些原则的运用，实现减少对自然的破坏、节约能源资源、减少浪费的目标。

目前国内外都尝试在设计中运用“可持续发展”的原理，位于墨西哥科特斯海边（Sea of Cortez)南贝佳（Baja)半岛的卡梅诺住宅（Camino Con Corazon)就是一例。这一地区气候干热，阳光充足，偶有飙风和暴雨。业主期望设计一栋不同寻常的住宅，朝向海景，同时可以尽量利用自然通风，不用空调降温。为了实现上述目标，建筑师在设计中十分注意利用自然通风和采用降温隔热的措施（图10-2 ~ 图 10-7)。

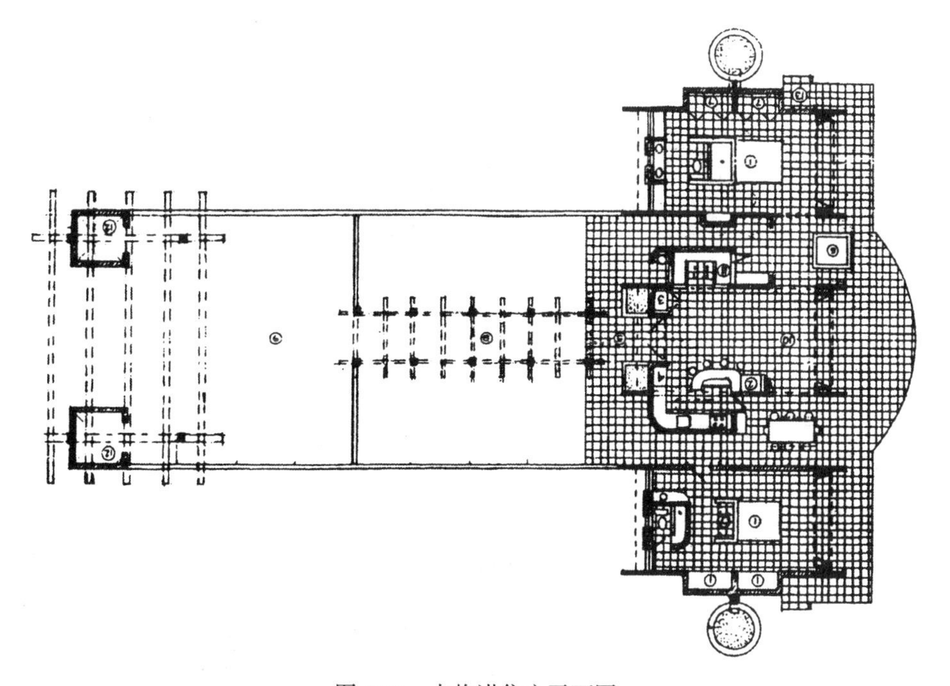

图 10-2　卡梅诺住宅平面图

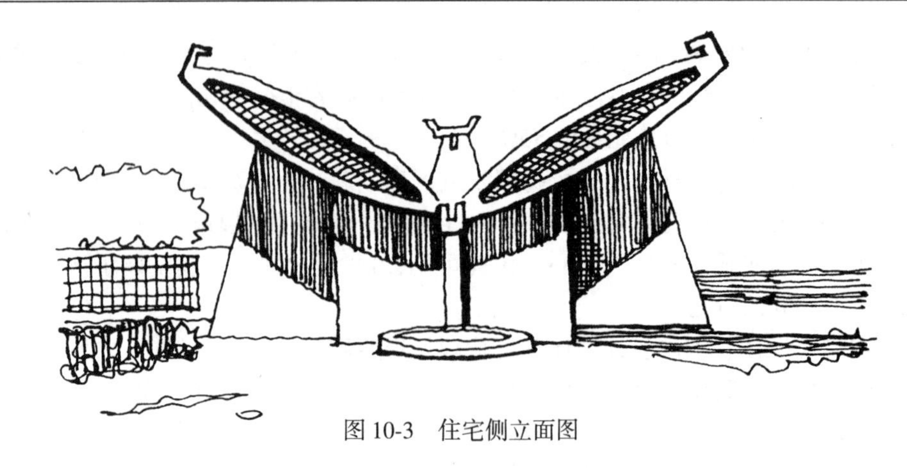

图 10-3 住宅侧立面图

图 10-4 住宅侧向外观图

图 10-5 住宅背立面图

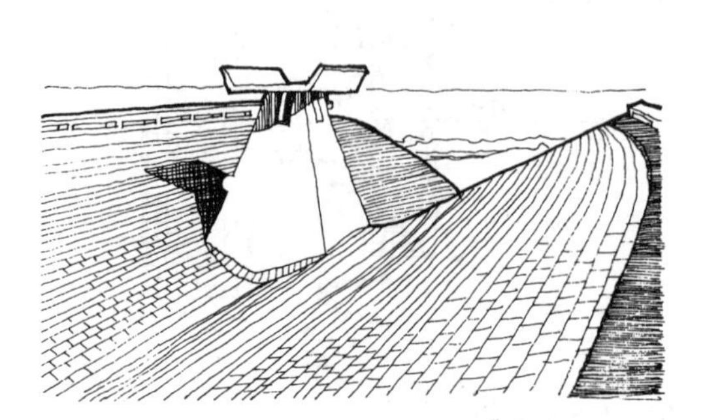

图 10-6 屋顶的通风塔

图 10-7 通透的内部空间

在炎热地区设计住宅，隔热措施十分重要，设计师对住宅的屋顶设计进行了大胆的尝试，取得了较好的效果。设计师采用了一个鱼腹式桁架系统，然后覆以钢筋混凝土板。下侧桁架弦杆采用板条和水泥抹灰，形成一个可自然循环的双层通风屋顶。空气通过屋顶两头的网格进入，从女儿墙内的出口和屋顶中心的烟囱流出。中空部分可以隔热，侧面用网格封口，既可使空气通过，又可防止鸟儿在内部筑巢。这样形成的屋顶一方面解决了通风、降温问题，同时也是很好的艺术构件，形成了独特的外观效果，达到了艺术与功能的统一。

为了尽可能地利用自然通风，建筑师在空间处理上亦作了不少努力。整幢住宅分三部分：会客、起居娱乐、主人卧室。这三部分均可向海边、阳光和风道开门，只需打开折叠式桃花芯木门和玻璃门，就可使整栋建筑变成一个带顶的门廊。

住宅的三个部分之间以活动隔门间隔，天气热时可以打开隔门通风，凉时或使用需要时可以关上，形成独立的空间，使用十分方便灵活。为了强化通风效果，建筑围墙、前门也均为网格形式，利于海风通过，又能形成美丽的光影效果。

在卡梅诺住宅设计中，设计师还考虑到屋顶雨水的收集问题。两片向上翘起的屋顶十分有利于收集雨水，屋顶两端还设置了跌水装置，可以让雨水落到地面的水池中，实现雨水的循环使用和重复使用。

创作符合可持续发展原理的建筑及其内部环境是目前设计界的一种趋势，是人类在面临生存危机情况下所作出的一种反映与探索。卡梅诺住宅就是在这方面进行较为全面尝试的范例，其经验对于我们来说具有很好的借鉴意义。事实上，在我国的大量传统建筑中亦有不少符合可持续发展理论的佳例，西北地区的大量窑洞建筑就是佳例。

如今，我国正在进行大规模的建设活动，建筑装饰行业的规模很大，然而我们也同时面临着能源紧缺、资源不足、污染严重、基础设施滞后等一系列问题，发展与环境的矛盾日益突出。因此，作为一名室内设计师，完全有必要全面贯彻可持续发展的思想，借鉴人类历史上的一切优秀成果，用自己的精美设计为人类的明天作出贡献。

10.2 以人为本的趋势

突出人的价值和人的重要性并不是当代才有，在历史上早已存在。据考古研究，我国殷商甲骨文中就有“中商”、“东土”、“南土”、“西土”、“北土”之说，可见当时殷人是以自我本土为“中”，然而再确定东、南、西、北诸方向的。这种以自我为中心、然后向四面八方伸展开去的思想，充分显示出人对自我力量的崇信，象征着人的尊严，正所谓“天地合气，命之曰人”(《素问·宝命全形》)。由于人在长期的进化中，形成了高度发达的大脑，所以“天复地载，万物悉备，莫贵于人”(《素问·宝命全形》)，“水火有气而无生，草木有生而无知，禽兽有知而无义，人有气有生有知有义，故最为天下贵也”(《荀子·王制》)。可见在我国很早就认识到人的价值，认识到人的作用。

16世纪欧洲文艺复兴运动，也提倡人的尊严和以人为中心的世界观。文艺复兴运动的思想基础是“人文主义”，即从资产阶级的利益出发，反对中世纪的禁欲主义和教会统治一切的宗教观，突出资产阶级的尊重人和以人为中心的世界观。在建筑活动方面，世俗建筑取代宗教建筑而成为当时主要的建筑活动，府邸、市政厅、行会、广场、钟塔等层出不穷，供统治者享乐的宫廷建筑也大大发展。总之，与人有关、而不是与神有关的建筑在这时得到了很大的发展。

近几十年来，在建筑设计以及室内设计中强调突出人的需要，为人服务的设计师也屡见不鲜，例如芬兰的阿尔托（Alvar Aalto）曾在一次讲座中说：“在过去十年中，‘现代建筑’的所谓功能主要是从技术的角度来考虑的，它所强调的主要是建造的经济性。这种强调当然是合乎需要的，因为要为人类建造好的房舍同满足人类其他需要相比一直是昂贵的……假如建筑可以按部就班地进行，即先从经济和技术开始，然后再满足其他较为复杂的人情要求的话，那么，纯粹是技术的功能主义，是可以被接受的；但这种可能性并不存在。建筑不仅要满足人们的一切活动，它的形成也必须是各方面同时并进的……错误不在于‘现代建筑’的最初或上一阶段的合理化，而在于合理化的不够深入……现代建筑的最新课题是要使合理的方法突破技术范畴而进入人情与心理的领域。”在这里，阿尔托既肯定了建筑必须讲经济，又批评了只讲经济而不讲人情的“技术的功能主义”，提倡设计应该同时综合解决人们的生活功能和心理感情需要。这种突出以人为主的设计观在当今室内设计领域中尤其受到人们的重视。人一生中的大部分时间都在室内度过，室内环境直接影响到人的工作与生活，因此更需要在设计中突出“以人为本”的思想。

在室内设计中，首先应该重视的是使用功能的要求，其次就是创造理想的物理环境，在通风、制冷、采暖、照明等方面进行仔细的探讨，然后还应该注意到安全、卫生等因素。在满足了这些要求之外，还应进一步注意到人们的心理情感需要，这是在设计中更难解决也更富挑战性的内容。阿尔托在这方面的尝试与探索是很值得借鉴的。他擅长在室内设计中运用木材，使人有温暖感；即使在钢筋混凝土柱身上也常缠几圈藤条以消除水泥的冰冷感；为了使机器生产的门把手不致有生硬感，还将门把手造成像人手捏出来的样子那样。在造型上，他喜欢运用曲线和波浪形；在空间组织上，主张有层次、有变化，而不是一目了然；在尺度上，强调人体尺度，反对不合人情的庞大体积。他设计的卡雷住宅就是典型的一例。该住宅的空间互相流通，十分自由，人们的视觉效果在经常发生变化，非常有趣。主要装饰材料是木材，而且尽量显露木材的本色，使人感到十分温暖亲切。整个天花以直线和圆弧描绘出优美自然的弧线，强化了空间的流通，给人以舒展感。室内的木质家具和悠然的绿化又给内部环境增添了几分温馨（图10-8～图10-12）。阿尔托的这些思想与作品不论是在当时，还是在现在，都给人以很大的启迪。突出以人为本的思想，突出强调为人服务的观点，对于室内设计而言，无疑具有永恒的意义。

图 10-8 外观尺度亲切宜人的卡雷住宅

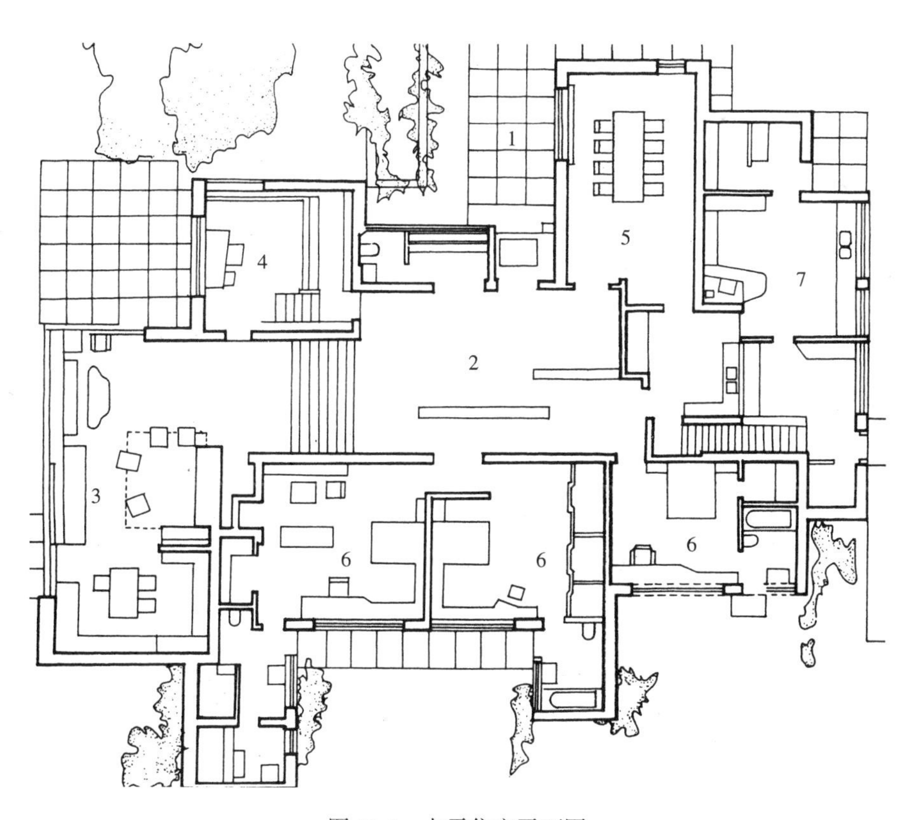

图 10-9 卡雷住宅平面图

1—入口；2—门厅兼画廊；3—起居室；4—书房；5—餐厅；6—卧室；7—厨房

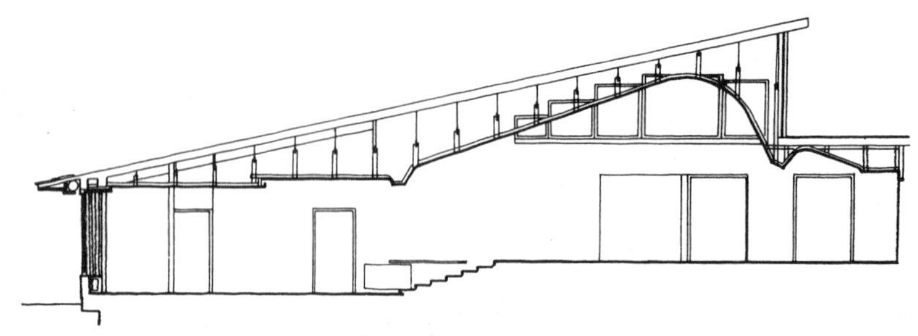

图 10-10 卡雷住宅剖面图——直线和圆弧相结合的吊顶给人以舒展优美的感受

图 10-11 卡雷住宅——从起居室看入口门厅

图 10-12 卡雷住宅的餐厅——悠然的绿化给室内环境增添了温馨

10.3 多元并存的趋势

20世纪60年代以来，西方建筑设计领域与室内设计领域发生了重大变化，现代建筑的机器美学观念不断受到挑战与质疑。人们看到：理性与逻辑推理遭到冷遇，强调功能的原则受到冲击，而多元的取向、多元的价值观、多样的选择正成为一种潮流，人们提出要在多元化的趋势下，重新强调和阐释设计的基本原则，于是各种流派不断涌现，此起彼落，使人有众说纷纭、无所适从之感。有的学者曾对目前流行的观点进行了分析，总结出如下十余对相关因素：

现代	——后现代	|	现实——理想
技术	——文化	|	当代——传统
内部	——外部	|	本国——外国
使用功能	——精神功能	|	共性——个性
客观	——主观	|	自然——人工
理性	——感性	|	群体——个体
逻辑	——模糊	|	实施——构思
限制	——自由	|	粗犷——精细

上述这些互相相对的主张，似乎每一方均有道理，究竟谁是谁非，很难定论。因此学者们提出了“钟摆”理论，指出钟摆只有在左右摆动时，挂钟的指针才能转动，当钟摆停在正中或一侧时，指针就无法转动而造成停滞。

当今的室内设计从整体趋势而言亦是如此，正是在不同理论的互相交流、彼此补充中不断前进，不断发展。当然，就某一单项室内设计而言，则应根据其所处的特定情况而有所侧重、有所选择，其实这也正是使某项室内设计形成自身个性的重要原因。

上述十余对相对因素在室内设计中相当常见，几乎同时于20世纪70年代末建成的奥地利旅行社与美国国家美术馆东馆就是两个在风格上迥然不同的例子。

维也纳奥地利旅行社的室内设计是后现代主义的典型作品，由汉斯·霍莱茵设计。该旅行社的中庭很有情调，天花是拱形的发光顶棚，顶棚顶由一根带有古典趣味的不锈钢柱支撑。钢柱的周围散布着九棵金属制成的棕榈树。顶棚上倾泻而下的阳光加上金属棕榈树的形象很易使人联想到热带海滩的风光，而金属之间的相互映衬，又暗示着这是一种娱乐场所。大厅内还有一座具有印度风格的休息亭，人们坐在那里便可以想起美丽的恒河，可以追溯遥远的东方文明。当从休息亭回头眺望时，会看到一片倾斜的大理石墙面。这片墙蕴含着深刻的含意，它与墙壁相接而渐渐消失，神秘得如同埃及的金字塔。金碧辉煌的钢柱从后古典柱式的残断处挺然升起，体现出古典文明和现代工艺的完美交融。初看上去该设计比较怪异，但仔细品味会发现这是设计师对历史的深刻理解（图10-13～图10-17）。

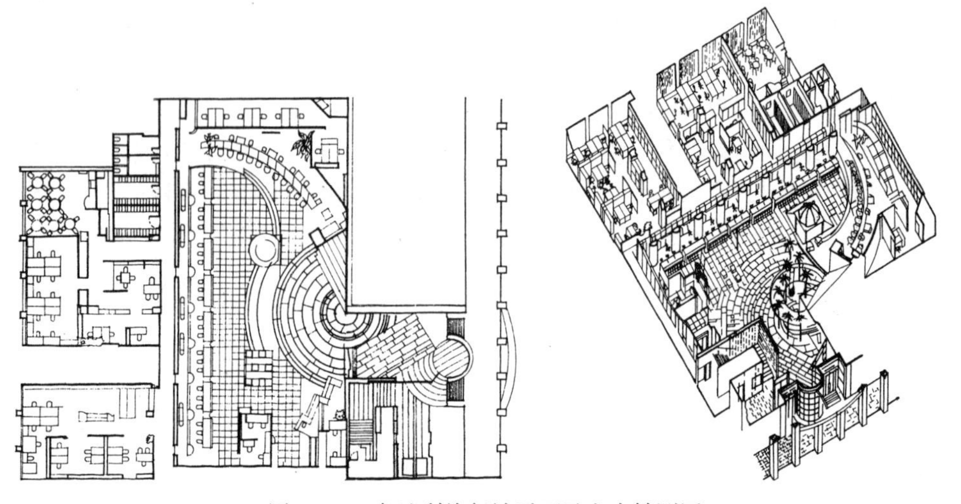

图 10-13　奥地利旅行社平面及室内轴测图

图 10-14　奥地利旅行社大厅咨询台

图 10-15　奥地利旅行社营业厅中的钢柱

图 10-16　奥地利旅行社营业厅中具有印度风格的休息厅

图 10-17　奥地利旅行社营业厅中一系列具有象征意义的细部设计

由贝聿铭先生设计的美国国家美术馆东馆则仍然具有典型的现代主义风格，简洁的外形、反复强调的以三角形为主的基本构图要素、洗练的手法都反映着现代主义的特点（图 3-42、图 4-18、图 5-4），给人以简洁、明快、气度不凡之感。

众多的流派并无绝对正确与谬误之分，它们都有其存在的依据与一定的理由，与其争论谁是谁非，还不如在承认各自相对合理性的前提下，重点探索各种观点的适应条件与范围，这将会对室内设计的发展更有意义。钟摆在其摆动幅度内并无禁区，但每一具体项目则应视条件而有所侧重，室内环境所处的特定时间、环境条件、设计师的个人爱好、业主的喜好与经济状况等因素正是决定设计这个钟摆偏向何方的重要原因，也只有这样，才能达到多元与个性的统一，才能达到“珠联璧合、相得益彰、相映生辉、相辅相成”的境界，才能走向室内设计创作的真正繁荣。

10.4　环境整体性的趋势

“环境”并不是一个新名词，但环境的概念引入设计领域的历史则并不太长。对人类生存的地球而言，可以把环境分成三类，即自然环境、人为环境和半自然半人为环境。对于室内设计师来讲，其工作主要是创造人为环境。当然，这种人为环境中也往往带有不少自然元素，如植物、山石和水体等。如果按照范围的大小来看，又可以把环境分成三个层次，即宏观环境、中观环境和微观环境，它们各自又有着不同的内涵和特点。

宏观环境的范围和规模非常之大，其内容常包括太空、大气、山川森林、平原草地、城镇及乡村等，涉及的设计行业常有：国土规划、区域规划、城市及乡镇规划、风景区规划等。

中观环境常指社区、街坊、建筑物群体及单体、公园、室外环境等，涉及的设计行业主要是：城市设计、建筑设计、室外环境设计、园林设计等。

微观环境一般常指各类建筑物的内部环境，涉及的设计行业常包括：室内设计、工业产品造型设计等。

中观环境和微观环境与人们的生存行为有着密切的关系，其中的微观环境更是如此，绝大多数人在一生中的绝大多数时间都和微观环境发生着最直接最密切的联系，微观环境对人有着举足轻重的影响。然而尽管如此，还是应当认识到微观环境只是大系统中的一个子系统，它和其他子系统存在着互相制约、互相影响、相辅相成的关系。任何一个子系统出了问题，都会影响到环境的质量，因此就必然要求各子系统之间能够互相协调、互相补充、互相促进，达到有机匹配。就微观环境中的室内环境而言，必然会与建筑、公园、城镇等环境发生各种关系，只有充分注意它们之间的有机匹配，才能创造出真正良好的内部环境。据说著名建筑师贝聿铭先生在踏勘香山饭店的基地时，就邀请室内设计师凯勒（D.Keller）先生一起对基地周围的地势、景色、邻近的原有建筑等进行仔细考察，商议设计中的香山饭店与周围自然环境、室内设计间的联系，这一实例充分反映出设计大师强烈的环境整体观。

对于室内设计来讲，当然首先与建筑物存在着很大的关系。室内空间的形状、大小，门窗开启方式，空间与空间之间的联系方式、乃至室内设计的风格等，都与建筑物存在着千丝万缕的联系。当然室内设计的质量也直接影响着建筑物的使用与品味，贝聿铭先生设计的埃弗逊美术馆就是一例（图 10-18 ~ 图 10-20）。埃弗逊美术馆强调的是厚重、浑厚的风格，强调雕塑般的实体感，其内部空间突出的也是这种浑厚的效果，即使展品也是如此。展出的绘画作品讲求黑白关系的对比，尺度巨大，用笔凝重；雕塑则追求厚实、浑圆的效果，总之，该美术馆的微观环境与中观环境已经达到了有机匹配、交相辉映的境界。

其次，室内设计与其周围的自然景观也存在着很大的关系，设计师应该善于从中汲取灵感，以期创造富有特色的内部环境。事实上，室内设计的风格、用色、用材、门窗位置、视觉引导、绿化选择等方面都与自然景观存在着紧密关系。美

图 10-18　埃弗逊美术馆外观

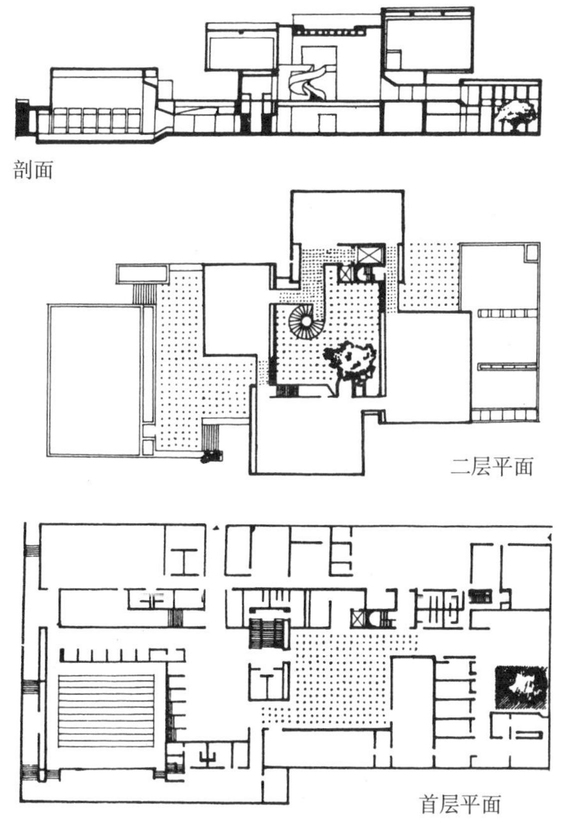

图 10-19 埃弗逊美术馆平面图、剖面图

图 10-20 埃弗逊美术馆中央大展厅内景

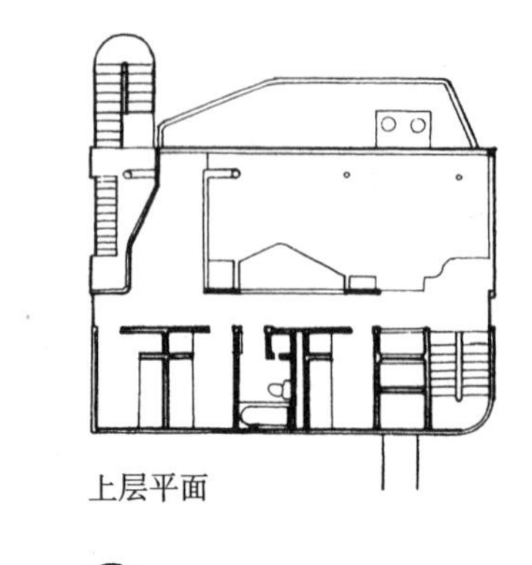
上层平面

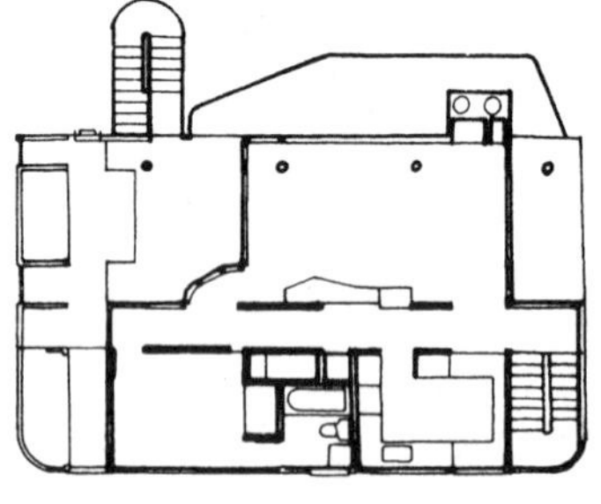
中层平面

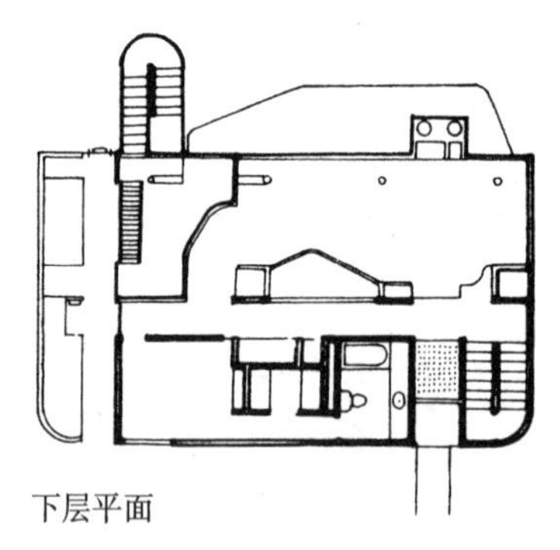
下层平面

图 10-21　道格拉斯住宅各层平面图

国建筑师迈耶设计的位于哈伯斯普林的道格拉斯住宅就是一例。该住宅位于一个可以俯视密执安湖的陡坡上，周围树木郁郁葱葱。设计师充分考虑到周围优美的自然景观，设计了一个两层高的起居室，大片玻璃代替了阻隔视线的墙面，使业主能方便地俯瞰美丽的密执安湖。为了突出自然风光，室内的墙面未加装饰，树木、湖水和变幻的天空成为室内最好的装饰，整个设计与周围自然环境一气呵成，达到了内外一体的效果。（图 10-21 ~ 图 10-24）。

此外，就城市环境而言，其特有的文化氛围、城市文脉和风土人情等对室内环境亦有着潜移默化的影响。例如古都西安一些饭店的室内设计都力图体现唐风，试图从唐文化中汲取养分；西安有些饭店则大量使用秦始皇陵中出土的兵马俑及铜车马作为装饰，以此表示一定的地域特色，不管它们的实际效果如何，都可以看作是城市环境对室内设计的影响。

总之，室内设计是环境系统中的一个组成部分，坚持从环境整体观出

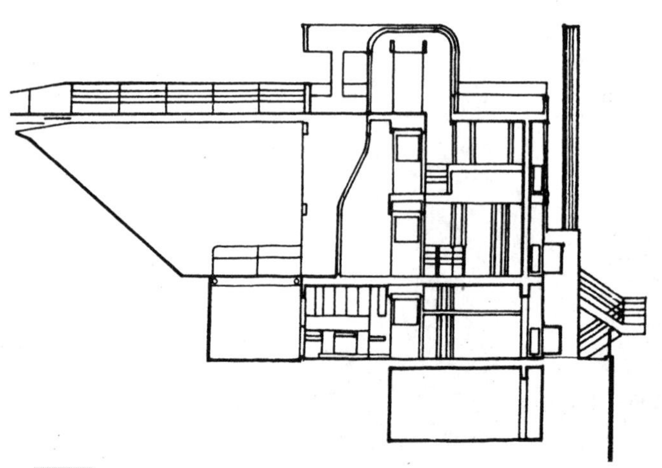
图 10-22　道格拉斯住宅剖面图

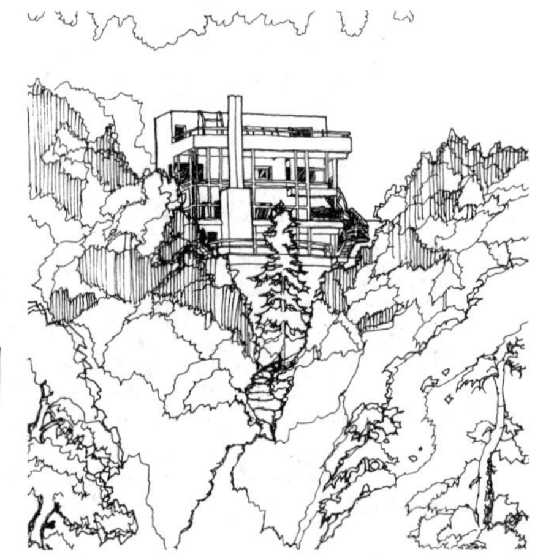
图 10-23　道格拉斯住宅外观透视

发有助于创造出富有整体感、富有特色的内部环境。

10.5 运用新技术的趋势

图 10-24 道格拉斯住宅顶层暖廊

自进入机器大生产时代以来，设计师就一直试图把最新的工业技术应用到建筑中去，萨伏伊别墅和巴塞罗那博览会中的德国馆等都是当时运用新技术的佳例。20世纪50年代以后，西方各国的科学技术得到了新的发展，技术的进步更加明显地影响到整个社会的发展，同时还强烈地影响了人们的思想，人们更加认识到技术的力量和作用。因此，如何在设计中运用最新的技术一直是不少设计师探索的话题。在室内设计领域，设计师们热心于运用能创造良好物理环境的最新设备；试图以各种方法探讨室内设计与人类工效学、视觉照明学、环境心理学等学科的关系；反复尝试新材料、新工艺的运用；在设计表达等方面也早已开始运用各种最新的计算机技术……。总之，新技术正在对室内设计产生着各种各样的影响，其中最容易引人注目的是新材料、新结构、新设备和新工艺在室内设计中的表现力，巴黎的蓬皮杜中心堪称这种倾向的佳例。

蓬皮杜国家艺术与文化中心建成于1976年，其最大特点就在于充分展示了现代技术本身所具有的表现力。大楼暴露了结构，而且连设备也全部暴露了。在东立面上挂满了各种颜色的管道，红色的代表交通设备，绿色的代表供水系统，蓝色的代表空调系统，黄色的代表供电系统。面向广场的西立面上则蜿蜒着一条由底层而上的自动扶梯和几条水平向的多层外走廊。蓬皮杜中心的结构采用了钢结构，由钢管柱和钢桁架梁所组成。桁架梁和柱的相接亦采用了特殊的套管，然后再用销钉销住，目的是为了使各层楼板有升降的可能性。至于各层的门窗，由于不承重而具有很好的可变性，加之电梯、楼梯与设备均在外面，更充分保证了使用的灵活性，达到平面、立面、剖面均能变化的目的（图 10-25 ~ 图 10-29）。

随着生态观念日益深入人心，当前的高技术运用又表现出与生态设计理念相结合的趋势，出现了诸如：双层立面、太阳能技术、地热利用、智能化通风控制……等一系列新技术，设计师试图利用新技术来解决生态问题，追求人与自然的和谐。其中德国柏林国会大厦改造工程就是一例。

德国柏林国会大厦改造在立面上主要表现为建造了一个玻璃穹顶。这一穹顶内采用了诸多新技术，达到了生态环保的要求。首先玻璃穹顶内有一个倒锥体，锥体上布置了各种角度的镜子，这些镜子可以将水平光线反射到建筑内部，为下面的议会大厅提供自然光线，减少议会大厅使用人工照明的能耗。其次，在

图 10-25　蓬皮杜中心外观

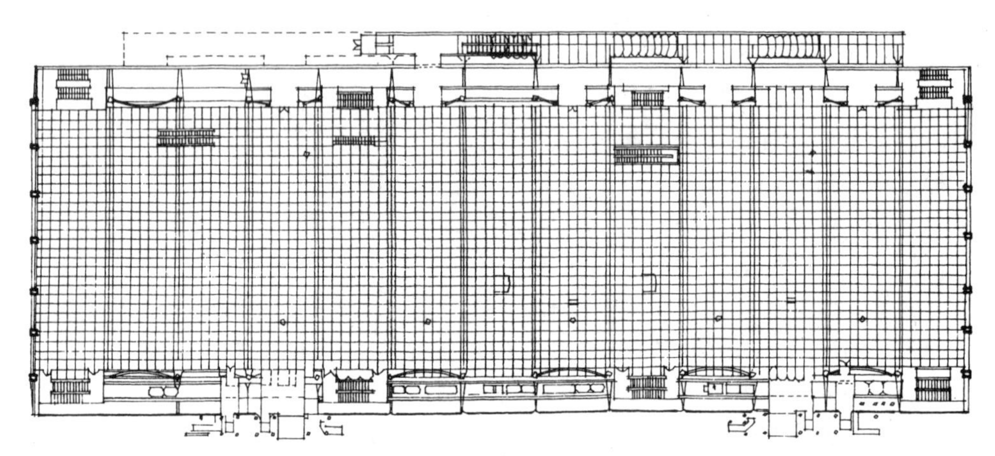

图 10-26　蓬皮杜中心平面图

图 10-27　蓬皮杜中心大厅内景

图 10-28　蓬皮杜中心美术博物馆展示厅

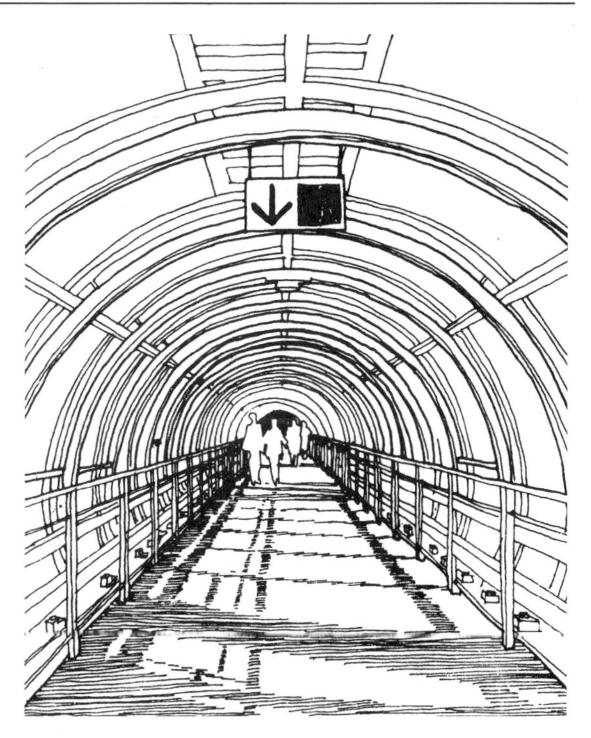

图 10-29　蓬皮杜中心的扶梯道路

玻璃穹顶内设有一个随日照方向调整方位的遮光板，遮光板在电脑的控制下，沿着导轨缓缓移动，以防止过度的热辐射和镜面产生眩光，这些都只有在现代计算机技术的基础上才能付诸实践。

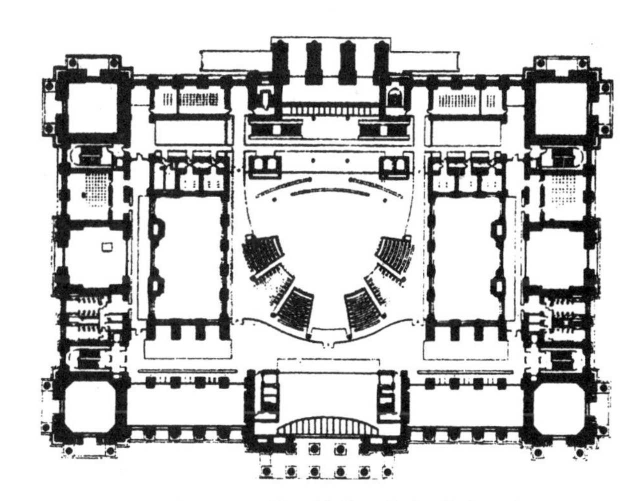

图 10-30　德国柏林国会大厦平面图

此外，玻璃穹顶内的锥体还发挥了拔气罩的功能。柏林国会大厦的气流组织也设计得很巧妙，议会大厅通风系统的进风口设在西门廊的檐部，新鲜空气进入后经议会大厅地板下的风道及设在座位下的风口低速而均匀地散发到大厅内，然后再从穹顶内锥体的中空部分排出室外，气流组织非常合理。（图 10-30 ~ 图 10-34）。

总之，现代技术的运用不但可以使室内环境在空间形象、环境气氛等方面有新的创举，给人以全新的感受，而且可以达到节约能源、节约资源的目标，是当代室内设计中的一种重要趋向，值得引起我们的高度重视。

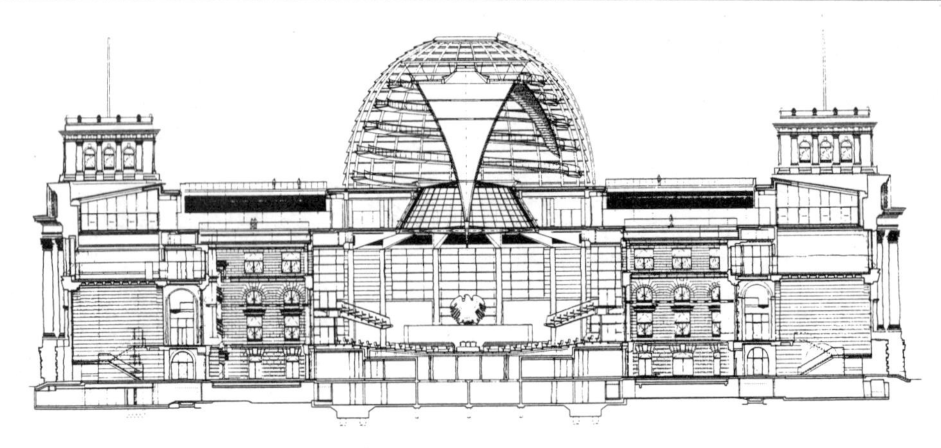

图 10-31　德国柏林国会大厦剖面图

图 10-32　德国柏林国会大厦外观

图 10-33　德国柏林国会大厦玻璃穹顶内的倒挂锥体及遮光板

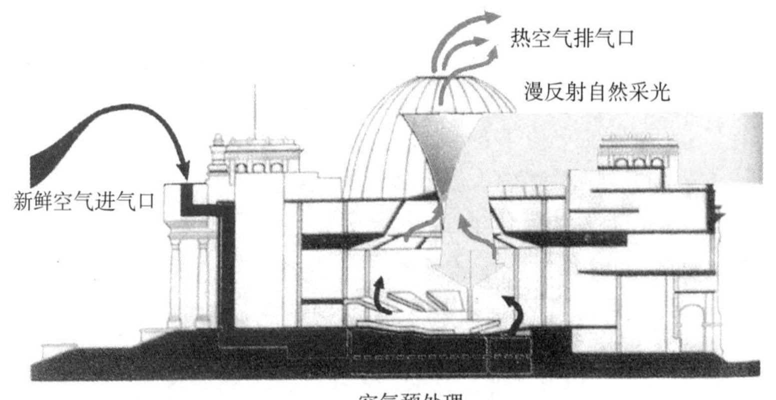

图 10-34　德国柏林国会大厦玻璃穹顶内的光线反射与气流组织

10.6　尊重历史的趋势

在现代主义建筑运动盛行的时期，设计界曾经出现过一种否定传统、否定历史的思潮，这种思潮不承认过去的事物与现在会有某种联系，认为当代人可以脱离历史而随自己的意愿任意行事。随着时代的推移，人们已经认识到这种脱离历史、脱离现实生活的世界观是不成熟的，是有欠缺的。人们认识到：历史是不可割断的，我们只有研究事物的过去、了解它的发展过程、领会它的变化规律，才能更全面地了解它今天的状况，也才能有助于我们预见到事物的未来，否则就可能陷于凭空构想的境地。因此，在20世纪50至60年代，特别是在60年代之后，在设计界开始重视历史文脉，倡导在设计中尊重历史，尊重历史文脉，使人类社会的发展具有历史延续性，这种趋势一直延续至今，始终受到人们的重视。

尊重历史的设计思想要求设计师在设计时，尽量把时代感与历史文脉有机地结合起来，尽量通过现代技术手段而使古老传统重新活跃起来，力争把时代精神与历史文脉有机地融于一炉。这种设计思想无论在建筑设计还是在室内设计领域都得到了强烈的反映，在室内设计领域还往往表现得更为详尽。特别是在生活居住、旅游休息和文化娱乐等室内环境中，带有乡土风味、地方风格、民族特点的内部环境往往比较容易受到人们的欢迎，因此室内设计师亦比较注意突出各地方的历史文脉和各民族的传统特色，这样的例子可谓不胜枚举。图10-35所示为沙特阿拉伯首都利雅得一所大学内的厅廊，设计师在厅廊的设计中十分尊重伊斯兰的历史传统，运用了富有当地特色的建筑符号，使通廊的地方特色得到充分的展现。在落日余辉的照耀下，浅棕色的柱廊使得这一长长的空间更显得幽深恬静。图10-36所示则为贝聿铭先生设计的香山饭店，它既是一个现代化的宾馆，又是

图10-35　富有伊斯兰历史特点的长廊

图 10-36　将时代感与中国传统融于一体的香山饭店中庭

在设计中充分体现中国传统建筑精神的一个作品。设计师从我国园林和民居中吸取了不少养分，在整个建筑空间的中心，更是粉墙翠竹、叠石理水与传统影壁组织在一起，创造出了具有我国风格的中庭空间。在材料的选择及细部处理上也很讲究，采用白色粉墙和灰砖线脚。在山石选择、壁灯以及楼梯栏杆等的处理中也很注意民族风格的体现。总之，整个工程把时代感与中国历史文脉完美地结合起来，是很成功的佳作。

被视为具有后现代主义里程碑意义的美国电话电报大楼是尊重历史文脉的又一例证（图 10-37 ~ 图 10-40）。该大楼位于纽约地价十分昂贵的中心区，平面采用十分简洁的矩形，单从平面看就有古典建筑的感觉。大楼的首层电梯厅是设计的重点，为了突出古典气氛，设计师采用了一排排结构的柱廊，这样既划分了电梯厅的平面，丰富了空间，而且又突出了古典的韵味。内部的材料主要以深色磨光花岗岩为主，华丽而稳重；地面石材作拼花处理，增加了丰富感觉。在室内设计中还运用了许多古典建筑的语言，如马蹄形拱券让人想起大马士革清真寺，大厅的顶部使人联想起古罗马的帆拱结构，入口大门虽是拱状门，但修长竖向划分的金属窗框，却令人想起哥特建筑中高耸冷峻的形象，此外，室内的雕像亦采用具像的手法……。总之，电话电报大楼的室内设计是怀念历史、表现历史文脉的具体反映，是这方面的典例之一。

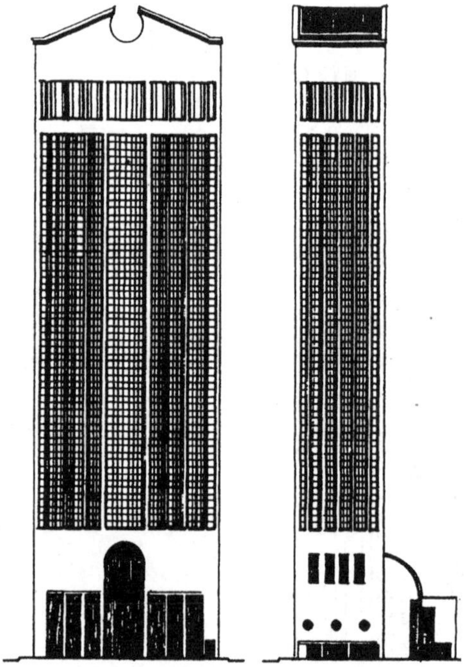

图 10-37　美国电话电报大楼外立面

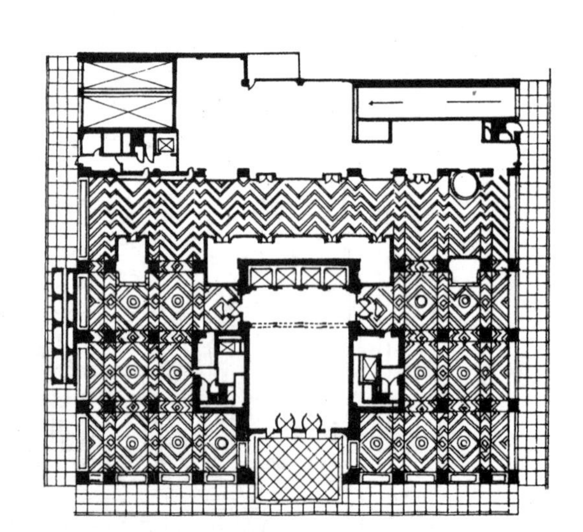

图 10-38　电话电报大楼首层平面图

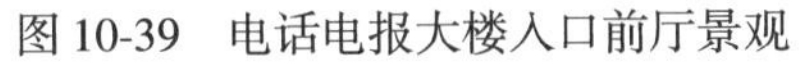

图 10-39　电话电报大楼入口前厅景观

图 10-40　电话电报大楼电梯厅内景

10.7 注重旧建筑再利用的趋势

广义上我们可以认为：凡是使用过一段时间的建筑都可以称作旧建筑，其中既包括具有重大历史文化价值的古建筑、优秀的近现代建筑，也包括广泛存在的一般性建筑，如厂房、住宅等。其实，室内设计与旧建筑改造有着非常紧密的联系。从某种意义上可以说，正是由于大量旧建筑需要重新进行内部空间的改造和设计，才使室内设计成为一门相对独立的学科，才使室内设计师具有相对稳定的业务。一般情况下，室内设计的各种原则完全适用于旧建筑改造，这里则重点介绍当前具有历史文化价值的旧建筑和产业类旧建筑改造中的一些设计趋势。

建筑是文明的结晶、文化的载体，建筑常常通过各种各样的途径负载了这样那样的信息，人们可以从建筑中读到城市发展的历史。如果一个城市缺乏对不同时期旧建筑的保护意识，那么这个城市将成为缺乏历史感的场所，城市的魅力将大打折扣。那么如何保留城市记忆、保护旧建筑呢？对这个问题人们早有认识，解决这个问题的方法经历了从原物不动、展览品式保护到逐渐再开发再利用等几个阶段。

我们知道，建筑的意义在于使用。展览品式的保护尽管可以使建筑得到很好的保存，但活力却无从谈起，因此，除了对于顶级的、历史意义极其深刻的古迹或者其结构已经实在无法负担新的功能的历史建筑以外，对于大多数年代比较近的、尤其是大量性的建筑的保护应该优先考虑改造再利用的方式。比如在欧洲，大多数年代久远的教堂具有很高的历史价值，但对这些建筑的保护工作往往是与使用并行的，即在使用中保护，在保护中使用，因此这些建筑一直焕发着活力，成为城市中的亮点。

在对具有历史文化价值的旧建筑进行改造时，除了运用一般的室内设计原则与方法外，还应注意处理“新与旧”的关系，特别要注意体现“整旧如旧”的观念。“整旧如旧”是各种与建筑遗产保护相关的国际宪章普遍认可的原则，学者们普遍认为：尽管“整旧如旧”具有美学上的意义，但其本质目的不是使建筑遗产达到功能或美学上的完善，而是保护建筑遗产从诞生起的整个存在过程直到采取保护措施时为止所获得的全部信息，保护史料的原真性与可读性。“修缮不等于保护。它可能是一种保护措施，也可能是一种破坏。只有严格保存文物建筑在存在过程中获得的一切有意义的特点，修缮才可能是保护。……这些特点甚至可能包括地震造成的裂缝和滑坡造成的倾斜等等‘消极的’痕迹。因为有些特点的意义现在尚未被认识，而将来可能被逐渐认识，所以《威尼斯宪章》一般规定，保护文物建筑就是保护它的全部现状。修缮工作必须保持文物建筑的历史纯洁性，不可失真，为修缮和加固所加上去的东西都要能识别出来，不可乱真。并且严格设法展现建筑物的历史，换一句话说，就是文物建筑的历史必须是清晰可读的。”[5]

遵循上述改造原则的实例很多，法国巴黎的奥尔塞艺术博物馆就是一例（图10-41）。奥尔塞博物馆利用废弃多年的奥尔塞火车站改建而成，在改建过程中设计师尽量保存了建筑物的原貌，最大限度地使历史文脉延续下来，尽可能使古典的东西在新的环境中发挥新的潜力。而新增部分的形式则尽量简化朴素，以避免产生矫揉造作的感觉。图10-42所示为展览大厅的一角，设计师保留了古典天花的饰块，并通过与现代金属框架的对比而衬托出传统的价值；图10-43所示则为利用原有站台改建而成的展厅，原有建筑上的一些设施与构件都得到很好的利用；图10-44所示为原有古典大钟的再利用，古典大钟已经十分自然地成为展厅的视觉趣味中心。

产业建筑是另一类目前在我国越来越受到重视的旧建筑。由于我国很多城市20世纪都曾经历过以重工业为经济支柱的时期，因此产生了工业厂房比较集中的地区。这些厂房往往受当时国外工业建筑形式的影响比较大，采用了当时的新材料、新结构、新技术。但是，随着第三产业的发展和城市产业结构的转变，不少结构良好的厂房闲置下来，严重的甚至引起城市的区域性衰落。在这种情况下，进行废旧厂房的更新再利用很有可能成为区域重新焕发活力的契机。目前我国各大城市已经有不少成功的例子，例如废旧的厂房被改造成艺术家工作室、购物中心、餐馆、酒吧、社区中心或者室内运动场所等。厂房的特殊结构、特殊设备以及材料质感为人们提供了不同的感受，使人从中体会到工业文明的特色，相对高大的空间也给人以新奇感。改造之后建筑重新焕发生机，区域也随之繁荣起来，同时为社会提供了更多的就业机会，体现出旧建筑改造的社会价值。

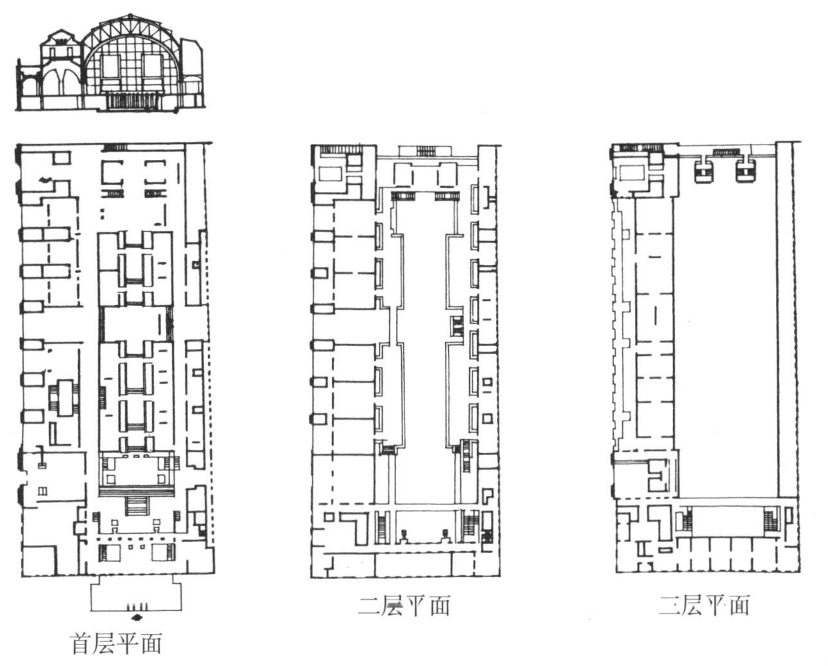

图 10-41 奥尔塞艺术博物馆平面、剖面图

图 10-42 博物馆展览大厅

图 10-43　由站台改建成的展厅

图 10-44　原有的古典大钟得到很好的利用

同其他类型的旧建筑一样，在产业建筑再利用中也应该注意“整旧如旧”或“整旧如新”的选择问题。目前不少设计者偏向于采用“整旧如旧”的表现方法，希望保持历史资料的原真性和可读性。例如，北京东北部的大山子 798 工厂一带集中了很多企业，随着时代的变迁，其中不少企业已经风光不再，于是一批艺术家租下了这些厂房，将其改造成自己的工作室、展室……，经过一段时间的发展，如今这一地区已经成为北京的“苏荷区”。彩图 10-45、彩图 10-46 就是 798 工厂改造后的室内空间。

彩图 10-45　原来的工业建筑被改造成艺术家的展室和工作室

彩图 10-46　一些原来车间内的设备被保留下来，使参观者体会到工业文明的特色

10.8 极少主义及强调动态设计的趋势

近年来，我国设计界流行极少主义的设计思潮。按照鲍森（John Pawson）的解释："极少主义被定义为：当一件作品的内容被减少至最低限度时她所散发出来的完美感觉，当物体的所有组成部分、所有细节以及所有的连接都被减少或压缩至精华时，它就会拥有这种特性。这就是去掉非本质元素的结果。"

极少主义的思想其实可以追溯到很远，现代主义建筑大师密斯就曾提出"少就是多"的理论，主张形式简单、高度功能化与理性化的设计理念，反对装饰化的设计风格，这种设计风格在当时曾风靡一时，其作品至今依然散发着无限魅力。时至今日，"少就是多"的思想得到了进一步的发展，有人甚至提出了"极少就是极多"的观点，在这些人看来纯粹、光亮、静默和圣洁是艺术品应该具备的特征。

极少主义者追求纯粹的艺术体验，以理性甚至冷漠的姿态来对抗浮躁、夸张的社会思潮。他们给予观众的是淡泊、明净、强烈的工业色彩以及静止之物的冥想气质。极少主义思想在建筑设计中有明显的体现，这类设计往往将建筑简化至其最基本的成分，如空间、光线及造形，去掉多余的装饰。这类建筑往往使用高精密度的光洁材料和干净利落的线条，与场地和环境形成强烈的对比。

在室内设计领域，"极少主义"提倡摒弃粗放奢华的修饰和琐碎的功能，强调以简洁通畅来疏导世俗生活，其简约自然的风格让人们耳目一新。他们致力于摈弃琐碎、去繁从简，通过强调建筑最本质元素的活力，而获得简洁明快的空间。极少主义室内设计的最重要特征就是高度理性化，其家具配置、空间布置都很有分寸，从不过量。习惯通过硬朗、冷峻的直线条，光洁而通透的地板及墙面，利落而不失趣味的设计装饰细节，表达简洁、明快的设计风格，十分符合快节奏的现代都市生活。极少主义在材料上的"减少"，在某种程度上能使人的心情更加放松，创造一种安宁、平静的生活空间。

事实上，极少主义并不意味着单纯的简化。相反，它往往是丰富的集中统一，是复杂性的升华，需要设计师通过耐心和努力的工作才能实现。

在家具布置方面，极少主义十分注重家具与室内整体环境的协调，非常注重室内家具与日常器具的选择。

在材料与色调方面，极少主义设计非常强调室内各种材料与色调的运用，其总的特征是简单但不失优雅，常常采用黑、白、灰的色彩计划。有时还主张运用大片的中性色与大胆强烈的重点色而达到一种视觉冲击力。极少主义总的用色原则是先确定房间的主色调，通常是软而亮的调子，然后决定家具和室内陈设的色彩范围（彩图10-47～彩图10-49）。

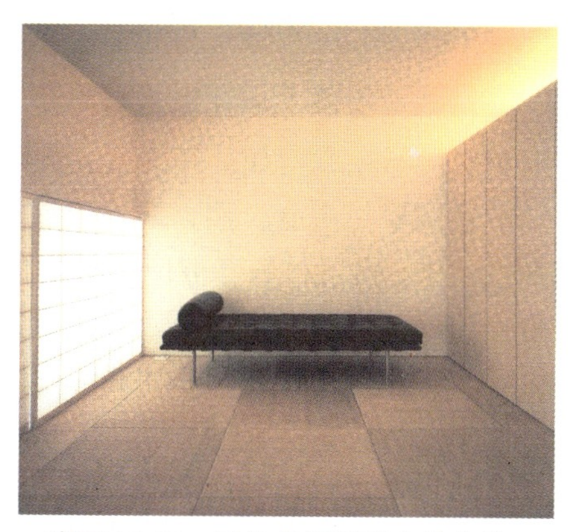

彩图 10-47　墙体色调以暖白为主体，仅通过黑色的沙发床予以突出

彩图 10-48　通过材料本身的色彩质感形成对比

彩图 10-49　极少主义常用的纯净的单色系列

彩图 10-50　光线在极少主义室内设计中具有重要作用

彩图 10-51　光影效果丰富了视觉感受

极少主义设计的地面材料一般为单色调的木地板或石材，同时也十分注重软质材料的运用，例如：纤维绒、天鹅绒、皮革、亚麻布、丝、棉等。这些装饰织物的色调要尽可能自然，质地应该突出触感。图案太强的织物不适合此类风格。在设计中，窗帘材料一般应选择素色的百叶窗或半透明的纱质窗帘，因为这种窗帘更能增加房间的空间感，也更方便自然光线的进入。

极少主义对光线也很重视，但一般情况下，极少主义偏爱良好的自然光照。彩图 10-50 和彩图 10-51 中的业主就对自然光有着强烈的爱好，希望光线无处不在。所以经过设计师的巧妙处理，整个空间充满了光的韵律。

其实，极少主义不仅仅是一种设计风格，它所代表的思维似乎包涵着一些永恒的价值观，如：对材料的尊重、细部的精准及简化繁杂的设计元素等等。它不仅仅是西方现代主义的延伸，同时也涵盖了东方美学思想，具有很强的生命力。

在当前流行极少主义风格的同时，也非常强调内部空间的动态设计。内部空间的动态设计其实早有提及，清代学者李渔就曾提出了“贵活变”的思想，建议不同房间的门窗应该具有相同的规格和尺寸，但可以设计成不同的题材和花式，以便随时更换和交替。时至今日，建筑物的功能日趋复杂，人们的审美要求日益变化，室内装饰材料和设备日新月异，新规范新标准不断推出……，这些都导致建筑装修的“无形折旧”更趋突出，更新周期日益缩短。据统计，我国不少餐馆、美发厅、服装店的更新周期在2～3年，旅馆、宾馆的更新周期在5～7年。随着竞争机制的引入，更新周期将有进一步缩短的可能性。因此关注动态设计成为当代室内设计的一大趋势。

动态设计一方面要求设计师树立更新周期的观念，在选材时反复推敲，综合考虑投资、美观和更新的因素，谨慎选择非常耐用的材料。另一方面也要求设计师尽量通过家具、陈设、绿化等内含物进行装饰，增加内部空间动态变化的可能性。因此，目前室内设计中表现出简化硬质界面上的固定装饰处理，主张尽可能通过内含物美化空间效果的趋势。

总之，当代室内设计的发展与社会、经济、文化和科技等因素密切相关，与人类对自身认识的不断深化相和谐。当代室内设计正处于多种理论相互补充、多种趋势相互并存的状态之中，展现出百花齐放、百家争鸣的局面，是室内设计师展现自身价值的大好时期。

本章小结

当代室内设计界流派众多，但从总体来看，大体表现出以下几种主要倾向，即：可持续发展的趋势、以人为本的趋势、多元并存的趋势、注重环境整体性的趋势、运用新技术的趋势、尊重历史的趋势、注重旧建筑再利用的趋势、极少主义及强调动态设计的趋势。

这些设计倾向与当今社会、经济、文化和科技等因素密切相关，反映出人们对地球生存环境的高度关注，反映出人们对人的价值的重视，反映出对环境整体性的追求，反映出对科学技术的热爱、反映出对传统的珍惜……，相信随着人类对自身认识的不断深化，室内设计也将永无止境地不断向前发展。

11 室内设计的评价原则

J·约狄克（J·Joedicke)曾在《建筑设计方法论》中这样定义“评价”一词：评价是指为一定目的而对某个事物作出好坏的判断。评价，发生在建设过程的各个阶段，在设计领域的评价主要指使用前的方案评价和使用后的效果评价。设计方案的评价可以让决策合理进行，或可以适当地采取必要的补救措施；建成后的评价可以掌握根据设计目标达到的成果指标，找出与预期结果的差距，以便为下一个决策提供参照。这样有利于整个建设过程处于一个良性互动的循环发展状态，有利于建筑业的发展和设计质量的提高。对设计师而言，评价体系为其设计创作提供了参照尺度，两者的良性互动关系对设计师的创作具有极为重要的意义；对社会而言，评价不仅表明了人们对建筑设计和室内设计的判断与认识，而且蕴含着人们对社会价值取向的认同，因此从这个意义上讲，设计评价是人类认识自身的重要手段，是人类实现自身价值的重要途径。

建筑评价，包括针对室内设计的评价在发达国家已经发展成比较成熟的体系，在我国还处于起步的阶段，本章则主要从功能原则、美学原则、技术经济原则、人性化原则、生态与可持续原则、继承与创新原则等方面提出室内设计的评价原则。

11.1 功能原则

人对室内空间的功能要求主要表现在两个方面：使用上的需求和精神上的需求。理想的室内环境应该达到使用功能和精神功能的完美统一。

11.1.1 满足使用功能要求

建筑是为使用目的而建造的，所以，室内空间首先应该满足使用功能的要求，达到合理、安全、舒适的目标。

11.1.1.1 单体空间应满足使用要求

（1）满足人体尺度和人体活动规律

人体尺度：室内设计应符合人的尺度要求，包括静态的人体尺寸和动态的肢体活动范围等。而人的体态是有差别的，所以具体设计应根据具体的人体尺度确定，如幼儿园室内设计的主要依据就是儿童的尺度。

人体活动规律：人体活动规律有二，即：动态和静态的交替、个人活动与多人活动的交叉。这就要求室内空间形式、尺度和陈设布置符合人体的活动规律，按其需要进行设计。

（2）按人体活动规律划分功能区域

人在室内空间的活动范围可分为三类，即：静态功能区、动态功能区和动静相兼功能区。在各种功能区内根据行为不同又有详细的划分，如：静态功能区内有睡眠、休息、看书、办公等活动；动态功能区有走道空间、大厅空间等；动静相兼功能区有会客区、车站候车室、机场候机厅、生产车间等。而某些室内空间还可细分成多个功能区，如小面积住宅中的卧室，往往同时具有睡眠区、交谈区、学习区等各个区域。因此，一个好的设计必须在功能划分上满足多种要求。

（3）符合使用功能的性质

在一个单一空间里，空间性质以空间的主要使用功能来确定。即使该空间内还有其他功能，一般仍然以主要使用功能来确定其性质。如小面积住宅的卧室内虽然设有交流区、学习区，但它仍以满足卧室的功能为主。因此，一个空间的主要使用功能的性质必须贯穿始终，一般不应偏离。

11.1.1.2 各功能空间应有机组合

人们在各种类型空间中的活动，经常按照一定的顺序或路线进行，这种顺序或路线一般称为流线。如何减少各种流线的交叉，是室内空间组织好坏的一个重要标志。一般常用的办法是：先对室内空间进行功能归类，把功能接近、联系较为紧密的空间以最便捷的方式组合在一处，然后再把这些组合好的功能区进行再次组织，经过多次调整，最后达到一个满意的结果，即：各功能空间形成一个统一的整体，它们之间既有联系、又有区别，达到使用舒适、高效的效果。

11.1.1.3 室内空间应满足物理环境质量要求

室内空间涉及的物理环境包括空气质量环境、热环境、光环境、声环境、以及现代电磁场等等，室内空间环境只有在满足上述物理环境质量要求的条件下，人的生理要求才能得到基本保障，所以，室内空间的物理环境质量也是评价室内空间的一个重要条件。

空气质量：室内设计中，首先必须保证空气的洁净度和足够的氧气含量，保证室内空气的换气量。有时室内空间大小的确定也取决于这一因素，如双人卧室的最低面积标准的确定，不仅要根据人体尺度和家具布置所需的最小空间来确定，还需考虑两个人在睡眠8h室内不换气的状态下满足其所需氧气量的空气最小体积值。在具体设计中，应首先考虑与室外直接换气，即自然通风，如果不能满足时，则应加设机械通风系统。另外，空气的湿度、风速也是影响空气舒适度的重要因素。在室内设计中还应避免出现对人体有害的气体与物质，如目前一些装修材料中的苯、甲醛、氡等有害物质。

热环境：人的生存需要相对恒定的适宜温度，而室外自然环境的温度变化较大，所以在寒冷的冬天需要通过建筑的围护结构和室内供热等来满足人体的需要；而在炎热的夏季又要通过通风和室内制冷带走人体热量以维护人体的热平衡。不同的人和不同的活动方式也有不同的温度要求，如，老人住所需要的温度就稍微高一些，年轻人则低一些；以静态行为为主的卧室需要的温度就稍微高一些，而在体育馆等空间中需要的温度就低一些，这些都需要在设计中加以考虑。

光环境：没有光的世界是一片漆黑，但它适于睡眠；在日常生活和工作中则需要一定的光照度。白天可以通过自然采光来满足，夜晚或自然采光达不到要求时则要通过人工光环境予以解决。

声环境：人对一定强度和一定频率范围内的声音有敏感度，并有自己适应和需要的舒适范围，包括声音绝对值和相对值（如主要声音和背景音的对比度）。不同的空间对声响效果的要求不同，空间的大小、形式、界面材质、家具及人群本身都会对声音环境产生影响，所以，在具体设计中应考虑多方面的因素以形成理想的声环境。

电磁污染：随着科技的发展，电磁污染也越来越严重，所以在电磁场较强的地方，应采取一些屏蔽电磁的措施，以保护人体健康。

11.1.1.4　室内空间应满足安全性要求

安全是人类生存的第一需求，所以空间设计必须保障安全。安全首先应强调结构设计和构造设计的稳固、耐用；其次应该注意应对各种意外灾害，火灾就是一种常见的意外灾害，在室内设计中应特别注意划分防火防烟分区、注意选择室内耐火材料、设置人员疏散路线和消防设施等；此外，防震、防洪等措施也应充分考虑，美国“9·11”事件和“非典”风波之后，如何应对恐怖袭击、生化袭击、公共卫生疾病等也逐渐引起各界的注意。

11.1.2　满足精神功能要求

现代室内设计在满足使用功能的前提下，更应注重空间境界的提升，以创造一种具有丰富精神内涵的空间，这就是满足精神功能的要求。室内空间的精神功能可以从下面三方面去理解。

（1）具有一定的美感

各种不同性质和用途的空间可以给人不同的感受，要达到预期的设计目标，首先要注意室内空间的特点，即空间的尺度、比例是否恰当，是否符合形式美的要求；空间组织和限定是否有序等，是否从空间的处理上给人带来美感。其次要注意室内色彩关系和光影效果。室内色彩对整个环境的影响较大，处理好顶面、墙面、底面的色彩基调非常重要，大空间或大面积的色彩要强调统一、和谐，小体量或小面积的色彩要强调对比。室内光影效果也是一个不可忽视的问题，窗子的大小、位置以及照明灯光的强度、色调，灯具的形式、位置都将对室内产生不同的影响。此外，在选择、布置室内陈设品时，要做到陈设有序、体量适度、配置得体、色彩协调、品种集中，力求做到有主有次、有聚有分、层次鲜明。只有注意到以上几个方面，才能使室内环境给人以整体的美感。

人的感知是多方面的，室内环境的美感是通过人的视觉、听觉、嗅觉和触觉等感觉器官综合感受的结果，是在满足精神功能要求时首先应该做到的，它影响到人在室内环境中活动的情感反应，直接影响到室内空间的使用效益。

（2）具有特定的性格

根据设计内容和使用功能的需要，每一个具体的空间环境应该能够体现特有的性格特征，即具有一定的个性。如大型宴会厅比较开敞、华丽、典雅，小型餐厅比较小巧、亲切、雅致。即使是同样功能的空间，也可能由于对象的不同而具有不同的室内空间性格，如北京毛主席纪念堂的室内设计具有庄严、肃穆的特点；上海鲁迅纪念馆给人以朴实、典雅的印象；而厦门林巧稚纪念馆则平易近人，富有生活气息。

当然空间的性格还与设计师的个性有关，与特定的时代特征有关，与意识形态、宗教信仰、文学艺术、民情风俗甚至地理特征等种种因素有关，如北京明清住宅的堂屋布置对称、严整，给人以宗法社会封建礼教严格约束的感觉；哥特教堂的室内空间冷峻、深邃、变幻莫测，产生把人的感情引向天国的效果，具有强烈的宗教氛围与特征，如图11-1为米兰大教堂。

图11-1 米兰大教堂

（3）具有所需的意境

室内意境是室内环境中某种构思、意图和主题的集中表现，它不仅能被人感受到，而且还能引起人们的深思和联想，给人以某种启示，是室内设计精神功能的高度概括。如北京故宫太和殿，房间中间高台上放置金黄色雕龙画凤的宝座，宝座后面竖立着鎏金镶银的大屏风，宝座前陈设不断喷香的铜炉和铜鹤，整个宫殿内部雕梁画柱、金碧辉煌、华贵无比，显示出皇帝的权力和威严，如图11-2为北京太和殿内景。

联想是表达室内设计意境的常用手法，通过这种方法可以影响人的情感思绪。设计时通过形体、图案、文字、景物、色彩等方法，诱发人们的联想，并透过人的知觉直接去把握其深刻的内涵，产生认识与情感的统一。设计者应力求使室内设计有引起人联想的地方，给人以启示、诱导，增强室内环境的艺术感染力，如北京人民大会堂的顶棚，以红色五星灯具为中心，围绕五星灯具布置“满天星”点式灯，使人联想到在中国共产党领导下，全国各族人民大团结的主题喻意。

图11-2 北京太和殿内景

11.2 美学原则

美，是人们在生活中追求的理想目标，是在满足基本的物质需求之后对生活更高意义的追求。室内空间环境是人们赖以生存、生活和工作的基本物质环境，在这一环境中，能否体验到美的精神感受，能否在其中表达和寄托自己的审美理想，是人们对于室内空间设计的更高层次的要求。当然，设计出具有艺术效果的室内空间，表达一定的审美理想也是室内设计师向往的目标。室内设计是否具有艺术表现力，是否能满足人们的普遍审美需求，是否能实现设计者的理想目标，已经成为当前评价室内设计好坏的重要原则和标准之一。

11.2.1 满足形式美的要求

从某种意义上来讲，室内设计是一种造型艺术，室内空间是一种视觉空间。为了使人们在室内空间中获得精神上的满足，室内空间必须满足形式美的原则。如前所述，形式美的基本原则是多样统一，也就是在统一中求变化，在变化中求统一。任何造型艺术一般都由若干部分组成，这些部分之间应该既有变化，又有秩序。如果缺乏多样性和变化，则势必流于单调；如果缺乏和谐与秩序，则必然显得杂乱。

（1）统一性使室内空间环境具有整体感

在人类的知觉活动中，有一种自发地将感知对象进行组织和化简的倾向，通过这种组织和化简，有利于在混乱中找到线索，将复杂难认变为浅显易识，使人体验轻松自在的舒适感。在室内设计中，可以采用统一的原则，使室内空间的一切形式相互关联有序，构成统一的视觉效果。格式塔心理学的许多实验表明，当一种简单规律的形式呈现于眼前时，人们会感到极为舒服和平静。因为这样的图形与知觉追求的简化是一致的，它们绝对不会使知觉活动受阻，也不会有任何紧张和郁闷的感受。

总之，一个成功的室内设计不可能仅由精彩的局部拼凑而成，它应当是一个有机的整体，它表现为一种内在的整体性，在这里总体寓于局部，局部属于整体。

（2）变化使室内空间具有丰富多彩的个性

人们在追求统一性的同时也要考虑“变化”的原则。事实证明，在大多数人的眼里，那些极为简单和规则的图形较为平淡；相反，那种比较复杂、稍微偏离中心和不对称的、无组织的图形，却有更大的刺激性和吸引力。它们不仅能引起人们的注意，而且能唤起更长时间的强烈视觉刺激和更大的好奇心。它们的“有趣”也在于能首先唤起人的注意和视觉紧张，继而对视觉对象进行积极的组织，组织活动完成后，初始的紧张消失。这是一种有始有终、有高潮起伏的室内空间体验，是人们在作品欣赏中追求变化的心理根源。

变化反映出形式的丰富内涵和趣味性。杰出的造型艺术作品总是向观者展示丰富的内容，携带大量的信息并以前所未有的形式表现其新鲜感；缺乏变化和多样性则难免使作品空泛肤浅，给人以单调的感觉。当然，过多的变化也会令人厌烦，设计师必须注意把握分寸。美好的感觉产生于矛盾的平衡状态之中。这种矛盾的平衡不仅存在于设计者、观赏者及形象之间，而且也会因时间、环境和条件的不同而呈现多元的变化。

（3）抽象使室内空间具有新意和现代感

抽象指从具体事物中抽象出来的相对独立的各个方面、属性、关系等，它是思维活动的一种特征，即在思维活动中对事物的本质作出分析和综合比较，在此基础上抽出事物的本质属性，撇开其非本质属性。

与具体形式相比，抽象形式相对是高层次的，它经过了提炼，具有概括性和代表性。它用简练含蓄的形式给人以丰富的联想，体现以少胜多的高度概括，它需要离开常规的观察角度，从更高和更深层次去观察对象，从而更概括、更集中、更本质地把握对象，这是室内空间美感的另一种评价原则。

艺术的抽象可以在艺术领域的任何范畴内进行，可以是单方位、专项的，也可以全方位、综合性的；可以是对表层的概括化简、也可以是对深层组织关系的集中表现。不同方位和范围的抽象常表现为不同的风格与流派，如：印象派着重表现光与色，立体派则注意展示形式在空间方位变化时的景观。

现代室内设计比较强调抽象，而且已逐步由概括转向分解，由注意基本的形体转向构成整体的某些形式元素。元素抽象是具体的、个别的抽象，是概括性抽象认识基础上的进一步深化。对构成形态的各种要素如形状、色彩、质感、尺度、方向、位置、空间等进行深入研究和集中表现，有利于全面发掘形式的表达潜力。例如对于空间的探索，理查德·迈耶善于利用不同的空间语汇表现建筑的性格或透过玻璃幕墙显现内部的景象以表现空间纵深感；或表现两个向度空间叠加的效果；或利用围散实现空间的区分、内外的转换、流通的引导，如图 11-3 所示格蒂

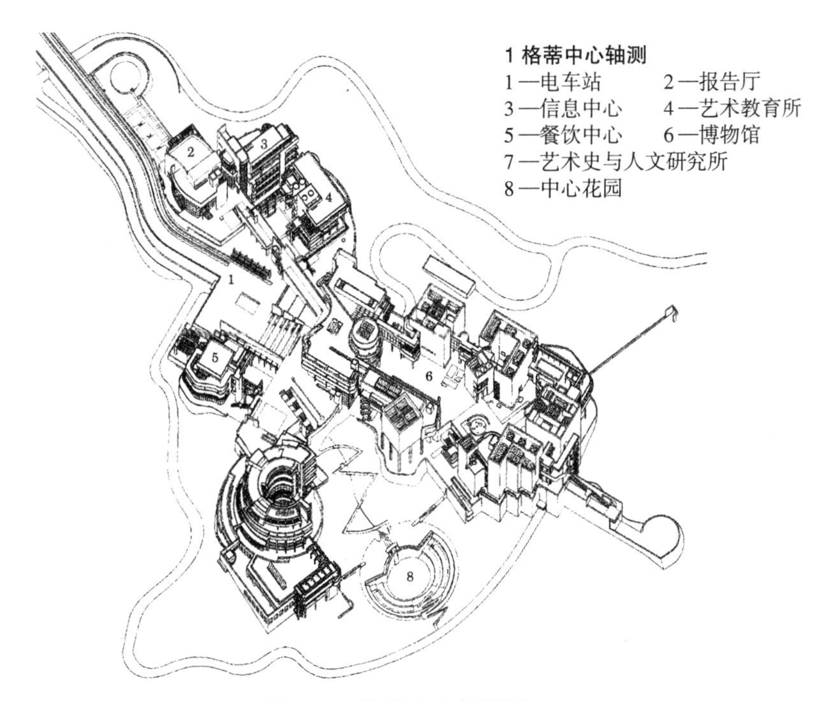

图 11-3　格蒂中心轴测图

图 11-4 BLF 软体公司总部

中心轴测图。彼得·埃森曼则应用旋转和错位的方法从特定的方位突破常规的模式，如 BLF 软体公司总部（图 11-4）。

11.2.2 满足艺术美的要求

形式美和艺术美是两个不同的概念。在创作中，凡是具有艺术美的作品都必须符合形式美的法则，而符合形式美规律的室内空间却不一定具有艺术美。形式美与艺术美之间的差别就在于前者对现实的审美关系只限于外部形式本身是否符合统一与变化、对比与微差、均衡与稳定等与形式有关的法则，而后者则要求通过自身的艺术形象表现一定的思想内容，是形式美的升华。

当然，形式美和艺术美并不对立，两者互相联系，在实际生活中往往很难划出明确的界线。如勒·柯布西耶的朗香教堂（图 11-5），通过室内空间形式、窗洞的有机排列、室内光环境的控制等使室内产生一种神秘的宗教气氛，既符合了形式美的原则，又具有很强的艺术美的效果，令人回味无穷。

图 11-5 朗香教堂内景

室内设计是否达到审美要求，没有绝对量化的衡量标准，但从一般的美学评价标准而言，优秀的室内设计首先应满足使用要求，其次应符合形式美的原则，形成室内空间的美感，与此同时应该尽量创造一定的环境意境，达到艺术美的境界。

11.3 技术经济原则

科学技术是人类社会进步的阶梯，也是建筑发展的阶梯。建筑发展史告诉我们：任何空间形式演变的背后，都蕴藏着惊人的技术进步。随着高、新技术在设计领域中的广泛应用，建筑中的科技含量越来越高，建筑理念和建筑造型形式因之发生了很大的变化；新技术、新材料、新设备为建筑创作开辟了更加广阔的天地，既满足了人们对建筑提出的日益多样化的要求，而且还赋予建筑以崭新的面貌，改变了人们的审美意识，开创了直接鉴赏技术的新境界，并最终上升为一种具有时代特征的社会文化现象。当然，现代高新技术也同样离不开雄厚的经济实力，所以，当代建筑与技术、经济成为一个不可分割的整体。室内空间作为建筑的组成部分，也同样离不开技术的支撑和经济的保障。因此，如何处理好技术、经济与室内设计的关系也成为评价室内设计的一条原则。

11.3.1 技术经济与功能相结合

室内设计的目的是为人们的生存和活动寻求一个适宜的场所，这一场所包括一定的空间形式和一定的物理环境，而这几个方面都需要技术手段和经济手段的支撑。

（1）技术与室内空间形式

室内空间的大小、形状需要相应的材料和结构技术手段来支持，能否获得某种形式的空间，并不仅仅取决于人们的主观愿望，而是同时取决于技术和材料的发展水平，如果不具备这些条件，空间形式只能变成幻想。

纵观建筑发展史，新技术、新材料、新结构的出现为空间形式的发展开辟了新的可能性。新技术、新材料、新结构不仅满足了功能发展的新要求，而且使建筑面貌为之一新，同时又促使功能朝着更新、更复杂的程度发展，然后再对空间形式提出进一步的新要求。所以，空间设计离不开技术、离不开材料、离不开结构，技术、材料和结构的发展是建筑发展的保障和方向。

结构形式和材料选用与内部空间造型是一个不可分割的统一体，只有达到三者的最优化，才能使设计的整体效益最大化。比如，用普通的砖混结构无法建造大空间，反之也没有必要用建造大空间的钢框架结构去建造砖混结构就能解决的一般住宅。其次空间设计所采用的结构形式和具体的结构构件布置应符合结构体系的自身特性，做到既充分发挥结构材料的优势，又节约材料。只有符合了这两个要求，空间设计和建筑技术才能做到良性互动，所以，这一条件应当成为评价当代室内空间设计的一条标准。

（2）技术与室内物理环境质量

人们的生存、生活、工作大部分都在室内进行，所以室内空间应该具有比室外更舒适、更健康的物理性能（如：空气质量、热环境、光环境、声环境等）。古代建筑只能满足人对物理环境的最基本要求；后来的建筑虽然在围护结构和室内空间组织上有所进步，但依然被动地受自然环境和气候条件的影响；当代建筑技术有了突飞猛进的发展，音质设计、噪声控制、采光照明、暖通空调、保温防湿、建筑节能、太阳能利用、防火技术等都有了长足的进步，这些技术和设备使人们的生活环境越来越舒适，受自然条件的限制越来越少，人们终于可以获得理想、舒适的内部物理环境。

随着人们对空间环境方便性和舒适性要求的提高，建筑总造价中设备费用的比重也在逐年增加，很多设备投资超过了总造价的30%。所以设备的优劣、设备运用是否达到最优化，也应当成为评价室内设计的重要指标之一。

（3）经济与室内空间设计

现代室内设计不仅与技术有着密切的联系，同时也与经济条件有非常密切的关系。新技术、新材料、新设备不仅离不开先进的技术，同时也离不开雄厚的经济实力。离开了一定的经济能力，一切都成为空中楼阁。因此，在室内设计评价中，经济原则也是一条非常重要、有时甚至是决定性的原则。

经济原则要求设计师必须具有经济概念，必须根据工程投资进行构思、进行设计，偏离了业主经济能力的设计往往只能成为一纸空文。经济原则还要求设计师必须具有节约概念，坚持节约为本的理念，做到精材少用、中材高用、低材巧用，摒弃奢侈浪费的做法。

总之，内部空间环境设计是以技术和经济作为支撑手段的，技术手段的选择会影响这一环境质量的好坏。所以，各项技术本身及其综合使用是否达到最合理最经济、内部空间环境的效益是否达到最大化最优化，是评价室内设计好坏的一条重要指标。

11.3.2 技术经济与美学相结合

技术变革和经济发展造就了不同的艺术表现形式，同时也改变了人们的审美价值观，设计创作的观念也随之发生了变化。在某种程度上，今天的技术已发展成为一种艺术表现手段，是造型创意的源泉和设计师情感抒发的媒介，即：技术不仅是手段，同时也是表现形式。

早期的技术美学，是一种崇尚技术、欣赏机械美的审美观。当时采用了新材料新技术的伦敦水晶宫和巴黎埃菲尔铁塔打破了从传统美学角度塑造建筑形象的常规做法，给人们的审美观念带来强烈的冲击，逐渐形成了注重技术表现的审美观。

高技派建筑进一步强调发挥材料性能、结构性能和构造技术，暴露机电设备，强调技术对启发设计构思的重要作用，将技术升华为艺术，并使之成为一种富于时代感的造型表现手段，如香港上海汇丰银行（图11-6及图3-45）和法国里昂的TGV车站（图11-7）都是注重技术表现的实例。

随着时代的发展，技术水平越来越高，经济力量越来越强，技术与经济越来越成为建筑情感的表达手段，成为一种富于时代感的造型表现，技术与经济在更高层次上与设计融合在一起，甚而影响人们的审美情趣。技术审美情趣也终于越过了外在的感觉层面，进入到理性思维的境界，成为评价设计优劣的一条标准。

图 11-6　香港上海汇丰银行

图 11-7　法国里昂 TGV 车站

11.4 人性化原则

近几十年来我国的城市建设有了飞速发展，但在城市快速发展的背后却往往忽略了对人的关怀。现代人的身体、精神等方面出现了亚健康状态，虽然我们无法改变快节奏的现代生活方式所导致的人的健康问题，但却可以通过创造富有人情味的建筑空间，提高空间环境质量，尽可能给人带来便利、安全、舒适和美的享受，提高人们的生活质量，因此，人性化原则是室内设计中的一条重要评价原则。人性化原则涉及内容很多，这里简要地从强调以人为本的设计理念、强调多感觉体验、强调空间的场所精神、注重细节设计等方面进行论述。

（1）强调以人为本的设计理念

优秀的室内设计作品，在其使用过程中往往与人的行为、心理密切相关，在人与环境各要素之间形成了良好的互动关系；也正是基于此，才使内部空间充满了生机和活力。

现代室内空间设计的最终目的，就是为了满足现代人的物质生活和精神生活的需求。能否在人与空间之间形成互动关系，关键在于其空间的意义是否与人的需求一致，因此，使用者对内部空间的态度，是检验室内空间设计成功与否的最好依据。然而，目前有些设计人员一方面对使用者的需求考虑太少；另一方面则过分注意形式，片面追求自己的设计思想和风格，造成设计成果与使用者需求的脱节，难以体现"以人为本"的设计理念。

（2）强调多种感觉体验

传统的内部空间设计比较强调视觉的形式美原则，然而，现代科学研究告诉我们，人们对环境的感觉、认知乃至体验其实调动了人体所有的感觉器官。

我们每天通过不同感官的配合，感知周围的环境。通过协调运用各种感官，体验某一场所的本质和灵魂。在很多环境中，触觉、听觉和嗅觉体验可能更有助于形成环境的整体感知，所以对内部环境的体验早已超出了单一感官（如视觉）的片面性，具有多种感官体验的内在深度。在室内设计中，应该有意识地利用这种特性，强化对环境的认知。

（3）强调空间的场所精神

"场所精神"是建筑空间理论中的一个常用名词，简单说来，场所是指：在空间的基础上包含了各种社会因素而形成的一个整体环境。空间之所以能成为场所的主要原因，就是由其文化或地域内涵赋予空间以意义，而在人的心中，这种文化和地域内涵是一种比物理性更深层的存在。它主要通过当地历史发展过程中所产生的有关组成空间物质要素的特色来反映，通过与当地居民有很多感情牵连的事物的回忆和联想，从而在思想上引起共鸣，产生亲切感，使人们从心理上得到满足。具有场所精神的空间，可以使空间具有可识别性，从而让使用者对其具有认同感和归属感。所以，由空间到场所，是创造人性化内部空间的又一重要原则。

（4）细节上考虑人的需要

关注人性化设计，还应表现在细节设计上。人的每一次行为都是具体的，对应的空间和空间界面也是具体的，所以这一空间及其界面的具体设计是否有利于人的行为和心理，是人性化设计的最真实体现，因此在每一处细节设计上都应认真考虑人的需要，这是室内设计师的重要任务与职责。

世界在发展，人类的需求也在不断改变，但是将"人的需求"置于首位的设计观念将是永恒的，这是在现代乃至未来的室内设计中最基本、最重要的原则之一。作为室内设计师应该在设计中坚持从人的需求出发，实事求是，全面周到地考虑人的需求并尽最大可能给予满足。

11.5　生态与可持续原则

当代社会严峻的生态问题，迫使人们开始重新审视人与自然的关系和自身的生存方式。人类已经意识到，人不应该是凌驾于自然之上的万能统治者，人象地球上的任何一种生物一样，只应是大自然的一个组成部分，人类不能再以“人定胜天”的思想对自然进行无休止的征服和索取，人类终于提出了“可持续发展”的概念，希望在满足当代人需要的同时，考虑后代人满足他们需要的能力。

基于这种理念，建筑界开始了生态建筑的理论与实践，希望以“绿色、生态、可持续”为目标，发展生态建筑，减少对自然的破坏，因此“生态与可持续原则”不但成为建筑设计，同时也成为室内设计评价中的一条非常重要的原则。室内设计中的生态与可持续评价原则一般涉及如下内容：

11.5.1　营造自然健康的室内环境

在室内设计中，如何利用自然条件来营造健康、舒适的室内环境常常涉及以下几个方面：

（1）天然采光

人的健康需要阳光，人的生活、工作也需要适宜的光照度，如果自然光不足则需要补充人工照明，所以室内采光设计是否合理，不但影响使用者的身体健康、生活质量和内部空间的美感，而且还涉及节约能源和减少浪费。

对于室内空间来讲，接收自然光线主要有两种方法：一种是被动方式，一种是主动方式。被动式方法是指根据建筑物的布局、朝向等，采用简单的处理手法（如百叶窗）调节光线渗入室内空间，从而获得人们需要的亮度。主动式方法则是利用先进技术（如计算机技术、传感技术等）来捕捉光线、控制光线的强度和入射角，从而达到人们所需要的效果。

（2）自然通风

新鲜的空气是人体健康的必要保证，室内微环境的舒适度在很大程度上依赖于室内温、湿度以及空气洁净度、空气流动的情况。据统计，50%以上的室内环境质量问题是由于缺少充分的通风引起的。自然通风可以通过非机械的手段来调整空气流速及空气交换量，是净化室内空气、消除室内余湿余热的最经济、最有效的手段。自然通风不仅减少了机械通风和空调所带来的能耗和对大气的污染，同时也减少了不可再生能源的使用，成为生态化原则中的一条标准。

（3）尽可能引入自然因素

自然因素能使人联想到自然界的生机，疏解人的心情，激发人的活力；自然景观有助于软化钢筋混凝土筑成的人工硬环境，为人们提供平和舒适的心理感受；自然景观能引起人们的心理愉悦，增强室内空间的审美感受；绿化水体等自然因素还可调节室内的温、湿度，甚至可以在一定程度上除掉有害气体，净化室内空气。所以自然因素的引入，是实现室内空间生态化的有力手段，同时也是组织现代室内空间的重要元素，有助于提高空间的环境质量，满足人们的生理心理需求。

（4）推广使用绿色材料

“绿色材料”一般是指在生产和使用过程中对人体及周围环境都不产生危害的材料，绿色材料一般比较容易自然降解及转换，可以作为再生资源加以利用。

室内设计中应该尽量使用绿色材料，绿色材料一方面有利于减少对自然的破坏，另一方面有助于保持人体健康。选用绿色材料的内部环境，可以大大减少甲醛等有害溶剂在室内空间的释放量，保持良好的室内环境质量。

11.5.2 节约使用不可再生能源和资源

在人类所消耗的能源和资源中，与建筑有关的占了很大的比例，所以，节约资源和能源是建筑设计（包括室内设计）的重要方面，这里试从材料节能、建筑节能和减少资源消耗方面予以分析。

（1）材料节能

材料节能表现为尽量使用低能耗的建筑材料和装饰材料，台湾学者的研究表明：水泥及钢铁类建材是各种建筑材料生产加工过程中能耗最大的，二者的生产耗能分别占到台湾建材总生产耗能的30.86%及23.93%，而木材、人造合成板等低加工度建材则生产耗能较低，因此就生产能耗及污染因素而言，应该尽量采用砖石、木材等低加工度建材。

（2）建筑节能

在寒冷地区，为了减少冬季能耗，在室内设计中可采取以下措施：在原有建筑的外围护结构上设置保温层；容易失热的朝向（如北向）尽量减少开窗开洞的面积，并尽量采用保温效果好的门窗，减少建筑整体向大气中的散热；阳光充足的地方可以尽量扩大南向的窗面积，最大限度地利用太阳辐射热；在室内空间的组织中，可以设置温度阻尼区，即根据人体在各种活动中的适宜温度不同，把低温空间置于靠外墙部位，同时这部分空间本身也起到了对其他内部空间的保温作用。

在炎热地区，主要考虑夏季节能，在室内空间组织上，应尽量通过门、窗及洞口的设置组织穿堂风以带走室内的热量；在朝阳一面的外门窗应设置遮阳设施以减少从外界的得热，降低空调的运行能耗；也可采用热反射玻璃减少阳光对室内的辐射热；或通过植物遮挡阳光；在北方，还有引入地下的冷量对进入室内的管道空气进行降温的做法。

（3）减少资源消耗

在设计中常涉及到：尽量少用粘土制成的砖砌体材料，节约土地资源；室内卫生设备管道尽量少用钢、铁管道，节约铁资源；在室内给排水系统中注意选用节水设备；在给排水系统设计中推广使用中水系统；在电气系统中注意选用节能灯具；在选择材料时注意材料的再利用与循环利用等等。

11.5.3 充分利用可再生能源

可再生能源包括：太阳能、风能、水能、地热能等，经常涉及的有太阳能和地热能。

太阳能是一种取之不尽、用之不竭、没有污染的可再生能源。利用太阳能，首先表现为通过朝阳面的窗户，使内部空间变暖；当然也可以通过集热器以热量的形式收集能量，现在的太阳能热水器就是实例；还有一种就是太阳能光电系统，它是把太阳光经过电池转换贮存能量，再用于室内的能量补给，这种方式在发达国家运用较多，形式也丰富多彩，有：太阳能光电玻璃、太阳能瓦、太阳能小品景观等。

利用地热能也是一种比较新的能源利用方式，该技术可以充分发挥浅层地表的储能储热作用，通过利用地层的自身特点实现对建筑物的能量交换，达到环保、节能的双重功效，被誉为“21世纪最有效的空调技术”。它一般是通过地源热泵将其环境中的热能提取出来对建筑物供暖或者将建筑物中的热能释放到环境中去而实现对建筑物的制冷；夏季可以将富余的热能存于地层之中以备冬用，冬季则可以将富余的冷能贮存于地层以备夏用。

11.5.4 适当利用高新技术

随着科技的进步，将高、精、尖技术用于建筑和室内设计领域是必然趋势。现代计算机技术、信息技术、生物科学技术、材料合成技术、资源替代技术、建筑构造措施等高技术手段已经运用到各种设计领域，设计师希望以此达到降低建筑能耗、减少建筑对自然环境的破坏，努力维持生态平衡的目标。福斯特的法兰克福商业银行、皮亚诺的法属新卡里多尼亚的迪巴欧文化中心等都是生态化高技术应用的典型案例。可以相信随着现代技术的进一步发展，建筑（包括内部空间）的智能化程度将越来越高，运用高技术来解决生态难题也将成为越来越常用的方法。当然在具体运用中，应该结合具体的现实条件，充分考虑经济条件和承受能力，综合多方面因素，采用合适的技术，力争取得最佳的整体效益。

以上介绍了在生态和可持续评价原则下，室内设计应该采取的一些原则和措施。至于建筑和内部空间是否达到“生态”的要求，各国都有相应的评价标准，本书难以展开。虽然各国在评价的内容和具体标准上有所不同，但他们都希望为社会提供一套普遍的标准，从而指导生态建筑（包括生态内部空间）的决策和选择；希望通过标准，提高公众的环保意识，提倡和鼓励绿色设计；希望以此提高生态建筑的市场效益，推动生态建筑的实践。

11.6 继承与创新原则

室内设计是一种文化，既然是文化，就有一个文化传统的继承和创新问题。然而，室内设计的继承与创新有其自身的特点，这是因为室内空间环境除具备明显的精神功能和社会属性以外，还要受到使用功能和物质技术条件的制约，其继承与创新问题有一定的特殊性。

我国室内设计历史久远，不乏具有中国传统理念的上佳之作。中国室内设计需要继承传统的精髓，但同时更要着眼于创新，只有这样，才能走出一条具有中国现代风格的室内设计之路，因此，继承与创新应当成为评价当代室内设计的一项重要原则。

11.6.1 继承与创新的关系

（1）继承是创新之本

继承传统似乎是一个代代相传的永久性主题。事实上，每一种文化都有着自己对建筑和内部空间的认识和理解，这种认识逐渐演化为规范、法式……，进而形成风格样式，成为一种传统。这种传统本质上是一种精神的物化形式，它不仅仅是一种形式，而且反映了当时民族文化的特点。因而我们对传统建筑和内部空间形式的研究不应仅仅注意于其形式表意本身，而应进入对象的深层结构。这种深层结构往往是看不见的因素，它隐藏在社会文化精神、人们的生活方式、以及民族的思想观念之中。

这种看不见的因素是一种活的生命，它使一个民族的建筑与内部空间具有区别于其他民族的特征，具有自身的风格。它是今天进一步发展的基础，是我们今天创作的本原和出发点。

（2）创新是继承之魂

继承是创新之本，创新则是继承的根本目标，是继承之魂，是继承之所求。只有在发展中继承，才能在继承中发展，这样的传统才会有鲜活的生命，这样的继承才是真正有价值的继承。

对于传统的继承不能简单地采用“拿来主义”，它需要设计师立足现在，放眼未来，用一定的“距离”去观察，用科学的方法去分析，提炼出至今仍有生命力的因素。中国以其悠久的文化传统和独特的文化内涵，体现着东方民族的魅力。中国当代室内设计一方面要以本民族的悠久文化为土壤，另一方面更要在兼收并蓄中求得创造性的发展。当今世界已从大工业时代向更高层次的电子信息时代和生态时代迈进，随着时间的推移，文学艺术作品和设计作品都存在着适应时代需要而推陈出新的必然趋势，设计创新已成为现实的迫切需要。

当代室内设计应当立足于人、自然和社会的需要，立足于现代科学技术和文化观念的变化，探讨民族性与时代性的结合，闯出新的道路。如果一味钻进传统而不能自拔，必然会拘泥于传统的强大束缚而被迅猛发展的世界所淘汰。任何墨守陈规的传统观念都不符合事物发展变化的规律，也必定与新的时代格格不入。所以，创新是时代的要求，是设计的生命力，是整个行业得以持续发展的根本所在。

11.6.2 继承与创新的评价标准

几乎任何一个国家、一个民族的文化，在其发展过程中，都经常出现这样一种现象：一方面它要维护自己的民族传统，保持自身文化的特色；另一方面它又要吸收外来的文化以壮大自己。这种矛盾运动，在文化学上称之为“认同”与“适应”。中国几千年的文化就是这么发展过来的，估计今后也不会违反这个矛盾法则。对于室内设计来说，就是一方面要继承传统、另一方面要面向现代化。

目前在我国室内设计中关于继承与创新的评价标准可以从以下三方面入手：

第一、当今室内设计应该体现时代精神，把现代化作为发展的方向，这是时代所决定的。我们身处信息时代和生态时代，时代要求我们着重反映改革开放、现代化建设和两个文明建设的成果，要求我们着重反映综合效益（社会效益、经济效益和环境效益的统一）的最优化。

第二、当今室内设计应该勇于学习和善于学习国外的新概念和新技术。在学习国外新概念和新技术的过程中，既要具有魄力，勇于拿来为我所用；又要防止一切照搬，做到有分析、有鉴别、有选择地使用它。在设计创作上应当解放思想、鼓励创新，但又不能不顾国情、不讲效率、不问功能、违反美学规律、片面追求怪诞的外观形象。

第三、当今室内设计应该正确对待文化传统和地方特色。在设计中不应该割断历史，抛弃民族的传统文化；而应该经过深入分析，有选择地继承和借鉴传统文化和民族特色，研究地方特色的恰当表达。

随着信息时代的发展，国际交流日益频繁。因此，对于室内设计的继承和创新应该有个正确的认识，克服极端化。我们既要尊重传统，又要正视现实；既要树立民族自信心，又要跟上时代的脉搏，从而创造出具有鲜明的民族风格与时代特色的室内设计作品，走出一条具有中国特色的现代室内设计之路。室内设计的未来，必将在继承、发展与创造中绽放出绚丽的风采。

本章小结

设计评价是人类认识自身的重要手段，对室内设计师而言，评价体系为其设计创作提供了参照尺度，两者的良性互动关系对设计师的创作具有重要的意义。

室内设计的评价原则主要包括：功能原则、美学原则、技术经济原则、人性化原则、生态与可持续原则、继承与创新原则。功能原则主要指室内设计应该满足人的使用功能要求和精神功能要求；美学原则主要指室内设计既要满足形式美的要求，又要满足艺术美的要求；技术经济原则主要指室内设计中技术经济应该与功能相结合，技术经济应该与美学相结合；人性化原则则强调树立以人为本的设计理念、强调重视多种感觉体验，强调空间的场所精神，强调在细节上考虑人的需要；生态与可持续原则主要涉及营造自然健康的室内环境，节约使用不可再生能源和资源，充分利用可再生能源，适当利用高新技术；继承与创新原则提出了继承是创新之本，创新是继承之魂的概念，并提出了继承与创新的评价标准。

主要参考文献

相关国标及资料集等

1. 辞海编辑委员会. 辞海. 上海：上海辞书出版社，2000

2. 国家经贸委/UNDP/GEF中国绿色照明工程项目办公室，中国建筑科学研究院编. 绿色照明工程实施手册. 北京：中国建筑工业出版社，2003

3.《建筑设计资料集》编委会. 建筑设计资料集. 北京：中国建筑工业出版社，1994

4. 民用建筑设计通则（GB50352—2005）. 北京：中国建筑工业出版社，2005

5. 日本照明学会编. 照明手册. 北京：中国建筑工业出版社，1985

6. 上海市工程建设规范. 无障碍设施设计标准（DGJ08—103—2003，J10264—2003）. 上海：2003

7. 中国大百科全书出版社编辑部. 中国大百科全书——建筑·园林·城市规划卷. 北京：中国大百科全书出版社，1988

8. 中国建筑科学研究院主编. 建筑照明设计标准（GB50034—2004）. 北京：中国建筑工业出版社，2004

9. 中华人民共和国行业标准. 城市道路和建筑物无障碍设计规范（JGJ50—2001，J114—2001）. 北京：2001

相关著作教材等

1. [奥] R·阿恩海姆著. 色彩论. 昆明：云南人民出版社，1980

2. [德]恩斯特·诺伊费特. 建筑设计手册. 北京：中国建筑工业出版社，2000

3. [德]J·约狄克 著. 建筑设计方法论. 冯纪忠，杨公侠译. 武昌：华中工学院出版社，1983

4. [美]阿尔文·R·蒂利，亨利·得赖弗斯事务所编. 人体工程学图解——设计中的人体因素. 朱涛译. 刘念雄校. 北京：中国建筑工业出版社，1998

5. [美]埃兹拉·斯托勒编. 朗香教堂. 焦怡雪译.北京：中国建筑工业出版社，2000

6. [美]芭芭拉·克瑞丝普编著. 人性空间. 孙硕译. 北京：中国轻工业出版社，2002

7. [美] 程大锦著. 室内设计图解. 乐民成译. 北京：中国建筑工业出版社，1992

8. [美]约翰·派尔著. 世界室内设计史. 刘先觉等译. 北京: 中国建筑工业出版社，2003

9. [美]Julius Panero and Martin Zelnik. 人体尺度与室内空间. 龚锦译，曾坚校. 天津: 天津科学技术出版社，1999

10. [美]Public Technology Inc. US Green Building Council. 绿色建筑技术手册. 王长庆、龙惟定、杜鹏飞、黄治锺、潘毅群译. 北京：中国建筑工业出版社，1999

11. [美]伊佩霞著. 剑桥插图中国史. 赵世瑜，赵世玲，张宏艳译. 济南：山东画报出版社，2002

12. [日]荒木兵一郎，藤本尚久，田中直人著. 国外建筑设计详图图集——无障碍建筑. 北京：中国建筑工业出版社，2000

13. [日] 小原二郎，加藤力，安藤正雄编. 室内空间设计手册. 张黎明，袁逸倩译. 北京：中国建筑工业出版社，2003

14. [瑞典]斯文・蒂伯尔伊主编. 瑞典住宅研究与设计. 张珑等译. 北京：中国建筑工业出版社，1993

15. Levene Celilia 主编. 彼得・艾森曼 1990 ~ 1997. 汪尚拙，薛皓东译. 台北：惠彰企业. 2001

16. 陈同滨，吴东，越乡主编. 中国古典建筑室内装饰图集. 北京：今日中国出版社

17. 陈易著. 建筑室内设计. 上海：同济大学出版社，2001

18. 陈志华著. 外国古建筑二十讲. 上海：生活、读书、新知三联书店. 2002

19. 陈忠华，陈保胜主编. 建筑装饰构造资料集（上）. 北京：中国建筑工业出版社，1994

20. 樊树志. 国史概要（第二版）. 上海：复旦大学出版社，2000

21. 房志勇，林川编著. 建筑装饰——原理、材料、构造、工艺. 北京：中国建筑工业出版社. 1992

22. 高祥生主编. 装饰构造图集. 南京：江苏科学技术出版社，2003

23. 高祥生，韩巍，过伟敏主编. 室内设计师手册. 北京：中国建筑工业出版社，2001

24. 郝维刚，郝维强主编. 建筑室内设计——创造宜人的室内环境. 天津：天津大学出版社. 2000

25. 霍光，候纪洪编著. 室内装修构造. 海口：海南出版社，1993

26. 霍维国. 室内设计. 西安：西安交通大学出版社，1985

27. 霍维国，霍光编著. 室内设计原理. 海口：海南出版社，2000

28. 霍维国，霍光. 中国室内设计史. 北京：中国建筑工业出版社，2003

29. 蒋孟厚编著. 无障碍建筑设计. 北京：中国建筑工业出版社，1994

30. 来增祥，陆震纬编著. 室内设计原理（上、下册）. 北京：中国建筑工业出版社，2003

31. 李风崧. 家具设计. 北京：中国建筑工业出版社，1999

32. 李朝阳编著. 室内空间设计. 北京：中国建筑工业出版社，1999

33. 林源祥，张文秋. 室内绿化装饰. 合肥：安徽科技出版社，1999

34. 柳孝图主编. 建筑物理. 北京：中国建筑工业出版社，2000

35. 卢琦. “以人为本”的老年居住环境创造. 同济大学建筑系硕士学位论文. 2001

36. 陆震纬主编. 室内设计. 成都：四川科学技术出版社，1987

37. 马光，胡仁禄著. 老年居住环境. 南京：东南大学出版社，1995

38. 马伊里主编. 日本福利设施. 内部交流出版物. 1995

39. 彭一刚. 中国古典园林分析. 北京：中国建筑工业出版社，1986

40. 彭一刚. 建筑空间组合论（第二版）. 北京：中国建筑工业出版社，1998

41. 羌苑，袁逸倩，王家兰编著. 国外老年建筑设计. 北京. 中国建筑工业出版社，1999

42. 矫苏平，井渌，张伟编. 国外建筑与室内设计艺术. 徐州：中国矿业大学出版社，1998

43. 史春珊，袁纯嘏编著. 现代室内设计与施工. 哈尔滨：黑龙江科学技术出版社，1995

44. 同济大学等编. 外国近现代建筑史. 北京：中国建筑工业出版社，1982

45. 王建柱编著. 室内设计学. 台湾：台湾艺风堂出版社，1994

46. 王远平编著. 室内设计（上、下册）. 北京：中国建筑工业出版社，1997

47. 西安建筑科技大学绿色建筑研究中心编. 绿色建筑. 北京：中国计划出版社，1999

48. 夏义民主编. 园林与景观设计. 重庆：重庆建筑大学. 1986

49. 夏云，夏葵，施燕编著. 生态与可持续建筑. 北京：中国建筑工业出版社，2001

50. 肖辉乾著. 城市夜景照明规划设计与实录. 北京：中国建筑工业出版社，2000

51. 萧默. 中国建筑艺术史. 北京：文物出版社，1999

52. 谢秉漫. 建筑环境绿化. 北京：水利电力出版社，1992

53. 熊照志. 西方历代家具图册. 武汉：湖北美术出版社，1986

54. 薛健主编. 陈华新，周长积副主编. 室内外设计资料集. 北京：中国建筑工业出版社. 2002

55. 杨公侠著. 建筑·人体·效能——建筑功效学. 天津：天津科学技术出版社，2000

56. 叶斌. 室内设计图典. 福州：福建科学技术出版社，1999

57. 张春新，敖依昌主编. 美术鉴赏. 重庆：重庆大学出版社，2002

58. 张绮曼，潘吾华. 室内设计资料集（2）. 北京：中国建筑工业出版社，1999

59. 张绮曼，郑曙旸主编. 室内设计资料集. 北京：中国建筑工业出版社，1991

60. 张绮曼主编，郑曙旸副主编. 室内设计经典集. 北京：中国建筑工业出版社，1994

61. 张文忠主编. 公共建筑设计原理. 北京：中国建筑工业出版社，2001

62. 赵广超. 不只中国木建筑. 上海：上海科学技术出版社，2001

63. 郑曙旸等编著. 环境艺术设计与表现技法. 武汉：湖北美术出版社，2002

64. 周太明，皇甫炳炎，周莉，姚梦明，朱克勤编著. 电气照明设计. 上海：复旦大学出版社，2001

65. 周文麟编著. 城市无障碍环境设计. 北京：科学出版社，2000

66. 朱光潜. 美学向导. 北京：北京大学出版社，1982

67. 朱钟炎，王耀仁，王邦雄，朱保良编著. 室内环境设计原理. 上海：同济大学出版社. 2003

68. 庄荣，吴叶红. 家具与陈设. 北京：中国建筑工业出版社.1996

69. Advanced Lighting Guidelines Project Team. Advanced Lighting Guidelines 2001Edition. New Building Institute, Inc. 2001

70. Terence Conran. The House Book. New York: Crown Publishers, Inc. 1982

71. Selwyn Goldsmith. Designing for the Disabled: The New Paradigm. London: Butterworth Architecture, 1998

72. Anita Rui Olds. Child Care Design Guide. New York: McGraw-Hill Companies, Inc. November 20.2000

73. Ralph Sinnott. Safety and Security in Building Design. London: Gollins Professional and Technical Books, William Collins Sons & Co. Ltd, 1985

74. Prafulla C. Sorcar. Architectural Lighting for Commercial Interior. USA: A Willey Intersience Publication, 1987

75. Steven Winter Associates. Accessible housing by design: universal design principles in practice, New York: McGraw-Hill Companies, Inc. 1997

相关杂志论文等

1. 陈柏昆，李海峰. 提高《建筑施工》实践教学质量探讨. 青海大学学报. 第15卷第4期

2. 陈志华. 谈文物建筑的保护. 世界建筑. 1986年第3期

3. 和代. 浅谈专题实践的作用. 清华大学教育研究. 1989年第2期

4. 刘方. 个案研究法. 教育科学论坛. 2003年第4期

5. 罗文媛，赵明耀. 建筑形式抽象简析. 建筑学报. 1995年第4期

6. 彭跃. 教育实践工作者的专业发展——从教育理论与教育实践的关系谈起. 成都教育学院学报. 2003年第11期

7. 覃力. 现代建筑创作中的技术表现. 建筑学报. 1999年第7期

8. 史均翰. 教研成果对教育实践的指导意义探讨. 渭南师范学院学报. 2000年第3期

9. 王吉庆. 信息技术课程中的案例学习法. 中小学信息技术教育. 2003年第9期

10. 夏义民，杜春兰，张兴国. 走向21世纪的建筑科技. 建筑学报. 1998年第12期

11. 辛艺峰. 室内织物装饰材料的种类、特性与功能. 室内设计. 1996年第1期

12. 薛恩伦. 格蒂中心与迈耶. 世界建筑. 1999年第2期

13. 严永红. 重庆大学建筑城规学院光环境教学基地. 中国建筑装饰装修. 2004年第3期

14. 严永红. 小型多用途教学实验室建设——重庆大学建筑城规学院建筑照明实验室. 照明工程学报. 2004年第4期

15. 张驭寰. 中国古建筑相关知识

16. 庄迎春. 论绿色建筑与地源热泵系统. 建筑学报. 2004年第3期

17. 住区. 2001(3). 北京：中国建筑工业出版社，2001

18. 国家经贸委/联合国开发计划署/全球环境基金中国绿色照明工程促进项目办公室. 绿色照明科普宣传资料. 第1、2、3、5期

19. 联合国关于残疾人和老年人的有关文件

20. 上海关于残疾人和老年人的相关数据

相关网站

1. http://www.aaart.com.cn/cn/theory

2. http://www.abbs.com.cn/bbs/post/view

3. IFI网站

4. JID网站

5. NCIDQ 网站

6. 极少主义室内设计卷土重来 http://www.bjbujia.com/sheji/sh-200.htm

7. 室内设计：简约主义的国际潮流 http://home.focus.cn/newshtml/44881.html

8. 中国家具之都网站 http://www.newlecong.com/zhishi

9. 中国建筑学会室内设计分会网站

10. 中华文化网站 http://www.pep.com.cn/zhwh

插图来源

图 3-1：作者绘

图 3-2：不详

图 3-3、图 3-4：作者绘

图 3-5：不详

图 3-6、图 3-7：霍维国，霍光. 中国室内设计史. 北京：中国建筑工业出版社，2003

图 3-8：作者绘

图 3-9：霍维国，霍光. 中国室内设计史. 北京：中国建筑工业出版社，2003

图 3-10：作者绘

图 3-11：陈易著. 建筑室内设计. 上海：同济大学出版社，2001

图 3-12：作者绘

图 3-13~图 3-15：不详

图 3-16~图 3-19：作者绘

图 3-20、图 3-21：[美]约翰·派尔著. 世界室内设计史. 刘先觉等译. 北京：中国建筑工业出版社，2003

图 3-22、图 3-23：学生作业

图 3-24：[美]约翰·派尔著. 刘先觉等译. 世界室内设计史. 北京：中国建筑工业出版社，2003

图 3-25：作者绘

图 3-26：学生作业

图 3-27~图 3-31：作者绘

图 3-32、图 3-33：学生作业

图 3-34：作者绘

图 3-35~图 3-44：[美]约翰·派尔著. 世界室内设计史. 刘先觉等译. 北京：中国建筑工业出版社，2003

图 3-45：张绮曼主编，郑曙旸副主编. 室内设计经典集. 北京：中国建筑工业出版社，1994

图 3-46~图 3-48：[美]约翰·派尔著. 世界室内设计史. 刘先觉等译. 北京：中国建筑工业出版社，2003

图 4-1：陈易著. 建筑室内设计. 上海：同济大学出版社，2001

图 4-2：张绮曼主编，郑曙旸副主编. 室内设计经典集. 北京：中国建筑工业出版社，1994

图 4-3~图 4-8：不详

图 4-9~图 4-14：张绮曼，郑曙旸主编. 室内设计资料集. 北京：中国建筑工业出版社，1991

图 4-15：彭一刚. 建筑空间组合论（第二版）. 北京：中国建筑工业出版社，1998

图 4-16~图 4-17：张绮曼，郑曙旸主编. 室内设计资料集. 北京：中国建筑工业出版社，1991

图 4-18：彭一刚. 建筑空间组合论（第二版）. 北京：中国建筑工业出版社，1998

图 4-19：张绮曼，郑曙旸主编. 室内设计资料集. 北京：中国建筑工业出版社，1991

图 4-20：陈易著. 建筑室内设计. 上海：同济大学出版社，2001

图4-21~图4-32：彭一刚. 建筑空间组合论（第二版）. 北京：中国建筑工业出版社，1998

图 4-33~图 4-34：不详

图 4-35：陈易著. 建筑室内设计. 上海：同济大学出版社，2001

图 4-36~图 4-38：室内设计与装修杂志

图 4-39：张绮曼，郑曙旸主编. 室内设计资料集. 北京：中国建筑工业出版社，1991

图 4-40：陈易著. 建筑室内设计. 上海：同济大学出版社，2001

图 4-41、图 4-42：张绮曼主编. 郑曙旸副主编. 室内设计经典集. 北京：中国建筑工业出版社，1994

图 4-43：作者绘

图 4-44~图 4-46：张绮曼，郑曙旸主编. 室内设计资料集. 北京：中国建筑工业出版社，1991

图 4-47：室内设计与装修杂志

图 4-48：作者绘

图 4-49：张绮曼，郑曙旸主编. 室内设计资料集. 北京：中国建筑工业出版社，1991

图 4-50：作者绘

图 4-51、图 4-52：张绮曼，郑曙旸主编. 室内设计资料集. 北京：中国建筑工业出版社，1991

图 4-53~图 4-56：作者绘

图5-1~图5-3：[美] 程大锦著. 室内设计图解. 乐民成译. 北京：中国建筑工业出版社，1992

图 5-4：不详

图5-5~图5-9：[美] 程大锦著. 室内设计图解. 乐民成译. 北京：中国建筑工业出版社，1992

图 5-10：张绮曼，郑曙旸主编. 室内设计资料集. 北京：中国建筑工业出版社，1991

图 5-11、图 5-12：[美] 程大锦著. 室内设计图解. 乐民成译. 北京：中国建筑工业出版社，1992

图 5-13：张绮曼，郑曙旸主编. 室内设计资料集. 北京：中国建筑工业出版社，1991

图 5-14~图 5-19：[美] 程大锦著. 室内设计图解. 乐民成译. 北京：中国建筑工业出版社，1992

彩图 5-20~彩图 5-25：作者绘

彩图 5-26、彩图 5-27：学生作业

彩图 5-28、彩图 5-29：作者绘

彩图 5-30~彩图 5-36：学生作业

彩图 5-37：作者绘

彩图 5-38~彩图 5-41：学生作业

彩图 5-42、彩图 5-43：王建柱编著. 室内设计学. 台湾：台湾艺风堂出版社，1994

彩图 5-44：张绮曼主编，郑曙旸副主编. 室内设计经典集. 北京：中国建筑工业出版社，1994

彩图 5-45、彩图 5-46：王建柱编著. 室内设计学. 台湾：台湾艺风堂出版社，1994

彩图 5-47：张绮曼主编，郑曙旸副主编. 室内设计经典集. 北京：中国建筑工业出版社，1994

彩图 5-48~ 彩图 5-50：王建柱编著. 室内设计学. 台湾：台湾艺风堂出版社，1994

图 5-51、图 5-52：[美] 程大锦著. 室内设计图解. 乐民成译. 北京：中国建筑工业出版社，1992

彩图 5-53、彩图 5-54：德国 Erco 照明公司网站

彩图 5-55~ 彩图 5-59：作者自有研究成果

彩图 5-60：飞利浦照明公司 2004 — 2005 产品手册

彩图5-61：飞利浦照明公司2004—2005产品手册、欧司朗照明公司室内外照明产品手册

图 5-62：GE 照明公司光源产品手册

图5-63：深圳爱迪星科技有限公司网站资料、上海广贸达灯光景观工程有限公司宣传册、广州鸦岗（银星）舞台设备实业有限公司产品手册

图 5-64、图 5-65：美国 WAC 华格产品手册

图 5-66：自有研究成果

图 5-67：Globe 照明公司产品资料光盘

图 5-68、图 5-69：作者自有研究成果

图 6-1~ 图 6-64：作者绘

图 7-1 ~ 图 7-2：作者绘

图 7-3 ~ 图 7-5：张绮曼，郑曙旸主编. 室内设计资料集. 北京：中国建筑工业出版社，1991

图 7-6：作者绘

图 7-7~ 图 7-10：熊照志编绘. 西方历代家具图册. 武汉：湖北美术出版社，1986

图 7-11、图 7-22：作者绘

图 7-23：王其钧，谢燕编著. 现代室内装饰. 天津：天津大学出版社，1992

图 7-24~ 图 7-26：作者绘

图 7-27：张绮曼，郑曙旸主编. 室内设计资料集. 北京：中国建筑工业出版社，1991

图 7-28~ 图 7-30：作者绘

图 7-31：《建筑设计资料集》编委会主编. 建筑设计资料集. 北京：中国建筑工业出版社，1994

图 7-32：作者绘

图 7-33：《建筑设计资料集》编委会主编. 建筑设计资料集. 北京：中国建筑工业出版社，1994

图 8-1~ 图 8-4：《建筑设计资料集》编委会. 建筑设计资料集. 北京：中国建筑工业出版社，1994

图 8-5~ 图 8-7：杨公侠著. 建筑 · 人体 · 效能——建筑功效学. 天津：天津科学技术出版社，2000

图 8-8~ 图 8-13：陈易著. 建筑室内设计. 上海：同济大学出版社，2001

图 8-14：作者绘

图 8-15、图 8-16：张绮曼主编，郑曙旸副主编. 室内设计经典集. 北京：中国建筑工业出版社，1994

图 8-17：作者绘

图 8-18：张绮曼主编，郑曙旸副主编. 室内设计经典集. 北京：中国建筑工业出版社，1994

图 8-19：张绮曼，郑曙旸主编. 室内设计资料集. 北京：中国建筑工业出版社，1991

图 8-20：作者绘

图 8-21：张绮曼，郑曙旸主编. 室内设计资料集. 北京：中国建筑工业出版社，1991

图 8-22：作者绘

图 9-1~图 9-4：蒋孟厚编著. 无障碍建筑设计. 北京：中国建筑工业出版社，1994

图 9-5：[日]荒木兵一郎，藤本尚久，田中直人著. 国外建筑设计详图图集——无障碍建筑. 北京：中国建筑工业出版社，2000

图 9-6：学生作业

图 9-7~图 9-18：[日]荒木兵一郎，藤本尚久，田中直人著. 国外建筑设计详图图集——无障碍建筑. 北京：中国建筑工业出版社，2000

图 9-19、图 9-20：学生作业

图 9-21：[日]荒木兵一郎，藤本尚久，田中直人著. 国外建筑设计详图图集——无障碍建筑.北京：中国建筑工业出版社，2000

图 9-22、图 9-23：学生作业

图 9-24：蒋孟厚编著. 无障碍建筑设计. 北京：中国建筑工业出版社，1994

图 9-25、图 9-27：[日]荒木兵一郎，藤本尚久，田中直人著. 国外建筑设计详图图集——无障碍建筑. 北京：中国建筑工业出版社，2000

图 9-28、图 9-29：作者绘

图 9-30：[日]荒木兵一郎，藤本尚久，田中直人著. 国外建筑设计详图图集——无障碍建筑. 北京：中国建筑工业出版社，2000

图 9-31、图 9-32：作者绘

图 9-33、图 9-37：[日]荒木兵一郎，藤本尚久，田中直人著. 国外建筑设计详图图集——无障碍建筑. 北京：中国建筑工业出版社，2000

图 9-38、图 9-39：作者绘

图 9-40：学生作业

图 9-41~图 9-44：[日]荒木兵一郎，藤本尚久，田中直人著. 国外建筑设计详图图集——无障碍建筑. 北京：中国建筑工业出版社，2000

图 9-45~图 9-50：作者绘

图 9-51、图 9-52：《建筑设计资料集》编委会. 建筑设计资料集. 北京：中国建筑工业出版社，1994

图 9-53~图 9-61：学生作业

图 9-62~图 9-64：作者绘

图 9-65~图 9-70：学生作业

图 10-1：陈易编著. 城市建设中的可持续发展理论. 上海：同济大学出版社，2003

图 10-2~图 10-7：陈易著. 自然之韵—生态居住社区设计. 上海：同济大学出版社，2003

图 10-8~图 10-29：张绮曼主编，郑曙旸副主编. 室内设计经典集. 北京：中国建筑工业出版社，1994

图 10-30、图 10-31：清华大学建筑学院，清华大学建筑设计研究院编著. 建筑设计的生态策略. 北京：中国计划出版社，2001

图 10-32、图 10-33：作者摄

图 10-34：世界建筑杂志

图 10-35、图 10-36：陈易著. 建筑室内设计. 上海：同济大学出版社，2001

图 10-37~图 10-44：张绮曼主编，郑曙旸副主编. 室内设计经典集. 北京：中国建筑工业出版社，1994

彩图 10-45、彩图 10-46：作者摄

彩图10-46、彩图10-51：[西]奥罗拉·奎特编. 蔡红译. 极少主义室内设计No.1. 北京：中国水利水电出版社，知识产权出版社，2001

图 11-1：不详

图 11-2：陈易著. 建筑室内设计. 上海：同济大学出版社，2001

图11-3：李雄飞，巢元凯主编. 快速建筑设计图集. 北京：中国建筑工业出版社，1992

图 11-4、图 11-5：不详

图 11-6：张绮曼主编，郑曙旸副主编. 室内设计经典集. 北京：中国建筑工业出版社，1994

图 11-7：不详

本教材参考、引用了国内外学者的一些图片资料，在此表示衷心的感谢。由于编写时间紧迫，加之缺少联系方式，无法与有关学者一一联系，在此深表歉意。相关学者见本教材后，可与编者或出版社联系，以便当面致谢。

表格来源

表 4-1 自制

表 5-1、表 5-2、表 5-3 王建柱编著. 室内设计学. 台北：艺风堂出版社，1986

表 5-4 自制

表 5-5 中华人民共和国国家标准《建筑照明设计标准》（GB50034—2004）. 北京：中国建筑工业出版社，2004

表 7-1 自制

表 8-1、表 8-2、表 8-3《建筑设计资料集》编委会.《建筑设计资料集（第一集）》.（第二版）. 北京：中国建筑工业出版社，1994

表 8-4 杨公侠著.建筑·人体·效能——建筑功效学. 天津：天津科学技术出版社，2000

表 8-5 来增祥，陆震纬编著. 室内设计原理（上）. 北京：中国建筑工业出版社，1996

表 8-6 《建筑设计资料集》编委会.《建筑设计资料集（第二集）》.（第二版）.北京：中国建筑工业出版社，1994

表 8-7 中华人民共和国国家标准《民用建筑设计通则》（GB50352—2005）.北京：中国建筑工业出版社，2005

表 8-8 《建筑设计资料集》编委会.《建筑设计资料集（第二集）》.（第二版）. 北京：中国建筑工业出版社，1994

表 8-9 来增祥，陆震纬编著. 室内设计原理（上）. 北京：中国建筑工业出版社，1996

表 8-10 陈易著. 建筑室内设计. 上海：同济大学出版社，2001

表 9-1 蒋孟厚编著. 无障碍建筑设计. 北京：中国建筑工业出版社，1994